数据库技术丛书

Principle, Architecture and Practice of Distributed Database

分布式数据库原理、架构与实践

李海翔 著

机械工业出版社
China Machine Press

图书在版编目（CIP）数据

分布式数据库原理、架构与实践 / 李海翔著 . -- 北京：机械工业出版社，2021.9（2024.1 重印）
（数据库技术丛书）
ISBN 978-7-111-69161-7

I.①分… II.①李… III.①分布式数据库 - 数据库系统 IV.① TP311.133.1

中国版本图书馆 CIP 数据核字（2021）第 192231 号

分布式数据库原理、架构与实践

出版发行：机械工业出版社（北京市西城区百万庄大街 22 号 邮政编码：100037）
责任编辑：孙海亮 责任校对：马荣敏
印 刷：北京建宏印刷有限公司 版 次：2024 年 1 月第 1 版第 5 次印刷
开 本：186mm×240mm 1/16 印 张：20
书 号：ISBN 978-7-111-69161-7 定 价：99.00 元

客服电话：（010）88361066 68326294

Foreword 序 一

分布式数据库是分布式计算与数据库结合的产物。分布式数据库的概念早就存在，但是直到最近才真正引起产业界的高度重视。这得益于互联网和云计算技术的高速发展与广泛应用。以“国家政务服务平台”为例，据称其实现了统一身份认证服务、统一证照服务、统一事项服务、统一好差评等体系。平台的数据不是集中存储的，而是分散存储在全国多个数据中心的多个数据库系统中，而且许多“事项服务”类应用还会要求跨域、跨库访问。这个系统刚刚起步，提供的服务还很有限。可以想象，随着这个系统汇聚的数据越来越多，支持的应用越来越丰富，数据的一致性问题、系统的效率问题等都会显现出来。更进一步，这个系统由于支撑着日常的行政服务，对高可用性还会提出更高的要求。凡此种种，都需要分布式数据库技术的支持。分布式数据库将会越来越重要。

海翔在分布式数据库技术上辛勤耕耘多年，广泛阅读文献，对分布式数据库的一些基本问题展开研究。基于对 Spanner、Percolator、CockroachDB 等多个分布式数据库系统进行的深入分析，对其中一些核心技术有了较深的理解。在此基础上，他对分布式数据库的一些原理进行了梳理，特别是对“一致性”的概念进行了系统研究，厘清了分布式计算中的一致性（CAP 的 C）和数据库系统中的事务一致性（ACID 的 C）的区别与联系。他还深入研究并实践了高可用分布式数据库的架构设计、主流并发访问控制算法等。这些都是很有价值的工作。

当然，分布式数据库，特别是全球部署的大型分布式数据库，在技术上还有很多的挑战，需要科技工作者长期艰苦地努力钻研。时代给了我们机会，期待我国数据库科技工作者在这方面能取得创新性成果，引领世界的技术潮流。

杜小勇 博士

中国人民大学教授

中国计算机学会大数据专家委员会主任

2021 年 6 月

序　二 Foreword

随着互联网在线业务的蓬勃发展，数据库面临着数据量大、高并发和超高峰值等诸多挑战。分布式数据库已成为业界普遍采用的有效解决方案。

该书对分布式数据库核心技术问题进行了深入剖析，阐述了分布式经典理论，揭示了分布式系统一致性本质，详细介绍了解决一致性问题的重要协议和方法；该书还对分布式数据库架构进行了讲解，讨论了如何通过计算 / 存储分离、智能化和新硬件技术实现系统的高可扩展性、高可靠性以及高可用性，以适应云计算发展的趋势，更好地满足 Serverless 需求。该书最后从工程实践的角度给出了分布式数据库典型案例，通过剖析 Spanner、CockroachDB、HBase、Greenplum 等数据库，展示了诸多分布式数据库系统的实现技术。

本书作者长期从事数据库研究与开发工作，这是他继《数据库查询优化器的艺术：原理解析与 SQL 性能优化》和《数据库事务处理的艺术：事务管理与并发控制》之后又一部集原理、架构与实践于一体的分布式数据库力作，非常值得数据库学术界和产业界人士参考，也可作为高校学生学习分布式数据库技术的教材。

彭智勇　博士

武汉大学教授

中国计算机学会会士，数据库专家委员会副主任

2021 年 6 月

Foreword 序　三

关系型数据库技术和产品经过半个世纪的发展，形成了千亿级美元的市场与成熟的生态，而且一直处于信息处理领域的核心地位。在“数据洪流”的压力下，以及人们对数据价值挖掘需求不断增长的情况下，数据库技术也在不断地发展和创新。过去 10 年，关系型数据库领域最大的变化是分布式化。在 OLAP 领域，基于通用硬件的 MPP 数据库已经开始大规模取代集中式架构的数据库产品，并显示出极强的技术和性价比优势。分布式数据库领域的“最后一个技术堡垒”和“大问题”无疑是：在 OLTP 核心交易领域，是否能够真正颠覆成熟的集中式架构技术和产品？最近这 10 年，对分布式数据库的研究不断深入，相关理论和技术层出不穷，一些有潜力和前景的技术与产品也崭露头角。然而，无论是在实现原理上，还是在软件工程上，分布式 OLTP 数据库都比集中式产品更加复杂且更具挑战性。

本书正是针对分布式 OLTP 数据库领域关键理论和架构实现方面的问题而创作的。其中既有对过去 10 年分布式系统中 CAP 和 Paxos 这两个最关键理论的解析，也有对分布式事务、数据存储引擎、SQL 引擎这几个数据库产品中最关键组件的原理分析和实践总结，还有对业内开源和商业典型产品的优缺点分析。书中对下面几个新技术进行了深度剖析：分布式系统下的事务隔离级别、基于键 – 值的存储引擎优缺点、存算分离架构、基于 Paxos 的分布式一致性、CAP 理论与分布式数据库实现的关系、乐观锁和悲观锁对应用的影响等。这些关键技术和原理对分布式数据库的实现至关重要。

真正的核心技术往往**没有好坏之分**，只看其是否能够满足时代和市场的需求。**回归交易型数据库的“初心”**，用户的刚性需求一直是：

1）可控的**数据安全**；

2）对应用透明的极致**高可用**（5 个 9 以上）；

3）能够灵活承载不同业务场景的**动态扩展能力和自适应能力**；

4）能够使用**性价比高**的通用硬件和操作系统；

5）能够实现企业级的 SLA 保障；

6）**简单易用**；

7）**能够不断改进并适应新的硬件架构**。

基于集中式架构的数据库产品经过 50 年的发展，除了上面的第 3 个和第 4 个需求外，其他需求已经基本得到了满足。而分布式 OLTP 数据库正好有可能满足第 3 个和第 4 个需求，当然其要想成为主流，在其他几个维度上也必须达到集中式架构产品的水平。这就需要相关从业人员除了要对分布式系统理论和原理有深刻理解外，还要在软件工程及产品质量等关键方面有很深的造诣。

本书内容涵盖了分布式技术领域与分布式 OLTP 数据库领域最新的理论研究和技术实现，无论是数据库内核的资深开发者和进阶者，还是分布式数据库的应用开发者，甚至包括学习数据库课程的在校学生，阅读本书都可以有很大收获。这是分布式数据库领域一本值得推荐的好书。

武新　博士
易鲸捷信息技术有限公司 CEO
2021 年 6 月

Foreword 序 四

“软件吞噬世界，开源吞噬软件，云原生吞噬开源”，这是全球技术界流传的三句话。

过去30年的行业创新是由软件技术推动的，每天用手机看新闻和视频、点外卖、进朋友圈看推荐，这一切的背后都是软件算法在驱动。而软件技术的发展又是由开源生态推动的，据统计，当今软件90%以上的代码来自各种开源框架和组件。

容器技术的发展催生了云原生技术，云原生给开源软件商业化带来了巨大发展。我们正在从互联网网站开发、移动应用开发时代进入云原生应用开发时代。

云原生构建和运行的可弹性扩展的应用，要求容错性好、易于管理、便于观察、松耦合，这也对各类传统软件技术提出了新要求，分布式数据库就是达成这些新要求的核心。

近10年出现了各种分布式数据库，如Spanner、OceanBase、MongoDB、CockroachDB、TiDB等，还有内存数据库、列数据库、图数据库等。

为什么会有这么多新型数据库出现？在云原生开发模式下，对数据库的基础原理和架构提出了很多新挑战。本书作者李海翔在数据库领域耕耘多年，一直在参与技术最前沿的实践，对分布式数据库发展的关键路径有深刻洞察。本书结合实践，从问题和挑战出发，深入原理、内核和框架，汇集了非常有价值的硬核内容。

很高兴看到国内有这样的一线专家著书分享分布式数据库的核心技术、原理、设计思想和架构。中国头部互联网公司已成为世界顶尖的企业，软件应用技术也走在世界前列。其实我们在基础核心技术方面也有了很多的积累，我们看到越来越多的中国技术厂商获得大投资。这说明中国进入基础核心技术发展的最好年代。

相信本书的出版会激发更多的开发者深入研究基础核心技术，帮助中国成为未来全球技术的领先者。

蒋涛

CSDN创始人，董事长

极客帮创投创始合伙人

2021年6月

前　　言 Preface

为什么写这本书

现代的分布式技术在互联网应用的驱动下，在CAP理论的引领下，已经有了很多新的内涵和外延。而分布式技术体系下，分布式数据库技术的发展方兴未艾，其中有很多“新”问题正在被研究，例如：CAP理论中代表分布式一致性的C和事务ACID中的C之间是什么关系？是否存在可结合之处？当然，也有很多“新”技术正在发展中。但是，在分布式数据库领域缺少体系化的、深入剖析数据库原理的书籍，使得这个领域的技术传播偏弱，尤其是分布式数据库领域的一致性等相关技术，存在概念混杂、理解不一的问题。笔者基于对该领域多年的科研和实践，历经数年，把对分布式数据库领域一些重要技术的理解和在实践中所得的经验整理成册，期待以图书的形式帮到更多读者。本书若是能促进分布式数据库的进一步发展，笔者将不胜荣幸。

本书主要内容

本书主要讨论如下3个话题。

- **分布式数据库中存在的问题和原理**。科学研究，始于问题。本书首先对分布式数据库技术中一些典型问题进行分析，以明确本书所要研究和解决问题的技术方向。之后讨论CAP原理与ACID技术结合后的一些问题（重点是一致性问题）及技术，以及业界在这方面的科研成果和工程实现思路。
- **分布式数据库架构**。从分布式数据库架构的角度，讨论影响架构的内在、外在技术因素，内在因素如强一致性、高可靠性、高可用性，外在因素如云计算、Serverless需求等。

- **分布式数据库案例实践**。从工程实践的角度，以案例的形式讨论诸多分布式系统的实现技术，涉及的数据库包括 Spanner、CockroachDB、HBase、Greenplum 等。

本书主要特色

本书以前沿技术和工程实践为抓手，通过问题确认、原理阐述、架构剖析、实例分析，有深度地进行了以下**三项工作**。

- **深入经典技术**：对经典技术进行深度探索，如剖析 CAP 原理的发展过程，深度解读事务处理技术（如 MVCC、OCC、DTA 等技术）的发展和相关研究。
- **前沿探索**：按照本书的内容规划，对前沿技术方向与内容从广度层面进行剖析和介绍，以开阔读者的思路和眼界。前沿内容散布于各个章节，与各章节主题互相映衬。
- **原理、案例相结合**：立足原理，对分布式数据库的架构进行深度剖析，并对业界多个产品从问题、原理、前沿技术研究成果、架构相关因素等角度进行深度分析。用多个案例多样化地印证其他部分介绍的原理和前沿技术。

本书面向的主要读者

- 分布式数据库的设计者和开发者；
- 分布式数据库前沿技术的研究者；
- 其他对分布式数据库感兴趣的读者。

如何阅读本书

本书没有涉及编程实现的细节，而是从整体上对分布式数据库一致性等重要问题逐步展开介绍。全书分为三篇——原理、架构和典型案例。其中原理篇对经典的分布式数据库理论和技术进行剖析。

基于原理篇，架构篇从两个角度对分布式数据库架构进行剖析：一是影响数据库内核设计的理念（第 5 章）；二是影响数据库架构设计的外在环境（第 6 章）。这两个方面的内容可帮助读者深入理解数据库内核的框架结构及设计思想。

典型案例篇则结合原理，对部分经典的分布式数据库系统展开讨论，以帮助读者把理论和实践相结合。阅读案例时，如能时时重温原理篇的内容，则学习效果更佳。

本书不仅给出了大量的参考文献及其概述，还将这些参考文献和本书内容相结合，两者相互印证，进而使本书内容更充实。限于篇幅，书中不可能对所有内容都充分展开，所以如果您期望更加深入地掌握和理解相关内容，可进一步阅读相应参考文献。

资源及勘误

由于笔者的水平有限，书中难免存在错误，若您在阅读时发现任何问题，都可发送电子邮件到 database_XX@163.com，笔者不胜感谢。有了您的帮助和支持，本书定能更加完善。

致谢

在多年的研究和实践工作中，承蒙中国人民大学杜小勇教授的悉心指导，笔者获益良多，本书能面世也与杜教授的指导息息相关，在此深表感谢。另外，要特别感谢杜教授在百忙之中抽出时间，专门为本书作序。

本书承蒙武汉大学彭智勇教授、易鲸捷信息技术有限公司 CEO 武新博士、CSDN 创始人兼董事长蒋涛先生作序推荐，在此致以诚挚的感谢。

感谢笔者的父母、妻女。笔者倾注于写作本书的时光，本应是陪伴亲人们的岁月，笔者因此愧疚不已。

感谢每一位读者，读者的口碑促使笔者不断努力，每一位读者都是笔者继续进步的不竭动力。期待本书对读者有所帮助。

李海翔

Contents 目 录

第二篇 架构

第三篇 典型案例

第一篇 *Part 1*

原　理

本篇旨在讨论分布式数据库系统中存在的问题、问题的本质，以及解决问题的理论和相关知识。在所讨论的诸多问题中，核心问题是一致性问题（分为两个层面，一个是分布式系统层面存在的一致性问题，一个是数据库层面存在的一致性问题）。

在探讨问题的过程中，我们会针对相关问题，立足前沿技术（通过大量的参考文献），为读者呈现学术界的研究内容和研究方向，并采用工业界成熟的技术对相关内容进行分析，这样有助于读者扩展视野、深入研究问题，以及了解并掌握相关内容的内涵、外延和实际应用情况。给出的参考文献可作为读者深度研究相关内容的材料。

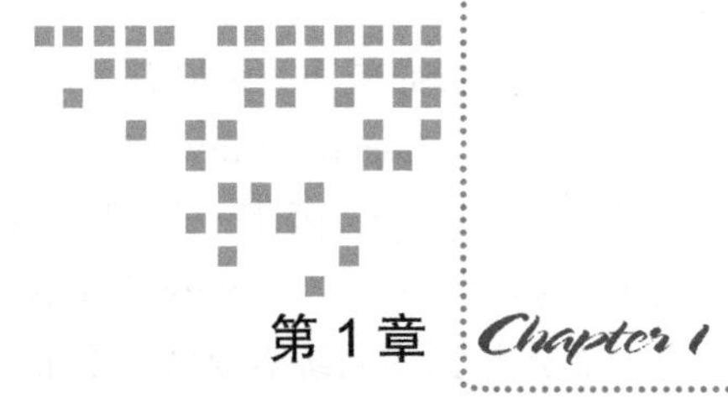

第 1 章 Chapter 1

分布式数据库系统的挑战和原理

科学研究，始于问题。因此，本章首先讨论分布式数据库系统中存在的问题（主要致力于讨论一致性问题），然后解析与问题相关的理论知识，最后则从数学原理的角度进一步探讨问题的本质。

1.1 分布式数据库系统的挑战

分布式数据库系统在逻辑上可以看作一个完整的系统，用户如同在使用单机数据库系统；但是，从物理角度看，其为一个网络系统，包含若干个物理意义上的分散的节点，而节点之间通过网络进行连接，通过网络协议进行数据交换。

分布式数据系统需要应对网络故障、节点故障。网络故障会直接导致分区事件（CAP[⊖]原理中的 P，即网络发生故障使得网络被分为多个子部分）发生，系统的可用性会受到影响；节点故障可能会引发单点故障，也就是在数据为单副本的情况下节点故障会直接导致部分数据不能被访问。为避免单点故障，数据需要有多个副本，从而使系统的可用性得到较大提高。节点故障也可能引发分区事件。

除了上述问题外，分布式数据库系统还可能带来不一致问题。比如旧读（stale read）问题，即读操作发生于数据项更新之后，此时本应该读取到的是该数据项的最新值，但是却读到了旧值。产生该问题的原因是，分布式数据库系统没有一个统一的时钟，这会导致反序读取数据的情况出现。这种情况在单机系统中是不存在的。这里所说的不一致现象，以及与其类似的不一致性现象，在本书中统一称为**数据读取序不符合数据生成序**，简称**分布**

⊖ CAP 指的是一致性（Consistency）、可用性（Availability）和分区容错性（Partition tolerance）。

式不一致[⊖]。

为了解决分布式不一致问题，诸多学者经过大量的研究提出了多种分布式一致性的概念，如线性一致性（linearizability，参见参考文献[183]）、顺序一致性（sequential consistency，参见参考文献[178]）、因果一致性（causal consistency，参见参考文献[184]），以及Google Spanner的外部一致性（external consistency，参见参考文献[⊖][65]）等。

分布式数据库系统需要解决分布式不一致问题，使观察者能读取到满足一致性的数据，以确保数据之间的逻辑一直是有序的。本节后续内容将针对这个问题展开讨论：首先讨论通用的分布式系统所面临的问题，然后讨论因数据异常引发的一致性问题，最后讨论与分布式数据库相关的其他问题。

1.1.1 分布式系统面临的问题

本节讨论分布式系统所面临的问题，这些问题是所有分布式系统都会面临的问题，分布式数据库系统也不例外。

这些问题主要包括两类：一是系统类问题，即系统中局部出现故障；二是因分布式系统缺乏统一时钟而带来的问题，本章称之为顺序问题。

1. 故障、失效

分布式系统的健壮性依赖于硬件设备和软件系统，如节点所依托的单机系统（硬件、软件）、网络设备等。对于硬件设备来说，存在损毁或不可用的情况；对于软件系统来说，存在故障和失效的情况。

故障可分为如下两种类型。

- **节点故障**：在单机系统上出现的故障统称为节点故障。节点故障包括单机数据库系统需要处理的系统故障、介质故障，也包括因节点响应不及时致使系统期待的操作超时（延时现象发生）而引发的故障。
- **网络故障**：网络中的部分节点由于网络出现问题而不能提供服务的情况，通常称为网络分区或网络断裂，在本书中则统一使用“网络故障”表述。

在分布式系统中，系统的某些部分可能会受到不可预知的破坏，这种情况被称为**部分失效**。部分失效往往是具有**不确定性的**。

当分布式系统发生网络故障或节点故障时，分布式系统的一致性和可用性就可能受到影响。具体的情况按数据的副本数目细分为两个大类。

- 单副本数据：单点故障发生，服务完全不可用。

⊖ 一致性问题最早源于对Share Memory（共享存储）多读多写的讨论，参见参考文献[26，28，261，284，285，288，289]等。本书讨论分布式数据系统，因此把问题定义为分布式系统下的问题，但原理与Share Memory多读多写问题的原理相同。

⊖ 事务ACID中的一致性和分布式系统的线性一致性结合。ACID，即原子性（Atomicity）、一致性（Consistency）、隔离性（Isolation）、持久性（Durability）。

- 多副本数据：具体分为以下两种情况。
  - 可用性受出现故障的节点个数影响，拥有相同副本的节点中超过半数的节点出现问题则副本间数据的一致性不能得到保证，此时此副本组内的数据一致性和副本组的可用性同时受到影响。
  - 每个不同的副本组只要不同副本组中发生故障的节点不超过半数则系统的可用性和数据的一致性可以到保障；否则，数据的一致性和分布式系统的可用性都要受到影响。

导致网络故障的因素主要如下。

- **物理设备故障**：例如，网线掉落，以及网卡、交换机损毁等。
- **网络拥塞和排队**：例如，多个不同节点同时将数据包发送到同一目的地，网络交换机需要对数据包进行排队并将它们逐个送入目标网络链路，而在繁忙的网络链路上，数据包需要等待一段时间才能获得一个插槽；再如，如果传入的数据太多，交换机队列被填满，数据包将被丢弃，因此需要重新发送数据包。

以上问题，会对分布式系统形成挑战，进而影响分布式系统的设计方案及其实现。

2. 顺序问题

顺序问题涉及如下两个层面。

- **分布式操作 / 事件排序**：分布式系统中需要为操作 / 事件排序。这是站在系统外部的角度，面向分布式系统整体来确认系统内部发生的操作 / 事件之间的关系。这种关系涉及多种分布式一致性，进一步的讨论参见 2.2 节和 2.3 节。本节将讨论分布式操作 / 事件无序时可能引发的问题。有一篇文章[⊖]将分布式系统下的不一致问题总结为永久写（immortal write）、因果反转（causal reverse）、旧读（stale read）等几类。
- **并发事务排序问题**：这个问题将在 3.1 节讨论，这里不再展开。

下面我们讨论分布式系统中对操作 / 事件进行排序时可能存在的问题。

（1）不可信的物理时钟

如图 1-1 所示，假定 3 台物理机器上各自存在一个进程，分别为 P_1、P_2 和 P_3，其时间戳值是不同的，每台机器上的时间戳值用逻辑时钟表示。假设 P_1 所在的机器晶振 6 次为一个计时单位，P_2 所在的机器晶振 8 次为一个计时单位，P_3 所在的机器晶振 10 次为一个计时单位。在 P_1、P_2 和 P_3 之间，发生了事件 m_1、m_2、m_3 和 m_4。对于 m_3 而言，其在 P_3 上的发生时间值是 60，而 P_2 收到此事件的发生时间值却是 56，这显然是不对的。所以分布式系统中如果用时间来表示事件之间的顺序，则需要一个统一的时间。解决的办法之一就是要根据事件之间的明确顺序调整时间戳（暗含了网络时钟校对的问题[⊖]）。如图 1-1b 所示，P_2 收到 m_3 携带的时间值 60 后，与自己本地的时间值比较，取两者之间的最大者并加 1（变为

⊖ 参见 http://dbmsmusings.blogspot.com/2019/08/an-explanation-of-difference-between.html。

⊖ 时间同步问题涉及网络时间同步技术 NTP（Network Time Protocol，网络时间同步协议）/PTP（Precision Time Protocol，精确时间同步协议）、单向授时技术、双向授时技术（北斗单向卫星授时精度 100ns，双向卫星授时精度 20ns）。

61）作为最终的时间值，这样可使得本地时间符合整个分布式系统要对事件顺序进行甄别的需求。抽象地看这种需求，就是识别发生事件的偏序关系或全序关系。关于偏序关系和全序关系的介绍参见 1.3 节。

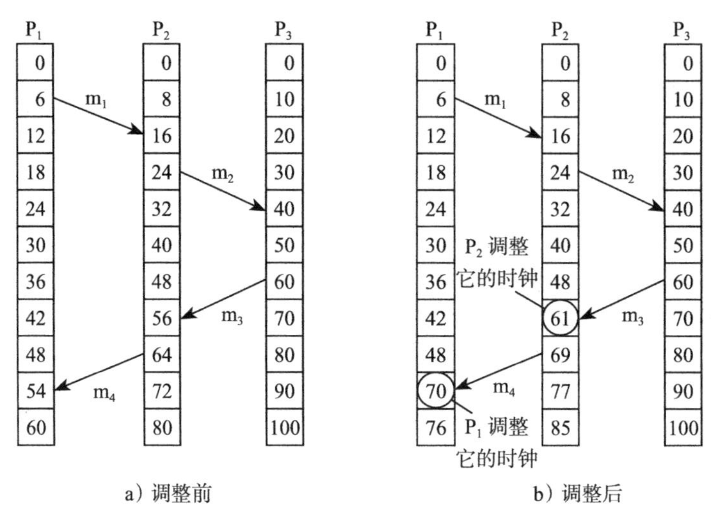

图 1-1 分布式事件顺序图

用偏序、全序概念定义并发实体（如多进程、分布式系统），目的是解决分布式系统对物理时间的依赖。对于一个分布式系统来说，必须对事件进行排序，因此一些经典算法应运而生，但不同的算法有着不同的适用场景，当然也各自存在着不同的问题，第 3 章将对此进行详细讨论。

（2）日志问题

在分布式环境下，如果不能确定各个事件发生的顺序，可能会出现一些错误。例如，在分布式环境中，一个典型的问题是日志序的问题（对于分布式数据库，日志序类似分布式并发事务之间的顺序关系，对于并发事务来说，其需要一个可串行化的顺序）。

下面通过一个典型案例来解释分布式应用。假设网友那海蓝蓝要用出版社赠送的优惠码在某电子商务网站上买书。假设该电子商务网站的后台架构如下。

- 前端代理服务器：负责接收用户购书请求。
- 优惠码验证服务器：负责验证用户持有的优惠码的有效性。
- 日志服务器：专门用来存放日志。分布式系统中任何一个操作都会按照事件发生的先后顺序被记录到日志服务器中。

假设该电子商务网站的后台处理流程如下。

1）购书请求发给前端代理服务器，前端代理服务器会把购书的日志信息发送给日志服务器，并把优惠码发送给优惠码验证服务器。

2）优惠码验证服务器收到前端代理服务器发送过来的信息后，会把优惠码的日志信息发送给日志服务器。

3）按序存放日志项的日志服务器，应当先记录购书的日志信息，然后记录优惠码验证的日志信息。注意，这两条日志信息所反映的事件存在因果关系，是一对有因果序的事件。

对于日志顺序的确定，有如下两种方式。

- 在一个以流水方式记录操作事件的日志系统中，日志系统依赖于到达的每条日志的顺序，即先到达日志系统的日志项被认为是先发生的。而由于存在网络延迟、网络分区等因素，购书的日志信息可能晚于优惠码验证的日志信息到达日志服务器，如果将事件到达日志服务器的顺序作为事件发生的顺序就不能反映真实情况，就会出现“因果反转”的错误。
- 事件的顺序通常依靠物理时间来确定，即事件所在机器的物理时间代表了事件的发生时间，比较物理时间即可确认事件在日志系统的顺序。但是，如前所述，分布式系统中每个节点上的物理时间不可靠（可能优惠码验证服务器的物理时间早于前端代理服务器的物理时间），所以采用物理时间也不能解决事件排序问题。

那么，那有没有办法在不使用物理时间的情况下，给分布式环境下的所有事件排序呢？答案是有的。相关算法将在第3章探讨。

（3）时延产生的问题

时延通常是指一个报文或分组从一个网络的一端传送到另一端所需要的时间。它包括了发送时延、传播时延、处理时延、排队时延。但是，对于一个分布式系统，尤其是实时的、对时间敏感的系统来说，时延超出系统的期待时长，则用户的体验就会变差，所以时延成为一个衡量分布式系统可用性的指标。另外，分布式系统中存在时延现象，会带来一些新问题。如下为客户端因时延产生不一致的示例。

1）假设有两个节点NA和NB，NA的时间值较绝对时间偏移了100ms，NB的时间值为绝对时间值，此时假设绝对时间值为零。一个客户端（或称观察者）先后执行两个事务，先在NA上执行的事务T_1，后在NB上执行事务T_2，两个事务间隔10ms。忽略网络上传输命令的时间消耗。

2）在NA上执行T_1，被写的数据项带有的时间标识为$W(X,100)$，而10ms后T_2在NB上执行，被写的数据项带有的时间标识为$W(Y,60)$。

3）在客户端观察数据项X和Y发现，Y的时间戳是60，而X的时间戳是100，显然写Y的操作先于写X的操作。可这个结论明显和第一条中提及的执行顺序相悖。这就是时延问题导致观察者得到了错误的结论，这就是不一致问题。

1.1.2 数据库面临的一致性问题

数据库的事务处理技术中，有ACID四个特性。其中C是一致性，主要和数据异常相关，因此本节专门讨论数据异常相关的内容。数据异常问题在分布式数据库中也存在。

1. 数据异常研究历史

数据库层面的数据一致性（即ACID中的C）含义为：数据符合数据库的完整性约束，

且当并发事务操作数据时数据需要从一个一致性状态变更为另外一个一致性状态，如果不满足一致性状态的变更，就会存在数据异常现象。

但是，数据库的数据异常现象一直没有被系统化地研究过，这主要表现在如下几个方面：一是不知道究竟有多少个数据异常；二是每个数据异常之间是否有关联关系；三是数据异常和一致性之间的关系是什么；四是数据异常和并发访问控制算法之间是怎样的关系。

从 20 世纪数据库技术开始发展算起，数据异常现象的研究历史主要分为四个阶段。

第一个阶段，**ANSI SQL 标准定义了少数几个数据异常**。在数据库技术发展的早期，对各项技术的研究均不充分，这个时期，ANSI SQL 标准（参见参考文献 [197]）定义了 4 种读数据异常，分别为脏读、不可重复读、幻读、脏写。这四种数据异常是基于数据库理论和早期实践，在封锁并发访问控制机制下被定义的。ANSI SQL 标准给出的定义依赖于封锁并发访问控制这一特定技术（并发访问控制技术还有其他种类，如基于时间戳排序的机制、MVCC 技术等），所以有一定的局限性，且其没能给出更多的数据异常。这个阶段，人类对数据异常的研究尚处于早期阶段。

第二个阶段，**重新定义数据异常**。随着研究的深入，研究者通过工程实践[⊖]和研究发现了更多的数据异常。参考文献 [113] 认为，参考文献 [197] 基于封锁的并发访问控制协议来定义数据异常有失偏颇，使得数据异常和特定技术耦合，且不能表示更多数据异常，也不能表达数据异常的“强弱程度”。因此该参考文献定义了如表 1-1 所示的 8 种数据异常（按照异常特性发生的可能性定义的隔离类别），并给出每种数据异常的分析，指出用英语描述各种数据异常存在理解歧义的情况，同时给出精确的描述[⊜]。但是，该阶段也没有系统化地研究数据异常，比如没有从数量上研究有多少种数据异常，没有从本质角度探索、研究各种数据异常之间有什么关系。这个时期，可串行化技术已经成熟，从可串行化技术的角度看，那时的人们认为所有的数据异常已经能够被避免，似乎可串行化技术可以彻底解决数据一致性的问题，故而没有人有动力进一步系统化地研究数据异常了。

表 1-1 参考文献 [113] 讨论的 8 种数据异常

隔离级别	P0 脏写	P1 脏读	P4C 游标丢失更新	P4 丢失更新	P2 模糊读（不可重复读）	P3 幻读	A5A 读偏序（读偏序）	A5B 写偏序（写偏序）
读已提交（阶段 1）	×	√	√	√	√	√	√	√
读已提交（阶段 2）	×	×	√	√	√	√	√	√
游标稳定	×	×	×	小概率	小概率	√	√	小概率
可重复读	×	×	×	×	×	√	×	×
快照	×	×	×	×	×		×	
ANSI SQL 标准定义的可串行化	×	×	×	×	×	×	×	×

⊖ 如读偏序（read skew）、写偏序（write skew）数据异常，都是在实践中出现了数据不一致现象，后经深入研究才发现的。

⊜ 原文称精确和不精确的两种解释为 strict and broad interpretations。

第三个阶段，**有新的数据异常被定义，但是仅是零星地出现，没有大规模的新数据异常被定义**。这个阶段已经进入 20 世纪 90 年代，数据异常研究以参考文献 [226] 为代表。参考文献 [226] 在参考文献 [113] 的基础上，融合带有谓词读（主要面对幻读），重新定义已知的各种数据异常和隔离级别，并指出新的定义适用于 MVCC 和 OCC（Optimistic Concurrency Control，乐观并发访问控制算法）机制，如表 1-2 所示。另外，该参考文献从数据一致性的角度较为系统地研究了数据异常和一致性之间的关系。但是，该参考文献是从已知的数据异常切入的，且是基于参考文献 [113，197] 的，所以数据异常的覆盖范围没能有效扩展，参考文献中没有穷尽所有数据异常，仅“以点代面”式地从个例角度来介绍了全局。另外，该参考文献也缺乏对读偏序和写偏序的考虑与定义（故不适合用于 MVCC 技术）。

表 1-2　参考文献 [226] 定义的隔离级别和数据异常

级别	不允许的现象	信息描述（只有当如下情况发生时，T_i 可以提交 ）
PL-1	G0	T_i 的写操作完全与其他事务的写操作隔离
PL-2	G1	T_i 只可以读 T_i 事务提交之前已经完成提交的其他事务所写的数据（以及确保达到 PL-1 级别）
PL-2.99	G1，G2-item	对于带有谓词读的情况，T_i（无论是读操作还是写操作涉及的数据）与由其他事务操作的数据项完全隔离，并确保可达到 PL-2 级别
PL-3	G1，G2	T_i 完全隔离于其他事务，即 T_i 的所有操作在其他事务所有操作的之前或之后发生

第四阶段，**数据异常研究休眠期**。参考文献 [226] 发布之后，尽管有一些其他文献讨论了一些新的数据异常，但都比较零散、不成体系，研究陷入停顿状态。如参考文献 [150] 以分布式事务型数据库系统为背景，提出 Serial-Concurrent-Phenomenon（串并现象）和 Cross-Phenomenon（交叉现象）两个分布式环境下的数据异常，但没有研究是否还有其他的分布式环境下的数据异常，也没有研究分布式数据库数据异常和单机数据库数据异常是否存在相同或不同之处。

这个世界上，究竟有多少种数据异常，那些已知的或未知的数据异常对现有的技术有着什么样的影响，这些基础问题尚没有答案。对数据异常进行体系化研究，是掌握并发访问控制算法与理解事务一致性的关键。期待将来有人能系统地讨论所有数据异常及其本质。

2. 单机数据异常

参考文献 [21] 总结了 10 种单机数据库系统的异常，如图 1-2 所示。这些数据异常都适用于单机系统，其中部分也适用于分布式系统。这里存在两种情况：一种是数据项没有被物理分布，那些数据异常在分布式系统中存在但不属于分布式系统特有，如脏读、不可重复读、幻读、脏写、丢失更新、游标丢失更新、Aborted Reads（中止读取）、Intermediate Reads（中间读取）等数据异常。这类数据异常本质上是单机系统的数据异常。另一种是数据项可被物理分布，那些数据异常在单机系统和分布式系统中都存在，如写偏序和读偏序数据异常，就非单机系统所独有。

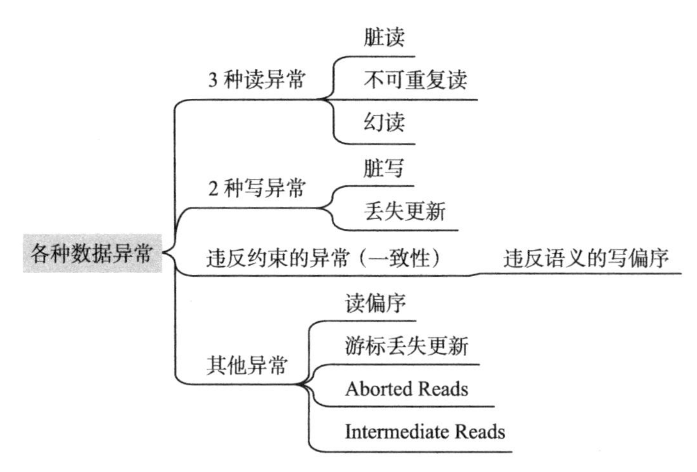

图 1-2 参考文献 [21] 总结的 10 种单机系统下的数据异常

1）**脏读数据异常**：是由当前事务读取了其他并发事务正在写的数据，并发事务之间缺乏隔离引发的。这个数据异常不仅在单机系统下存在，在分布式系统下也存在，这是因为单机系统的事务处理机制是分布式系统事务处理机制的基础（**单机系统负责分布式事务的多个子事务的处理，且操作的数据项是同一个对象，其不可在分布式系统中被物理分布**）。

2）**不可重复读数据异常**：当前事务读取了其他并发事务提交后写的数据，并发事务之间虽存在隔离，但隔离性不能影响与当前事务并发的其他事务提交的值被读到。尤其是采用了 MVCC 技术的数据库系统，当前事务不应因采用同一个快照而导致两次以上的读操作使用不同的快照（不同的快照意味着可以看到不同状态的数据）。这个数据异常不仅在单机系统下存在，在分布式系统下不存在，原因同脏读数据异常。

3）**幻读数据异常**：当前事务读取了其他事务提交后写的数据，其他事务与当前事务非并发事务，但是其操作的结果影响了当前事务的读操作中谓词的逻辑范围。这个数据异常不仅在单机系统下存在，在分布式系统下也存在，道理同上。

4）**脏写数据异常**：当前事务回滚触发事务的原子特性，使得与当前事务对应的数据项旧值被恢复，因此覆盖了其他事务提交后写的数据，其他事务与当前事务为并发事务。这个数据异常不仅在单机系统下存在，在分布式系统下也存在，道理同上。

5）**丢失更新数据异常**：因为当前事务提交而覆盖了其他事务写的数据，其他事务与当前事务为并发事务。这个数据异常不仅在单机系统下存在，在分布式系统下也存在，道理同上。

6）**写偏序**[⊖]**数据异常**：因为当前事务提交而覆盖了其他事务写的数据，其他事务与当前事务为并发事务，数据项上的并发操作发生在单机系统下。此类写偏序的场景可移植到分布式系统的不同节点上，因为被修改的数据项可进行物理分布。例如，表 1-3 所示的两

⊖ 写偏序，英文表述为 Write Skew，此处的偏序和后续描述的顺序中的偏序无关，为更好表达其含义，写偏序数据异常表述为**写偏斜数据异常**更合适。

个事务的写偏序数据异常。其中，Alice 和 Bob 对应的数据可分布在两个物理节点中，致使在分布式数据库系统中如果是基于 MVCC 技术进行事务处理，则不仅需要处理单机系统下的写偏序数据异常，还需要处理分布式系统下的写偏序数据异常。

表 1-3　写偏序数据异常的两种情况⊖

时间	两个事务写偏序		三个事务写偏序		
	T_1	T_2	T_1	T_2	T_3
t_0	x ← SELECTCOUNT(*) FROM doctors WHERE on - call = true			x ← SELECT current_batch	
t_1		x ← SELECTCOUNT(*) FROM doctors WHERE on - call = true			INCREMENT current_batch
t_2	IF x ≥ 2 THEN UPDATE doctors SET on - call = false WHERE name = Alice				Commit
t_3		IF x ≥ 2 THEN UPDATE doctors SET on - call = false WHERE name = Bob	x ← SELECT current_batch		
t_4	Commit		SELECT SUM(amount) FROM receipts WHERE batch = x - 1		
t_5		Commit	Commit		
t_6				INSERT INTO receipts VALUES (x, somedata)	
t_7				Commit	

对表 1-3 说明如下。

- 表头这一行表示写偏序数据异常的两种情况，分别是由两个事务引发的数据异常和由三个事务引发的数据异常。
- 表格第一列为时间值列，表明时间值在逐渐增长，即 $t_0 < t_1 < t_2 < t_3 < t_4 < t_5 < t_6 < t_7$。
- 表中第一种数据异常分为两列，分别表示两个并发事务——T_1 和 T_2。而第二种数据异常，除了 T_1 和 T_2 两个事务外，还多了一个 T_3 事务。
- **对于两个事务引发的数据异常（简单写偏序，Simple Write Skew）**：按照时间顺序，

⊖ 示例源自论文 Dan R. K. Ports 和 Kevin Grittner 所写的 *Serializable Snapshot Isolation in PostgreSQL*。

T_1 在 t_0 时刻读取了在打电话的值班医生人数，T_2 在 t_1 时刻也读取了在打电话的值班医生人数。T_1 在 t_2 时刻进行判断，如果在打电话的值班医生人数大于等于 2 人，则请 Alice 停止打电话。事务 T_2 在 t_3 时刻进行判断，如果在打电话的值班医生人数大于等于 2 人，则请 Bob 停止打电话。然后 T_1 和 T_2 分别提交。如果在这种并发的情况下，允许 T_1 和 T_2 都提交成功，则在 t_6 时刻，Alice 和 Bob 都会停止打电话。如果按串行执行事务，先执行 T_1 后执行 T_2，则 Alice 会停止打电话但 Bob 不会停止，这与前一种情况的结果不同；如果先执行 T_2 后执行 T_1，则 Bob 会停止打电话但 Alice 不会停止，这与前一种情况的结果也不同。这表明前一种并发执行是非序列化的，即 T_1、T_2 并发时违反了约束条件（**约束条件为**：如果同时打电话的人数大于等于 2 人，则请 Alice 或 Bob 中的一个人停止打电话，直到同时打电话的人数少于 2 人），发生写偏序数据异常。

- **对于三个事务引发的异常现象（批处理，Batch Processing）**：后两个并发更新事务 T_3 和 T_2 是可串行化的，且不存在任何异常，但是一个只读事务 T_1 出现在某个时刻却可能造成问题。所出现的问题是这样的，当 T_3 提交时，T_2 处于活跃状态，这时 T_1 启动，要读取 T_2 和 T_3 涉及的数据（current_batch 和 receipts），这时 T_1 的快照包括了 T_3 插入后的结果（因为 T_3 已经提交）；但是，T_2 没有提交，它插入的数据不包含在 T_1 的快照中。

7）**读偏序数据异常**：道理同写偏序数据异常，数据分布策略使得相关数据项物理分布，因而读偏序数据异常不仅发生在单机系统中，也发生在分布式系统中。当单机系统基于 MVCC 技术时，当前事务（表 1-4 中所示的事务 T_1）如果使用同一个快照读数据，则可以避免读偏序数据异常；当分布式系统基于 MVCC 技术时，需要使用全局的同一个快照来避免读偏序数据异常。

表 1-4 读偏序

时间	读偏序	
	T_1	T_2
t_0	$R(x)$	
t_1		$W(x)$、$W(y)$
t_2		提交
t_3	$R(y)$	

对表 1-4 说明如下。

- 表格头两行，表明读偏序异常现象是由两个事务引发的。
- 表格第一列，时间值列，表明时间值在逐渐增长，即 $t_0<t_1<t_2<t_3$。
- 读偏序异常分为两列，表示有两个并发的事务——T_1 和 T_2。
- T_1 在 t_0 时刻读出数据 x，T_2 在 t_1 时刻对数据 x 和 y 进行了修改并在 t_2 时刻提交，T_1 在 t_3 时刻读取 y，此时 y 是被 T_2 修改后的数据，已经不是 t_0 时刻 T_1 读取 x 时对应的 y 值，数据处于不一致状态（注意，此时不是 x 处于不一致状态，而是 y 处于不一致状态）。

8）游标丢失更新数据异常、Aborted Reads（中止读）数据异常、Intermediate Reads（中间读）数据异常：因操作同一个数据项而被限制在了单机系统下，数据项没有被物理分布，因此这些数据异常在分布式系统中存在。

3. 分布式数据异常

参考文献 [150] 介绍了两种分布式数据库环境下的数据异常。

（1）Serial-Concurrent-Phenomenon

按字面意思，Serial-Concurrent-Phenomenon 是指分布式并发事务的子事务之间同时存在串行和并发的情况。如图 1-3 所示，这种情况发生时，node 1 上两个子事务 x、y 并发执行，子事务 y 先开始写数据项的值为 a_1，子事务 x 只能读到数据项的旧值 a_0；而在 node 2 节点上，两个子事务是串行执行的，子事务 y 写的数据项 b_1 因已提交，可以被子事务 x 读取到，所以子事务 x 读取到的是 y 提交后的值。矛盾的地方在于，node 1 和 node 2 上的分布式事务 x，分别读到另外一个事务 y 提交前和提交后的值，这个值处于不一致的状态。参考文献 [128] 把这样的数据异常命名为分布式读半已提交异常（Distributed Read Committed-Committing anomaly，DRCC）。

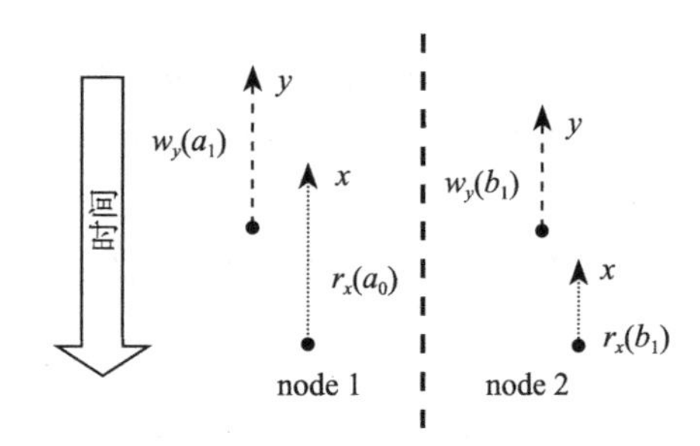

图 1-3　Serial-Concurrent-Phenomenon 示意图

Serial-Concurrent-Phenomenon 异常发生的条件：需要在各个子节点上支持 MVCC 算法，这样才能读到不同版本的数据，即事务 x 读到（a_0，b_1）这样一个不一致状态的数据。

在实际的账户转账业务中，如果并发访问控制算法处理不当，则会发生这种数据异常。如参考文献 [186] 中举的例子：分布式写事务正在执行从 Na 节点的账户 X 转账 10 元到 Nb 节点的账户 Y。当 Na 节点完成提交，而 Nb 节点尚未提交，此时，一个读事务从 Na 节点读取到的是新值 X−10，而从 Nb 节点读取到的是旧值 Y，对照写事务之前的 $X+Y$ 与读事务读到的 $X-10+Y$，账户总账不平。

（2）Cross-Phenomenon

按字面意思，Cross-Phenomenon 是指分布式并发的事务的子事务受到其他写事务的影响，致使并发事务之间有了“交叉关系”，如图 1-4 所示。

例如，两个分布式事务 x 和 y 并发执行，node 1 上局部事务 s 将数据项的值修改为 a_1 后，子事务 y 读数据项的值为 a_1。而在 node 2 节点上，与 node 1 相似，局部事务 t 修改了数据项的值为 b_1 后，子事务 x 读数据项的值为 b_1。所以事务 x 读取到的是（a_0，b_1）这样一个不一致状态的数据。同理，事务 y 读取到的是（a_1，b_0）这样一个不一致状态的数据。

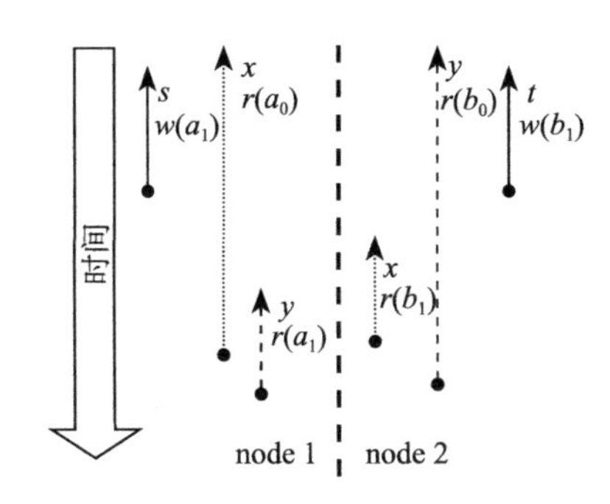

图 1-4 Cross-Phenomenon 示意图

在实际的账户对账业务中，如果并发访问控制算法处理不当，则会发生这种数据异常。例如，事务 x 和 y 分别是两个对账人员，他们同时进行对账，但是他们的对账结果不同，这样的差异会令人费解。

参考文献 [155，186] 也给出了类似 Serial-Concurrent-Phenomenon 的数据异常，并给出解法。参考文献 [186] 称类似 Serial-Concurrent-Phenomenon 的数据异常为读半已提交数据异常。

分布式数据库系统中，是否还存在其他由分布式架构引发的数据异常，尚待继续探索。

4. 其他异常

参考文献 [86] 介绍了一种数据异常，如表 1-5 所示。这种异常假定背景是银行系统，X 是取款账户，Y 是存款账户，账户初始值都是 0（可看作一个总账户下的两个虚拟子账户）。银行规则定义（约束）：取款时，如果发现 $X+Y$ 余额小于等于 0，则扣款 1 元。当事务 T_1 存款和事务 T_2 取款同时发生的时候，事务 T_3 对账户的监控 / 查验同时进行（假设事务 T_3 和事务 T_2 被同一人从不同设备上登录），则在 t_5 时刻，事务 T_3 查验账户余额大于 0，但之前发生的事务 T_2 取款还没有完成，即 t_5 时刻账户实际已经不用执行上述约束，但事务 T_2 不知此情况，依旧用读取到的旧值作为约束条件进行判断，因此只能被多扣款 1 元，加上取款 10 元，共计从账户上扣款 11 元。

表 1-5 只读事务异常

时间	T_1	T_2	T_3
t_0		$R(X_0)$	
t_1	$R(Y_0)$	$R(Y_0)$	
t_2	$W(Y_1, 20)$		
t_3	提交		$R(X_0)$
t_4			$R(Y_1, 20)$
t_5			提交
t_6		$W(X_2, -11)$	
t_7		提交	

从理论上看，事务 T_2 读写依赖于事务 T_1，事务 T_3 读写依赖于事务 T_2，事务 T_1 写读依赖于事务 T_3（反依赖），形式上 3 个事务构成了一个环，因此这样的并发调度是非可串行化调度。这种数据异常显然不符合客户利益，容易引发纠纷，故需要通过打破环来解决这样的数据异常问题。

在分布式系统下，账户 X 和账户 Y 可以分布在不同的物理节点上，因此在分布式系统中，此类数据异常也存在。参考文献 [88] 在快照隔离的背景下，也对该种数据异常进行了描述，并指出参考文献 [113] 提出的"只读事务不会和其他并发事务构成数据异常"的结论是不对的，典型案例如表 1-5 所示。

总之，对数据异常的研究，无论是在单机系统下还是在分布式系统下，目前都处于研究阶段，尚缺乏系统化的研究和相关成果。

1.1.3　分布式数据库系统面临的问题

单机数据库系统为了应对事务故障和对事务进行管理，专门提供了 UNDO 日志、回滚段等措施，目的就是实现事务的回滚；为了应对系统故障，采用了 WAL 技术做日志，目的是先于事务进行持久化存储；为了应对介质故障，专门提供了逻辑备份、物理备份等多种手段，目的是在数据层面、日志层面和物理数据块层面实现数据冗余存储。

相对于单机数据库系统而言，除了上述问题外，分布式数据库系统面临着更多的挑战。这些挑战源自分布式数据库系统的架构，其和单机数据库系统不同，因而在技术层面上存在差异。

1. 架构异常

架构异常是指用户因数据库的架构而产生的数据异常，严格地讲，这不属于数据库系统领域的数据异常。从用户的角度看，事务一直在执行中，但是读写数据时产生了类似前述的顺序问题、数据异常等，本书统称这种异常为架构异常。架构异常和分布式架构相关，分布式架构包括一主一备架构、一主多备架构、多主多备架构等。在分布式架构中，前端可能都有一个类似代理（proxy）的组件面向用户提供透明的高可用服务，代理组件屏蔽了后端多个单机系统故障，所以在用户看来，分布式架构上的所有操作都是在一个事务中进行的，而因架构引发的异常也是数据异常。

如下讨论一种已知的架构异常，该架构异常会导致读取到的数据不一致。我们以 MySQL 的主备架构 Master-Slave[⊖] 为例进行说明（其他数据库的同类架构存在类似隐患）。此类不一致是这样产生的。MySQL 支持 Master-Slave 架构。假设在 Master 上执行事务 T，此时先按条件"score>90"进行查询，发现没有符合条件的事务，故成功写入 Binlog File 的数据，假设其为 95（事务提交），然后在复制的过程中宕机，导致复制失败。Master 重启时，会直接对数据 95 进行提交操作，之后 Master 会将数据 95 异步复制到 Slave。但

⊖ 2020 年，MySQL 官方把 Master-Slave（主 – 从）改名为 Source-Replica（源 – 副本）。

是，此时原来的Slave可能已经切换为主机并开始提供服务，比如新事务写入数据98，而原来Master上的95没有被复制到新Master上，这就会造成两台MySQL主机的数据不一致。

如果在主备MySQL服务前端还有一个代理服务器，对用户而言，这会屏蔽后台的主备服务，用户就会认为“只有一个MySQL”提供服务，因此数据95丢失对用户而言是不可接受的。

还有一种情况，如果代理服务器在原始的Master宕机后没有结束用户的事务 T，而是把事务 T 连接到原备机，并将原备机变更为新Master。这时，对于新Master而言，会发生两个事务，一个新事务 T_1 在一定WHERE条件下写入98，另一个是继续执行的原事务 T，若此时原事务 T 再次发起读操作（逻辑上还在同一个事务内），就会发现自己写过的数据95消失了，这对于用户而言是不可接受的。从分布式一致性的角度看，这违背了“Read-your-writes”（读你所写）原则。从事务的角度看，可能出现“幻读”，即再次按条件“score > 90”查询，额外读到事务 T_1 写入的98，所以出现了事务的数据异常。

与上述相似，官方对MySQL上出现Master-Slave之间数据不一致的情况，也进行了描述[㊀]。

如图1-5所示，如果把数据扩展到多副本，把读操作扩展到允许从任何副本读取数据，把写操作扩展到允许向任何副本写入数据，如果是去中心化的架构（即没有单一的全局事务管理机制）且发生了网络分区或延，则在事务一致性视角、分布式一致性视角下去观察数据的读或写操作，会发现存在更为复杂的问题。

Distributed algorithms and protocols[㊁]讨论了一种在多副本情况下，副本间数据同步与数据可见性的异常情况，其所用的示例如图1-5所示：足球世界杯比赛结果出炉，比赛结果经过Leader节点记录到数据库。事实结果是德国赢得了世界杯冠军。但是，数据从Leader节点同步到两个不同的Follower节点的时候，Alice和Bob同处一室，从不同的Follower节点上查询世界杯的比赛消息，结果Alice得知德国夺冠，而Bob却得到比赛还没有结束的消息。二人得到了不同的消息，产生了不一致。这也是分布式架构下因多副本支持Follower读带来的不一致的问题。

2. 分布式一致性和事务一致性

本节旨在引出一些问题，读者如果不了解基础的技术背景知识，或者暂不能理解下面提及的技术概念，那么无须纠结具体技术，只需了解这里提出的问题即可。为了帮助大家充分理解分布式系统中存在的问题，我们不妨做一个类比。

㊀ 更多信息可参考：http://bugs.mysql.com/bug.php?id=80395 和 https://mariadb.atlassian.net/browse/MDEV-162。

㊁ 参见 https://www.cl.cam.ac.uk/teaching/0809/DistSys/3-algs.pdf。

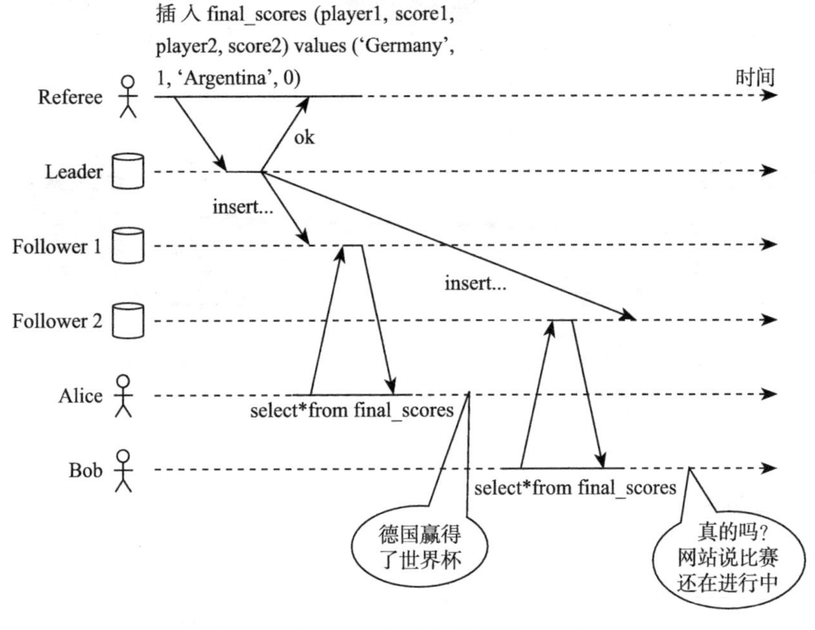

图 1-5 多副本异常图

若是世界上只有一个人，那么这个世界的关系是非常简单的，但是一旦有多个人，“社会”就会形成。其中，社会关系指的就是人与人之间建立的关系，这种关系会随着人的数量的增加而不断复杂化。这种复杂的社会关系与数据库结合到一起得到的就是分布式数据库系统，社会中的人就相当于分布式数据库系统中的一个物理节点或者一个物理节点中的一份数据副本。图 1-6 以一个 NewSQL 系统的架构⊖为例描述分布式数据库中存在的多个问题。

因为分布式数据库要存储海量数据，要对数据分而治之，所以引入了数据分片的概念。从逻辑的角度看，每个节点的数据都是一个或多个数据分片，但是数据库要满足“高可用、高可靠”以及在线实时提供服务的特性，因此每个数据分片就有了多个副本。数据多副本使得分布式数据库的“一致性”问题变得更为复杂。

我们从读和写两个不同的角度来感性了解一下分布式数据库中存在哪些不一致的问题。

首先，图 1-6 所示的分布式数据库系统存在 4 个数据分片——A、B、C、D，每个分片又存在 3 个副本，且每个分片的 3 个副本中有一个是 Leader，另外两个是 Follower（比如 Raft 分布式协议中的 Leader 和 Follower）。

⊖ 数据库系统的架构演进经历了 3 个阶段：一是单机系统，二是主－从架构系统，三是纯粹的分布式系统（如 NewSQL 架构系统）。其中主－从架构系统是为了实现数据库系统的高可用性而生的，因而早期的研究多集中在复制数据库（Replicated Database）（即主－从架构）方向，这个阶段一主多读架构成为流行架构。该架构应对了读多写少的需求（读多写少符合互联网的需求），这使得该架构在互联网早期大行其道。更多研究详见参考文献 [59，93，151，182，185，263，289] 等。NewSQL 架构则以去中心化架构为典型代表，如 Google IS Spanner 系统，见参考文献 [65，66]。

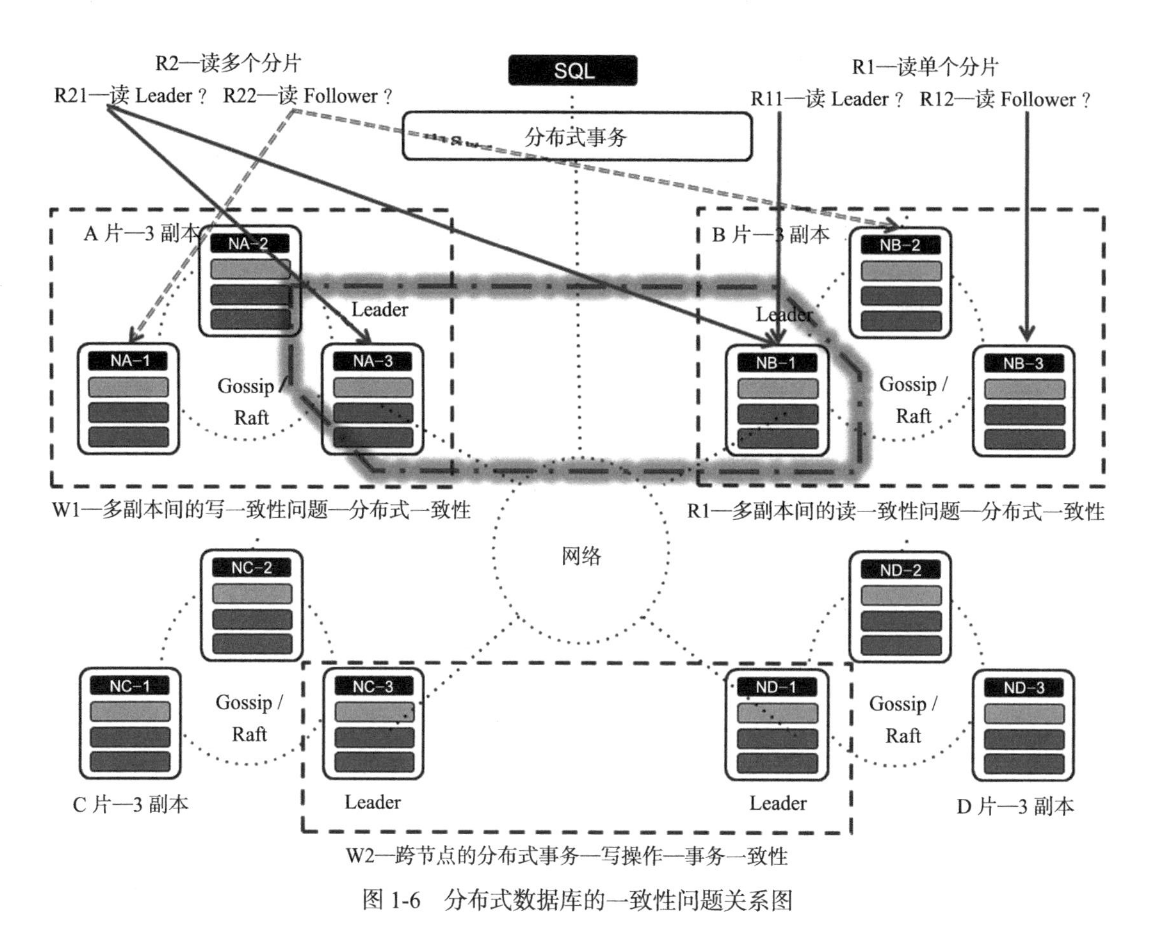

图 1-6 分布式数据库的一致性问题关系图

其次，对于写操作，图 1-6 所示有如下两种情况。

1）**写单个数据分片**——W1：在这种情况下，一个事务不能针对多个节点进行操作，所以这样的事务是典型的单节点事务，类似于单机数据库系统中的事务。写单个数据分片可以由单个节点上的事务处理机制来确保其具有 ACID 特性。为了实现写单个数据分片的数据一致性，可只使用数据库系统中的并发访问控制技术，如 2PL（Two-phase Locking，两阶段封锁）、TO（Timestamp Ordering，时间戳排序）、MVCC（Multi Version Concurrency Control，多版本并发控制）等。

2）**写多个数据分片**——W2：通过一个事务写多个数据分片，这就是典型的分布式事务了，此时需要借助诸如分布式并发访问控制等技术来保证分布式事务的一致性，需要借助 2PC（Two-phase Commit，两阶段提交）技术保证跨节点写操作的原子性。另外，如果需要实现强一致性（详见 5.6 节），还需要考虑在分布式数据库范围内，确保 ACID 中的 C 和 CAP[⊖] 中的 C 的强一致性相结合（即可串行化和线性一致性、顺序一致性的结合）。诸

⊖ CAP 是指一致性（Consistency, C）、可用性（Availability，A）、分区容错性（Partition Tolerance, P）。

如 Spanner 等很多数据库系统，都使用线性一致性、SS2PL（Strong Strict 2PL）技术和 2PC 技术来实现分布式写事务的强一致性。CockroachDB、Percolator 等分布式数据库则使用了 OCC 类的技术做并发访问控制来确保事务一致性（可串行化），并使用 2PC 来确保分布式提交的原子性，但它们没有实现强一致性，其中 CockroachDB 只实现了顺序可串行化。保证分布式事务一致性的技术还有很多，第 4 章将详细讨论。

对于写多个数据分片的情况来说，因为在每个数据分片内部存在多个副本，所以如何保证副本之间的数据一致性，也是一个典型的分布式系统一致性问题（第 2 章会详细讨论分布式系统的一致性问题，第 3 章会详细讨论多副本在共识算法加持下的一致性问题），著名的 Paxos、Raft 等协议就是用来解决分布式系统的多副本共识问题的。此种情况下，通常没有写操作会发生在图 1-6 所示的 A 的 Leader 和 B 的 Follower 这样的组合中。

如果一个系统支持多写操作，则多写会同时发生在多个数据分片的 Leader 上。

对于读操作，图 1-6 所示也有如下两种情况。

1）**读单个数据分片——R1**：如果一个事务只涉及单个节点，则这个事务读取操作的数据一致性一定能保障（通过节点上的事务机制来保障）。如果涉及多个节点，那么此时的 R1 就会被分为 R11 和 R12 两种读取方式。

- **R11 方式用于读取 Leader**：因为进行写操作时首先写的是 Leader，所以如果写事务已经提交，那么一定能够保证 R11 读取的数据是已经提交了的最新数据。如果写事务没有提交，那么此时 Leader 上若是采用 MVCC 技术，则 R11 读取的会是一个旧数据，这样的读取机制可以保证 R11 读数据的一致性；Leader 上若是采用封锁并发访问控制机制，则读操作会被阻塞直至写事务提交，因而在这种机制下 R11 读取的是提交后的值，从而保证读数据的一致性，换句话说，这种情况下，保证数据一致性依赖的是单节点上的事务并发访问控制机制。同时，这也意味着一个分布式数据库系统中单个节点的事务处理机制应该具备完备的事务处理功能。
- **R12 的方式用于读取 Follower**：读取 Follower 时又分为如下两种情况。
  - 在一个分片内部，主副本和从副本（即 Leader 和 Follower）之间是强同步的（Leader 向所有 Follower 同步数据并在应用成功之后向客户端返回结果）。这种情况下不管是读 Leader 还是读 Follower，数据一定是完全相同的，读取的数据一定是一致的。
  - Leader 和 Follower 之间是弱同步的（Leader 没有等所有 Follower 同步数据并应用成功之后，就向客户端返回结果），如采用多数派协议就可实现弱同步。此时 Leader 和 Follower 之间会存在写数据延时，即从 Follower 上读取到的可能是一个旧数据，但是因为事务的读操作只涉及一个节点，所以也不会产生读操作数据不一致的问题。这就如同 MySQL 的主备复制系统中备机可以提供只读服务一样。

2）**读多个数据分片——R2**：注意这种情况下的读操作会跨多个分片 / 节点，如果事务处理机制不妥当，会产生不一致的问题。而这样的不一致问题，既可能是事务的不一致，也可能是分布式系统的不一致。下面还是以图 1-6 所示为例进行介绍。假设只读取 A、B 两个数据分片，这时有如下 4 种情况。

- 读 A 的 Leader 和 B 的 Leader，这种情况简称全 L 问题。
  - 事务的一致性：如果存在全局的事务管理器，那么此时读多个数据分片的操作如同在单机系统进行数据的读操作，通过封锁并发访问控制协议或者 MVCC（全局快照点）等技术，可以确保读操作过程中不发生数据异常。因为其他事务的写操作会为本事务的读操作带来数据不一致的问题，所以通过全局的并发访问控制协议（如全局封锁并发访问控制协议等技术），能够避免出现事务层面的数据不一致问题。但是，如果没有全局的并发访问控制协调者，则容易出现跨节点的数据异常，所以需要由特定的并发访问控制协议加以控制。
  - 分布式系统的一致性：这类问题只在“读 A 的 Leader 和 B 的 Leader”这种结构中存在，分布式数据库需要通过实现“强一致性”来规避因分布和并发带来的分布式事务型数据系统的一致性问题。具体可能出现的问题会在第 2 章介绍。
- 读 A 的 Leader 和 B 的 Follower，这种情况简称 LF 问题。B 的 Leader 和 Follower 之间存在时延，即传输存在时延，从而带来主备复制之间的数据不一致问题。如果支持“读 A 的 Leader 和 B 的 Follower”这样的方式，需要确保所读取的节点（A 的 Leader 节点、B 的 Follower 节点）上存在共同的事务状态。
- 读 A 的 Follower 和 B 的 Leader，这种情况简称 FL 问题。问题的分析和解决方法同上。
- 读 A 的 Follower 和 B 的 Follower，这种情况简称全 F 问题。问题的分析和解决方法同上。

若是在读数据时，同时存在事务的一致性和分布式系统的一致性问题，那么就需要通过强一致性来解决。

总体来说，事务的一致性是因并发的事务间并发访问（读写、写读、写写冲突）同一个数据项造成的，而分布式一致性是因多个节点分散、节点使用各自的时钟，以及**没有对各个节点上发生的操作进行排序**造成的。

1.2 分布式理论

分布式系统是建立在网络之上的软件系统。正是因为分布式系统是由软件在硬件基础上构建的，且具有软件特性，所以分布式系统具有高度的内聚性和透明性。因此，网络和分布式系统之间的区别更多地表现在高层软件（特别是操作系统）方面，而不是硬件[⊖]方面。

分布式系统需要解决的一个核心问题是，观察数据时如何保障一致性的问题，此类问题即分布式一致性问题。而分布式一致性存在多种情况，这些情况统一由一致性模型

⊖ 关于分布式系统的更多信息可参考：https://baike.baidu.com/item/ 分布式系统 /4905336?fr=aladdin。

（Consistency Model[一]）表示。常见的一致性有线性一致性、顺序一致性、因果一致性等。

而一致性模型包括的一致性，从强度的角度可以分为两种：一种是强一致性，另外一种是弱一致性（见参考文献 [286]）。其中，线性一致性和顺序一致性属于强一致性，其他的属于弱一致性，但弱一致性相对又有强弱之分。

CAP 理论提出，在分布式系统环境下，为了应对不可避免的网络分区事件的发生，常牺牲数据的一致性来换取服务可用性；或者为了保证数据的强一致性而牺牲可用性。

BASE[二]理论是牺牲了强一致性而采用了弱一致性中的最终一致性模型，目的是换取服务的持续可用。

CAP 的作者在 2012 年[三]和 2017 年[四]提出 C 与 A 还是有机会在一定条件下共存的。CAP 和 BASE 理论在分布式系统领域影响深远。分布式和事务型数据库结合，使得分布式数据库中的强一致性和事务一致性被再次重视。因为在数据库层提供强大的分布式一致性和事务一致性融合的服务，能够减轻应用层研发者的负担（减少或避免出现数据异常，即避免不一致性问题出现），不需要应用层研发者精通分布式一致性和事务一致性的全部语义，如此可极大简化应用研发的负担，提高工作效率。

下面将就上面谈及的具体内容进行详细讨论。

1.2.1 ACID、BASE 与 CAP 简析

ACID 是数据库事务处理的 4 个特性，本节不就其基本概念进行讨论，而是着重探讨 ACID、BASE 与 CAP 之间的关系。

BASE 是一个弱一致性模型，Fox 和 Eric Brewer 等在参考文献 [13] 中首次提出，目的是表达与 ACID“相反”的语义，以帮助在不稳定的网络环境下构建分布式系统，容忍分区发生。

- Basically Available：基本可用，是指一个分布式系统在分区发生时，依然能对外提供部分服务。
- Soft state：软状态，是描述分布式系统健壮性的一个词语，其允许系统中的数据存在中间状态，而此中间状态不会影响系统的整体可用性，例如允许分布式系统在不同节点的数据副本之间进行数据同步的过程**存在延时**（即允许某些时刻数据存在不一致但要满足最终一致性）。
- Eventual consistency：最终一致性，描述系统中所有的数据副本在经过一段时间后，最终能够达到一个一致的状态，即不需要实时保证系统数据的强一致性。

如上三者使得一个分布式系统的多个组件之间协作不再强耦合，弱耦合会使系统成为一个异步系统，这样理论推导和工程实现会变得简单。

[一] 关于一致性模型的更多信息可参考：https://en.wikipedia.org/wiki/Consistency_model。

[二] BASE 即基本可用（Basically Available, BA）、软状态（Soft state, S）、最终一致性（Eventual consistency, E）。

[三] 参见 *CAP Twelve Years Later: How the Rules Have Changed*。

[四] 参见 *Spanner, Truetime and the CAP Theorem*。

Eric Brewer 在 1997 年发表的参考文献 [13] 和在 2000 年的 PODC 会议 [8] 上对 ACID 与 BASE 进行了对比，如图 1-7 所示。BASE 相对于 ACID，弱化了强一致性的要求，把可用性提到最高程度，这使得系统的设计更为简单；而缺少事务处理，则使得基于 BASE 的系统运行速度更快。

ACID	BASE
• 强一致性	• 弱一致性
• 隔离性	• 可用性排第一位
• 聚焦在“提交”阶段	• 最高效
• 嵌套的事务	• 近似（满足一致性）的数据是允许的
• 可用性?	• 积极的（乐观的）
• 保守的（悲观的）	• 简化
• 难演进（比如有模式）	• 更快
	• 易演进（比如业务无模式，即无 schema，更容易演进）

图 1-7 ACID 和 BASE 对比图

对于数据库事务处理的 ACID 特性，Eric Brewer 有如下观点（见参考文献 [5]）。

- **原子性（A）**：原子性操作对任何系统都是有益的，在网络分区发生时，在考虑分区各侧可用性的时候，是需要保持各侧操作的原子性的。满足 ACID 定义的、高抽象层次的原子操作会简化分区恢复的处理复杂度。
- **一致性（C）**：ACID 中的 C 指的是不能破坏任何数据库的约束，如键的唯一性约束；也不能出现某个隔离级别不允许发生的数据异常。而 CAP 中的 C 仅指 one-copy（效果类似作用在单副本上）上的分布式一致性和事务一致性，因此其与 ACID 的一致性有交集。但是，在旧的观念中，事务 ACID 的一致性不可能在分区过程中保持（跨分区的事务），因此分区恢复时需要重建 ACID 的一致性（比如使用异步方式同步数据）。另外，分区期间也许不能维持某些不变性约束，所以有必要仔细考虑哪些操作应该禁止，分区后又如何恢复这些不变性约束。
- **隔离性（I）**：如果系统要求具备 ACID 中的隔离性，那么它在分区期间最多可以在分区一侧维持隔离性。跨分区的事务可串行性要求全局通信，因此这种隔离性在分区发生的情况下不能成立。在分区恢复时，通过补救办法可确保在分区发生之前和之后保持一个较弱的正确隔离性。
- **持久性（D）**：尽管开发者有理由（持久性成本太高）选择 BASE 风格的软状态来避免实现持久性，但是放弃持久性没有意义，其道理和保持原子性一样。让分区两侧的事务都满足 ACID 特性会使得后续的分区恢复变得更容易，并且可为分区恢复时进行事务的补偿工作奠定基础。

BASE（上述内容并没有充分展示出 BASE 和 ACID 之间的本质差异）被用于构建大型高可用、可扩展的分布式系统，如 NoSQL 系统。在 BASE 理论的基础上，Eric Brewer 进一步提出了 CAP 理论。

1.2.2　CAP 分布式理论

1. CAP 历史与发展

CAP 理论，始于 1997 年，Eric Brewer 等发表的参考文献 [13]，其概念被周知于 2000 年，被证明于 2002 年。这一个时间段，正值互联网兴起，传统的关系型数据库理论提出的 ACID 已不能满足互联网业务发展对高可用性的需求，因此引发了人们对大型互联网业务系统应该具备什么属性的思考。因而由 20 世纪 90 年代之前已经成型的 ACID 的 C 出发，于 20 世纪 90 年代末发展出 CAP 的 C，也就是说，ACID 中的 C 是 CAP 中 C 的出发点，也是 C 概念的基本落脚点。

但是，CAP 中的 C 在 2002 年被 Seth Gilbert 和 Nancy Lynch 定义为外部一致性（本书统一称为分布式一致性，见参考文献 [211]㊀）。因此，如何理解一致性成为重点。对 CAP 的 3 个特性的常规理解如下。

- 一致性：读一个数据项，应读取㊁到最新的值。参考文献 [211] 把 C 定义为基于原子数据对象的原子一致性，而此一致性表达的含义为“读操作未能立即读到此前最近一次写操作的结果，但多读几次还是获得了正确结果。所有对数据的修改操作都是原子的，不会产生竞态冲突㊂”。
- 可用性：每个系统访问的请求都收到成功或失败的响应。
- 分区容忍：系统中任意消息的丢失或传输失败，都不影响系统的继续运行。

这 3 个属性之间，分区是不可避免的，因此分区容忍是必须要满足的。一致性和可用性在分区事件存在的前提下只能二选一。图 1-8 是 Eric Brewer 在 2000 年的 PODC 会议上首次提出的 CAP 猜想图。

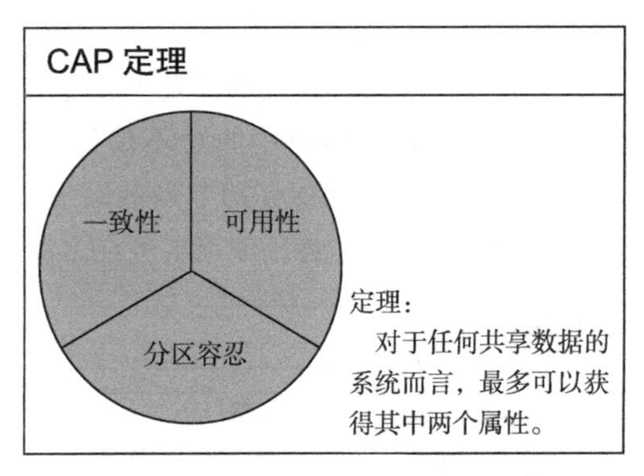

图 1-8　首次提出的 CAP 猜想图 [8]

CAP 理论的发展可分为如下 3 个阶段。

㊀ 参考文献 [211] 中的描述：Discussing atomic consistency is somewhat different than talking about an ACID database, as database consistency refers to transactions, while atomic consistency refers only to a property of a single request/response operation sequence. And it has a different meaning than the Atomic in ACID, as it subsumes the database notions of both Atomic and Consistent.

㊁ CAP 中的 C 是从“读取”数据的角度出发来讨论一致性的。这种一致性在本书第 2 章中被定义为**次序一致性**。但是对于分布式事务型数据库而言，因需要支持事务，这种一致性进一步升华为**分布式事务一致性和分布式一致性的融合，此融合在本书称为严格可串行化**。在参考文献 [29] 中，严格可串行化又被称为 strong (or strict) one-copy serializability，在参考文献 [65] 中被称为外部一致性（external consistency）。请注意，该一致性融合了线性一致性（参见 2.3.1 节的讨论）和可串行化。

㊂ 更多信息可参考：https://zh.wikipedia.org/wiki/ 中的内存一致性模型内容。

- 第一个阶段：**CAP 被提出**。Eric Brewer 在 1998 年发表文献 [13] 提出 CAP⊖后，又于 2000 年在 PODC 会议上提出了 CAP 假定，称为 Brewer 猜想（见参考文献 [8]）。这个猜想提出分布式系统的 3 个属性——一致性、可用性、分区容忍，合称 CAP。
- 第二个阶段：**CAP 被证明并被应用**。Seth Gilbert 和 Nancy Lynch 在 2002 年发表了对 Brewer 猜想的正式证明（见参考文献 [211]），并给出了一个定理，Brewer 猜想演变为 CAP 定理，又称布鲁尔定理。此后引发了**分布式系统的架构需要遵守“三个属性只能选二个”的认知**。这对分布式系统的构建产生了巨大影响，尤其是对 NoSQL 系统。互联网等行业基本遵照 CAP 理论，并且多数选择以 AP 方式构建 Web Services 等大型联机分布式系统。
- 第三个阶段：**重新认识 CAP**。对于 CAP，多方有着不同的意见，批评者指出 CAP 不是适用于所有分布式系统的理论，支持者则修正或更精准地重新描述了 CAP 的内容。

下面我们就来详细了解上述这三个阶段。

第一阶段，Eric Brewer 提出了分布式环境下的三个系统属性。

在 CAP 这个猜想中，Eric Brewer 针对 C 指出，其指的是单拷贝（one-copy）情况（是逻辑上唯一的一份数据），其实质讨论的是“单逻辑写操作发生后，读操作是不是因为分区事件发生而不能读到数据”。如图 1-9 所示，左侧是不能容忍分区发生的情况（即无分区事件发生），其典型案例是单节点（单逻辑节点）的数据库不能容忍分区情况发生；右侧是容忍分区发生时（即有分区事件发生），舍弃可用性的情况，其典型案例是分布式数据库。对于分布式数据库，CAP 中的 C 不仅是数据库系统中事务特性 ACID 中的 C，还是分布式数据库中每份数据需要保证跨节点的写事务在成功之后读操作能满足一致性，而节点的写事务在失败之后读操作能读取写事务在之前的最新数据，从而确保满足一致性。

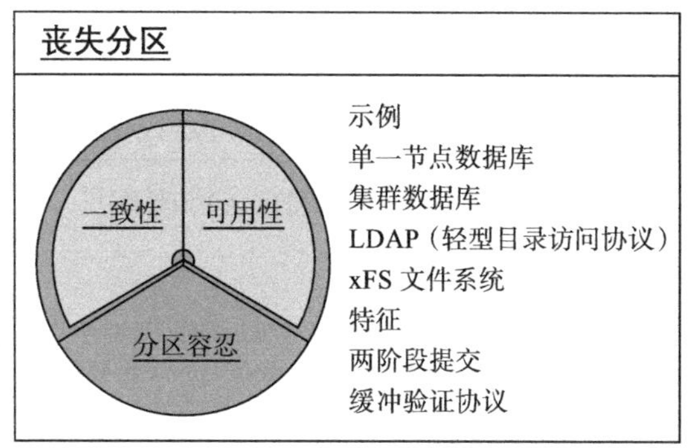

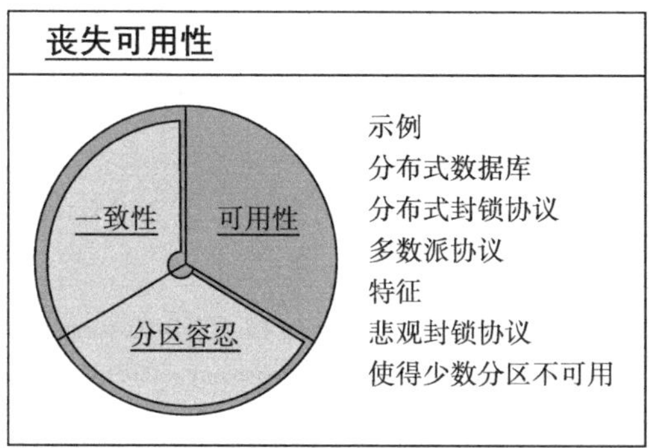

图 1-9 一致性的初始含义图

⊖ Eric Brewer 是基于 Web Services 类系统提出 CAP 假定的，但作者在提出 CAP 之时就思考、对比过其假定与数据库系统的不同之处。因此 Eric Brewer 是考虑过 CAP 对数据库系统的影响的，但是由于研究范围有限，尤其是没有深入研究分布式数据库系统的事务处理子系统，因此 CAP 提出之际没有深入、全面地论述其对数据库的影响。

尽管 Eric Brewer 认为分布式系统中 C、A、P 这 3 个属性只能确保其中的 2 个，但是他认为，相比于可用性，数据库的一致性更重要。可惜这个观点被后人忽略了。

另外，Eric Brewer 限定了 CAP 强一致性、高可用性、分区复原的范围。

- 强一致性：在个单拷贝（不是多个副本中的单个副本）上具有 ACID 语义的一致性。这是一个逻辑上的概念（系统实现时为确保高可用，每一份数据会有多个副本，这导致保证强一致性更为复杂）。强一致性适用于有更新操作的应用。
- 高可用性：高可用性可通过数据冗余提供，例如多副本的数据复制。如果某个给定的数据总是能有一定个数的副本存活且能提供服务，则说明该数据服务具有高可用性[⊖]。
- 分区复原：分区发生后复原，整个系统可以在多数据副本之间恢复数据。

然后，Eric Brewer 又提出**强 CAP 理论**，并对选 CA 舍弃 P 的情况采用分布式事务语义进行举例，这意味着没有分区发生则一致性和可用性都可以得到保证。选 CP 舍弃 A，则一些分布式事务操作应被阻塞直至分区复原，这样一致性可以保证但可用性丢失。选 AP 舍弃 C，适用于 HTTP Web 缓存类应用。

所以，在 1999 年、2000 年时，Eric Brewer 认为 CAP 是适用于分布式数据库的。

第二阶段，CAP 理论被证明。

对于一个异步网络模型，Seth Gilbert 和 Nancy Lynch 采用反证法证明了 CAP 定理 1（见参考文献 [211]）。这个定理表明分区事件发生，可用性和一致性不能兼得。

CAP 定理 1：在一个异步网络模型中，所有的配对操作执行时（包括消息丢失），读写一个数据对象要想同时确保可用性、原子一致性是不可能的。

对于一个部分同步网络模型，Seth Gilbert 和 Nancy Lynch 证明了 CAP 定理 2（见参考文献 [211]）。这个定理表明分区事件发生，可用性和一致性不能兼得。

CAP 定理 2：在一个局部网络模型中，所有的配对操作执行时（包括消息丢失），读写一个数据对象要想同时确保可用性、原子一致性是不可能的。

在参考文献 [211] 中，一致性被定义为 atomic/linearizable consistency[⊜]（原子 / 线性一致性）。这和 ACID 中的 C 有所不同。这就引发一个问题：**在分布式数据库中，一致性应该如何定义？**

分布式系统由多个物理节点和节点间的网络组成，每一个部分在无故障的情况下可正常工作，系统的可用性和一致性都能被保证。

⊖ 注意，这是在同一数据层面上提供的可用性，而同一数据被维护在不同的节点上，所以可称之为节点可用性。但如果同一份数据的所有副本都发生故障或者发生分区事件，则其会彻底丧失高可用性。而同一份数据的部分副本 / 节点发生故障或者发生分区事件，则可维持一定的可用性（但需要考虑发生故障的副本 / 节点数目的占比）。

⊜ 原文：There must exist a total order on all operations such that each operation looks as if it were completed at a single instant. This is equivalent to requiring requests of the distributed shared memory to act as if they were executing on a single node, responding to operations one at a time.

但是因为出现一些故障，如节点故障、网络故障，所以使得有些节点之间不再连通。当整个网络分成几块区域（分区）时，数据就有可能散布在那些不连通的区域中。若一个数据项只在一个节点中保存，当分区出现后，则节点不连通或此节点故障，就会引发访问不到这个节点上的数据的问题，这种分区就属于不可容忍的分区。而提高分区容忍性的办法之一是，一个数据项提供多个副本[㊀]，在发生分区后（单副本故障或单副本的网络故障），系统中尚有其他副本可读，从而使分区容忍性得到提高。但是，多副本之间要同步数据，就会为分布式系统中的数据一致性问题带来更大挑战（对于外部一致性来说，还需要考虑副本间数据同步的问题）。

为了保证数据的一致性，每个写操作都需要写全部节点成功，整个写操作才算成功，只有通过这种强同步的方式才能保证写操作写入的数据具有一致性，以及之后读操作读到的数据具有一致性。

同步数据的方式会让等待现象发生，而等待又会带来可用性的问题（时延）。为了提高性能，数据同步的过程应被优化，如采用分布式一致性协议 Paxos 或异步式主备复制技术等。

总之因为分区，我们不得不容忍多副本的情况发生。数据的副本节点越多，分区容忍度越高，但需要同步的数据就越多，保证数据一致性的难度就越大。为了保证数据一致性，有相同副本的节点间同步数据需要的时间就越长，可用性自然越低。

第三阶段，对 CAP 提出质疑。

对 CAP 的质疑主要包括如下几点。

- CAP 没有界定适用的范围，适用情景显得模糊混乱，如分区容错概念就容易产生误导。
- 不适用于数据库事务架构（非 NoSQL 系统）。
- 应该构建不可变模型，避免 CAP 的复杂性。

典型的质疑是，Michael Stonebraker 在 2010 年发表的参考文献 [9][㊁]，他指出 CAP 不适合用于分布式数据库系统。Stonebraker 认为，不只是 CAP 理论提及的多节点会因网络分区造成错误，在数据库中还有很多因素会造成错误，比如如下这几个。

- **应用程序错误**：应用程序执行一个或多个不正确的更新。对于这样的错误，数据库必须有良好的备份恢复机制，以允许数据库在任何点上做恢复。
- **可重复的 DBMS（数据库管理系统）错误**：DBMS 在处理节点上崩溃。用副本在处理节点上执行相同的事务将导致备份崩溃。
- **不可重复的 DBMS 错误**：DBMS 崩溃了，但副本很可能没问题。
- **操作系统错误**：操作系统在一个节点上崩溃，如某操作系统经常出现的著名的“蓝屏”现象。

㊀ 需要注意，对于 CAP 中的 C，Eric Brewer 的本意是单拷贝一致性而不是单副本下的一致性。其在参考文献 [5] 中给出的原文是：the C in CAP refers only to single - copy consistency。

㊁ 参见 https://cacm.acm.org/blogs/blog-cacm/83396-errors-in-database-systems-eventual-consistecon-and-the-cap-theorem/fulltext?mobile=false。

- **本地集群中的硬件故障**：包括内存故障、磁盘故障等。
- **本地集群中的网络分区**：局域网失败，节点不能互相通信。CAP 系统中的 P 包含这个错误。
- **灾难**：本地群集被洪水、地震等毁灭，群集不再存在。
- **将集群连接在一起的 WAN 中的网络故障**：WAN 有故障，集群不能互相通信。

在这些错误中，应用程序错误和可重复的 DBMS 错误一旦发生，一定不能保障系统的可用性，多副本的复制技术无助于解决问题。灾难发生，一个集群中的所有硬件、数据等都会遭到破坏，也就不能具备可用性。即 CAP 理论不能用于指导解决这些问题。

Stonebraker 还认为，在局域网环境下网络是可靠的，分布式数据库系统应该选择 CA，这样其实就是 CAP 都可满足。在 WAN 中有足够的冗余设计，分区事件是非常少见的，而一旦发生分区，则可以选择多数节点中的部分可用节点继续提供服务，用算法实现此点是容易做到的，所以此种情况下放弃一致性是不明智的。综上，他认为 CAP 理论是存在问题的。

2. 对 CAP 的新认知

2012 年，Eric Brewer 对 CAP 的传统认知（见参考文献 [5]）包括可能会被误解或误用的“三个属性只能选二个”的概念，以及 CAP 的 C 与事务特性 ACID 的 C 之间存在不同定义等进行了澄清。他认为，实际上只有“在分区存在的前提下呈现完美的数据一致性和可用性”这种很少见的情况是 CAP 理论不允许出现的。他还认为，软件设计者仍然需要在分区的前提下对数据一致性和可用性做取舍，但具体如何处理分区和恢复一致性，有着许多的变通方案。新的设计应该考虑如何规划分区期间的操作和分区之后的恢复，这样有助于设计人员加深对 CAP 的认识，突破过去由于 CAP 理论的表述（不当或至少是不甚清晰）而产生的误解。而对于 CAP 中的 C，Eric Brewer 认可了外部一致性的表述（所有节点访问同一份最新的数据副本）。

但是，Eric Brewer 依旧认为，CAP 的正确性没有发生变化，其适用的场景依然存在。Eric Brewer 从 CAP 和网络延迟的关系出发，讨论了如下问题。

- 系统需要在某段时间内识别出分区是否发生。分区的节点进入分区模式是优化 C 和 A 的核心环节。
- 分区发生后，分区的每一侧是否在没有通信的情况下继续可用？现实场景如 Yahoo! 的 PNUTS 系统在分区发生时，通过放弃强一致性来避免因保持数据一致性而带来的高延时（以异步的方式维护远程副本，这会带来数据一致性的问题）是有现实意义的。

之后 Eric Brewer 指出，即使是实现强一致的分布式数据库系统，在单一数据中心内出现分区的概率也极小，但毕竟还是存在的，所以分布式数据库系统还是需要考虑如何在 C 和 A 之间进行取舍。放弃一致性的代价较大，其核心是“并发更新问题”，在系统中可能会有较多的不变性约束。如果选择了可用性，需要在分区结束后恢复被破坏的不变性约束，这就要求必须将各种不变性约束一一列举出来，这样的工作挑战性大且容易犯错，所以考虑如何实现“分区后的恢复”以解决“分区两侧的状态最终必须保持一致，且必须补偿分区期间产生的错误”是必要的（这就回到了BASE中提及的最终一致性上）。

Seth Gilbert和Nancy Lynch在2012年所写的论文（见参考文献[12]）中再次论述了CAP理论。首先，论文中讨论了衡量理论价值的3个指标。

- **安全性**：若一个算法能确保有更糟糕的事情发生时尚能应对，则可认为此算法是安全的。一致性（外部一致性）就是一个保证安全性的属性。
- **存活性**：若不管有什么事情发生，一个系统一直都具备一定的存活能力，则可认为该系统具有存活性。分布式系统的可用性就是一个保证存活性的属性。
- **不可靠性**：很多因素会造成系统的不稳定、不可靠，诸如网络分区、操作系统宕机、数据库系统宕机、消息丢失、恶意攻击等。

论文认为，从上述这3个抽象的衡量指标看，CAP提出的“三个属性只能选二个”的概念是合适的。

其次，论文讨论了一致性所依赖的服务场景，共包括如下4种。

- **琐碎的服务**（trivial services，本书称之为无协调的服务）：有些服务是微不足道的，因为它们不需要服务器之间相互通信以协调达成一致。例如，如果服务返回π小数点后100位的值，这是不需要服务器之间进行协调的。无协调类的服务不在CAP定理的范围内。
- **弱一致性服务**（weakly consistent services）：天然适合CAP的场景，如分布式Web缓存就是一个典型例子。
- **简单服务**（simple services）：此类服务具有顺序发生的语义，所以用集中的服务器维护某个状态时，每个请求会按顺序处理，状态更新后对应的读响应也会具有顺序特性（写后立即读能读到最新写入的结果值）。简单服务适合CAP的场景。此类服务是原子性的，从客户的视角看，这就好像所有的操作均由一个集中的服务器执行。弱一致性（如会话一致性、因果一致性等）归属于此类服务。
- **复杂服务**（complicated services）：具有复杂语义，其特征是非顺序化、需要有多样的交互和协调，如数据库的事务语义，CAP不关注这些情况。

论文中给出了新的CAP定义：In a network subject to communication failures, it is impossible for any web service to implement an atomic read/write shared memory that guarantees a response to every request.（在通信失败的网络中，任何Web服务都不可能通过实现原子读/写共享内存来保证对每个请求的响应。）

此定义缩小了CAP的适用范围，并且表明：在受通信故障影响的网络中，任何Web服务都不可能保证每个请求响应的原子读/写共享内存。这个定义把分布式数据库排除在外[⊖]。但是，**分布式数据库的架构设计依然需要考虑分区发生时如何应对以确保一致性（分布式一致性和事务一致性）**。

⊖ 注意：不意味着CAP不适用于分布式数据库。

3. CAP 过时论

Martin Kleppmann 在 2015 年撰文[一]对 CAP 进行了较为深入、细致的分析，对一些概念进行了比较，甚至对 Eric Brewer 和 Seth Gilbert、Nancy Lynch 论述的内容的差异进行了比较，指出现有的分布式系统的研究基本上是集中在 20 世纪 90 年代，过时已久[二]。他还建议将 CAP 归入历史，不应再用于指导分布式系统的设计。而分布式系统的设计和时延 / 延迟有关，可以证明的是：在不使操作延迟与网络延迟成比例的情况下，某些级别的一致性是不可能实现的。

Martin Kleppmann 认为，对于分布式系统来说未来可研究的热点是：

- 对不同并发控制和复制算法的**延迟的概率分布**建模；
- 对更明确的**分布式算法的网络通信拓扑**建模。

Martin Kleppmann 期望更严格地讨论不同的一致性层次对性能和容错性的影响；期望通过采用简单、正确和直观的术语，指导应用程序开发人员使用最适合场景的（存储）技术[三]。

1.2.3 PACELC 理论和 CAP 新进展

在 WAN 环境中，网络的不可靠性大，同时满足 CA 是小概率事件。在现代可靠的局域网环境中，分区事件是较少发生的，因此分布式系统满足 CA 是一个大概率事件。在这种条件下，更多值得讨论的不再是分区事件发生后如何，而是在分区事件没有发生的情况下，操作从开始到得到结果，中间过程的时延问题，即延迟。而在假定某一定量的时延是不允许的情况下，分区事件可被时延问题替代。

Daniel J. Abadi 针对分布式数据库在参考文献 [15] 和参考文献 [16] 中提出用 PACELC 替代 CAP。PACELC 的含义是：

- 如果发生分区事件（P），那么如何在可用性（A）和一致性（C）间选择？
- 否则（Else），即不发生分区事件，如何在延迟（L）和一致性（C）间选择？

PACELC 理论实质讨论了两种情况：第一种情况讨论了 CAP 理论，第二种情况讨论了无分区发生时因延迟带来的新挑战。但如果延迟的时间较长，延迟的现象类似于分区发生，处理延迟所面临的问题可能同样困难。

Daniel J. Abadi 尽管提出了 PACELC 理论，但没有给出适宜的解决办法[四]，也没有明确

[一] 参见 Martin Kleppmann 的 *A Critique of the CAP Theorem* (CoRR abs/1509.05393, 2015)。

[二] 原文：We have not proved any new results in this paper, but merely drawn on existing distributed systems research dating mostly from the 1990s (and thus predating CAP).

[三] 原文的描述是 the storage technologies。但在分布式系统中，只是单纯地理解为讨论的是数据的存储，这有些狭隘了，理解为“提供存储和计算的分布式系统”更为妥当。

[四] 原文：The tradeoffs involved in building distributed database systems are complex, and neither CAP nor PACELC can explain them all. Nonetheless, incorporating the consistency/latency tradeoff into modern DDBS design considerations is important enough to warrant bringing the tradeoff closer to the forefront of architectural discussions.

给出一致性的定义，没有分析一致性、可用性之间的关系。其理论的价值在于“全面”地提出了分布式数据库所面临的问题，这些问题需要更深入地细化和讨论。

2017年Eric Brewer发表论文*Spanner, Truetime and the CAP Theorem*，其结合同时实现了一致性和可用性的Spanner系统再一次讨论了CAP，指出：CAP定理关注的是100%可用性，而该论文讨论的是现实高可用性涉及的权衡问题（高可用但不是100%可用，分区依旧可能发生）。尽管有着很高的可用性（大于5个9的可用性，但是一旦分区事件发生，Spanner依旧遵循CAP理论选择了C放弃了A。

所以，从工程实践的角度看，实现尽可能高的可用性是分布式系统的目标，但在一致性和可用性选取上因系统而异。分布式数据库系统，通常会选择C而放弃100%的可用性，但分布式数据库系统的研发者则需要100%处理分区事件以提高系统的健壮性。

所以，目前的研究结果表明：**CAP/PACELC理论依旧适用于分布式数据库系统**。

1.3 分布式系统一致性的本质

分布式系统是不稳定系统，即事件的发生及产生的结果是不可确定的。出现不可确定有两个方面的因素：一是操作/事件发生需要感知和应答；二是系统部件存在发生故障的可能，包括1.1.2节讨论的各种故障。对于分布式系统，构建者总是期望系统在预期中运行而不是充满各种不可预期的事件及结果，所以总要发明出一些东西来预防、规范分布式系统的行为和结果。

有序化是一种有效的使分布式系统具备“确定性”的手段。有序化使得系统可预期，这是逻辑上的可预期。

分布式系统的一致性问题本质上是“有序”问题，这包括两个方面：一是伴随并发操作/事件的数据异常问题可通过排序来解决，而事务处理技术是使相关数据项具备原子性和隔离性（并发事务不受其他事务影响而保持结果满足特定隔离级别的期望）并以此来确定操作/事件间的“偏序”关系，进而在事务上累积起偏序或全序关系（事务具备全序关系则表示无异常）；二是分布式一致性为从系统外部确认发生在系统内的操作/事件的“偏序”或“全序”关系。因此，本节采用数学知识进一步阐述分布式一致性和事务一致性的本质。简单表述为：分布式一致性是为操作/事件定序，事务一致性是以多个操作/事件组成的事务定序。

分布式系统强调的是可用性和可靠性，这是物理上的一种有效的使分布式系统具备“确定性”的手段。怎么确保系统和服务持续可用？怎么确保系统和数据一直可靠有效？在分布式系统中这些也是重要的问题。通常的解决方式是，基于多副本技术来提供可靠性和可用性（多副本技术参见第3章）。

1.3.1 偏序与全序

在一个多进程或分布式架构的系统中，需要知晓事件和消息传递时的顺序关系，这涉及偏序和全序的概念。

偏序和全序是数学中的公理集合论中的概念。

偏序是指集合内在某种关系下只有部分元素之间是可以进行比较的。例如，复数集中并不是所有的数都可以比较大小，能比较大小的只是其中的一部分，所以“大小”就是复数集的一个偏序关系。其定义为：

设 R 是集合 A 上的一个二元关系，若 R 满足如下条件，则称 R 为 A 上的偏序关系。

Ⅰ 自反性，即对任意 $x \in A$，有 xRx；

Ⅱ 反对称性（即反对称关系），即对任意 $x, y \in A$，若 xRy，且 yRx，则 $x = y$；

Ⅲ 传递性，即对任意 $x, y, z \in A$，若 xRy，且 yRz，则 xRz。

全序是指集合内任何一对元素在某个关系下都是相互可比较的。例如，英语单词在字典中是全序的。其定义为：

设集合 X 上有一个全序关系，如果我们把这种关系用 $\leqslant$ 表示（不是数学中的小于等于），则下列陈述对于 $\boldsymbol{X}$ 中的所有 a、b 和 c 成立：

Ⅰ 如果 $a \leqslant b$ 且 $b \leqslant a$，则 $a = b$（反对称性）；

Ⅱ 如果 $a \leqslant b$ 且 $b \leqslant c$，则 $a \leqslant c$（传递性）；

Ⅲ $a \leqslant b$ 或 $b \leqslant a$（完全性）。

因为完全性本身也包括了自反性，所以全序关系必是偏序关系。但偏序关系在满足反对称性和传递性的条件下，不满足完全性。例如，自然数集中的整除关系为偏序关系但不是全序关系，因为不是任意两个自然数都能相互除尽。

分布式系统中的各种一致性，其本质就是在讨论多种不同的顺序关系（第 2 章将对此深入讨论）。分布式一致性可分为两种情况：一是结果一致性，二是次序一致性。偏序和全序表达的就是次序一致性，所以本段第一句话可修正为“分布式系统中的次序一致性，其本质就是在讨论多种不同的顺序关系”。并发事件怎么构成偏序或全序，是构建分布式系统时面临的挑战之一。

1.3.2　有序与并发

我们所处的世界 / 宇宙，是一个高度并发的分布式系统。在这个系统里，相关的、不相关的，一同向前发展。相关的存在交互，需要“有序化”来帮助我们理解 / 规范它们之间的关系，不相关的则一直“并发”向前。其中，衡量“相关关系”的一个逻辑是“序”，我们可将“时间”视为尺子对序进行度量，这个过程名词化后就是“一致性”。

在计算机范围内，首先提出数据一致性问题的是参考文献 [82, 83]。数据一致性随着对多处理器系统和并行计算模式的兴起与发展的研究而被提出。这里说的多处理器系统有如下两类。

- **紧耦合多处理器系统（tightly coupled multi-processor system）**：多个处理器访问同一个集中式的共享内存。
- **松耦合多处理器系统（loosely coupled multi-processor system）**：每个处理器都拥有各自的（本地）内存，并可以远程访问其他处理器的内存。

无论是在紧耦合还是松耦合的多处理器系统中，多个处理器以并发访问同一地址空间的方式进行通信，这使得因数据操作“相关”而带来数据一致性问题。这样的问题就是本书重点探讨的问题，即 1.1 节探讨的一致性问题。

在分布式系统中，影响一致性的有两个维度：一个是时间维度，另外一个是事件顺序维度。

时间维度是指时间系统对分布式系统的影响，这是一种直接的影响。这种影响主要体现在时延上。时延是指多个节点之间的时间值不同。而分布式系统需要一个统一的标尺，以衡量各个节点上发生的操作，这个标尺天然就是时间。为了同步多个节点之间的时间，需要用全局时钟校对每一个节点的时钟，以使分布式系统内的所有节点在时间层面保持同步。但是，同步并不是就意味着每个节点之间的时间值完全一样，而是可以存在一定的误差。这个误差值越小，就说明该时钟同步系统越精确。例如 Google 的 Truetime 系统误差在 7ms 之内，而通过 NTP[⊖]校对的分布式系统误差在 100ms 到 250ms 之间。

事件顺序维度是指事件的发生有其前后次序，但是事件发生后，观察者观察到的结果可能和原来的顺序相反。其实，事件的顺序也暗含“用时间做单调递增的标尺来考量事件之间的逻辑先后顺序”之意，即事件的顺序和时间紧密相关。而对于事件顺序的感知，是从一个观察者的角度进行的。这表明，**分布式系统的一致性实质是观察者对事件逻辑顺序的感知，但这种感知受到了分布式系统中单个节点基于本节点时间系统对事件发生的时间进行赋值的影响（时间的本意是单调有序的）**。

另外，对于分布式数据库来说，如果是基于封锁技术的，则不需要全局时间。而依据全局时间校对各个节点的时间并使之同步，意味着数据库会使用基于时间戳排序的并发访问控制技术来描述在不同节点上发生的并发操作之间的先后关系。如果分布式数据库要使用 MVCC 技术，就会因 MVCC 技术本身不考虑事务的顺序，而需要配合封锁技术或时间戳排序技术才能使用。Google 的 Percolator 采用了逻辑时间的方式（单调递增的全局事务号）来规避各个节点校对、同步时间的问题，因此如果采用类似 Percolator 的事务处理机制，则排序并发事务之间的提交次序可以使用基于时间戳的并发访问控制技术实现。第三篇会对 Spanner、Percolator、CockroachDB 等分布式数据库的事务处理机制进行深入分析。

如上所述，不管是应用封锁技术还是基于时间戳排序，都是在试图把相关的操作 / 事件有序化，让相关和不相关的操作 / 事件并发执行。

⊖ 参见 https://en.wikipedia.org/wiki/Network_Time_Protocol。

第2章 Chapter 2

深入研究一致性

分布式架构为分布式系统带来了复杂的分布式一致性问题，这样的问题分为两类：一类是对一个议题达成共识，如多副本数据同步的数据存储一致性，本章称之为**结果一致性**；二是因事件、消息发生顺序引发的和顺序有关的一致性问题，本章称之为**次序一致性**。结果一致性和次序一致性合称分布式一致性。

分布式系统和数据库管理系统结合，形成了分布式数据库系统。分布式数据库系统带来了分布式一致性与事务一致性的交叉问题，这类问题在本书中合称为分布式事务一致性，这也可分为两类：事务一致性和次序一致性交叉合称为**分布式事务读写一致性**；事务一致性和结果一致性交叉合称为**分布式事务存储一致性**。

为满足应用需求，人们常用廉价硬件构建稳定系统，并先后出现了单主单备、单主多备、多主多备、分布式、去中心化分布式等不同架构，这些架构蕴含了不同的一致性需求，包括上述的结果一致性、次序一致性、事务相关的读写一致性。而去中心化架构和大规模数据的计算需求以及新硬件的出现，促使存储和计算分离架构出现，还促使事务引擎和存储引擎分离、存储引擎和存储文件系统分离等多种细分架构出现。这些新架构融合了多种一致性，但又各有不同特征，所以本章专门开辟一节从架构的角度讨论一致性。

总体来看，本章将从对分布式一致性的常规认识开始，逐步讨论多种一致性的含义及其精确定义，然后讨论**分布式一致性**（**次序一致性、结果一致性**）和**分布式事务一致性**（**分布式事务读写一致性、分布式事务存储一致性**）之间的关系，然后从架构的角度入手探索一致性。第3章将对各种一致性的解决方法进行讨论。

2.1 概述

数据库管理系统（DataBase Management System，DBMS，以下简称“数据库”），是位于用户与操作系统之间的一层数据管理软件，功能主要包括数据定义、数据操纵、数据库的运行管理、数据库的建立和维护等（见参考文献 [19]）。

分布式数据库系统由分布于多个计算机节点上的若干个数据库系统组成，它提供有效的存取手段来操纵这些节点上的子数据库。分布式数据库在使用上可视为一个完整的数据库，而实际上它分散在处于不同物理位置的各个节点上。当然，分布在各个节点上的子数据库在逻辑上是相关的[⊖]。

分布式事务型数据库系统用于实现分布式事务处理功能。分布式事务处理技术与单机事务处理技术的不同之处是，面向的数据库系统是否为分布式的，是否引入了分布式系统的一致性问题。这类一致性问题需要与事务一致性问题一起考虑。分布式事务的重点在于 ACID 特性。所以，分布式事务的一致性是事务的一致性而非外部一致性，但需要考虑外部一致性的需求。

外部一致性的需求表现在这几个方面：分布式系统受**多节点分布、每份数据存在多个副本、各节点间存在时延、所有节点间存在分区**等问题的影响。在一个分布式系统中，读、写操作对于外部的客户端而言，需要实现外部一致性以满足客户端操作的逻辑一致性。

因为要结合数据库的事务处理模型、数据的事务一致性要求、分布式的外部一致性要求，所以分布式数据库的事务处理模型会变得更复杂，需要探索在外部一致性和事务一致性这两个需求下读、写操作之间的关系。为了在系统层面满足应用对数据库提出的高可用、高可靠的需求，分布式数据库的事务处理系统会变得更为复杂，需要探索不同层次的高可用性和分布式事务处理之间的关系，并解决各种故障，如节点上的事务故障、节点故障、分区 / 通信故障等。为了在系统层面满足用户对分布式数据库提出的高性能的需求，分布式数据库的事务模型需要抛弃集中式的全局事务处理机制，考虑去中心化的分布式事务模型。

对于分布式一致性来说，可简单分为如下 3 种类型（如果细分的话，可分为很多一致性，如顺序一致性、FIFO 一致性、会话一致性、单读一致性、单写一致性等）。

- 弱一致性（weak consistency）：当写入一个新值后，读操作在数据副本上可能读出来，也可能读不出来。比如搜索引擎，不能实时反映外界信息的真实情况。
- 最终一致性（eventually consistency，见参考文献 [27]）：当写入一个新值后，有可能读不出来，但在某个时间窗口之后要保证最终能读出来（“最终”的含义是所有相关的操作都完成后）。比如电子邮件系统，要保证收件人最终能够收到相关的邮件。
- 强一致性（strong consistency，见参考文献 [286]）：新的数据一旦写入，在任意副本中，在任意时刻都能读到新值。比如文件系统就是强一致性的。

这 3 种一致性都是分布式架构带来的一致性，这里的分类方式并不十分科学，但比较

⊖ 参见 https://baike.baidu.com/item/ 分布式系统 /4905336?fr=aladdin。

形象。这 3 种不同的一致性，也存在共性的地方，即对数据进行操作，都涉及修改数据，修改后的数据被存储，然后再被读取这 3 个关键节点。但是，在最后读取这个关键节点上，3 种一致性下读取数据的效果是不同的。强一致性确保写过的数据一定能被读到；弱一致不能确保写过的数据一定能被读到；最终一致性在达到“最终”之前可归入弱一致性，但比弱一致性略强一点，在历经一定时间并到“最终”时，得到了应得到的结果，这时又可等效于强一致性。从这 3 种一致性的归类来看，不同的一致性可以达到的目标或效果是不同的。

下面先简略讨论常见的一致性，然后对各种一致性的细节进行深入分析。

2.1.1 常见的分布式一致性

维基百科[⊖]讨论了几种常见的一致性，并对不同的一致性进行了定义（注意是在允许并发存在的情况下对一致性进行定义，即允许一定程度的并发事件发生）。

1. 严格一致性

严格一致性（strict consistency）是最强的一致性。在此类一致性下，任何处理器对变量的写入都需要所有处理器立即看到。这可以理解为存在一个全局时钟，在该时钟周期结束时，每个写操作都应反映在所有处理器缓存中，下一个操作只能在下一个时钟周期内发生。

这是一种理想的一致性，对于多个要读写同一个数据项的个体（此处假设为处理器）来说，一个个体修改了数据项则其他所有个体（这是并发的场景）在既定的时间内必须获知修改事件发生。而计算机的硬件体系结构中，一个时钟周期内处理器只能完成一个最基本的动作，一个时钟周期是一个最小的读写操作发生的时长，如果跨了两个时钟周期，则其他处理器（多处理器、多核体系结构）可能读到此数据项的不同值（写操作前、写操作后读到此数据项的不同的值），从而造成“不同个体读到不同的数据值”这样的不一致。

在上面的场景中，对比 Spanner 等分布式系统，会发现过程非常相似。Spanner 中的个体是用户，用户要读写数据；时钟周期是在时间轴上的不同时间段；时钟周期的长度对应着多节点间的网络时延。所以此处的一致性问题在本质上是对所有操作做全序排序的问题。

2. 顺序一致性

顺序一致性（sequential consistency）是一种比严格一致性更弱的一致性。在顺序一致性下，某一处理器对变量的写入，其他处理器不一定要立即看到，但是，不同处理器对变量的写入必须以相同的顺序被所有处理器看到（一个写操作的结果不能立刻被其他个体感知，但是对于其他个体来说，这个写操作的结果总是能确保被其他的个体以同样的顺序“知晓”，这样就确保了对同一个会话的结果的感知是一致的，即确保保持会话内的因果关系）。

⊖ https://en.wikipedia.org/wiki/Consistency_model。

就如 1979 年 Lamport 所说：若任何执行的结果都与所有处理器的操作以某种顺序执行的结果相同，并且每个单独的处理器的操作以其程序指定的顺序出现在该顺序中，那么就可以说这个过程满足顺序一致性。

严格一致性强调的是写事件的结果应该被其他个体立刻知晓（似乎没有时延，但是处于分布式结构中，没有不耗时的消息传递），而顺序一致性强调的是“会话**写事件**”发生后，需要避免多个观察者观察到不同的结果。因此，顺序一致性是指“会话内的写是有序的且会按该序被有序读到”，因而在顺序一致性下，其他多个观察者看到的结果是一致的。

如图 2-1a 所示，P1 和 P2 都写数据项 X，若 P3 和 P4 观察 X 的过程（两次读 X）和结果都是一致的（先读到 b 后读到 a），则说明该过程符合顺序一致性要求。如图 2-1b 所示，P1 和 P2 都写数据项 X，若 P3 和 P4 观察 X 的过程（两次读 X）和**结果是不一致的**（P3 先读到 b 后读到 a，P4 先读到 a 后读到 b），则说明该过程不符合顺序一致性要求。

P1:	$W(x)a$			
P2:		$W(x)b$		
P3:			$R(x)b$	$R(x)a$
P4:			$R(x)b$	$R(x)a$

a）符合顺序一致性

P1:	$W(x)a$			
P2:		$W(x)b$		
P3:			$R(x)b$	$R(x)a$
P4:			$R(x)a$	$R(x)b$

b）不符合顺序一致性

图 2-1 顺序一致性[⊖]

对于图 2-1 所示情况，若个体都是先读到 b 后读到 a，则认为该过程具备**顺序一致性。由此可见，在顺序一致性下，只关心所有个体（进程或者节点）的历史事件是否存在唯一的偏序关系，不关心 P1 和 P2 写数据项 X 的偏序关系**（尽管 P1 写 X 的值 a 在前）。在顺序一致性中，绝对时间无关紧要，事件的顺序是最重要的，即要保持一个会话内的因果序而不需要全系统遵守实时（Real-time）限制。

顺序一致性首先在参考文献 [84, 26] 中被定义，其中参考文献 [26] 给出了形式化的定义。

3. 线性一致性

线性一致性（linearizability，又称原子一致性）是 Herlihy 和 Wing 在 1987 年提出的，他们对线性一致性的描述是“can be defined as sequential consistency with the real-time constraint”（可以定义为具有实时约束的序列一致性）。这句话很重要，说明线性一致在考虑了时间的特性后还能够保证顺序一致性，所以线性一致性比顺序一致性更为严格。

对于线性一致性，大家可以参见参考文献 [183，193，26]。

线性一致强调操作是原子的，在一个原子操作发生时数据项被修改，之后（带有时间语义）的读操作都能够获取最新的被写过的数据项的数据值。

在分布式系统中，线性一致性强调的是在涉及多个节点且有多个事件发生时，不管是

⊖ 参见 http://regal.csep.umflint.edu/~swturner/Classes/csc577/Online/Chapter06/img06.html。

从哪个节点（副本）执行读操作，都能读到按实时顺序被修改后的值。

如图 2-1a 所示，*W*(*x*) *a* 先于 *W*(*x*) *b* 发生，则 P3 和 P4 只有读到的顺序为“*R*(*x*)*a* *R*(*x*)*b*”才符合线性一致性。所以，**线性一致性强调了实时排序（Real-time 序）的因素**。

线性一致的精确定义见参考文献 [183，193，194，26]。

4. 因果一致性

因果一致性（causal consistency）是顺序一致性的弱化，它将事件分为因果相关和非因果相关两类。它定义了只有因果相关的写操作才需要被所有进程以相同的顺序看到。

因果一致性的特别之处在于，需要保持**相关的事件**的逻辑顺序以便保证一致性。遵从会话内的因果一致性为顺序一致性。因果一致性，可参考文献 [178] 中定义的 happened-before 关系。

如图 2-2 所示，P3 和 P4 采用了同样的顺序（过程一致），却没有读到同样的值（结果不一致），这不符合顺序一致性，但是符合因果一致性。因为 P2 读取到 *a* 值后才写 *x* 为 *b* 值，而 P3 和 P4 都先期读到了 *a* 值。

P1:	*W*(*x*)*a*			*W*(*x*)*c*		
P2:		*R*(*x*)*a*	*W*(*x*)*b*			
P3:		*R*(*x*)*a*			*R*(*x*)*c*	*R*(*x*)*b*
P4:		*R*(*x*)*a*			*R*(*x*)*b*	*R*(*x*)*c*

图 2-2　因果一致性[⊖]

在分布式环境内，一个典型的例子是：创建一个用户，然后用此用户登录系统。这两个动作前后带有逻辑关系。如果从一个节点先进行登录，而该节点不知道用户被创建这个事实，则登录必然因用户不存在而失败，但事实上确实用户已经在另外一个节点上创建完毕，只是在这个节点上暂时没有获取到这个用户存在的事实（数据）。

5. 可串行化一致性

如果事务调度的结果（例如，生成的数据库状态）等于其串行执行的事务的结果，则事务调度是可串行化的，也就是其具有可串行化的一致性（Serializability），或者说事务具有一致性。

可串行化一致性是数据库范围内的事务一致性，其和分布式环境、并发环境下的一致性不同，它们也不可简单放在一起比较。但是，事务一致性和分布式一致性可以高度融合，成为新的一致性体系，对于这种一致性的研究目前尚在推进中。注意，在分布式数据库中，事务一致性常和分布式环境中的一致性交叉，对此需要仔细甄别（初步讨论参见 2.4 节）。

6. 强一致性

所谓强一致性（strong consistency）是指所有访问被所有并行进程（或节点、处理器

⊖ http://regal.csep.umflint.edu/~swturner/Classes/csc577/Online/Chapter06/img10.html。

等）以相同顺序（顺序）看到。

从并发的角度看，强一致性会使所有参与者观察到的结果相同。这是通过线性一致性和顺序一致性来保证的。

强一致性，更多是从一个系统外部的角度看并发系统的数据是否处于一致的状态。所以对于一个**分布式数据库系统**而言，强一致性需要保证：系统既要满足事务的可串行化一致性又要满足分布式系统的一致性（线性一致性或顺序一致性）。

7. 最终一致性

最终一致性（eventual consistency）是分布式计算中用于实现高可用性的一致性，它非正式地保证：如果对给定数据项没有新的更新，那么最终对该项的所有访问都将返回上次更新的值。

最终一致性服务通常被归类为提供BASE（基本可用、软状态、最终一致性），即基本语义的服务，而不是提供传统的ACID保证。

强一致性与最终一致性都是从一个系统外部的角度看并发系统的数据是否处于一致的状态。但在最终一致性条件下，在某些时间点上，可能存在不一致，随着时间的推移，最终会达成一致（比如多副本之间要达成一致，先让半数以上达成一致，**余者逐步达成一致**）。

2.1.2 科研情况一览

分布式系统的一致性主要包括线性一致性、顺序一致性、因果一致性等，更多精确定义见参考文献[21，26，27，28，29]等。

参考文献[26]中对非事务存储系统中的一致性进行了详细介绍，突出了非事务存储系统中多种一致性模型中微妙但有意义的差异。这有助于更好地理解非事务存储系统中一致性之间的联系与差异。详情可参见2.3节。

参考文献[22]中把非事务相关的一致性统一归为操作一致性，其中包含因果一致性、线性一致性等，并把操作一致性定义为“在多副本的分布式系统下，**单次读写操作**访问单个数据项时所能够满足的语义”，还把“操作一致性”分为两级——强一致性和弱一致性。强一致性通常被等同于线性一致性和顺序一致性，弱一致性则放松了线性一致性对读写操作“保持操作发生时的时间顺序的逻辑”的要求。

参考文献[22]中还分析了操作一致性和事务一致性之间的关系：

- 操作一致性是事务一致性实现的基础。
- 即使操作一致性得到了全面保障，也不能说明事务一致性会得到保障。
- 操作一致性是事务一致性的必要条件。

对于操作一致性的定义，存在的可讨论之处如下。

- 操作顺序：单次读写操作，是读在前还是写在前？如果是读在前，先读后写为什么会在多副本的分布式系统中在同一个数据项上发生不一致？之所以会发生不一致，是因为一部分副本先进行写操作，其他的副本虽然在这之后进行读操作，但写入的数据没有同步到其他副本，致使其他副本提供了旧值，进而造成最新的写结果不能被后发生的读操作读取。所以"单次读写操作"应该是"单次先写后读操作"。

- 单次的概念："单次"的含义是什么？在参考文献 [22] 中把非事务相关的一致性统一称为"操作一致性"，故"单次"必然不是针对一个事务的，即对于单次来说没有事务的概念。没有事务的概念意味着每个操作都是独立的，所以先发生的写操作和后发生的读操作是两个操作，不是单次操作。由上可知，"单次"不是指操作的个数。

对于操作一致性的合理理解应当是，"单个会话"内发生的先写后读两个作用在同一个数据对象上的操作，后面发生的读操作一定能够读取到前面的写操作写入的数据，所以对于多副本的分布式系统而言，要么区分主备副本且只在主副本上提供读服务，要么副本间必须强同步后才可以从任何副本上读取数据。但是，后者显然需要有事务功能的支持才能确保写多个副本时"要么成功要么失败"（至少是写多个副本时操作是满足 ACID 中的"原子性"的）。

参考文献 [29] 把分布式系统中的"单调读""单调写""因果一致性"等一致性归于" session guarantees"（会话保证），这意味着分布式系统下的一部分一致性问题是与会话（session）相关的。

对于操作一致性的另外一种理解是，"多个会话"发生了先写后读事件，此时需有机制确定不同会话间发生的事件的先后顺序，比如 Spanner 利用 Truetime 机制排序任何会话上发生的操作。

以上情况，均不是"单次"之意所能表达的。因此，本章将分布式系统涉及的一致性，统一称为分布式一致性，其中包括了强一致性的外部一致性，弱一致性的最终一致性。而分布式一致性有一部分一致性，如单调读、单调写、因果一致性等，更强调读和写操作，或者说读和写事件之间发生的顺序，这是一种逻辑关系。而表示顺序的逻辑关系的天然方式就是时间，因此一些系统利用时间对读和写事件的前后逻辑关系进行标识。另外，强一致性中诸如外部一致性，对于一系列的操作（如事务内的多个写操作）更多强调其操作序列的原子性，也强调在多副本下同步数据的原子性，只有原子性得到保障，才能进一步考虑分布式系统下的带有"前后关系的逻辑特性"。

对于分布式数据库系统（非 NoSQL 系统），根据 CAP 分布式原理，可以把因分布式系统对数据库的影响限制在较强的一致性上（顺序一致性、线性一致性等）。

参考文献 [261] 统一定义了多种一致性，并试图把分布式一致性和事务一致性进行结合（见图 2-3），但是这种结合还是着力在分布式一致性上，使得分布式一致性和事务一致性的结合只落脚在严格可串行化（strict serializability）上，参考文献中没有更深入探索如何把二者紧密结合，这类似参考文献 [29] 给出的关系，如图 2-4 所示（结合点只有一个，即严格可串行化）。

	相关性（相同项目）						一致性（不同项目）						会话保证		事务隔离							实时
	执行顺序 $\alpha(x) \prec_p \beta(x) \Rightarrow \alpha(x) \lhd \beta(x)$				写原子性 $w_1(x) \prec w_2(x) \lhd \gamma \Rightarrow w_1(x) \lhd \gamma$		执行顺序 $\alpha(x) \prec_p \beta(y) \Rightarrow \alpha(x) \lhd \beta(y)$				写原子性 $w_1(x) \prec w_2(y) \lhd \gamma \Rightarrow w_1(x) \lhd \gamma$		单调试图 $w \lhd r_1 \prec_p r_2 \Rightarrow w \lhd r_2$	依赖写 $w_1 \lhd r \prec_p w_2 \lhd \gamma \Rightarrow w_1 \lhd \gamma$	无依赖循环 $\alpha \in t_1 \lhd \beta \in t_2 \Rightarrow S(t_1) \lhd S(t_2)$			一致性读 $w \in t_1 \lhd r \in t_2 \Rightarrow WS(t_1) \lhd RS(t_2)$	可重复读 $w \in t_1 \lhd r \in t_2 \Rightarrow w \lhd RS(t_2)$	无依赖读 $w_1 \prec_p w_2 \in t_1$ $w_1 \lhd r \in t_2 \Rightarrow w_2 \lhd r \in t_2$	无中断读 $WS(t_1) \lhd RS(t_2)$ $t_2 \in T_C \Rightarrow t_1 \in T_C$	$\alpha \prec_r \beta \Rightarrow \alpha \lhd \beta$
	$w \prec r$	$w \prec w$	$w\,r \prec r$	$r \prec w$	$\prec_p$	$\lhd$	$w \prec r$	$w \prec w$	$w\,r \prec r$	$r \prec w$	$\prec_p$	$\lhd$			$WS \lhd WS$	$RS \lhd WS$	$WS \lhd RS$					
严格可串行化	√	√	√	√	√	√	√	√	√	√	√	√	√	√	√	√	√	√	√	√	√	√
可串行化	√	√	√	√	√	√	√	√	√	√	√	√	√	√	√	√	√	√	√	√	√	
SI	√	√	√	√	√	√	√	√	√	√	√	√	√	√	√	√	√[1]	√	√	√	√	
并发 SI	√	√	√	√	√	√	√	√	√	√	√	√	√	√	√	√	√[1]	√	√	√	√	
非单调 SI	√	√	√	√	√	√	√	√	√	√	√	√		√	√	√	√[1]	√	√	√	√	
单调原子试图	√	√	√	√	√	√	√	√	√	√	√	√	√	√	√	√		√	√	√	√	
可重复读	√	√	√	√			√	√	√	√					√	√			√	√	√	
读已提交	√	√	√	√			√	√	√	√					√	√				√	√	
读未提交	√	√	√	√			√	√	√	√					√							
线性化	√	√	√	√	√	√	√	√	√	√	√	√	√	√								√
顺序一致性	√	√	√	√	√	√	√	√	√	√	√	√	√	√								
总存储序列	√	√	√	√	√	√		√	√	√	√	√	√	√								
部分存储序列	√	√	√	√	√	√			√	√		√	√	√								
弱同步	√	√	√	√	√	√						√	√	√								
处理器一致性	√	√	√	√	√	√		√	√	√	√		√	√								
PRAM	√	√	√	√	√			√	√	√	√		√	√								
缓存一致性						√																
读已提交	√						√															
单调读			√						√				√									
单调写		√			√			√			√											
写读				√						√				√								

图 2-3 参考文献 [261] 中的分布式一致性和事务一致性的关系图[⊖]

⊖ 图中使用结果可见性来定义一系列共识和一致性。选中标记表示在一致性中被强制执行的约束。这里我们假设程序、会话和事务是等价的。注意，因为结果可见性是一个不变量，所以约束是可加的，不需要提前执行。因此，我们可以仅使用结果可见性来构造此表的列，从而简洁地表示各种排序保证。

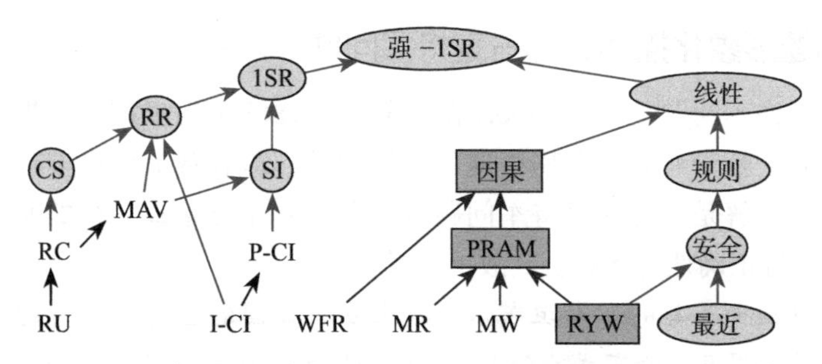

图 2-4　参考文献 [29] 中的分布式一致性和事务一致性关系图

在分布式架构中，物理节点是分离的，每个节点相对独立，节点间通过网络相连，全部独立的节点和网络构成一个完整的系统。

分布式架构中，实体对象有两类——物理节点和网络。物理节点存在失效（故障）的可能，网络也存在失效的可能。这两类对象的失效为分布式系统带来了可靠性、可用性方面的问题。即使不失效，网络上也存在时延的问题，时延为分布式系统带来了可用性方面的问题（参见 1.2.2 节）。

另外，分布式系统中并发事件间的顺序会引发一致性问题，这涉及不同的读、写操作对存储的数据项进行的并发操作，以及并发操作事件在数据项上体现出的对结果是否可读、何时可读的问题，这样的问题就是分布式架构为分布式系统带来的复杂的一致性——**分布式一致性**。本章开篇曾介绍过，分布式一致性又可分为**结果一致性（consensus，共识，一致的意见）**[⊖]**和次序一致性（consistency，一致的顺序）**，后者是本书讨论的重点。

另外，对于分布式事务型数据库，还有事务的一致性问题，这将在 2.4 节讨论。

接下来的两节将分别对结果一致性和次序一致性进行讨论。

2.2　结果一致性

在分布式对等网络中，存在需要就某个问题达成一致的情况，问题可能是多种多样的，但最终目标是在整个系统内就最终结果取得一致，本书称这类问题为“结果一致性”。

拜占庭将军问题描述的是某些成员节点（单计算机系统）或网络链路（通信系统）出现错误，**甚至被蓄意破坏者控制的情况**。分布式系统需要采取某种行动解决此类问题，而采取何种行动，其过程就需要通过某种规则 / 协议进行规范。在规则 / 协议的规范下，取得系统范围内的一致共识，即达成结果一致，这就是共识问题，即结果一致性问题。但需要注意的是，达成共识未必是拜占庭将军问题所独有的，拜占庭将军问题中的达成共识属于节点间无信任关系的共识问题，而节点间存在信任关系时也有需要达成共识。

⊖ 结果一致性，可用 consensus 一词表达其含义，即为“共识”。所谓共识就是对某种行为、结果实现共同认可。

2.2.1 共识问题形象化描述：拜占庭将军问题

著名的拜占庭将军问题是被 Lamport 在参考文献 [86] 中用来描述结果一致性的一个故事。这个问题本质上是分布式对等网络通信容错问题，即客观上保证多节点对通信结果达成一致。更广泛的理解是，拜占庭将军问题是一个如何让分布式系统的所有节点保持共识和在特定条件下保持正确性的问题。其故事背景如下。

拜占庭位于现在土耳其的伊斯坦布尔，是东罗马帝国的首都。当时的拜占庭罗马帝国国土辽阔，拥有多支军队（分布式系统），每支军队分别由一位将军带领。因为军队驻地间相距很远，故将军与将军（每位将军都是一个单独的节点）之间只能靠信差传消息。

发生战争的时候，所有将军必需达成共识（目的：保证所有节点间对最终发出的数据/消息或做出的决定保持一致），以决定是否去攻打敌人的阵营。但是，这些将军中可能有叛徒和敌军间谍，这些叛徒会扰乱或左右决策的过程（多个节点之间的消息传递不可靠，这是分布式系统的典型特征，需要在设计算法时特别考虑）。

现实情况：在已知有叛徒（部分节点不可靠，传递的消息可能会**延迟发送、多次发送或丢失、被篡改** ⊖。但分布式系统的一致性协议，如 Paxos、Raft 等，不考虑被篡改的可能，只考虑消息丢失的情况，这是因为 Lamport 先生在（参考文献 [162]）中对问题进行了限定，算法保证了消息一定不可被篡改）的情况下，忠诚的将军在不受叛徒影响（只有大部分节点可靠整个分布式系统才可靠，但不知道哪些节点可靠）的情况下如何达成一致的协议，就是拜占庭将军问题。

参考文献 [86] 证明，当错误节点个数不超过总节点个数的 1/3 时（$n>=3m+1$，n 表示总节点个数，m 表示容忍的错误节点个数），存在有效的算法，使得所有成员最终接受大多数成员做出的决定，即忠诚的将军们总能达成一致的结果。所以一个分布式系统中，节点通信故障（节点或连接节点的网络）的个数不超过分布式系统中的全部节点个数的 1/3 时，此分布式系统仍然能保持可用性。分布式系统为支持高可用的特性，多采用多副本机制存储数据，而副本个数即由此规则确定。例如，要容忍单节点故障，需要 4 个副本（$3\times1+1$）；要容忍 2 个节点故障，需要 7 个副本（$3\times2+1$）。但是，需要注意的是，**拜占庭将军问题容忍了消息篡改**，而现在设计分布式数据库系统时，多不考虑消息篡改问题，因此上述算法并不实用。多副本构建的可用性和可靠性依赖的是多数派技术。

2.2.2 结果一致性的应用

拜占庭将军问题在分布式数据库系统中的应用分为两种。这两种应用情况都可通过对通信过程的规范达成最终取得一致结果的效果。

⊖ 引自参考文献 [162]：Messages can take arbitrarily long to be delivered, can be duplicated, and can be lost, but they are not corrupted.（消息交付可以花很长时间，可以复制，可以丢失，但不能被篡改。）**注意，消息没有被篡改是非拜占庭将军问题，消息被篡改则是拜占庭将军问题。**

- 应用情况一：当同一份数据存在多个副本时（高可用的要求），所有副本之间如何达到数据的一致性。所以，拜占庭将军问题不是事务的一致性问题，而是分布式一致性问题。
- 应用情况二：多个节点（含有同一份数据）之间如何就某个问题达成一致，如怎么从多个候选者中选择出一个 Leader（领导者）。

  通常在分布式数据库中，不需要考虑消息篡改的情况，因此分布式数据库中面临的并不是真正的拜占庭将军问题，而是拜占庭将军问题的简化版本。3.5 节和 3.6 节将讨论结果一致性的解决方案。

2.3　次序一致性

参考文献 [26] 给出了多种分布式一致性之间的关系，如图 2-5 所示。为满足这些一致性，需要对并发事件或消息排序，本书将这些需要排序的一致性称为次序一致性。次序一致性包括多种一致性，其中的线性一致性是最强的一致性。

下面基于 2.1 节对多种重要的一致性进行较为详细的讨论。

2.3.1　线性一致性

参考文献 [183] 最早提出了线性一致性（linearizability）的概念。参考文献 [26] 对线性一致给出了严格的形式化定义（见式 2-1 ～式 2-4）。线性一致性由 3 个部分构成。

- **单一顺序（singleorder）**：在符合 vis 和 ar 概念的基础上定义并发操作间的**全序关系**。vis 表示结果的可见性关系，ar 表示结果集的排序关系。就公式的数学含义而言，单一顺序表明：存在一个历史调度 H'，相关操作（属于 H 的操作）的结果在其返回值返回之前（op.oval= ∇），操作结果的可见性是在全序集合上去掉（去掉之意是“做集合差运算”，式 2-2 中使用“\”表示）该操作不可见的情况（即单一顺序强调最终结果的可见性和前后事件之间的顺序关系，事件之间的顺序关系是通过实际时间描述的）。
- **实际时间（realtime）**：见式 2-3，其中 rb 为 return-before，表示返回值的偏序关系，即实际时间限制全序的 ar 符合 rb 限定的偏序关系。请注意，此处没有刻意强调实际时间为物理时间，只是表明事件之间的“序”的关系（有的定义会把线性一致性和物理时间绑定，但这种方法不是必需的；但实际时间确实表示了一个与真实时间同步的顺序关系，即事件发生的真实序），顺序关系通过 Ea-endtime < Eb-starttime 来定义（每个事件都有开始时间和结束时间，事件a的结束时间小于事件b的开始时间，所以线性一致性把事件的整个生命周期与其他事件的生命周期串行化，而顺序一致性把会话内的结果串行化，两者存在不同，前者着眼于整个系统，后者落脚点在一个会话内）。

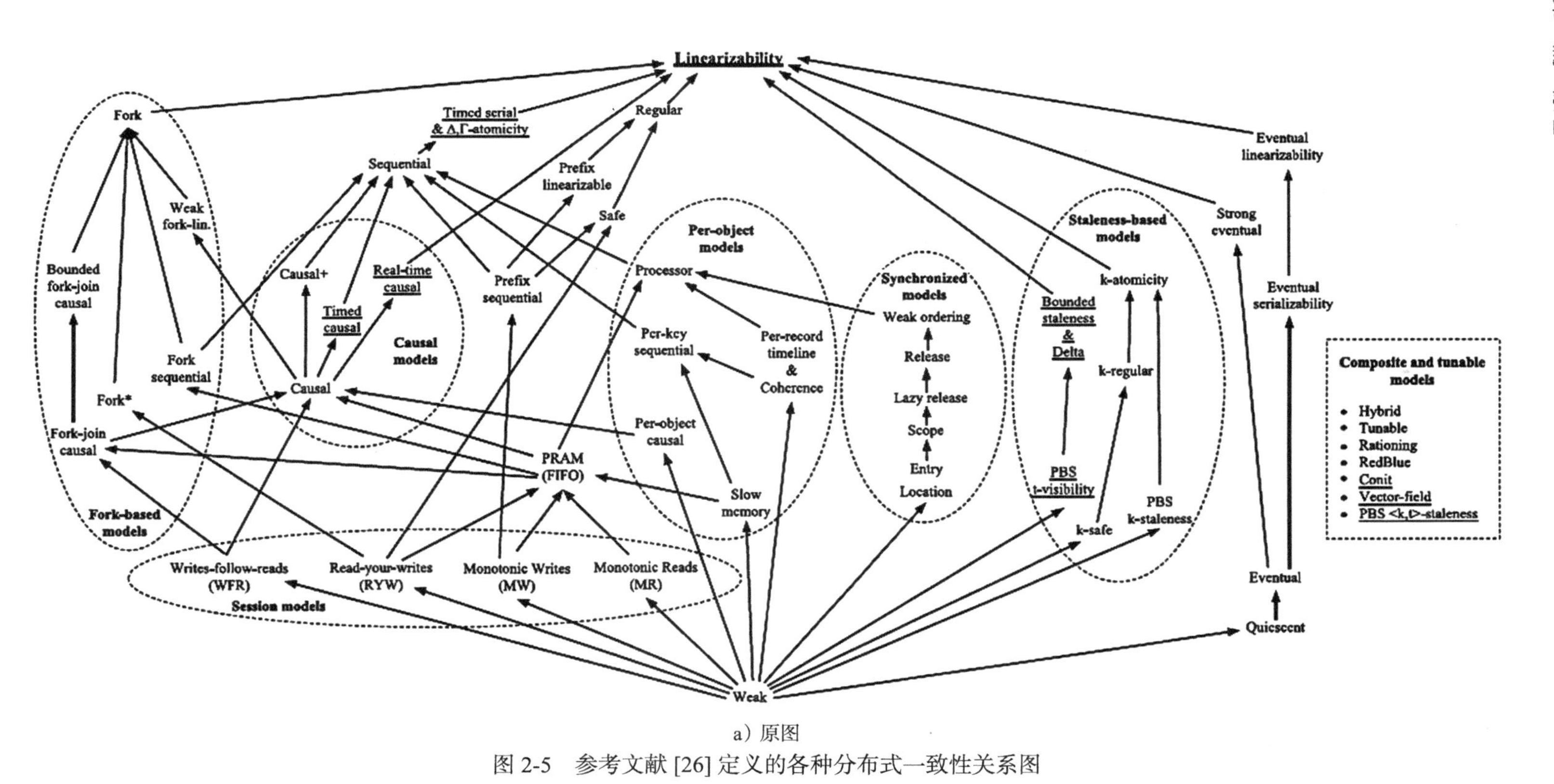

a）原图

图 2-5 参考文献 [26] 定义的各种分布式一致性关系图

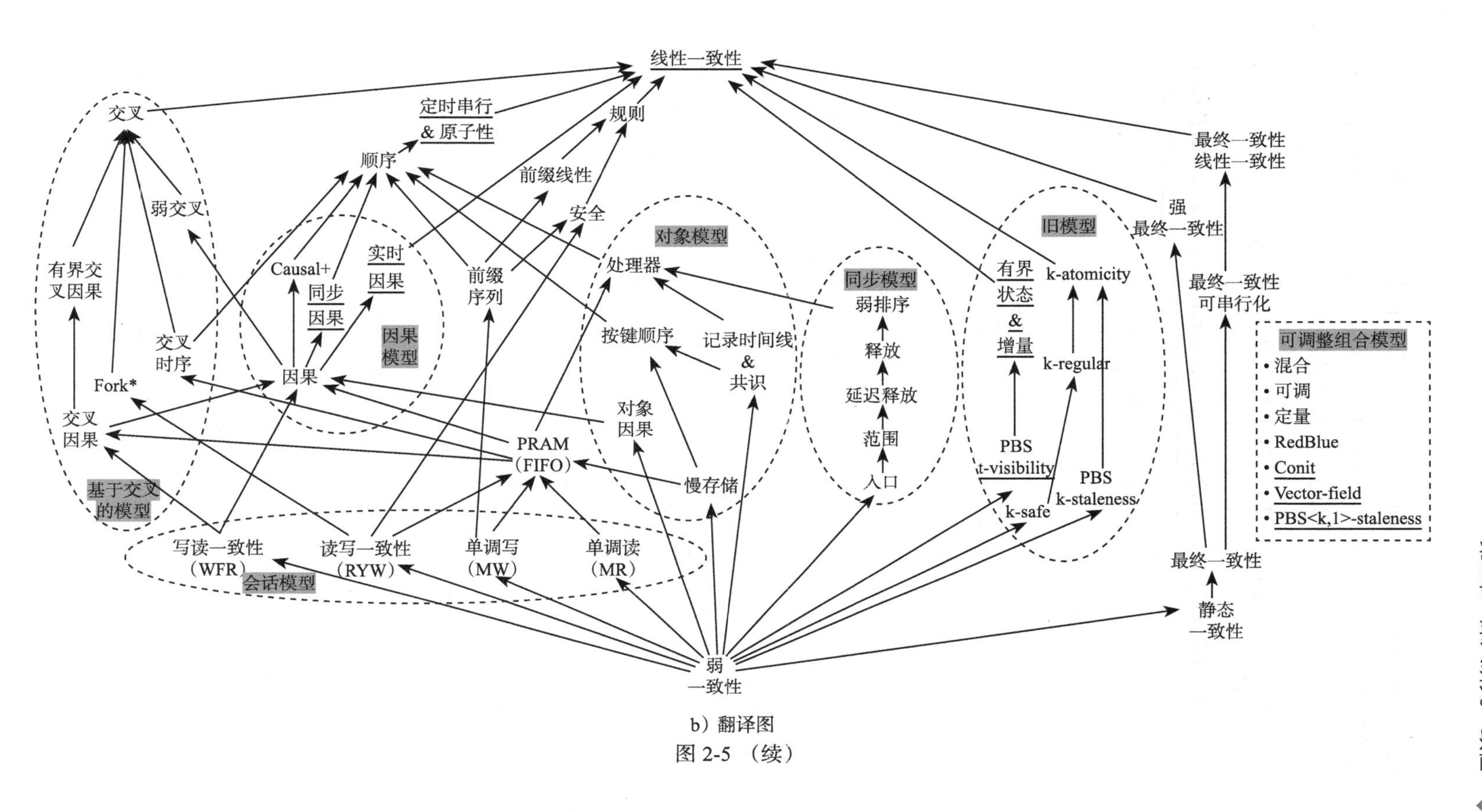

线性一致性
定时串行
& 原子性
规则
交叉
顺序
前缀线性
最终一致性
线性一致性
弱交叉
安全
强
最终一致性
对象模型
旧模型
有界交
叉因果
Causal+
实时
因果
前缀
序列
处理器
同步模型
有界
状态
&
增量
k-atomicity
最终一致性
可串行化
同步
因果
弱排序
因果
模型
按键顺序
记录时间线
&
共识
释放
k-regular
可调整组合模型
• 混合
• 可调
• 定量
• RedBlue
• Conit
• Vector-field
• PBS<k,l>-staleness
交叉
时序
因果
Fork*
延迟释放
对象
因果
交叉
因果
PRAM
（FIFO）
范围
PBS
t-visibility
PBS
k-staleness
基于交叉
的模型
慢存储
入口
k-safe
写读一致性
（WFR）
读写一致性
（RYW）
单调写
（MW）
单调读
（MR）
最终一致性
会话模型
静态
一致性
弱
一致性

b）翻译图

图2-5（续）

- **返回值（RVAL($\mathcal{F}$)）**：返回值属于一个预期的集合范围限定的值。式 2-4 表明对于任意的操作，返回值符合上下文的逻辑；对于多副本的系统暗含之意是副本间数据保持一致后返回一致的、在预期内的集合范围内的值。返回值被一致性的级别所限定。

$$\text{LINEARIZABILITY}(\mathcal{F}) \stackrel{\Delta}{=} \text{SINGLEORDER} \wedge \text{REALTIME} \wedge \text{RVAL}(\mathcal{F}) \tag{2-1}$$

$$\text{SINGLEORDER} \stackrel{\Delta}{=} \exists H' \subseteq \{\text{op} \in H : \text{op.oval} = \nabla\} : \text{vis} = \text{ar} \setminus (H' \times H) \tag{2-2}$$

$$\text{REALTIME} \stackrel{\Delta}{=} \text{rb} \subset \text{ar} \tag{2-3}$$

$$\text{RVAL}(\mathcal{F}) \stackrel{\Delta}{=} \forall \text{op} \in H : \text{op.oval} \in \mathcal{F}(\text{op}, \text{cxt}(A, \text{op})) \tag{2-4}$$

式中：

- vis 是一种无环的自然关系，它解释了写操作的可见性。直观地说，a 对 b 可见（即 a − vis → b）意味着 a 的结果对调用 b 的进程可见（例如，b 可以读取 a 所写的值）。如果两个写操作不是由 vis 排序的，那么它们彼此是不可见的。
- ar 是历史操作的全序，指定系统如何解决由于并发和不可见操作引起的冲突。在实践中，这种全序可以通过多种方式实现，比如采用分布式时间戳（由 Lamport 于 1978 提出）、采用共识协议（最早由 Birman 等人在 1991 年提出，后 Hadzilacos 和 Toueg 在 1994 进行了完善，2001 年 Lamport 进行了进一步完善）、使用中心化的可串行化器或使用确定性冲突解决策略。

参考文献 [26] 把线性一致性（强）变种为两种新的一致性（弱），见式 2-5~ 式 2-8，一种是 REGULAR 一致性，一种是 SAFE 一致性。这两种情况的一致性，与线性一致性的区别主要体现于式 2-7 中，其限制所发生的操作为“写读”操作且这两个操作是有序的。这三者之间的差别是，在写操作和读操作并发的时候，返回值可见的结果不同。

$$\text{REGULAR}(\mathcal{F}) \stackrel{\Delta}{=} \text{SINGLEORDER} \wedge \text{REALTIMEWRITES} \wedge \text{RVAL}(\mathcal{F}) \tag{2-5}$$

$$\text{SAFE}(\mathcal{F}) \stackrel{\Delta}{=} \text{SINGLEORDER} \wedge \text{REALTIMEWRITES} \wedge \text{SEQRVAL}(\mathcal{F}) \tag{2-6}$$

$$\text{REALTIMEWRITES} \stackrel{\Delta}{=} \text{rb}\big|_{\text{wr}\to\text{op}} \subseteq \text{ar} \tag{2-7}$$

$$\text{SEQRVAL}(\mathcal{F}) \stackrel{\Delta}{=} \forall \text{op} \in H : \text{Concur}(\text{op}) = \varnothing \Rightarrow \text{op.oval} \in \mathcal{F}(\text{op.cxt}(\text{A.op})) \tag{2-8}$$

如图 2-6 所示，P_A 写数据项，值分别写为 1 和 2，P_B 和 P_C 进程分别读 P_A 所写数据项的值，在线性一致性下，P_C 进程读到的 x 值要么是 0 要么是 1，即可满足同等情景时的多次读的结果只能是其中的一个（多个进程所读到的值一定是稳定的）；REGULAR 一致性读到的 x 值是 0、1 或 2；SAFE 一致性读到的 x 值可以是 0、1 或 2 中的任意值（多次读所获取的值是不稳定的）。

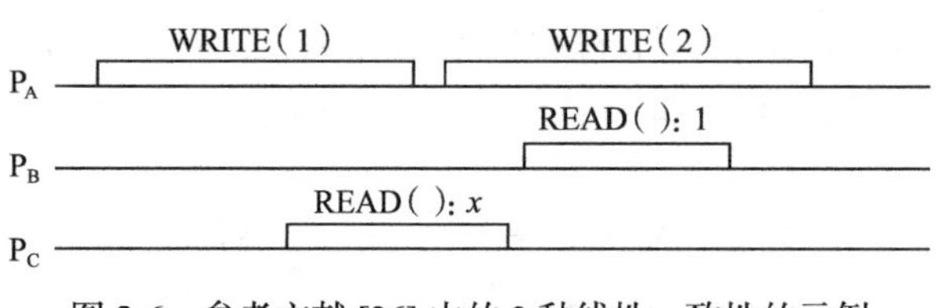

图 2-6 参考文献 [26] 中的 3 种线性一致性的示例

2.3.2 顺序一致性

参考文献 [84] 最早提出了顺序一致性（sequential consistency）的概念。参考文献 [26] 对顺序一致性进行了严格的形式化定义，见式 2-9 和式 2-10。顺序一致性由 3 个部分构成，其中有两部分与线性一致性相同，本节不再赘述，不同之处在于 PRAM 的定义。顺序一致性用会话内的顺序 so 作为约束条件限定了 vis，即可见的结果应该满足会话内的顺序要求。

$$\text{PRAM} \stackrel{\Delta}{=} \text{so} \subset \text{vis} \quad (2\text{-}9)$$

$$\text{SEQUENTIALCONSISTENCY}(\mathcal{F}) \stackrel{\Delta}{=} \text{SINGLEORDER} \wedge \text{PRAM} \wedge \text{RVAL}(\mathcal{F}) \quad (2\text{-}10)$$

顺序一致性，也是一种强一致性，因为其顺序在全局范围内确定（即满足会话内有序的同时，满足全局有序）。

2.3.3 因果一致性

参考文献 [184] 最早提出了因果一致性的概念。参考文献 [26] 对因果一致性进行了严格的形式化定义，见式 2-11。因果一致性由如下 3 个部分构成。

- CAUSALVISIBILITY：hb（happened-before）表示事件发生的偏序关系，即 CAUSALVISIBILITY 限制偏序的 vis 符合偏序关系的 hb[⊖]。识别这个事件非常重要。
- CAUSALARBITRATION：限制全序的 ar 符合偏序关系的 hb。
- 返回值（RVAL($\mathcal{F}$)）：返回值属于一个预期的集合范围限定的值。

hb 事件发生的偏序关系表明了相关事件之间的因果关系，这对于定义因果一致性具有重要意义。

$$\text{CAUSALITY}(\mathcal{F}) \stackrel{\Delta}{=} \text{CAUSALVISIBILITY} \wedge \text{CAUSALARBITRATION} \wedge \text{RVAL}(\mathcal{F}) \quad (2\text{-}11)$$

式中：

- $\text{CAUSALVISIBILITY} \stackrel{\Delta}{=} \text{hb} \subseteq \text{vis}$
- $\text{CAUSALARBITRATION} \stackrel{\Delta}{=} \text{hb} \subseteq \text{ar}$

一个具备因果一致性的例子如图 2-6 所示，该示例表明了各事件发生的关系。其中，P_A 和 P_B 读写操作间的因果关系用虚线箭头表示，S1 和 S2 是不具备因果关系的调度，因为对

⊖ 参考文献 [178] 提出了一个 happened-before 模型，即 hb，参见 3.2 节。

于 S1 而言，*W*5 在 *W*3 的前面，这不符合因果事件关系；对于 S2 而言，*W*6 在 *W*4 前面，这也不符合因果事件关系；S3 和 S4 是具备因果关系的调度。

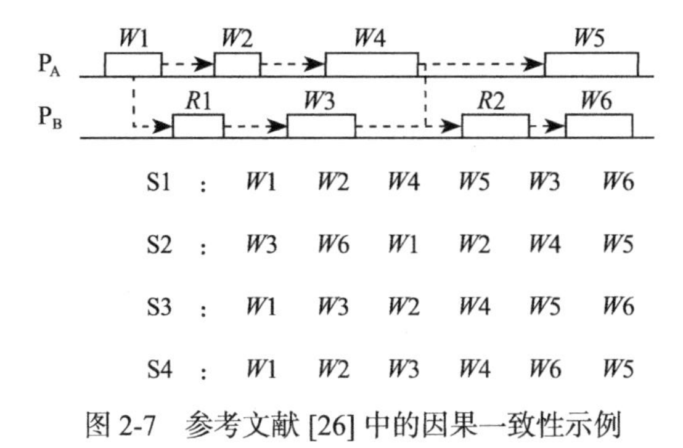

图 2-7　参考文献 [26] 中的因果一致性示例

再来看一个例子，如图 2-8a 所示，P2 进程读取到了 P1 进程写 *x* 的结果值 *a*，这个事件（*a* 值位于 *b* 值之前，它们存在 happened-before 关系，这是一种已经存在的事实）已经发生，则在其后发生的事件要遵照此事件，即 P3 进程不应该先读取到 *x* 的 *b* 值之后又读到了 *x* 的 *a* 值，这违反了因果一致性（违反了 happened-before）。而图 2-8b 所示进程 P3 和 P4 读取 *x* 的值的情况尽管和图 2-8a 所示相同，但是图 2-8b 中所示进程 P2 没有先发生读取到 *x* 的 *a* 值事件（*a* 值和 *b* 值间不存在 happened-before 关系），所以没有可遵循的事件，尽管进程 P3 和 P4 读取 *x* 的值不同，但没有违反因果一致性。

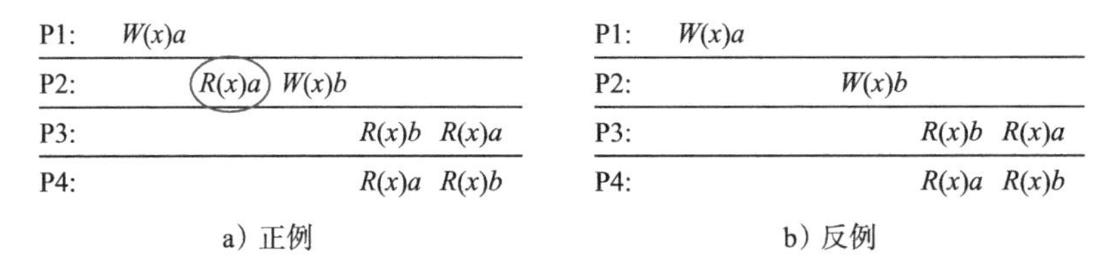

图 2-8　因果一致性和反例示例图

另外，参考文献 [26] 还给出了其他几种因果一致性的定义，有兴趣的读者可自行学习。

2.3.4　会话一致性

参考文献 [185][⊖]最早提出了会话保证（Session Guarantees）的概念，本节称之为会话一致性。2.3.3 节介绍的因果一致性可以包容本节的会话一致性，即因果一致性更“强”、更趋于“一致”。参考文献 [26] 认为，会话一致性包含 4 种情况（会话是指发自客户端的连接请求所建立起的服务器端进程），且重点都是**操作间存在单调性**（此类系统通常情况下都会期待最终一致性，如 DNS、网页），具体形式化定义见式 2-12 ～式 2-15，对式中涉及的部分重点内容说明如下。

⊖ 参考文献 [185] 还提出了最终一致性（eventual consistency）。

- MONOTONICREADS：单调读，如果一个会话进程成功读取了一个值 v，则之后发生的其他读操作不会再读取到比 v 值还旧的值。
- READYOURWRITES：读自己的写，同一个会话进程一定能够读到自己写过的值。
- MONOTONICWRITES：单调写，同一个会话中的所有写以同样的顺序写到多个副本中。
- WRITESFOLLOWREADS：又称 session causality，即同一个会话中，在一个写操作发生后发生的读操作，所读到的值必是之前写操作影响的值。这意味着连续发生的先写后读在数据项上存在单调性。
- so 的含义为 session order，即会话上的偏序关系。

$$\text{MONOTONICREADS} \stackrel{\Delta}{=} \forall a \in H, \forall b,c \in H\big|_{\text{RD}}: a \xrightarrow{\text{VIS}} b \wedge b \xrightarrow{\text{SO}} c \Rightarrow a \xrightarrow{\text{VIS}} c \stackrel{\Delta}{=} (\text{VIS};\text{SO}\big|_{\text{RD}\to\text{RD}}) \subseteq \text{VIS} \quad (2\text{-}12)$$

$$\text{READYOURWRITES} \stackrel{\Delta}{=} \forall a \in H\big|_{\text{UR}}, \forall b \in H\big|_{\text{RD}}: a \xrightarrow{\text{SO}} b \Rightarrow a \xrightarrow{\text{VIS}} b \stackrel{\Delta}{=} \text{SO}\big|_{\text{WR}\to\text{RD}} \subseteq \text{VIS} \quad (2\text{-}13)$$

$$\text{MONOTONICWRITES} \stackrel{\Delta}{=} \forall a,b \in H\big|_{\text{WR}}: a \xrightarrow{\text{SO}} b \Rightarrow a \xrightarrow{\text{ar}} b \stackrel{\Delta}{=} \text{SO}\big|_{\text{WR}\to\text{WR}} \subseteq \text{ar} \quad (2\text{-}14)$$

$$\text{WRITESFOLLOWREADS} \stackrel{\Delta}{=} \forall a,c \in H\big|_{\text{WR}}, \forall b \in H\big|_{\text{RD}}: a \xrightarrow{\text{VIS}} b \wedge b \xrightarrow{\text{SO}} c \Rightarrow a \xrightarrow{\text{ar}} c \stackrel{\Delta}{=} (\text{VIS};\text{SO}\big|_{\text{RD}\to\text{WR}}) \subseteq \text{ar} \quad (2\text{-}15)$$

2.4 分布式事务一致性

事务的一致性在分布式系统下会遇到新的数据异常，引发新的挑战。但解决数据异常的思路，即并发访问控制算法，没有本质上的改变：基本上还是在冲突关系中确认是否存在环，如存在则表示不可串行化（更加深入的讨论参见第 4 章和第 5 章）。

事务的一致性和在分布式系统下遇到的分布式一致性，二者需要很好地结合。

本节先简略回顾单机事务的一致性问题，然后从如上两个层面来讨论分布式事务的一致性。

2.4.1 单机事务的一致性

数据库需要保证事务的 ACID 特性，其中 C 代表的一致性是数据库 ACID 特性要保障的数据间关系的目标；A 和 D 是保障数据一致性的两种机制；I 是在确保数据一致性（关于数据一致性更为详细的讨论见参考文献 [21]）正确的基础上，通过允许特定的数据异常发生来换取性能提升的一种机制。这些都属于数据库的**事务一致性**。

维基百科对 ACID 的定义如下（注意我们使用粗体 + 斜体的形式标出了关键词）。

- Atomicity：Atomicity requires that each transaction “***all or nothing***”。if one part of the transaction fails, then the entire transaction fails, and the database state is left unchanged. An atomic system must guarantee atomicity in each and every situation, including power failures, errors, and crashes. To the outside world, a ***committed*** transaction appears (by its effects on the database) to be indivisible (“atomic”), and an ***aborted*** transaction does not happen.（原子性：原子性要求每个事务全部成功式失败。如果事务中一部分失败，那么整个事务失败，数据库状态保持不变。原子系统必须保证每种情况下的原子性，包括电源故障、错误和崩溃。在外界看来，提交的事务（通过它对数据库的影响）是不可分割的（原子的），中止事务不会发生。）
- Consistency：The consistency property ensures that any transaction will bring the database from ***one valid state to another***. Any data written to the database must be valid according to all ***defined rules***, including constraints, cascades, triggers, and any combination thereof. This does not guarantee correctness of the transaction in all ways the application programmer might have wanted (that is the responsibility of application-level code) but merely that any programming errors cannot result in the violation of any defined rules.（一致性：一致性用于确保任何事务都能将数据库从一个有效状态进入另一个有效状态。根据所有定义的规则，写入数据库的任何数据都必须是有效的，包括约束、级联、触发器及其任意组合。但这并不能保证事务以应用程序可能希望的所有方式被正确性处理（这是应用程序的责任），而是仅能确保任何编程错误都不能导致违反已定义的规则。）
- Isolation：The isolation property ensures that the ***concurrent execution*** of transactions results in a system state that would be obtained if transactions were executed ***serially***, i.e., one after the other. Providing isolation is the main goal of concurrency control. ***Depending on the concurrency control method*** (i.e., if it uses strict - as opposed to relaxed - ***serializability***), the effects of an incomplete transaction might not even be visible to another transaction.（隔离性：隔离性用于确保事务的并发执行会产生一个系统状态，如果事务是串行执行的，即一个接一个地执行，则事务会获得这个系统状态。提供隔离性是并发控制的主要目标。根据并发控制方法，即使用严格的而不是弱的序列化，不完整事务的影响甚至可能导致对另一个事务都是不可见的。）
- Durability：The durability property ensures that once a transaction has been ***committed***, it will remain so, even in the event of power loss, crashes, or errors. In a relational database, for instance, once a group of SQL statements execute, the results need to be stored permanently (even if the database crashes immediately thereafter). ***To defend against power loss, transactions (or their effects) must be recorded in a non-volatile memory***.（持久性：持久性用于确保一旦事务被提交，即使在系统断电、崩溃或错误

的情况下，它也会保持这种状态。例如，在关系数据库中，一旦执行了一组SQL语句，结果就需要永久存储，即使之后数据库立即崩溃。为了防止断电，事务或其影响必须记录在非易失性存储器中。）

对于原子性，上面的定义强调了两种结果——all或nothing，即事务要么成功要么失败。这两种结果因两种动作而产生，即Commit（提交）和Abort（中止）；两种结果对应的是事务的两种状态，即COMMITTED和ABORTED。另外，定义中还强调了作为事务的一部分（一个逻辑工作单元中的一个操作），如果失败则整个事务应该是nothing的，换句话说，事务应“一损俱损”但不是“一荣俱荣”。

一致性是一个令人困惑的话题。什么样的情况才算是一致？一个人，言行一致？一组数据，数据与数据之间保持一致？还是如上面的定义所强调的——from one valid state to another（从一个有效状态进入另一个有效状态）？事务的操作使得“特定数据”的状态发生变迁，但前后的结果对应的状态一直是valid（有效）的。那么，什么才是有效的？把salary列的值由1改为2就是有效的吗？答案是：数据在事务的操作下，一直符合all defined rules（所有定义的规则），而这样的规则通常是约束、级联、触发器及其任意组合，即这些规则是数据的“逻辑语义”。比如，写偏序异常，违反的就是特定数据间的约束。约束，**属于用户语义限定的数据的一致性**。对于一个数据库来说，系统级一致性有另外一层含义，即要想使数据在数据库系统中保持一致，则数据库系统必须符合**可串行**（serializability）和**可恢复**（recoverability）这两个特性。可串行性很重要，其在隔离性下定义，下面会详细描述。可恢复性是指**已经提交的事务未曾读过被回滚的事务写过的数据**（注意不是指数据库宕机重启后所做的恢复操作，而是不会发生“脏读”）。可恢复性也很重要，当事务回滚，被回滚的事务就不应当对数据的一致性造成影响，数据库的一致性状态是可恢复的。所以，可串行性保障了数据不被并发操作改坏，可恢复性则保障了事务被回滚后数据可回到之前的有效状态[⊖]。

对于隔离性，上面的定义强调了concurrent execution（一次执行），这是指存在多个事务（多个会话中在但同一时间段内运行的不同事务）同时运行时，若它们运行的顺序就好像是serially（串行）的，那么就意味着出现了“并发”看起来像是“串行”的情况，但这并不是说“并发”的这些个动作确实是“串行”的，而是说“并发”的这些个动作对数据操作之后，数据的最终状态应该是有效的，而有效的数据看起来像是“串行”动作造成的。另外，隔离性定义的是可串行化，不要把隔离性与“隔离级别”及“隔离级别”中的“SERIALIZABLE”相混淆。“隔离级别”是为了提高并发度，从而弱化数据在并发读写下的“一致性”（如写偏序），且允许出现参考文献[21]的1.1节所述的数据一致性层级，在这个层级中，只有最高层的SERIALIZABLE才能做到隔离性。

对于持久性，上面的定义强调的是对于已提交（COMMITTED状态）的数据，要能够

⊖ 实现数据库时需要保证：对于并发的事务 T_1 和 T_2，如果 T_2 读取了由 T_1 所写的数据项，则 T_1 应先于 T_2 提交。如果不这样，当 T_2 先提交，但 T_1 被回滚后，则事务 T_2 不可能再被恢复。

永久保存，这除了涉及物理存储外，还需要防止处于已提交状态的数据因数据库引擎没有来得及把数据保存到物理存储上（如掉电）而丢失了。所以，从持久性的定义看，持久性对在原子性中提到的中止（ABORTED 状态）不关注。

上面我们讨论了 ACID 特性，这几个特性属于事务的特性。**事务的一致性，是数据处理的目标，事务的隔离性是事务处理为实现一致性而对并发事务提出的技术要求（要求并发事务之间互不影响，即是隔离开的）。**

参考文献 [186] 认为，事务的一致性就是在以事务为数据操作单位的基础上，使得事务发生前、发生后的数据状态是满足一致性约束的。相关论述如下：一致性约束是显式定义的，如果状态实体的内容满足所有的一致性约束，我们就说状态是一致的。每个事务单独执行时，都会从一个一致性状态转换为另一个新的一致性状态，也就是说，事务会保持一致性。

2.4.2 分布式事务的一致性

分布式数据库系统的事务处理机制，需要遵从单机的事务处理机制，解决单机事务处理遇到的多种数据异常，同时解决分布式系统下特有的数据异常（见参考文献 [21] 的 1.1 节，其中描述了单机事务需要解决的数据异常）。1.1.2 节简略概述了这些数据异常，并给出分布式数据库需要解决的分布式系统下特有的数据异常。这些数据异常对数据库系统提出挑战，只有解决了这些数据异常，才算实现了分布式事务的一致性。

分布式事务的一致性可以用单机系统下的一致性来表达：分布式事务的一致性是指确保任何事务都能将数据库从一个有效状态转换到另一个有效状态。

事务的一致性着眼于数据库内部，从数据库引擎的角度看，数据状态的变迁满足完整性（逻辑语义上的完整性，非只包括数据库中可通过形式化定义的如 CHECK 约束般的完整性）约束。

对于 1.1.2 节描述的 Serial-Concurrent-Phenomenon 异常，其写操作是一个分布式写操作，写操作没有满足原子性（全局提交完成才算完成，而不是局部节点提交完成即局部提交的数据可见），因此带来了此异常。

对于 1.1.2 节描述的 Cross-Phenomenon 异常，局部事务依赖局部节点（单机节点）的事务处理机制来判别本地发生的局部事务与本地发生的全局事务中的一部分之间的关系。这是典型的一叶障目，不能判断所有事务在逻辑全局上是否构成了环，因此可能违背了全部事务的可串行化原则。

对于 1.1.2 节描述的写偏序、读偏序、只读事务数据异常，在单机系统和分布式系统下均存在，它们的共同之处在于，违反了数据上的应用语义逻辑，从广义的角度看，这种逻辑也是一种完整性约束。

2.4.3 分布式一致性与分布式事务一致性的关系

数据库系统一旦和分布式系统结合，那么在“一致性”这个概念上就易产生混淆。分布式系统会带来“**多节点之间对数据读、写的时序在逻辑上是否一致**”的问题。这个问题会影响分布式数据库的**事务一致性**（参见 1.1.2 节、2.4.1 节），也会影响分布式系统的**分布式一致性**（参见 1.1.3 节、2.2 节、2.3 节）。

事务的一致性着眼于在数据系统内部，从数据库引擎的角度保护并发操作不对数据的状态变迁过程造成影响（保持隔离性，确保一致性）。分布式一致性着眼于分布式系统外部，从外部用户的视角看，其可确保读到的数据，符合用户对并发操作发生的顺序的认知。

而分布式事务型数据库，结合了事务的一致性和分布式一致性，内部操作以事务为单位，并同时使得外部观察符合外部一致性，因此分布式事务是二者有机的结合。结合之后的结果，以及最强的分布式事务隔离级别（严格可串行化和顺序可串行化，本书定义的隔离级别），数据库内部不会产生 1.1.2 节介绍的各种数据异常，但同时又能满足线性一致性。如图 2-9 所示，结合事务一致性后，P_C 读取的 x 的值，依赖于 P_A 的两个写操作是同一个事务还是不同的事务。

如果 P_A 的两个写操作分别属于两个事务，那么即使 P_A、P_B 和 P_C 是并发操作，结果也会满足图 2-9 所示情况。如果 P_A 的两个写操作是同一个事务，那么表明 P_A 和 P_C 是并发操作，结果满足图 2-9 所示情况。如果采用封锁并发访问控制算法，则 P_C 的读操作只能被阻塞，读取不到值，等 P_A 的事务完成后读到的 x 值为 2；如果采用 MVCC 并发访问控制算法，则 P_C 的读操作只能读到旧版本的值，即读到的 x 旧值 0。

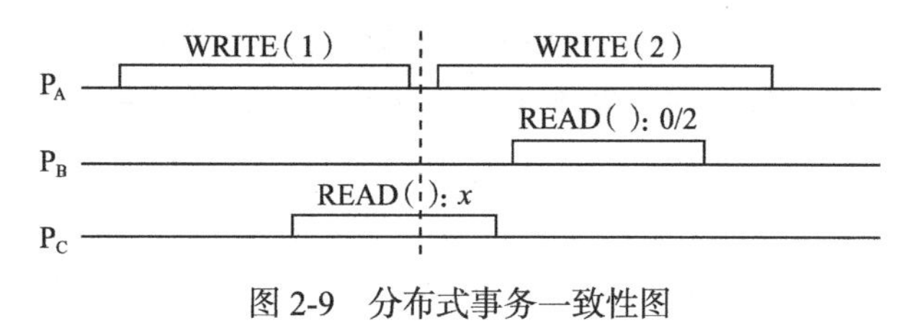

图 2-9 分布式事务一致性图

上述结果表明，操作以事务为单位，会对分布式系统的一致性的结果产生影响。

再如，式 2-11 所示是因果一致性的一个例子，如果按照图 2-10 所示，情况不同，读到的值也会不同。

如图 2-10a 所示，P1 和 P2 进程上分别发生了两个事务，P2 上的读和写操作为同一个事务，此时，P3 读到 x 的值为 b 之后，则可不能再读到 x 的值为 a，如果允许 P3 读到 x 的 a 值则违反了因果一致性；P4 如果先读到 x 的值 a，则 P4 的读操作一定是发生在 P2 事务开始之前。

如图 2-10b 所示，P1 和 P2 进程上分别发生了两个事务，P3 和 P4 不能精确判别 P1 和 P2 进程上发生的两个事务之间的先后关系，因此 P3 和 P4 读取数据不可能不同。如果 x 数据项只有一个副本，则在这个副本上，修改操作的次序总是能确定的，此时不会产生 P3 和 P4 以不同顺序读取到 x 值的情况，但如果 x 数据项有多个副本，且副本之间不同步，则可能会产生 P3 和 P4 以不同顺序读到 x 值的情况。

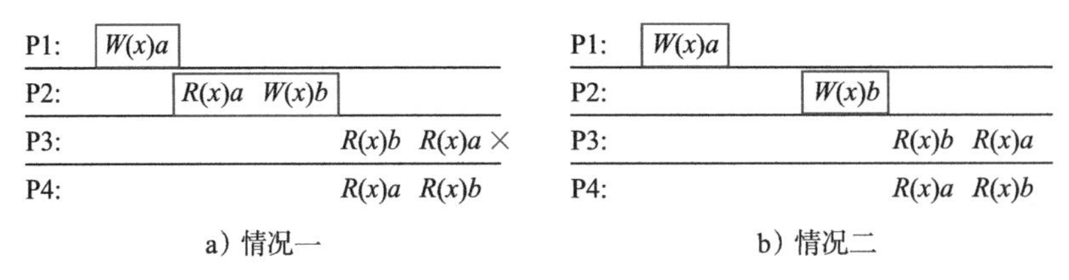

图 2-10 因果一致性的事务图

2.5 架构一致性

本节从软件系统体系结构的角度讨论一致性问题。

2.5.1 分布式系统主备一致性

因**高可用**的要求，分布式数据库中需要对数据进行冗余存储，即要有多个副本，且多个副本之间的数据是完全一样的。但是，因为跨了节点，所以要求数据一致，这就是**主备系统之间的数据一致性**。因为针对数据库的操作只有读、写两种，所以主备系统之间的数据一致性可分为如下 3 种。

1. 写数据的一致性

写**数据**的一致性是指在事务的写（插入、更新、删除）操作下，一个副本的数据被修改，此时其他副本的相同数据项的副本也应该被修改，这样才能保证多副本之间的数据一致。

从工程实现的角度看，可以利用 Paxos/Raft 等多节点同步一致性的技术，在多个副本间同时修改数据，且应确保所有的副本都修改成功后，才向写操作返回写成功的信息。但在工程实践中，对于主备性质的系统，实现副本之间的一致性，多使用基于 REDO 日志的方式进行复制，这样做的优点是备机恢复速度快，且不用考虑事务处理中并发控制等复杂因素。

也有系统会采用其他技术，如 MySQL 采用的 Group Relation 技术（这类技术会采取逻辑复制的方式）以及 Paxos 技术（在主备系统间同步逻辑的二进制日志）。

2. 读数据的一致性

在一个单机数据上，读数据不存在不一致的情况（单机系统的并发访问控制技术保证了此点），但是，在分布式系统里，主备系统之间因多个节点存在，却会发生读数据不一致的情况。例如，假设主备节点分别为 Master 和 Standby，数据项 X 从 Master 复制到 Standby。用户 A 在 Master 修改了数据项 X 的值为 x_1。一段时间后，用户 B 在 Standby 上读数据（典型的读写分离架构）。随之而来的问题是，一致性模型需要决定是否允许用户 B 读到用户 A 对数据项 X 修改后的新值 x_1。

3. 跨节点的事务在数据逻辑上的一致性

跨节点的事务在数据逻辑上的一致性是典型的分布式事务场景。一个事务内操作的不同数据项，位于不同的节点内。为保证事务 ACID 中的 AC，跨多个节点的写（写不同的数据项）需要通过原子性来保证多个数据项之间在逻辑上是一致的（比如，跨节点的划账操作，只有划账前两个账户的总额等于划账后两个账户的总额，才能确保数据状态在逻辑上是一致的）。解决此问题的典型方法是确保分布式事务的可串行化和 2PC 技术。

2.5.2 去中心化的分布式系统一致性

一个中心化的分布式系统，尽管物理节点分离，但逻辑上不分离，其全局序发生器依然是集中式的，且使用的方式与非分布式系统相同。

一个去中心化的分布式系统，物理节点分离，无集中式的全局序发生器制约整个系统，即系统失去了逻辑上的全局序的依据，因此需要看各种任务是否需要全局排序，如对于事务的提交顺序，如果要求是强一致性的，则逻辑上需要全局排序，此时要在去中心化的架构下构建提供全局序的组件。比如，Spanner 采用原子钟、GPS 在各个节点上进行校时，也就是采用 Truetime 机制提供全局序。

Chapter 3 第3章

一致性问题的解法

本章将对各种一致性的解决方式进行讨论。其中，涉及次序一致性的问题，主要依靠排序解决。排序则依赖具备“单调性”的事务实现，如时间等。通常我们认为时间是一种单向流逝的序列，即时间可用于表达顺序关系。人类以时间为参考坐标，来刻画世界中发生的事件，而本书提及的时间，是一个逻辑概念，表达的是“顺序”之意。3.2 ～ 3.4 节讨论了多种时间相关算法（这些算法中涉及的时间不是物理流逝的时间，而是逻辑时间）。

而涉及结果一致性的问题，主要依赖注入 Paxos、Raft 等一致性算法解决，这些算法将在 3.5 节和 3.6 节讨论。

事务处理技术中的可串行化，本质上是指并发事务之间的偏序关系（非并发的事务不相关）对数据状态的影响（对可串行化隔离级别没有任何影响，这使得数据始终处于合法状态；而弱于可串行化隔离级别的其他隔离级别则允许存在数据状态不合法的情况，但不同隔离级别对不合法程度的容忍度不同）；分布式一致性中的线性一致性则要求分布式系统内的事件 / 操作间要建立全序关系（并发的事件 / 操作在逻辑语义上可能相关），其他的分布式一致性，要求建立的是事件 / 操作间的偏序关系（据此确定结果被读取时符合偏序关系）。

下面，我们从物理世界中存在的因节点分布带来的问题开始，来理解分布式一致性需要解决的问题，然后再从现有的解决问题的理论和技术的角度展开各节的内容。

3.1 依赖物理时间引发的问题

事务的并发访问控制算法——TO 算法（基于时间戳排序的并发访问控制算法），依赖时间戳值对事务的提交顺序进行排序。对于传统的单机数据库系统，时间戳值可依据本机器的物理时钟获取（计算机中的系统时钟是一个频率精确和稳定的脉冲信号发生器[⊖]）。而对于主流的数据库系统，时间戳值常通过一个相对的逻辑时钟（逻辑计数器）来给每一个事务排序。所以，依赖 TO 算法对事务并发控制进行处理，客观上是依赖一个具备单调性的时钟值，其形式上可能是物理时钟或逻辑时钟。

在分布式系统中，各个节点分布在不同物理位置，而且都存在自己的物理时钟，不同节点上的时间戳值不完全相同。所以物理时钟不能作为分布式系统内在不同节点上并发执行的事务的排序依据。这个问题可以通过一个抽象问题进行描述：如何在分布式环境下定义系统中所有事件的发生顺序？这就会涉及 1.1.1 节讨论的不可信物理时钟、日志等问题，大家可查看 1.1.1 节的相关内容，这里不再重复。

那么，那有没有办法在不使用物理时钟的情况下，给分布式环境下的所有事件排序呢？下面将从几个典型算法的角度，来探讨分布式系统中事件排序相关的解法。

3.2 逻辑时钟

在不使用物理时间的情况下，参考文献 [178] 提出了一个 happened-before 模型，并采用逻辑时钟定义事件之间相关顺序的算法，解决了分布式系统中事件之间的排序问题，但是这里的序是偏序关系（偏序关系可反映部分事件之间的因果关系），而不是全序关系。Lamport Logical Clocks（逻辑时钟，LC）算法定义的偏序关系能够正确地排列出具有因果关系的事件的次序（但是不能保证并发事件的真实顺序），这使得**分布式系统在逻辑上不会发生因果倒置的错误**。

然后，参考文献 [178] 基于偏序又引入物理时间戳，给分布式系统中所有事件排定了全序。

3.2.1 因果（happened-before）模型

happened-before 模型定义了两个事件，这两个事件如果符合下面 3 个关系中的一个，则说明事件之间的时间就存在 happened-before 关系，即表明事件之间存在 happened-before 关系，也即表明若事件之间的因果关系是确定的则其发生的时间关系是确定的。

- **事件 *a* 和事件 *b* 在同一个进程中发生**：如果事件 a 在事件 b 之前发生，则事件 a 先于事件 b，这时可表示为 if $a \rightarrow b$ then $C_i(a) < C_i(b)$，其中 i 表示同一个进程；C[⊖]

[⊖] 在计算机中由专门的时钟电路提供时钟信号，这种时钟电路就是石英晶体振荡器 (Quartz Crystal OSC)，简称晶振，其会产生频率信号，并按照频率均匀地打拍计数，以模拟时间的等间隔流逝，于是有了人们可感受到的“时间”。如主板上有一颗 14.318MHz 的晶振，作为基础频率源；还有一颗频率为 32.768KHz 的晶振，被用于在实时时钟 (RTC) 电路中显示精确的时间和日期。更多内容参考：https://baike.baidu.com/item/ 时钟频率 /103708。

[⊖] 参考文献 [178] 中的原文为：we define a clock C_i for each process P_i to be a function which assigns a number $C_i(a)$ to any event a in that process. The entire system of clocks is represented by the function C which assigns to any event b the number $C(b)$, where $C(b) = C_j(b)$ if b is an event in process P_j.

表示与事件的函数关系，通常用时间（时间表达的顺序关系）映射此函数关系。

- **事件 *a* 和事件 *b* 在不同进程中发生**：如果事件 a 为数据在进程 P1 上被发出，而事件 b 为数据在进程 P2 上被接收，则事件 a 先于事件 b，这时可表示为 if a -> b then $C_i(a) < C_j(b)$，i、j 表示不同进程。
- **事件之间的传递关系**：如果由 $C_i(a) < C_j(b)$、$C_j(b) < C_k(c)$，可得到 $C_i(a) < C_k(c)$，则说明事件发生的顺序满足传递性。

其他任何不满足上述关系的事件，都被称为并发事件。

但是，**如果由 $C_i(a) < C_j(b)$ 并不能得到 a –> b（前者是后者的必要不充分条件），即如果由时间戳大小，尚不能确定事件 a 和 b 两者间是否具有可能的因果关系，则说明存在"识别因果关系存在困难"。而 happened-before 模型表达的是"根据事件发生的真实情况生成因果关系是可行的"。请注意：这里强调了"生成（产生）"和"识别（读取）"之间的差异。**

Lamport 根据该偏序关系提出了 Lamport Logical Clocks 算法，该算法最先抛弃将物理时钟作为时间戳，提出将逻辑时钟作为时间戳。

3.2.2 逻辑时钟的实现

参考文献 [178] 给出的 Lamport Logical Clocks 算法的内容如下。

每个进程 P_i 维护一个本地计数器 C_i，C_i 相当于逻辑时钟，并按照以下的规则更新 C_i：

- *单进程时钟处理规则：每次执行一个事件（如通过网络发送消息，或者将消息交给应用层，还可包括其他的一些内部事件）之前，将 C_i 加 1。*
- *多进程间时钟处理规则：*
  - *当 P_i 发送消息 m 给 P_j 的时候，在消息 m 上附着上 C_i。*
  - *当接收进程 P_j 接收到 P_i 发送的消息时，更新自己的 $C_j = \max\{C_j, C_i\}+1$。*

3.2.3 逻辑时钟的缺点

1.1.1 节给出了一个典型的日志问题，这个问题可以延伸为如下问题。

那海蓝蓝、那天蓝蓝两人分别要在某电子商务网站上买书。假设该电子商务网站的后台架构为：

1）前端代理服务器，负责接收用户购书请求。因为网站的用户很多，所以有很多前端代理服务器。

2）购书服务器负责存储、管理相关图书的数据。

假设该电子商务网站的后台情况为：

1）那海蓝蓝的购书请求发给前端代理服务器 A，之后那天蓝蓝的购书请求发给前端代理服务器 B。两个人要购买同一本图书，但被购买的图书只剩一本。

2）前端代理服务器 A 的物理时间是 10，前端代理服务器 B 的物理时间是 5。

3）因为那天蓝蓝的购书时间5早于那海蓝蓝的购书时间10，所以购书服务器支持了那天蓝蓝的购书请求。

4）但实际情况是，那海蓝蓝购书请求先发出却没有买到书，这似乎不公正。

Lamport Logical Clocks算法有其缺陷：**事件 a 和事件 b 实际发生的顺序不能仅通过比较 $C_i(a)$ 和 $C_j(b)$ 来决定**。该算法不能很好地处理向外部传递的信息（如怎么从分布式系统之外，即从用户的角度使看到的数据满足线性一致性。Spanner系统结合分布的原子钟、GPS、一些事务处理规则，共同构成物理时间，并通过Truetime机制对事务的提交进行全序排序）。

从系统之外看，基于逻辑时钟定义出的全序关系（下节讨论全序关系）与实际物理时间上发生的顺序，在分布式系统下会存在不一致的情况。例如：事务 T_1 与事务 T_2 在逻辑时钟这个轴上，事务 T_1 因先提交并获得一个逻辑时间戳值，故逻辑上先发生，事务 T_2 后提交故逻辑上后发生。但是，在物理时间上，事务 T_2 的提交可能先发生，事务 T_1 的提交后发生；这样逻辑时钟和物理时钟不能对应，从系统之外看就会发现存在不一致的问题。如何解决这个问题呢？3.3节将讨论的Vector Clocks（向量时钟）算法、3.4节将讨论的HLC（Hybird Logic Clocks，混合逻辑时钟）算法，就是用于解决这个问题的，同时也是对Lamport Logical Clocks算法进行的改进。

3.2.4 物理时钟与同步问题

参考文献[178]还定义了物理时钟和全序关系，即通过引入物理时钟来排定事件之间的全序关系（只是这个全序关系定义的有些简单随意[㊀]了），然后通过全序解决同步问题[㊁]（换言之，偏序关系在分布式系统中是无法充分表达事件之间的正确顺序的）。

所谓的同步问题，是指在分布式系统下必须要确认任何事件之间的发生顺序，即全序关系。事件的全序关系是分布式系统中必须明确的，明确后才不至于出现“逻辑错误”。

换言之，参考文献[178]的核心在于：**通过定义happened-before模型确定偏序关系，从而为定义全序关系做好铺垫。然后通过引入物理时间戳定义全序关系，目的是解决分布式系统下事件间的全序问题，避免分布式系统出现逻辑错误**。

3.3 向量时钟

3.2.1节表明，逻辑时钟不能充分表达因果关系，而且因果关系是一个偏序关系。

Vector Clocks（向量时钟，VC），是在Lamport时间戳基础上演进出的另一种逻辑时钟，

㊀ 笔者认为，该算法定义的总排序是比较随意的。

㊁ 参考文献[178]给出的原文为：We described an algorithm for extending that partial ordering to a somewhat arbitrary total ordering, and showed how this total ordering can be used to solve a simple synchronization problem.（我们描述了一种将偏序扩展到任意的全序的算法，并展示了如何用这个全序来解决一个简单的同步问题。）

它通过向量（vector）结构记录本节点的Lamport时间戳，同时记录其他节点的Lamport时间戳，因此向量时钟可以表达因果序即偏序关系，相关内容见参考文献[95，96，97，98]。

在向量时钟模型中，用VC(a)来表示事件a的向量时钟，根据相关规则可有如下性质：如果VC(a) < VC(b)，则事件a发生在事件b之前。

上面说的相关规则的表示方式如下。

为每个进程/节点P_i维护一个向量时钟，即P_i的向量时钟，则P_i具有如下属性。

- ❑ $VC_i[i]$：表示自身情况，到目前为止进程P_i自身上发生的事件的次序/个数。
- ❑ $VC_i[j]$：表示其他进程/节点情况，进程P_i知道的其他进程P_j上发生的事件的次序/个数。

例如，有3个节点，则各个向量时钟的表示方式为：

- ❑ VC_A：[A:0, B:0, C:0]
- ❑ VC_B：[A:0, B:1, C:0]
- ❑ VC_C：[A:1, B:0, C:6]

每个进程/节点的向量时钟可以通过以下规则进行维护：

- ❑ 进程/节点P_i每次执行一个事件（发送、接收）之前，将$VC_i[i]$加1，即自身的次序/个数递增。
- ❑ 当P_i发送消息m给P_j时，在消息m中要附带上VC_i，即附带上进程P_i的向量时钟。
- ❑ 当接收进程/节点P_j收到P_i发送的消息时，对于所有的k更新自己的$VC_j[k] = \max\{VC_j[k], VC_i[k]\}$，$k$是向量维度，表示系统内有多少个向量需要建立偏序关系，如有3个副本，则每个进程/节点有3个向量，更新的则是$VC_j[1]$、$VC_j[2]$、$VC_j[3]$。
- ❑ 上述操作的目的是建立进程/节点之间的偏序关系。但是，当接收进程/节点P_j收到P_i发送的消息时，如果消息带来的向量和本地向量产生冲突，则说明存在不一致的现象，判断是否有冲突的规则如下：
  - 对于n维向量而言，使得$V_i > V_j$，需要保证对于任意k（$1 \leqslant k \leqslant n$）均有$V_i[k] > V_j[k]$。
  - 如果V_i不大于V_j且V_j也不大于V_i，则说明在并发操作中发生了冲突，需要解决不一致现象，比如事务处理机制中需要回滚某个事务。

向量时钟用在分布式环境中为各种操作或事件产生偏序值，可检测操作或事件的并行冲突，从而保证操作的有序性和数据的一致性。

向量时钟保证的数据一致性，主要是指进行不同副本更新操作时所需要确保的数据一致性。这个过程，不需要在数据项上保存向量时钟的值，但进程/节点需要维护向量时钟。例如在单调读一致性模型中，客户端需要维护上次读到的数据的向量时钟，下次读到的数据所在节点/进程维护的向量时钟则要求比来自客户端的向量时钟大，只有这样才能读到新的数据[⊖]。

⊖ 该方法被一些系统采用，以解决会话内因果一致性问题，如MongoDB。

如果向量时钟的痕迹保留在数据项上（写操作发生），然后依据向量时钟进行数据读取的时候（读操作发生），可以确定分布式系统内部的因果序，即满足读一致（在读取的时候，获得满足因果序的一致的数据）。例如参考文献 [105] 给出的 Dynamo 中就借鉴了向量时钟提出版本向量（version vector）以提高分布式系统的高可用性，使得在出现网络分区或者机器宕机时，分布式系统依然可读可写。当网络分区恢复之后，多个副本同步数据出现数据不一致的情况时，可用于检测数据冲突。这使得向量时钟在提高分布式系统可用性方面能有所作为。

另外，在全序多播（totally ordered multicasting）中对向量时钟添加约束条件是一种比较好的一致性达成方式。

相对于其他方法，向量时钟的主要优势在于：

- 节点之间不需要同步时钟，即不需要全局时钟，这在去中心化环境下有用。
- 某些应用下不需要在所有节点上存储、维护一段数据的版本数；而在某些应用下的数据项上需要维护向量时钟值。

但是，逻辑时钟可能造成人在物理视角理解事件 / 事务顺序的不一致性，因此基于逻辑时钟的向量时钟依旧不能解决全部问题。

另外，使用向量时钟时，还存在一些问题需要解决。比如参考文献 [98] 中讨论的重置向量时钟问题。在使用向量时钟时，很难确定用于实现时钟值的整数变量的最佳位数。如果数字太小，会发生溢出；如果数字太大，存储和维护时钟的额外成本将变得无法忍受。一个简单的策略可以让我们从这样的困境中解脱出来，那就是粗略估计必要的比特数，并在任何一个进程即将溢出时重置向量时钟。这个参考文献的目的是为正确的时钟重置建立必要和充分的条件，以保持向量时钟的功能。结果表明，对于某些应用程序，通过仔细选择启动时钟重置的条件，可以完全避免潜在的时钟溢出问题。

3.4　混合逻辑时钟

上面说过，逻辑时钟可能造成人类从物理视角（物理时间）理解事件 / 事务顺序的不一致性，而物理时钟虽然符合人类物理视角的一致性，但是不能保证整个分布式系统事件 / 事务逻辑的一致性（分区、时延）。我们该怎么办？

混合逻辑时钟（Hybrid Logical Clocks，HLC）着力解决物理时钟和逻辑时钟存在的问题，它结合了两种时钟的优点（见参考文献 [77]）。

混合逻辑时钟在系统事件时间戳上采用了因果序列和物理时钟的组合，提供了单向的因果序列检测和排序能力（逻辑时钟）。具体算法如下[⊖]：

⊖ 说明：混合逻辑时钟的一个时间戳使用两个值来表示 l、c。l 表示本节点知道的最大物理时钟值（注意不是 Wall Clock 的值，即不是节点上的实际的物理时钟值），c 表示 l 与本地物理时间戳相等的情况下各个节点间的偏序关系。另外，如下使用 pt 表示本节点的物理时钟值。c.j 的 j 是节点名，c.j 表示 j 这个物理节点与其他节点间具有偏序的时钟值。

```
Initially l.j :=0; c.j:0  //每个节点上的初始值都是零，逐步递增，注意如下类似"c.j+1"的赋
    值形式
Send or local event  //本地发生事件，或本地发送消息给其他节点，则有因偏序关系发生，本地时钟递增
    l'.j := l.j   //暂存本节点j的已知物理时间戳l的值（来自本地或其他节点，主要来自远程相关
        节点，即与本节点发生过偏序关系的节点）
    l.j = max(l'.j, pt.j) // pt为物理时钟，获取本地物理时间戳和远程相关节点的物理时钟中的
        最大者。本地事件发生，如数据库新开启一个事务，则j节点上的物理时钟值会增长（注意不是按步
        长1增长，而是按pt的实际值增长）
    if (l.j = l'.j) then c.j := c.j+1  //如果本地物理时间戳和混合时钟中的物理时间戳相等，
        则记载偏序关系的c递增，借以表示相关节点间的偏序关系发生
    else  c.j = 0 //本地事件发生，则表示某个时间段内节点间的偏序关系没有发生
    Timestamp with l.j c.j  //混合时钟包括了l和c

Receive event of message m  //接收到m节点发来的消息，本地时钟根据情况递增
    l'.j := l.j   //暂存本节点的已知物理时间戳
    l.j := max(l'.j, l.m, pt.j) // 从本地和消息中选出最大的物理时间戳
    if (l.j = l'.j = l.m) then c.j := max(c.j,c.m)+1 //若来自消息的物理时间戳和本地混
        合逻辑时钟中的物理时间戳以及本地的物理时间戳相等，则本地逻辑时钟递增，这样就表达了与远
        程相关节点之间的偏序关系
    else if (l.j = l'.j) then c.j := c.j+1 //物理时间戳来自本地（本地事件），本地的c递增
    else if (l.j = l.m) then c.j := c.m+1 //物理时间戳来自消息，本地的逻辑时钟递增，借
        以表达与远程相关节点之间的偏序关系
    else c.j := 0
    Timestamp with l.j c.j
```

如上算法，**会使混合逻辑时钟表示的物理时钟的值尽量与本地节点的物理时钟的值保持一致，但是该值不依赖本地的物理时钟，同时不用担心各个节点的物理时钟值不一致**。

该算法如果和NTP结合使用，则不存在NTP跳变[⊖]带来的问题。

混合逻辑时钟表示的逻辑时钟值是一个整型绝对递增值。与Spanner系统的Truetime机制相比，不存在Truetime的overlap（重叠）问题，这使得单位时间内可提供的时间戳值增多，这也意味着逻辑上提高了事件间的并发度。

图3-1形象地表示了混合逻辑时钟的算法。图中4个节点分别用0、1、2、3表示，各个节点上用三元组表示本地物理时钟（pt，第一个）和混合逻辑时钟（*l*和*c*，第二、三个），实线箭头表示两个节点间发生了Send和Receive事件，同一个节点上多个三元组相连表示本地事件发生。从节点0到节点1，传递的消息{*l*,*c*}的值是{10，0}；节点1的pt时间值由0变更为1（节点1的物理时间不受节点0的物理时间影响，这一点对于实现去中心化的分布式算法有帮助），节点1的物理时间1小于来自消息的物理时间10，故节点1的*c*值变为10，又因为算法中Receive阶段的“else if (l.j = l.m) then c.j := c.m + 1”被满足，所以*c*值为1，综上三元组可表示为{1，10，1}；之后本地事件发生，算法中的Send阶段的“if (l.j = l’.j) then c.j := c.j+1”被满足，节点1的三元组变为{2，10，2}；在节点3的箭头指向节

⊖ 跳变是指在客户端和服务器端之间时间差过大时（服务器是NTP服务器），瞬间调整客户端的系统时间，这样可能导致被调整的客户端的时间值比旧值小，从而产生“回退”现象。

点 1 之前，节点 1 在本地事件发生，二元组 {3，13} 实则是三元组 {3，13，2} 的简写，节点 1 收到消息，算法中 Receive 阶段的 " else if (l.j = l.m) then c.j := c.m + 1" 被满足，所以 c 值为 1，三元组表示为 {4，10，7}。从逻辑关系看，发生在四个节点间的偏序关系，全部用 c 表达，其值从初始的 0 逐步变为 1 和 2（节点 1）、3 和 4（节点 2）、5 和 6（节点 3）、7（节点 1）。

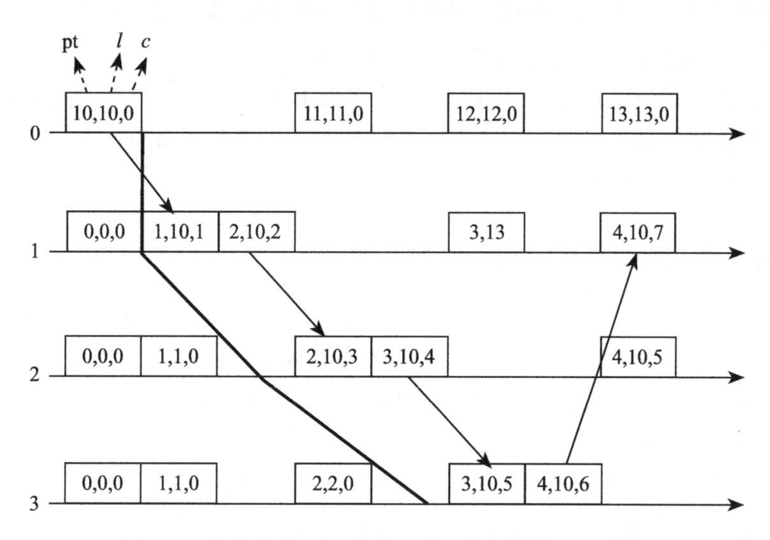

图 3-1　参考文献 [77] 中的混合逻辑时钟算法示意图

如图 3-1 所示（在 HLC 技术体系下，当 t=10 时的一致性快照），粗黑色的线沿着逻辑时钟 c 值为 0，从节点 0 到节点 1 再到节点 2 和节点 3，三元组的变化分别为节点 0{10，10，0}、节点 1{0，0，0}、节点 2{1，1，0}、节点 3{2，2，0}，这表明在这样的状态下，4 个节点处于一致的状态。即混合逻辑时钟可以获取一致性的一个点，这是混合逻辑时钟算法的主要用法（根据全局快照点，找出处于一致性状态的数据，但全局快照点的建立需要由一个全局的逻辑时钟保证全局一致性）。但是，对于节点 3 而言，节点 0{10，10，0}、节点 1{0，0，0}、节点 2{1，1，0}、节点 3{1，1，0} 也处于一致状态，所以可能存在多个处于一致状态的节点。需要注意的是，混合逻辑时钟的本质还是逻辑时钟，只不过其是一个分布式的去中心化的逻辑时钟，其与 3.2 节介绍的逻辑时钟在构建一致性快照方面的作用是相同的。

混合逻辑时钟算法解决了分布式系统内部事件之间的偏序问题，但是，从系统外部的角度看（应用层面），依然不能满足全局一致性。例如，同一个用户从两个不同的物理节点上执行了两个不同的事务，这两个事务因是同一个用户从同一个应用发出所以存在偏序关系，但是第二个事务所在的节点的逻辑时间有可能早于第一个事务所在的逻辑时间（两个节点之间没有 Send 和 Receive 事件发生，没有建立偏序关系），从逻辑时间戳的角度看，第二个事务就可能先于第一个事务发生，这样就产生了不一致。

在分布式事务型数据库中，混合逻辑时钟通常和 MVCC 技术结合，用于建立全局快照，解决读操作的全局一致性问题。

3.5 Paxos 协议

Paxos 协议是 Leslie Lamport 于 1990 年在参考文献 [161] 中提出的一种基于消息传递且具有**高度容错特性**的共识协议（**分布式系统间达成共识的协议**，可以是信息达成共识、数据达成共识、意见达成共识等，非事务的 ACID 中的 C）。

建议从维基上的 Paxos 相关文章㊀开始学习 Paxos 协议。然后可以读 *Paxos Made Simple*（见参考文献 [162]）和 *Paxos Made Live* 等文章，通过了解算法背后面对的问题、问题产生的背景，有助于深入理解 Paxos 协议。

3.5.1 Paxos 协议解决问题的背景

Paxos 协议用于分布式系统中（包括多 CPU、多核的单机环境），每个实体（单机、处理器）之间需要保持一致的场景。因此影响 Paxos 的因素有两个，一个是实体，另一个是消息传输渠道，对应到分布式系统中，常用 Processor 描述实体（即物理节点），用 Network 描述消息传输渠道（即网络）。

实体在分布式系统中可能出现的情况如下：

- 实体的执行速度不可控，可快可慢。多个实体间在运行速度上不可期待。所以一致性协议需要考虑实体差异，屏蔽实体执行速度的差异。
- 对于实体，有失败的可能。实体失败后，应可恢复到失败前的状态，然后重新加入分布式系统。
- 有新实体加入的情况。
- 实体间不会发生拜占庭将军问题（不会串通、撒谎或以其他方式破坏协议，简化了拜占庭将军问题）。
- 若要容忍 N 个实体发生失败，则至少应有 $2N+1$ 个实体存在于分布式系统中。

实体间在分布式系统中传递消息时可能出现的情况如下：

- 实体之间，通过消息传输渠道发送消息。
- 消息不可控。
  - 消息是异步发送的，到达时间不确定，或早或晚。
  - 消息可能丢失，多个消息间可能无序，消息可能被多次复制。
- 消息传输过程不会发生拜占庭将军问题（消息不会被任意或恶意篡改）。

3.5.2 Paxos 协议中的角色

Paxos 是一个协议，在这个协议中，首先把分布式系统中参与者——“多个实体”划分

㊀ https://en.wikipedia.org/wiki/Paxos_(computer_science)。

为几种角色，然后分别赋予不同角色不同的作用，以方便表述协议内容。但是需要注意的是，不同角色之间可以集中于一个实体，也互相转换。所以从实体的角度看，角色其实是实体不同的操作。实体发起提案，则为 Proposer；实体接收提案，则为 Acceptor；发出的提案被大多数实体接受后的实体就是 Leader，此时，分布式系统中多个副本达成一致，满足了一致性，但这是局部一致性；在一个提案被接收、接受的过程中，作为少数没有接收或接受提案的实体，当有 Leader 出现后，则需要学习“多数派认可了的值”，这样的实体就是 Learner。当 Learner 非实时地学习到了“多数派认可了的值”后，分布式系统中所有的实体就达到最终一致。具体角色的功能如下。

- Client（客户端）：向分布式系统发起任务请求，等待分布式系统回应。
- Proposer（提案者）：要区分场景，场景为选新 Leader 或执行客户端的任务。
  - 一旦要执行客户端的任务，则通常意味着其已经成为 Leader，因为不可能让分布式系统中的每个实体都去执行客户端的任务（无主架构[⊖]例外，如 AWS 的 Dynamo 系统），然后根据各自执行的结果去征询其他实体的意见以达成一致。所以要区分场景，先选新 Leader，就哪个实体作为 Leader 达成一致。选新 Leader 的过程就是各个实体作为 Proposer 发挥此角色作用的过程。而 Leader 一旦选定，在一个租期内其将一直作为 Leader 的角色存在，即使客户端发来新请求也会省略选新 Leader 的过程。
  - 当选新 Leader 完成，Leader 负责执行客户端的任务，执行结果会发给其他实体（此时其他实体就是 Acceptor 角色），并由 Acceptor 确认执行结果是否能够被大家认可，如果被大多数认可，就达成了一致，Acceptor执行Leader发送来的结果（如在数据库中执行 REDO 日志恢复数据）。
  - 如果不选新 Leader，则一群 Proposer 发出提案，参与一致性达成的竞争，此时会有多轮“从发出提案到接受提案”的过程，这样的过程轮数不可控且耗时，所以无 Leader（不选 Leader）意味着低效。这也是很多分布式系统中先选新 Leader 的原因。
- Acceptor（又称 Voters，接受者 / 提案回复者 / 选民）：Proposer 发出的消息被认可，认可 Proposer 发出消息者就是 Acceptor，需要根据特定的规则来保证认可的过程。
  - Quorum（法定人数，即多数派）：若有 K 个 Acceptor 接受了同一个提案，且 K 达到了所有带有角色的实体个数 N 的一半以上，则称 K 个 Acceptor 达到 Quorum，即有多数派批准了提案。
  - 不接受消息即不认可消息（也许如因宕机而没有机会认可消息）而又处于正常状态（可收可发消息）的实体，被称为 Learner。在 Learner 上没有与 Leader 一致的数据，因此，Learner 需要向 Leader 要数据，要数据的过程就是一个“学习”的过程，要数据的目的就是 Learner 要与 Leader 和 Acceptor 保持数据的一致，当所

⊖ 无主（Leaderless）的内容见参考文献 [91、92、93]。

有的节点数据达到一致则相关的节点（主副本、从副本）之间就处于一致状态了。
- Learner（学习者）：多数派之外的少数派。
- Leader（领导者）：在一个 Paxos 组中，通过上述的选新 Leader 的过程从多个 Proposer 中找出一个作为 Leader。Paxos 协议会保证只有一个 Leader。

3.5.3 Basic Paxos 协议

Paxos 协议定义了一些规则，以约束各种角色之间的行为。

规则 P2C：如果一个编号为 n 的提案的值为 v，那么存在一个多数派，要么它们中所有都没有接受编号小于 n 的任何提案，要么已经接受的所有编号小于 n 的提案中编号最大的那个提案的值为 v。

角色之间传递的消息有两种：
- **Proposer 发出的消息**。每一位 Proposer 提供的消息称为提案，提案带有一个唯一的"提案编号"(在一个 Paxos 实例中，不同提案编号间要存在全序关系)。
- **Acceptor 发出的消息**。消息中，包括约定值（Agreed Value）。

Basic Paxos 协议形成决议的过程分为两个阶段（即 Paxos 协议完成一次写操作需要两个来回）：第一个阶段是 Prepare 阶段，用于提出决议（prepare/promise)，第二个阶段是 Accept 阶段，用于批准决议（propose/accept)。

Prepare 阶段：

1）Proposer 选择一个提案编号 n，并将提案请求发给所有 Acceptor（只要获得多数派的回应即可进入 Accept 阶段)。

（a）提案编号是单调递增的（提案编号使得提案之间呈全序关系，全序相关内容参见 1.3.1 节)，Proposer 选择自己已知的最大提案编号然后加 1 后发出新提案。

（b）多数派是通过数量确定的，不是由固定的角色确定的，只要 Proposer 收到半数以上的回复，即确认已经把提案请求发给了"多数派"。

2）Acceptor 收到提案消息后，如果提案的编号大于它已经回复的所有提案的编号（回复消息表示接受提案)，则 Acceptor 将自己上次接受的提案回复给 Proposer，并承诺不再回复小于 n 的提案。

（a）没有构成第一个"多数派的少数派"的 Acceptor，也可能因自己发出回应而成为"多数派"的新一员；也可能在本次提案下，成为永久的"少数派"。

（b）少数派成员，未来需要通过 Learner 的身份学习 Proposer 的提案中的值。

（c）如果一个 Acceptor 发现存在一个更高编号的提案，则需要通知 Proposer，提醒其中断这次提案。

Accept 阶段：

1）当一个 Proposer 收到了多数 Acceptor 对提案的回复后，就进入 Accept 阶段。Proposer

向回复提案请求的 Acceptor 发送 accept 请求：包括编号 *n* 和根据前述规则 P2C 决定的值；如果根据规则 P2C 没有已经接受的值，则 Proposer 可以自行决定其值。

2）在不违背自己向其他 Proposer 的承诺的前提下，Acceptor 收到 accept 请求后即批准这个请求。

需要注意的是：在上述过程中，任何时候发生中断（发生网络分区、延时等）都应该保证过程的正确性。例如，如果一个 Proposer 发现已经有其他 Proposer 提出了编号更高的提案，则需要中断这个过程；如果一个 Acceptor 发现存在一个更高编号的提案，则需要通知 Proposer，提醒其中断这次提案。

编号更大的提案拥有者 Proposer 可提出终止之前的某个提案。但之后，如果两个 Proposer 都转而提出一个编号更大的提案，就可能陷入活锁状态。为了解决此问题，可引入**随机睡眠 – 重试**的方法。

决议形成后，需要发布给 Learner（Acceptor 已经接受了决议）。因为前提是没有消息篡改，所以 Acceptor 只需要将批准的消息发送给某一个 Learner 或 Learner 的一个子集，然后 Learner 间再获取已经通过的决议。但是，由于消息传递的不确定性，可能会没有任何 Learner 获得了决议批准的消息。参考文献 [161] 给出了此问题的解决方案。

如下是 Paxos 协议的工作过程[⊖]。此过程中，Acceptor 包括 3 条竖线，这表示为多数派；Learner 包括 2 条竖线，表示为少数派。只有 Learner 学习获得了新值之后，才会返回到客户端。Paxos 协议工作流程如图 3-2 所示。

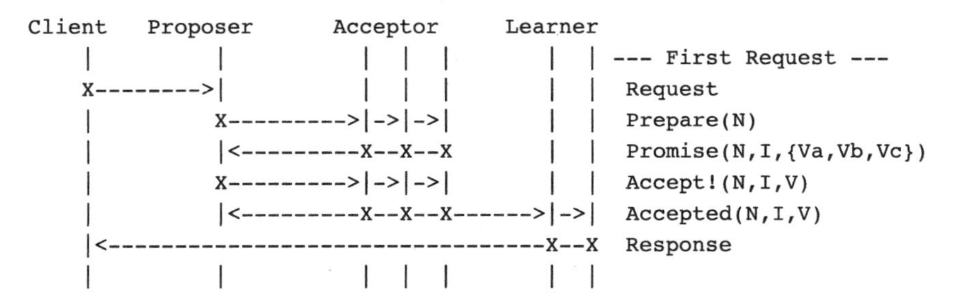

3.5.4　Paxos 协议改进与扩展

上一节讨论的是最简单的 Paxos 协议（Basic Paxos 协议），在实际使用中，有很多基于 Paxos 协议的优化变种。在保证一致性协议正确的前提下，这些变种旨在减少 Paxos 协议通信步骤、避免单点故障、实现节点负载均衡，从而降低延时、增加吞吐量、提高可用性。

尽管如下的改进算法解决了一部分问题，但是，Paxos 协议中 Leader 这个角色实际上使得分布式系统中引入了单点故障。虽然 Paxos 协议能够在给定条件下进行 Leader 选举使故障恢复，但是这种恢复可能很慢，使得系统在一段时间内不可用，这削弱了分布式系统的可用性。

⊖ 更多信息可参考 https://zh.wikipedia.org/zh-cn/Paxos%E7%AE%97%E6%B3%95。

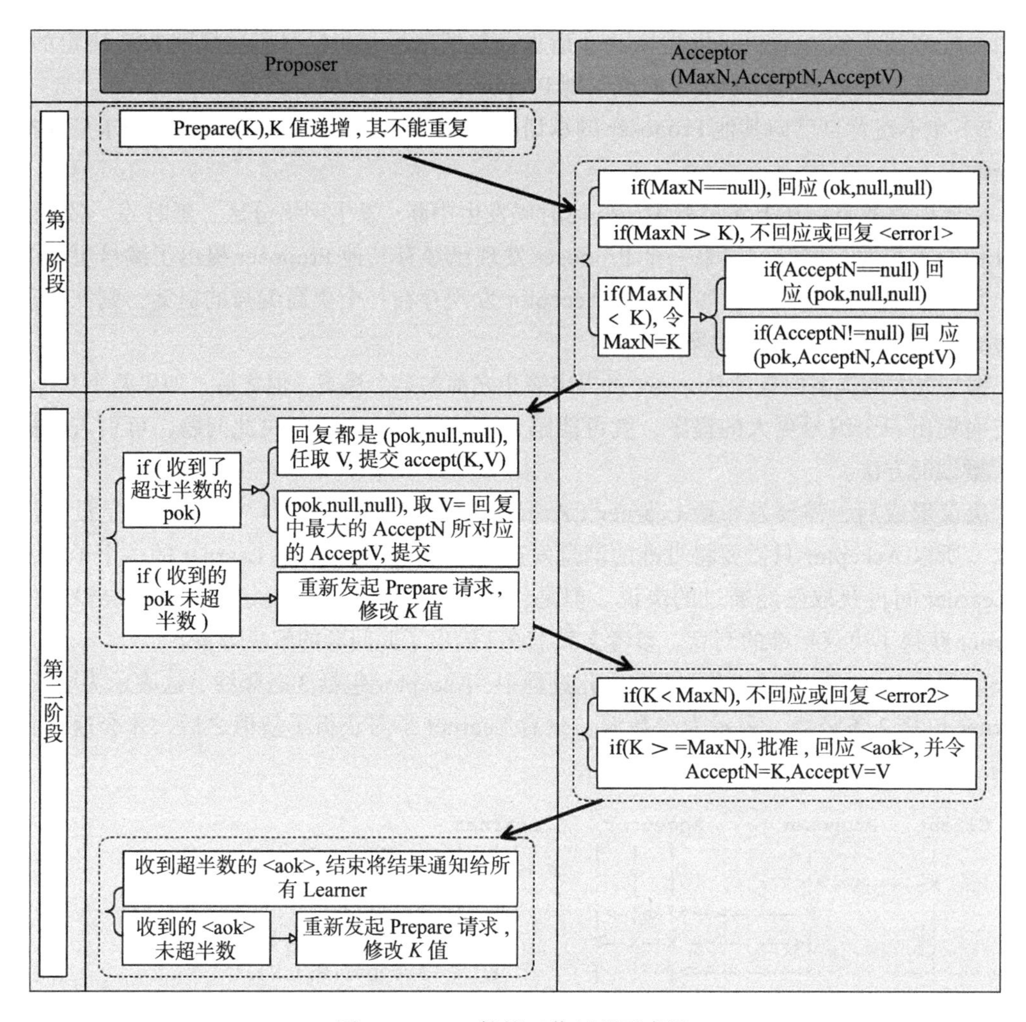

图 3-2 Paxos 协议工作过程示意图

如下讨论几种改进的 Paxos 协议。

1. Multi-Paxos 协议

使用 Basic Paxos 协议可使一次“协商”达成一致。但是，如果有**一组连续的被接受的值（value）需要达成一致**，则需要多轮完整的 Basic Paxos 协议，这会耗费太多资源（每轮都需要经过 Prepare 阶段）。

如果 Leader 是相对稳定的，则 Basic Paxos 协议中的 Prepare 阶段就可省略。这就是 Multi-Paxos 协议出现的原因。在 Multi-Paxos 协议中，同一个 Leader 的执行一轮 Paxos 算法，提案编号“I”就递增一个值，并与每个值一起发送。Multi-Paxos 协议在没有故障发生的时候，将消息的延迟（从 Propose 阶段到 Learn 阶段）从 4 次降为 2 次。如下是 Multi-

Paxos 协议工作过程的示意[⊖]（V 是 V_a、V_b、V_c 中最新的一个）。

```
Client    Proposer      Acceptor     Learner
   |         |          |  |  |       |  |  --- First Request ---
   X-------->|          |  |  |       |  |  Request
   |         X--------->|->|->|       |  |  Prepare(N)
   |         |<---------X--X--X       |  |  Promise(N,I,{Va,Vb,Vc})  只一次
--------------------------------------------------------------------------------
   |         X--------->|->|->|       |  |  Accept!(N,I,V)           可多轮
   |         |<---------X--X--X------>|->|  Accepted(N,I,V)
   |<---------------------------------X--X  Response
   Y-------->|          |  |  |       |  |  Request
   |         Y--------->|->|->|       |  |  Accept!(N,I+1,V)         提案编号 I+1
   |         |<---------Y--Y--Y------>|->|  Accepted(N,I+1,V)
   |<---------------------------------Y--Y  Response
...
   Z-------->|          |  |  |       |  |  Request
   |         Z--------->|->|->|       |  |  Accept!(N,I+k,V)         提案编号 I+k
   |         |<---------Z--Z--Z------>|->|  Accepted(N,I+k,V)
   |<---------------------------------Z--Z  Response
   |         |          |  |  |       |  |
```

在分布式事务型数据库中，实现 Paxos 协议的提交（用于事务的提交阶段），就是在每个事务内部的提交阶段，在多副本节点间达成数据一致时，由事务的执行者作为上述代码中的 Client 发起 Paxos 协议。在分布式存储方面，实现多副本的数据一致性，可以把 REDO 日志作为副本间传递的消息，然后在 Follower 角色的副本上执行 REDO 日志的 Apply 操作以保证数据之间的一致性。

2. Fast-Paxos 协议

在 Multi-Paxos 协议中，基本工作过程为 Proposer -> Leader -> Acceptor -> Learner，即从提出提案到完成决议共经过 3 次通信，这样的通信次数较多，导致处理周期长且网络不可靠性变大。那么，**能不能减少通信次数？这是 Fast-Paxos 协议要考虑的问题**。

参考文献 [94] 对 Multi-Paxos 协议进行了改进：如果可以自由提交值，则可以让 Proposer 直接发起提案，此时 Leader 退出了通信过程，基本工作过程就变为 Proposer -> Acceptor -> Learner，由此从提案到完成决议共经过 2 次通信，这就是 Fast-Paxos 协议的由来。

Fast-Paxos 虽然允许 2 个消息延迟，但增加了额外要求：

- 系统由 $3f$+1 个物理节点（或参与角色）组成，可容忍最多 f 个错误（而不是 Basic—Paxos 协议的 $2f$+1 个，$2f$+1 表明只要是多数派即可）。
- 客户端需要直接将请求发送到多个目标。

如果 Leader 没有提交任何值，则客户可以直接发送接受消息到接收方。Acceptor 向 Leader 和每个 Learner 发送已接受的消息，从而实现从客户端到 Learner 的 2 个消息延迟。

⊖ 更多信息可参考：https://zh.wikipedia.org/zh-cn/Paxos%E7%AE%97%E6%B3%95。

如下示意过程[1]，Leader 下有 1 条竖线，Acceptor 下有 4 条竖线，Learner 下有 2 条竖线，由此可得 1+4+2=7=3×2+1，即 Fast-Paxos 协议能容忍 2 个错误（2 个物理节点或与 2 个角色对应的物理节点），但是需要注意的是，本示例中，Leader 不具备 Acceptor 的角色。

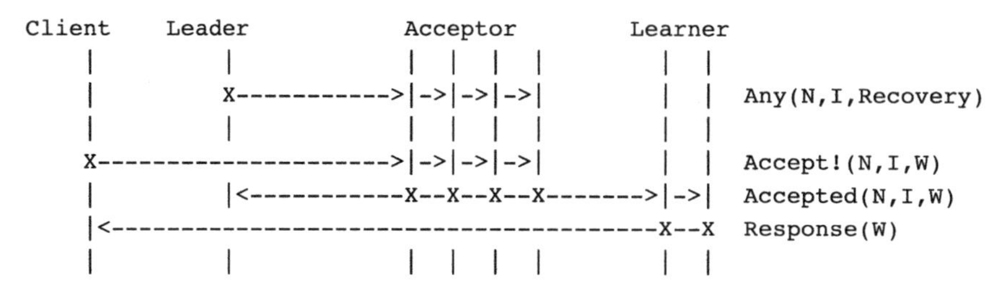

在 Basic Paxos 协议中，Acceptor 投票后收到的值都是 Leader 选择好的，不存在同一轮 Paxos 中对多个值进行投票的情况。但在 Fast-Paxos 协议中因为允许多个 Proposer 同时提交不同的值到 Acceptor，将导致在 Fast-Paxos 协议中没有任何值被作为最终决议，这种情况称为冲突（Collision）。

如果 Leader 检测到冲突，它会通过发起新一轮投票，并发送接受消息来解决冲突（见下面代码中阴影部分），其实这个消息通常是一个已接受的消息。这种有协调者参与的冲突恢复机制需要 4 个从客户端到 Learner 的消息延迟。工作过程如下所示。

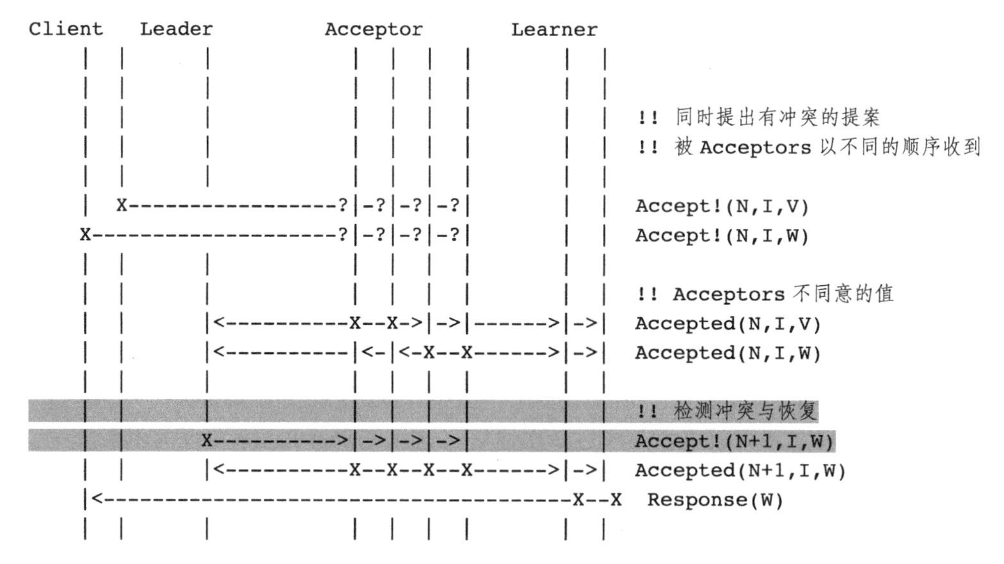

如果 Leader 提前指定了一种冲突恢复机制，则可以实现一种优化：允许 Acceptor 自己执行冲突恢复。因此，无协调的冲突恢复可能实现 3 个消息延迟（如果所有的 Learner 都是 Acceptor，那么只有 2 个消息延迟）。工作过程如下所示[2]：

[1] 更多信息可参考：https://zh.wikipedia.org/zh-cn/Paxos%E7%AE%97%E6%B3%95。

[2] 更多信息可参考：https://zh.wikipedia.org/zh-cn/Paxos%E7%AE%97%E6%B3%95。

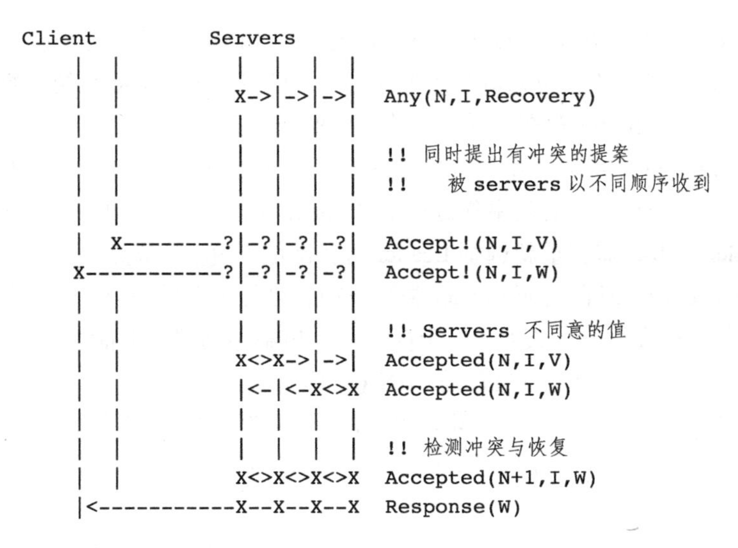

3. Flexible Paxos 协议

Basic Paxos、Multi-Paxos 和 Fast-Paxos 这 3 种协议的 Prepare 和 Propose 阶段都需要满足多数 Quorum 原则，这能保证任意的 Quorum 之间交集不为空（后发起 Prepare 阶段的 Proposer 需要学习之前已经被接受的其他 Proposer 请求过的值，并将该值作为自己 Propose 请求的值。为了保证后发起 Prepare 阶段的 Proposer 不遗漏任何被接受的值，Paxos 协议的两个阶段的 Quorum 需要彼此相交），如此才能使得 Paxos 协议结果一致。

参考文献 [90] 证明了**在 Paxos 协议的两个阶段中，只需要 Quorum 有交集就可实现结果一致，并不需要两个阶段的 Quorum 都是集群中的多数 Quorum**。这种方法称为 Flexible Paxos 协议，简称 FPaxos 协议。

参考文献 [90] 定义，集群中有 n 个节点，Q_1 是 Prepare 阶段需要达成的 Quorum 的个数，Q_2 是 Propose 阶段需要达成的 Quorum 的个数。只要 Prepare 阶段的 Quorum（Q_1）和 Propose 阶段的 Quorum（Q_2）有交集，就可保证两个阶段的结果一致。这种方法能提高 Multi-Paxos 协议的性能。其基本思路为：Multi-Paxos 协议中 Q_2 比 Q_1 大很多，增大 Q_1 的大小，则可减小 Q2 的大小，也就是能减少 Propose 阶段 Q_2 个 Acceptor 达成一致的时间（Propose 阶段参与投票的 Acceptor 个数变少，使得投票表决过程加快）。增大 Q_1 的大小，意味着 Leader 选举阶段投票人增多，耗时增加，如果投票人跨数据中心，投票操作就成为一个耗时操作（参考文献 [253] 给出的 DPaxos 算法意图解决此问题）。

参考文献 [90] 提出 3 种实现 FPaxos 协议的策略如下。

- **多数 Quorum**：对于 Multi-Paxos 协议，当 N[⊖] 为奇数时，则没有优化，即本策略蜕化为未改进的 Multi-Paxos 协议方式。当 N 为偶数时，则需要保证 $Q_1 > N/2+1$ 且 $Q_2 > N/2+1$，即要求 Q_1、Q_2 都至少为 $N/2+1$。对于 FPaxos 协议，则可以将 Q_2 降低

⊖ 所有 Acceptor 的数目记为 N。

到 $N/2$（Acceptor 数，即可以容忍的 fault-tolerance 数），且仍然可保证两个阶段的 Quorum 之间是相交的。这样不仅可以减少延迟并提高吞吐量，还能提高系统的容错性（尽管可能只有 1 个 Acceptor 存在差异，导致效果提升不明显）。

- **简单 Quorum**：确保 $Q_1 + Q_2 > N$ 且 $Q_1 > Q_2$ 且 $Q_1 > N - Q_2 + 1$ 满足，可减少 Q_2 的大小，以提高效率（Prepare 阶段的效率降低换来 Propose 阶段的效率提升）。在此方式下，当前的 Leader 失败，需要重新选举 Leader 时，即使 $N-Q_2$ 个节点失败（不能形成预备阶段的 Quorum），但在当前 Leader 失败以前，已经失败的 $N-Q_2$ 个节点中有部分节点如能恢复使得在线节点数大于等于 Q_1，那么 FPaxos 协议依旧能正常工作。整个系统可以容忍的 Acceptor 节点宕机数是 $\mathrm{MIN}(Q_1, Q_2)-1$。
- **网格 Quorum**：将 N 个 Acceptor 节点组织为 $N_2 \times N_1$ 的网格，如图 3-3 所示，其中 N_2 表示行数，N_1 表示列数，图 3-3a 所示对应 Paxos 协议，图 3-3b 所示对应 FPaxos 协议。
    - 对于 Paxos 协议，Quorum 值以从 $N/2+1$ 降低到 N_1+N_2-1。可容忍的 Acceptor 节点宕机数为 min（N_1，N_2），只要网格还剩的不少于下一行和一列（强调未宕机的个数），系统就能保证一致性。
    - 对于 FPaxos 协议，Q_1 为 N_2 行中的一整行，Q_2 为 N_1 列中的一整列。这样任意的 Q_1 和 Q_2 所代表的行、列必然是相交的。只需要调整网格的行列长度，即可调整 Q_1 和 Q_2 的大小。但是，在网格中，每个节点都不是对等的。假如每一行均有一个节点宕机，则不能找出合适的 Q_2 列。整个系统可以容忍的 Acceptor 节点宕机数不是一个固定的值，而是在 $[\min(N_1, N_2), (N_1-1)\times(N_2-1)]$ 区间内，需要特别考虑哪些节点未宕机且尚能达成一致。

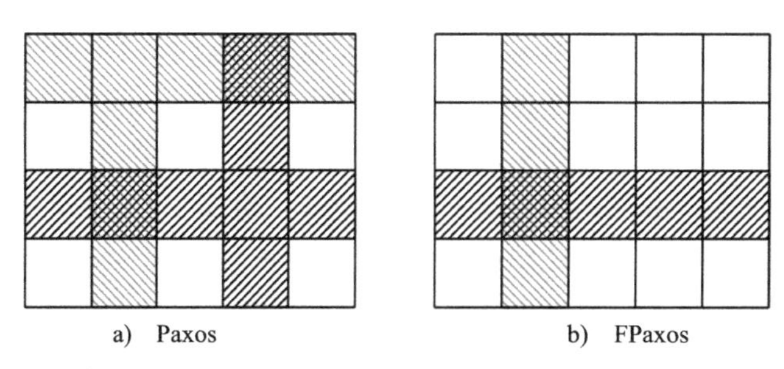

图 3-3 参考文献 [90] 对有 20 个 Acceptor 的 Quorum 使用 5 × 4 网格

FPaxos 协议，除了适用于 Paxos 协议适用的应用场景外，还适用于**跨机房部署时安排多副本的分布场景**（当多副本需要跨多个机房，每个机房内部也需有多副本时）。例如，有 2 个数据中心，每个数据中心有 2 个副本，使用 Paxos 协议需要跨数据中心才能达到**多数 Quorum** 的要求（4 个副本中至少有 3 个达成一致），而使用 FPaxos 协议时只要 Leader 没有宕机，则只需要在与 Leader 相同的数据中心内达成一致即可（如 4 个副本形成 2 × 2 的网格则有 2 个副本即可达成一致）。

参考文献 [90] 的作者 Heidi Howard 在参考文献 [110] 中对参考文献 [161] 提出的 Paxos 协议提出了质疑："我们重新研究了 Paxos 协议如何解决分布式共识的基础。我们的假设是，这些限制并不是共识问题所固有的，而是 Paxos 协议特有的"。

参考文献 [110] 中指出：**分布式共识问题是指如何在面对故障和异步时可靠地达成一致**。这对于分布式系统很重要。一旦解决了该问题，就可以用不可靠的组件构建可靠的分布式系统。该参考文献认为，要实现分布式共识，需要 2 个保证。

- **安全保证**：所有的决策都是最终的，不需要假设可靠性或同步性。
- **进度保证**：最终将达成一个决策。

两个保证之间的关系：如果不对同步性或可靠性做出假设，就无法保证进展；即没有安全保证就无进度保证，最终分布式系统中的各方就不能达成一致并获得共识。因此，解决共识的算法旨在保证在最弱的活跃度假设下决策过程的进展。

4. Dynamic Paxos 协议

参考文献 [253] 提出 Dynamic Paxos 协议（简写为 DPaxos 协议），该协议适用于移动应用、车载应用等。在该协议下，数据采用非集中化存储，并存于边缘节点[⊖]。在节点多且分散部署，数据以分片的形式分布在边缘节点（edge node）的场景下，需要支持高可用和高可靠的应用，但采用 Multi-Paxos 协议会出现延迟过大的问题，造成此问题的一个主要原因是访问数据中心的延时（10 ～ 100ms）较大，为解决此问题可把数据部署在边缘节点上。DPaxos 协议充分利用了边缘节点的计算资源，在访问位置上，从附近的边缘节点提交请求，并直接在边缘节点上进行事务处理。在数据移动层面，DPaxos 协议采用分区副本实时跟踪移动用户，并提供灵活的容错机制，以使得附近的边缘节点可从故障中恢复。

DPaxos 协议实现的状态机复制（SMR）机制的延时会较大，这会影响系统的性能和用户体验，所以 DPaxos 协议针对性边缘场景的特点和 FPaxos 协议的缺点（Leader 选举阶段耗时昂贵），提出了 Zone-centric Quorums 和 Dynamic Quorum Allocation 两种解决技术。

Zone-centric Quorums 技术采用 FPaxos 协议的思想，把所有的 Quorum 化整为零，把相邻的边缘节点作为 Zone（区），并将 Zone 作为 Paxos 协议中的 Quorum，且 Zone 内的 Quorum 作为其内部的边缘节点，由此完成对所有 Quorum 的划分。以采用了多数 Quorum 思想的算法为例，每次选举需要多数 Zone 赞同，而每个 Zone 需要其内部的多数边缘节点赞同。

在 DPaxos 协议适用的场景中，一个重要的前提是"多副本间的复制频次远大于 Leader 选举事件出现的频次"，而复制操作频繁发生在一个 Zone 中，因此，根据 FPaxos 协议的原理，如将复制仲裁参与人数设置得很小，如限定于一个 Zone 包括的边缘节点个数，则复制仲裁过程的延时被限制在一个 Zone 的内部节点的通信延时内，如此就降低了频繁发生的复制仲裁的总延时，从而提高了应用的性能。

另外，DPaxos 协议提出了 Expanding Quorum（扩大仲裁人数）和 Leader Handoff（传

⊖ 现实情况是：现在只有 20% 的数据在内部生成和消费，80% 的数据来自于外部来源。

递）技术（即 Dynamic Quorum Allocation）。Expanding Quorum 技术克服了 FPaxos 协议中 Q_1 和 Q_2 必须相交的限制，且允许参与 Leader 选举和复制仲裁的成员数都较少。Leader Handoff 技术克服了移动类应用需要频繁变更 Leader 的问题，使得不经过 Leader 选举阶段就可主动切换 Leader（采用单轮消息机制，可快速从旧的 Leader 切换到新的 Leader 上）。

3.6 Raft 算法

参考文献 [258] 提出了 Raft 算法[㊀]，该算法用于管理复制日志（replicated log），该参考文献描述了其本质：作为一个共识（consensus）算法，**Raft 不是 Paxos 协议或其变种，但它们的用途相同**，在结果和效率上，Raft 与 Paxos 协议相当；但在易理解和易构建生产系统上，好于 Paxos 协议。

那么，什么是共识算法呢？共识是具备容错（fault-tolerant）能力的分布式系统中的一个基本问题。共识，指分布的多个参与者就“值”（value）达成一致。一旦参与者对一个值做出决定，则这个决定就是最终的。当大多数参与者存活时，共识算法会在存活的参与者间达成值一致，这相当于全部参与者存活时达成的一致，故部分参与者达成的一致是整个系统有效的；因此这也意味着允许分布式系统中有部分参与者处于非存活状态，这就使得分布式系统具备了一定的容错能力。无论是 Paxos 协议及其变种，还是 Raft，在共识这个目标上，本质相同，但它们各自的实现方式存在差异。

3.6.1 Raft 算法基础

共识算法通常出现在复制状态机（Replicated State Machine，RSM[㊁]，见参考文献 [259]）的上下文中，而复制状态机是构建容错系统的常规方法。一个分布式系统的复制状态机由多个复制单元组成，每个复制单元均有一个状态机，该状态机的状态保存在状态变量中，这些变量只能通过外部命令（通常通过传输日志作为外部命令的输入源，即日志包含了一系列指令）被改变。备机状态机在日志指令的驱动下，严格按照顺序逐条执行日志中的指令。假定所有的状态机都能按照相同的日志执行指令，则它们最终能达到相同的状态，这就能保证该分布式系统状态的一致性。Raft 算法明确定义了复制状态机，其把共识问题分为如下 3 个子部分。

- **Leader 选举**（Leader election）：旧 Leader 故障时或系统初始化首次需选主时，选出一个新的 Leader。
- **日志复制**（Log Replication）：Leader 接受来自客户端的命令 / 操作指令，并将其记录为日志，然后复制给集群中的其他服务器（即 Follower 角色的备机），通过在备机执行日志，使得备机的从副本和 Leader 的主副本保持一致。日志复制依赖于复制状

㊀ Raft 论文和作者汇报的视频地址：https://www.usenix.org/node/184041。

㊁ 参见 https://en.wikipedia.org/wiki/Paxos_(computer_science)。

态机，图 3-4 所示为 Raft 算法带有复制状态机的整体架构，大家要重点注意图中①到④标识的流程。

- **安全（Safety）措施**：通过一些措施确保系统的安全性。如确保所有状态机按照相同顺序执行相同命令，即 Leader 将某个特定索引的日志条目交由主机的状态机处理，此时对于其他备机，交由备机状态机处理的日志需要具有相同索引的日志条目。再如在 Election Safty 每一个任期内，只能有一个 Leader 等。

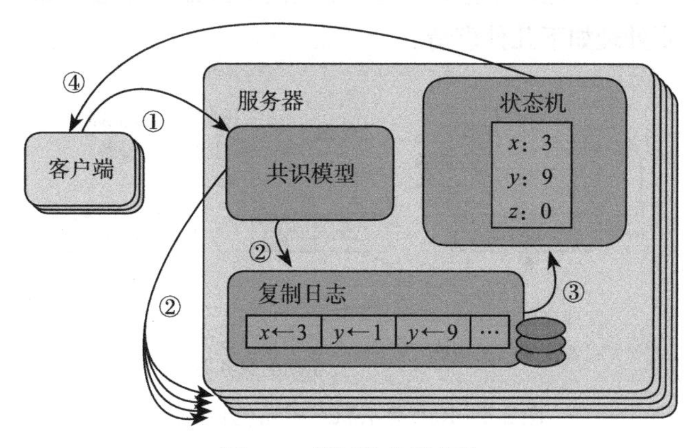

图 3-4 复制状态机架构

图 3-4 中①所示为客户端发送执行命令给服务器，②所示为服务器通过共识模块将复制日志发给每个备机的复制状态机（即 RSM），每个 RSM 的复制日志中指令的顺序都是相同的，③所示为 RSM 按顺序处理复制日志中的指令，④所示为将处理的结果返回给客户端。由于 RSM 具有确定性，因此每个状态机的输出和状态都是相同的，因此能保证多个备机的数据处于一致状态。

保持复制日志的一致性是共识模块的工作，该工作由共识算法完成。但是，因为处于分布式系统中，某些服务器会出现故障，因此共识算法需要考虑这些异常的情况。如果与两阶段提交算法（即 2PC，参见 4.6 节）比较，共识算法的核心思想等同于 2PC 算法（参考文献 [159] 论述了 2PC 算法为 Paxos 算法的变种，2PC 算法的工作过程类似 Paxos 算法的 Prepare-Accept 阶段的工作过程），只是 Raft 算法需要选取出 Leader，这个 Leader 相当于 2PC 中的协调者，Raft 算法在投票时利用了多数 Quorum 原则完成投票确认，而 2PC 需要所有参与者都投票确认才能达成共识。这提示我们，Raft 算法中的 Leader 选举和日志复制其实是为应对分布式系统故障而执行的两个过程，这两个过程的正确完成需要安全措施来保证，而这些安全措施是为应对分布式系统故障而被提出的。

3.6.2 Raft 算法详解

Raft 算法中要有一个强 Leader，在无分布式系统异常（如节点宕机）的情况下，该 Leader 负责接收客户端的请求命令，并将请求命令作为日志通过 Raft 算法的日志复制功能传输给 Follower，Follower 确认日志安全后（大多数从副本已经将该命令写入日志当中，可未完成执行操作），Follower 将日志命令提交到本机的复制状态机执行（即日志的执行操作）。上述过程是一个正常的过程。但是，分布式系统存在发生故障的可能，这些故障包括如下几种。

1. Leader 故障

Leader 出现故障时，需要通过选举产生一个新的 Leader，该过程如图 3-5 所示。

选新 Leader 需要处理如下几件事情。

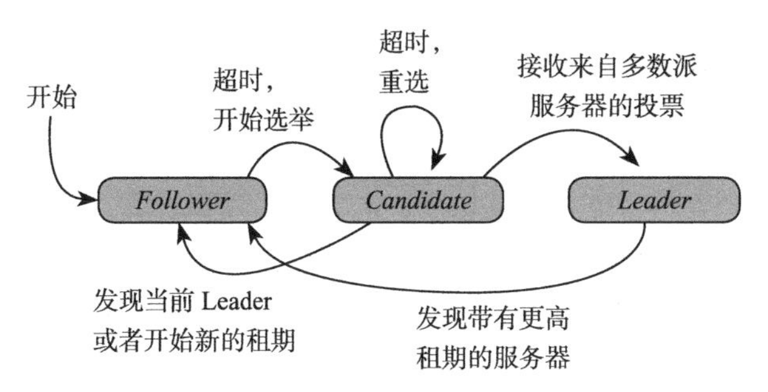

图 3-5 Raft 算法状态机角色转换图

- **确定 Leader 出现故障**：这依赖心跳机制。从副本（Follower 所在的副本）在一段时间内没有收到 Leader 主副本的心跳信息（定期的心跳信息中包括不带日志的 AppendEntriesRPC），则认为 Leader 已经出现故障。所以和 Leader 存活有关的心跳时长，即 Leader 租约（Leader 的有效任期）的长短，是影响系统处理故障时长的一个因素。心跳时长不能太长（长了则不能尽早发现故障），也不能太短（短了则会触发频繁选新 Leader 的操作，从而影响效率）。
- 选新 Leader：选新 Leader 的结果可能有两种，一是成功选出新的 Leader，二是一轮选新 Leader 失败，需要重新再选，直到选新 Leader 成功。
  - 选新 Leader 的过程：某个 Follower 服务器将自己维护的 current_term_id（当前 trem 的标识，用以表示自己的 term 值）加 1 并转变为候选人（Candidate）。Candidate 发起投票，首先投自己一票，然后向其他所有节点并行发起 RequestVoteRPC，等待其他节点的回复（收到 RequestVoteRPC 的每个节点只会给发送消息方回投一票），如果收到了大多数的投票回复，Candidate 状态变成 Leader。选新 Leader 的过程需要在一个选举超时（election timeout）周期（一个不等长的周期，该周期称为一个 term）内完成，且每个 term 中最多只能有一个 Leader 存在。Term 本质上是一个逻辑时钟，每个RPC消息中都会被带上term，用于检测过期（即超时）事件是否发生。在选新 Leader 的过程中，需要注意的细节是 RPC 消息的发送和接收双方之间需要通过 term 保持偏序关系；当一个服务器收到的 RPC 消息中的 rpc_term（从 RPC 消息中传入的 term）比本地的 current_term（当前的 term）大时，则更新 current_term

为 rpc_term，且如果当前状态为 Leader 或者 Candidate 时，将自己的状态变成 Follower（这表明旧主故障发生被探测到需要重新选主）；如果 rpc_term 比本地的 current_term 小，则拒绝这个 RPC 消息。

- 选新 Leader 失败：当投票被瓜分（即有多个 Candidate 发起投票且没有任何一个 Candidate 收到了多数派回复），则不会有 Leader 被选出。此后 Candidates 需将本地的 current_term 加 1，发起新一轮的选新 Leader 的过程。但是，下一轮选新 Leader 还可能失败，为了避免这样的问题，每个 Candidate 的选举超时周期从 150 ～ 300ms 之间随机选取，如此第一个超时的 Candidate 就可以发起新一轮的选新 Leader 的过程，其可带着最大的 term 值给其他所有节点发送 RequestVoteRPC 消息，从而有助于自己成为 Leader。这样的操作方式称为随机选举超时（randomize election timeouts）。

如上过程提及了两种消息：

- RequestVoteRPC：选主过程中由 Candidate 发出，用于拉取选票。
- AppendEntriesRPC：正常运行过程中由 Leader 发起，用于复制日志或者发送心跳信号。

2. 复制失败

在 Leader 正常工作期间，如果某个 Follower 出现问题（宕机、运行很慢或者出现网络丢包），Leader 将一直给这个 Follower 发 AppendEntriesRPC 消息直到日志一致。

3. 日志不一致

新 Leader 被选出后，可能旧 Leader 所记录的日志没有完全被复制，因此会造成所有节点上的日志不一致；有的 Follower 相比于当前的 Leader 可能会丢失几条日志，也可能会额外多出几条日志，且这种情况可能会持续几个 term。

日志复制时，严格按照顺序推进，如图 3-6 所示，日志索引 x 表示 Leader 上产生的日志顺序，Follower 上的日志项严格按照 Leader 上的顺序获得，所以图 3-6 所示的每一个列的值，在 Follower 上要么没有，要么与 Leader 上对应列的值相同。也就是说，Leader 在发送 AppendEntryRPC 的时候，消息中会携带 preLogIndex 和 preLogTerm 两个信息，Follower 收到消息后，需要判断最新日志项的索引、term 是否和 RPC 中的一样，如果一样则跟随并支持。

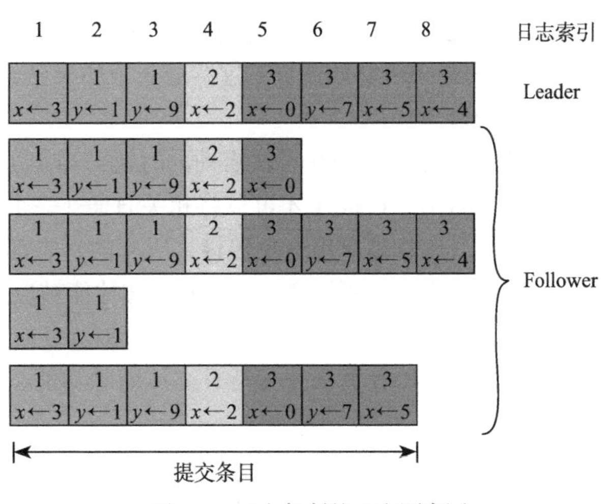

图 3-6　日志复制的日志顺序图

在新 Leader 产生后，新 Leader 和 Follower 之间的日志项可能不一样。如图 3-7（框内的数字是 term 编号）所示，作为 Follower 的 a 和 b 节点，少了一部分命令，c 和 d 节点多了一部分命令，e 和 f 节点上的命令和 Leader 存在较大不同。例如，Follower 的 f 节点上可能发生的情况为：f 节点在 term 为 2 时是 Leader，写入了几条命令，然后在提交之前崩溃了；之后在 term 为 3 时，该节点快速重启并再次被选为 Leader，又写入了几条日志，在提交前又崩溃；等该节点重启加入 Raft 组后，新的 Leader 被选出，f 节点就形成了图 3-7 所示的情形。遇到这种情况，Leader 将强制 Follower 复制自己的日志，使日志保持一致。

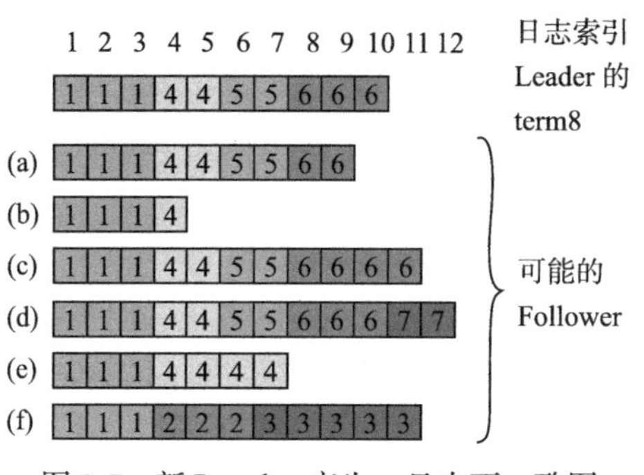

图 3-7 新 Leader 产生，日志不一致图

当某个 Follower 在 Leader 提交时宕机了，该 Follower 会少若干条命令，然后它重启加入 Raft 组后又被选为新的 Leader，该新 Leader 将强制其他 Follower 跟自己保持一致，这就会让其他节点上刚刚提交的命令被删除，此举会导致客户端提交的一些命令丢失，该问题需要避免。避免的方式是在选举过程中加一个限制条件：确保投票过程只有拥有全部已提交日志的 Candidate 才能成为新 Leader。

一个 Leader 如果把命令已经复制到了大部分节点上，但是还没来得及提交就崩溃了，后选出的新 Leader 应该完成之前 term 期内未完成的提交。Raft 算法会让新 Leader 统计之前的 term 内还未提交的命令，这些命令中如果已经被复制的个数超过多数派，则新 Leader 进行提交操作。

另外，需要注意 Raft 算法启动的时机：当上层（调用 Raft 的业务层）发出一条提交日志 commitTed 时，Leader 才可以将相关日志（一个完整的日志单位，从开始到提交）应用到状态机中（注意是应用不是传输，所有的日志都是要传输的，但被传输的日志未必被应用，只有在状态机收到提交日志项时日志才能被应用）。Raft 算法的复制状态机需要保证一条 commitTed 日志已经持久化了，并且会被所有的节点执行完成。

除此之外，Raft 算法还支持日志压缩等功能，对此本节不再赘述，详情参见参考文献[258]。

3.6.3 Paxos 算法与 Raft 算法的比较

本节从多个层面对 Paxos 算法与 Raft 算法进行对比，如表 3-1 ～表 3-4 所示。

表 3-1 算法宏观层面对比

对比项	Paxos 算法	Raft 算法
目标	就某个“值”达成共识	同左
难点	分布式系统中存在各种异常情况	同左
算法思路	半数以上参与者认可“值”则可达成共识	同左
算法框架	依赖于 RSM（本质上是一个有限状态自动机）	同左
算法阶段	从一个提案被提出到被接受分为两个阶段，第一个阶段去询问值（类似选 Leader 过程），第二阶段根据询问的结果提出值，其行为表现类似 2PC 的两个子阶段	在 Leader 被选出后，其行为表现类似 2PC 的两个子阶段

表 3-2 基本角色与概念对比

对比项	Paxos 算法	Raft 算法
Leader/Candidate/Follower 角色	任务执行期内：需要一个领导者，得到所有参与者信任； 但没有明确用 Leader/Candidate /Follower 角色对应状态机，对于 Paxos，这些角色中 Leader 只是一个概念上的逻辑存在，Candidate /Follower 角色不存在	任务执行期内：需要一个领导者，得到所有参与者信任； 明确用 Leader/Candidate /Follower 角色对应状态机
Proposer/Acceptor/Learner 角色	Paxos 独有。但要区分选 Leader 或执行 Client 的任务场景；一旦要执行 Client 的任务，则通常意味着 Proposer 已经成为 Leader 了	逻辑上有这样的角色，但 Raft 算法直接与状态机挂钩；Raft 算法用 Candidate 表示选 Leader 阶段的 Paxos 算法的几个角色，但更多时候对应 Paxos 算法的 Proposer 角色
Leader 存活期	一个 Leader 有一个任期。如果认为现任 Leader 有故障，则触发选 Leader 过程，新 Leader 进入新任期，其存活时间必须大于前一任期。Leader 存活期称为 Proposal Number (PN)，Leader 只能有一个，且其 PN 值最大	Leader 存活期称为 term，即任期。其他同左
谁可成为 Leader	Paxos 允许任何角色成为 Leader。新 Leader 需要了解其他角色的日志情况，这增加了复杂性	term 值只允许递增，Leader 一定只有一个，且其 term 值最大；成为 Leader 需拥有以前 term 中的所有已提交日志，这保证了 Leader 可以简单地在其他 Follower 上“强加”其日志（把重新选 Leader 后的日志复制操作简单化）
Leader 连任	Basic-Paxos：只一个任期 Multi-Paxos：可续租连任	续租连任
确认值的过程	通过 Prepare 阶段、Accept 阶段进行	通过 Leader/Follower 角色进行
达成共识	值被选定或形成决议，在 Paxos 算法中称为提案被决定，在 Multi-Paxos 中，proposer-id 最大的 Leader 提出的决议才有效	显式提供提交操作项，在 Raft 算法中称这个过程为日志被提交。达成共识在 Raft 算法中称为 term，算法中 term 最大的 Leader 才是合法的
日志	一系列 ID 递增的 Paxos Instance 对应一系列日志，在 Paxos 算法中称为提案	在 Raft 算法中称为日志，用 Log Entry 表示
日志项的连续	日志项可不连续，允许空洞	被接收的日志项必须是连续的，不允许有空洞出现

表 3-3 算法重点项对比

对比项	Paxos	Raft
值形成决议的必要条件	Acceptor 形成多数派后，接收该提议的值	两种情况： （1）**直接提交**：形成多数派后，可提交，即 term 等于 currentTerm 的日志可提交 （2）**间接提交**：适用的场景为，新 Leader 当选时。对于非当前 term 的日志，形成多数派并不代表决议已经提交。故这时通过新 Leader 上任后生成提交一个本 term 的 no-op 日志，以让更早的日志被间接提交（一次性提交 commit 索引及之前所有的日志）
实例（即日志项）的决议处理方式	日志项无顺序关系，允许空洞出现	日志项之间有两种顺序依赖关系： （1）接收时前向依赖，不允许有空洞 （2）提交时后向依赖，新 Leader 当选后，直到有 term 为 currentTerm 的日志被提交，才会让新 Leader 当选前未提交的日志状态变为已提交。即新 Leader 当选后不允许旧 Leader 应提交的日志项对应的位置处有空洞
未形成的决议的处理方式	使用自己的新 PN，对所有未形成决议的实例执行第一阶段的操作以确定它们是否可以被提交；之后使用最大的值或者 no-op 进行第二阶段的操作，以尽快解决空洞问题，新 Leader 可能缺失可以被提交的日志，故需要向一个多数派询问以学习到缺失的可以被提交的日志	Leader 采用旧 term 推送自己已经持久化的日志给 Follower，待 Follower 补齐日志后，才会用新 term 执行自己当选后发起的 AppendEntry ⊖
无 Leader 的情况	仍然能保证单个实例的共识	必须有 Leader 才能对外提供服务
需要持久化的内容	MaxAccepted PN、各个日志	currentTerm、VotedFor(与 currentTerm 对应，表示投票给谁)、各个日志

表 3-4 算法安全性对比

对比项	Paxos	Raft
当选安全（Election Safety）	一个周期内只有一个 Leader	同左
服务器从比其当前版本更早的“周期”中获得消息（旧 Leader 发出的消息）	丢弃旧消息	丢弃旧消息
服务器从一个大于当前的“周期”获得消息，这意味着一个新 Leader 开始了一个新“周期”，接收者必须开始接收新 Leader 的命令	接收新消息	接收新消息
状态机安全	—	如果服务器已将给定位置的日志项应用于其状态机，则其他服务器不可以在同一位置应用不同的日志项

⊖ Raft 算法中的一种事件，每个 Follower 节点收到 AppendEntry 请求后，需要持久化到日志之后再反馈到 Leader。

第 4 章 Chapter 4

分布式事务原理

基于前面三章介绍的分布式系统原理，本章将结合分布式系统的特点讨论分布式事务原理。数据库系统的事务原理在诸多的书籍中都有详细讨论，且不属于本书讨论范围，所以有相关需求的读者可自行查找资料。参考文献 [19] 系统地讨论了单机数据库系统的各种相关技术，《事务处理概念与技术（英文版）》[⊖]集中讨论了事务处理技术，参考文献 [21] 集中讨论并对比了多种事务处理技术，参考文献 [109] 系统地讨论了分布式数据库系统的各种相关技术，如有需要，请大家参考这些文献进一步了解。

本章将站在实践和前沿技术的角度，着重讨论分布式事务的原理和多种实现技术。分布式事务的实现技术是整个事务型分布式数据库的框架和灵魂，只有确定了分布式事务的实现算法，才能确定分布式数据库的整体架构。

分布式事务的核心问题是解决分布式、并发情况下的数据一致性问题，包括事务一致性和分布式一致性（相关讨论参考第 2 章）。分布式事务中数据的一致性主要表现在 3 个方面。

- 跨节点写数据时，如何保证写操作影响的数据是全局一致的。
- 跨节点读数据时，在存在并发分布式写事务的前提下，如何保证读到的数据是一致的。
- 如何保证从分布式系统读到的数据满足分布式一致性。分布式一致性本质上是分布式系统引入的问题。保证分布式一致是站在分布式系统之外观察数据的读取过程，确保观察到的数据之间不存某种序（如时间序）。而事务一致性属于事务概念 ACID

⊖ 参见 Jim Gray 和 Andreas Reuter 合著的《事务处理概念与技术（英文版）》，由人民邮电出版社于 2009 年 5 月出版。

中的C，即在确保事务一致的情况下并发事务对数据项的影响不会造成数据异常，即数据状态始终会保持从一个合法状态变更为另外一个合法状态。

本章还将从并发访问控制算法的角度，讨论传统的和较新的事务并发访问控制技术。

4.1 概述

要想掌握数据库技术，必须先掌握事务处理技术，这样才能把握数据库的核心技术。同时，要掌握事务处理技术也必须了解数据库为什么会需要事务处理技术，即事务处理技术要解决的是什么问题。参考文献 [21] 给出了数据异常现象，并详细分析了多种数据异常现象，这有助于我们理解事务处理技术的意义。

分布式事务处理技术建立在经典的单机事务处理技术基础上，虽然近 20 年来这项技术不断有新的发展，但是经典的单机事务处理技术仍然是其基础，所以本节首先介绍经典的单机事务处理技术，然后介绍分布式事务和单机事务之间的异同。

4.1.1 单机事务处理技术

事务没有统一的概念，ANSI SQL 标准（见参考文献 [197]）认为，事务是一系列操作的逻辑单位，而且明确提出事务成功和失败的两种状态。Jim Gray 提出了事务的 ACID 特性。事务除了应具有 ACID 特性外，还应具有可串行化（Serializability）、可恢复性（Recoverability）、严格性（Strictness）这样的事务属性[⊖]。事务属性确保了 ACID 实现的正确性。

并发操作可能会导致数据产生多种异常现象，为了确保事务特性的实现，事务处理技术还延伸到了事务处理策略、事务模型、多种并发访问控制技术，目的是解决数据异常现象，从而达到事务层面的数据一致性。

1. 事务处理策略

经典的事务处理策略包括如下几种。

- **乐观并发控制策略**（Optimistic Concurrency Control，OCC）：从事务开始，每一项操作都允许进行，但在事务提交的时刻，需要进行隔离性和完整性约束检查，如果有违反相关约束的行为则终止事务。单机事务处理模型很少使用乐观并发控制策略。
- **悲观并发控制策略**（Pessimistic Concurrency Control，PCC）：从事务开始就检查每一项操作是否会违反隔离性和完整性约束，如果可能违反，则阻塞这样的操作，预防其他并发事务发生。通常采用封锁并发控制机制实现并发事务的互斥，直至事务完成后才解除互斥（释放锁）。
- **混合策略**：混合策略通常以乐观并发控制策略为框架，并内嵌悲观并发控制策略，

⊖ 参考文献 [21] 对这些属性进行了详细讨论。

从而实现并发访问控制。

Oracle、MySQL/InnoDB、Informix、DB2 等的事务模型采用的都是悲观并发控制策略，虽然后来 Oracle、MySQL/InnoDB 等逐步融合了 MVCC 技术，但仍然是以悲观并发控制策略为主。Oracle、MySQL/InnoDB、Informix、DB2 用封锁并发访问控制协议确保可串行化，而 PostgreSQL 在 V9.2 之后完全使用 MVCC/SSI 技术来确保可串行化。

2. 事务模型

事务模型包括如下几种。

- **平板事务模型**（flat transaction）：事务块中的所有 SQL 语句会构成一个逻辑单元，这些 SQL 语句会通过这个逻辑单元共同工作，要么都成功，要么都失败（有一项失败就会导致所有都失败），若是失败就会导致事务回滚。PostgreSQL 的事务管理如果不考虑保存点（savepoint）机制，可以认为就是一个平板类型的事务，事务块内的一个 SQL 失败，会导致整个事务回滚，之前执行成功的操作也必须回滚。
- **带有保存点的平板事务模型**（flat transaction with savepoint）：在平板事务的基础上实现保存点技术。将一个事务块划分出不同的层次，每个层次为一个逻辑单元，后面失败的 SQL 不影响保存点前发生的操作，即回滚发生在局部。PostgreSQL、InnoDB、Informix 在平板事务的基础上，都支持了保存点技术。
- **链式事务模型**（chained transaction）：与平板事务不同的是，链式事务在提交一个事务后会释放一些资源（如锁等资源），但是一些上下文环境，如事务的载体（存放事务信息的结构体或类等对象）则不会被释放，会留给下一个事务使用。对于逻辑上的处理单元与之前的事务，在执行 COMMIT 之类命令时用户没有明显的分割感。如 InnoDB 的事务模型，就是链式事务的代表。但是，这并不是说 InnoDB 不支持平板事务，实际上 InnoDB 不仅支持平板事务，还支持带有保存点的平板事务，并通过 XA 技术支持下面将要谈到的分布式事务。
- **嵌套事务模型**（nested transaction）：嵌套事务如同一棵树，这棵树有子叉、有叶子，也有根。其中，每个子叉事务可以是嵌套事务的子事务，也可以是平板事务的子事务；每个叶子节点的事务必须是平板事务；只有通过根节点提交，整个事务对数据的修改才会在全局范围内生效，否则只能在事务内局部有效。PostgreSQL、MySQL（不包括 InnoDB，InnoDB 是被 Oracle 收购之后才逐渐并入 MySQL 的）不支持嵌套事务。原本 MySQL 打算在 5.0 版本之后提供对嵌套事务的支持，但直到 8.0.8 版本还没有实现该功能。
- **分布式事务模型**（distributed transaction）：在分布式环境下，每个节点的事务模型都采用平板事务模型或以上其他类型的事务模型。分布式事务需要实现事务层面的一致性和分布式系统的一致性，最终表现为强一致性，这使得分布式事务模型会比其他模型更为复杂。从逻辑上看，分布式节点和每个本地节点上的事务模型构成了分布式事务模型。

- **多层次事务模型**（multi-Level transaction）：多层事务也如同一棵树，树根是事务的总节点，与树根相连的下层事务是对象操作（object operation）节点，而一个对象操作节点还可以带有多个子对象操作节点，或带有一个或多个叶子节点（page operation）。

事务模型的实现，依赖的是有限状态自动机。不同事务模型，有着相似但不完全相同的事务状态，如事务开始、事务执行中、事务提交、事务回滚等，支持子事务的还包括子事务的提交、子事务的回滚等状态，这些状态之间互相变迁，完成事务的生命过程。

3. 并发访问控制技术

事务处理的核心技术是并发访问控制技术，这种技术主要包括如下 5 种。

- **封锁并发访问控制机制**：即两阶段封锁协议，简称为 2PL。2PL 强调的是加锁（增长阶段）和解锁（缩减阶段）这两个阶段，即不管同一个事务内需要在多少个数据项上加锁，所有的加锁操作都只能在同一个阶段完成。在这个阶段内，不允许对已经加锁的数据项进行解锁操作，即加锁和解锁操作不能交叉执行（同一个事务内）。而实现可串行化的机制是 SS2PL（Strong Strict Two-Phase Locking，强严格两阶段锁），如 MySQL/InnoDB、Informix 均采取了 SS2PL 确保可串行化。
- **时间戳排序并发访问控制机制**：是基于时间戳对事务提交进行排序以完成并发控制的技术，简称为 TO。TO 技术用来确保在出现访问冲突的情况下，多个事务按照时间戳的顺序来访问数据项。如果 $T_S(T_i)<T_S(T_j)$，那么数据库事务管理器必须保证所产生的调度等价于事务 T_i 出现在事务 T_j 之前的某个串行调度。
- **串行化图检测并发访问控制机制**：又称优先图（precedence graph checking）、冲突图（conflict graph）或串行化图（serializability graph）。调度 S 中所有事务代表的节点和事务间优先关系形成的边共同构成一个有向图。串行化图检测就是检查有向图中是否存在环，如果存在环，则违反了“冲突可串行化”原则，这时就可判定其存在冲突行为。因此存在环的调度是不应该存在的。
- **提交排序并发访问控制机制**：简称为 CO。在 CO 中，事件是否可以提交，由本地提交机制（即本地节点上的事务处理机制）和原子提交协议（即分布式事务提交时如何保证提交操作是原子的）来确定。这表明 CO 可用于协调本地事务和分布式事务，即用于在分布式环境下实现分布式事务。这是一种非常适合用于去中心化的分布式事务处理机制（4.3 节将详细讨论）。
- **多版本并发访问控制机制**：简称为 MVCC。MVCC 技术的核心是以元组存在多个版本为物理基础，通过当前活动事务状态形成的快照，利用多版本可见性算法识别出历史上存活的数据。MVCC 通常和其他并发访问控制机制混合使用，如与封锁并发访问控制机制、时间戳排序并发访问控制机制等互相配合提高并发度。Oracle、MySQL/InnoDB 采取了 SS2PL 和 MVCC 结合的技术，而 PostgreSQL 由使用 SS2PL 逐渐演变为使用纯粹的 MVCC 技术。

4.1.2 分布式事务处理技术

维基百科中对分布式事务的定义[⊖]如下。

```
A distributed transaction is a database transaction in which two or more
    network hosts are involved. Usually, hosts provide transactional resources,
    while the transaction manager is responsible for creating and managing a
    global transaction that encompasses all operations against such resources.
    Distributed transactions, as any other transactions, must have all four ACID
    (atomicity, consistency, isolation, durability) properties, where atomicity
    guarantees all-or-nothing outcomes for the unit of work (operations bundle).
```

上述定义翻译过来就是：分布式事务是涉及两个或多个网络主机的数据库事务。通常由主机提供事务资源，而事务管理器负责创建和管理一个全局事务，该全局事务包含针对事务资源进行的所有操作。分布式事务与任何其他事务一样，必须具备ACID特性，其中原子性保证了工作单元（操作包）得到所有结果或者得不到任何结果。

分布式事务以分布式系统为物理基础，满足了事务处理的语义要求，即在分布式系统上满足ACID特性。所以分布式数据库的分布式事务处理，同样要遵循单机数据库系统下的事务处理相关理论，确保每个事务符合ACID的要求，并采用分布式的并发访问控制技术来处理分布式系统下的数据异常现象。

1. 事务处理策略

分布式事务处理应遵循单机事务处理的策略。

- **乐观并发控制策略**：如分布式数据库Percolator、CockroachDB的事务模型采用的就是乐观并发控制策略。
- **悲观并发控制策略**：如分布式数据库OceanBase、Spanner的事务模型采用的就是悲观并发控制策略。
- **混合策略**：如分布式数据库TDSQL的事务模型采用的就是在乐观并发控制策略中嵌入悲观并发控制策略。

与单机事务处理常采用悲观并发控制策略不同，常见的分布式数据库工程实现中，分布式事务处理策略不再局限于悲观并发控制策略，乐观并发控制策略和混合策略被采纳得更多。在分布式系统下采取哪种事务处理策略，是一个值得深入研究的课题，这和后续章节将要介绍的事务处理架构联系密切。

混合策略是在一个系统内部融合乐观和悲观并发控制策略，这种融合把多种算法的优点融合在一起，以互补的形式消除各算法的缺点。这种分布式并发访问控制技术被多个产品选用，尤其是工程界的TDSQL。

另外，学术界正在研究的自适应并发访问控制算法（Adaptive Concurrency Control Algorithm）也是一种结合乐观和悲观并发控制策略的方式，这种方式可在同一个系统中实

⊖ 分布式事务定义的更多相关信息可参考：https://en.wikipedia.org/wiki/Distributed_transaction。

现多种并发访问控制算法，这些算法之间可根据事务负载进行切换。这种技术尚没有工程化的实现，详见 4.5.6 节。

2. 事务处理架构

早期事务处理集中采用悲观并发控制策略实现分布式并发访问控制。基于封锁的分布式并发访问控制方法，使得所有的事务处理都要经过一个全局的事务管理器集中进行，比如 Postgres-XC 由一个全局事务管理器（Global Transaction Manager，GTM）、多个协调器、多个数据节点组成。GTM 是 Postgres-XC 的核心组件，用于全局事务控制以及元组的可见性判断（GTM 分配 gxid 并管理 PGXC MVCC 模块），在一个集群中只能有一个主 GTM，因为在这样的架构中存在单点 GTM 问题，所以严重影响了分布式数据库系统的性能。

另外封锁的分布式并发访问控制方法还可能引发分布式死锁的问题。为了检测对资源进行高度并发访问的子事务的死锁，参考文献 [38] 提出基于图的检测算法，其中比较了两种不同的、基于等待图（WFG）的死锁检测算法（中央控制和分布式死锁检测算法）的吞吐量，并评估了它们的性能。尽管死锁检测算法非常有效，但死锁检测过程对资源的消耗太大[⊖]。而对于分布式事务的子事务之间的死锁，即使能够检测出死锁，也很难解决。很多研究者将焦点集中在死锁检测上，他们认为，在通用事务处理过程中，无法利用事务的先验知识来预防死锁。

参考文献 [39] 提出基于 Petri 网络的死锁预防策略，即利用动态的资源分配机制，开发基于 Petri 网络模型的在线控制器（采用了监控网络活跃状况或基于可达图的技术）。另外，在检测到死锁后，必须终止处于循环等待中的一个事务，以打破死锁。而在分布式数据库中，如果重试机制采用了不恰当的事务终止策略，则可能导致事务饥饿现象出现。

参考文献 [40] 提出基于超时机制的概率分析模型，用于在分布式系统中检测全局死锁。但不管是基于超时机制还是基于等待图的死锁检测机制，都极大地影响着事务处理的效率，对此参考文献 [41] 进行了详细讨论。参考文献 [42] 把基于运行时等待图的必然死锁恢复机制运用到分布式死锁检测算法中，但这样的设计只能支持消息传递应用，而当网络中的进程和资源位置发生变化时，消息传递不再可靠，传送给特定接收者的探针消息会因为接收者位置改变而丢失。如果采取可靠协议的确认机制，则会增加网络通信开销。

除了以上提及的封锁技术外，分布式事务处理技术还涉及很多其他类型的算法，这些算法都值得在分布式数据库事务处理技术层面进行讨论。

如参考文献 [43] 指出，数据库系统的事务层和存储层可分离，事务层可不再关注物理上的数据结构和索引页，也不需要知道数据的物理布局对事务的影响。在这种情况下，日志和并发协议都必须完全是逻辑层面的，只涉及记录键，而不涉及物理数据结构。另外，参考文献 [43] 还提出应在分布式事务中消除 2PC。

⊖ 在基于封锁机制的单机数据库中进行死锁检测，如 InnoDB 在并发冲突较高的情况下，消耗资源很大，会严重拖累系统的可用性；而基于封锁机制的分布式数据库进行死锁检测则对资源的消耗更大。

分布式事务并发访问控制方法——CO算法（见参考文献[44，45，46，47，48，49，50，51]）提出，在分布式系统中各个节点分别使用各自的事务处理机制，然后依赖CO和原子提交协议（2PC就是一种原子提交协议），即可在分布式数据库中达成全局可串行化。这为实现去中心化架构的分布式事务提供了基础。

总体来说，分布式事务型数据库的事务处理存在两种架构：一是集中式的全局事务管理器，二是去中心化的事务处理架构。去中心化的事务处理架构渐成趋势，这得益于对前述多种技术的深入研究。

3. 分布式事务的事务特性

分布式事务需要衡量事务特性，即ACID特性。

（1）原子性

所谓原子性就是将每个事务看作一个执行单位，事务整体要么成功要么失败。而一个事务由一到多个操作组成，每个操作要么是读操作要么是写操作。分布式事务同样需要遵守事务的原子性，事务的原子性和数据库系统的状态有关，也和同一份数据的副本数有关。

在数据库正常运行的情况下，事务可以成功提交或回滚，这时需要保证事务的原子性，成功提交时需要确保提交后的数据状态生效，回滚时需要确保被修改过的数据得到恢复。

若整个数据库出现宕机的情况，那么已经提交的事务不需要重新执行。如果预写日志中写了提交标志但事务尚未提交，那么节点重启时需要执行REDO日志以完成事务的提交，在预写日志中没有提交标志的事务则不需要执行REDO（或需要执行UNDO）日志。这要求分布式数据库中的每个节点都有节点级的预写日志。

分布式数据库的部分节点出现故障（如系统故障、介质故障、掉电、分区事件、通信超时等），如果这些节点上的数据只有一份，那么就意味着发生了单点故障，这时分布式数据库的可用性就降低了。为了提高可用性，每份数据通常都有多个副本。同一份数据的所有副本出现故障，则分布式数据库的可用性会降低。尽管这种情况出现的概率极低，但是依然有可能发生。若是同一份数据的部分副本出现故障，那么只要有半数以上的节点可用，就可正常对外提供服务，此时事务的读、写操作不受影响，原子性能够得到保障。所以**分布式数据库中讨论的大多是多副本的情况**。此结论适用于下面将要讨论的一致性（事务一致性和分布式系统的一致性）问题。

（2）一致性

数据库从一种合法的状态变迁为另外一种合法状态，若数据发生了变迁，则说明一定有写操作存在。“合法”是指事务发生前和事务发生后的数据均符合“约束”的语义，而“约束”可以是数据库中定义的完整性约束、Check约束、唯一约束、触发器限定的约束等，甚至还可以是用户在数据间自定义的逻辑约束，如同一个用户的多个账户中现金余额的和大于零。

对于同一个数据对象来说，因并发操作造成的各种读数据异常现象，以及在 MVCC 技术中造成的写偏序异常现象，在参考文献 [21] 中均有详尽分析，这里不再展开。

除写偏序异常外，分布式事务的一致性出现问题，一定有并发写操作作用于同一个数据对象，也就是说必然有多个事务同时发生。而分布式一致性中涉及的单次读写操作作用于同一个数据对象，与分布式事务一致性有了交叉点——操作同一个对象。假设分布式一致性所涉及的单次读写操作在一个事务内，对具有强一致性（如线性一致性）的事务而言，按照事务的原子性和一致性语义，本事务内的写操作结果能够被本事务的读操作获取，一定不会发生分布式不一致，即一定能满足线性一致性。所以，分布式数据库系统讨论严格可串行化时，对应的是两个事务：第一个事务先执行写操作，第二个事务后执行读操作。此时，两个事务的两个操作间的关系就涉及分布式一致性所讨论的内容。

- 对于分布式数据库，如果先写后读发生在一个会话内且为两个事务，则按照事务的语义和分布式数据库多副本的前提，后发生的读操作要么读取主副本，要么读取从副本且主从副本强同步，这样才能确保有读操作参与的事务分布式一致性满足严格可串行化。
- 对于分布式数据库，如果先写后读发生在两个会话（必是两个事务）内，则按照事务的语义和分布式数据库多副本的前提，后发生的读操作要么读取主副本，要么读取从副本且主从副本强同步，且先写后读两个操作需要由排序机制保证识别出操作发生的物理顺序，这样才能确保有读操作参与的分布式一致性满足严格可串行化。

单机事务系统中，之所以不存在严格可串行化问题，是因为在单机事务系统中事务排序提交依赖于同一个时钟源得到的时钟值，这个时钟值是单调递增的（也可用一个计数器逻辑排序的方式），如基于 TO 算法时间戳，可保证事务间调度单调有序。

上述只是讨论了在有事务机制的情况下分布式一致性如何被满足，对于事务的一致性这里没有进行探讨。在分布式数据库中，事务的一致性可以从两个层面进行探讨，一是集中式事务处理机制，二是去中心化的事务处理机制。

- 对于集中式的事务处理机制，分布式数据库中有一个全局的中央化的事务处理节点，所有并发的事务操作都需要经过全局事务管理器进行分析和判断，并授予不同事务不同的物理标识，以解决事务之间的读写冲突，实现全局范围内的事务的提交和回滚操作，并实现全局的事务故障恢复和各节点进行物理恢复时事务状态的还原。全局事务管理器存在单点可用性风险和性能瓶颈。在此种机制下，事务的写操作通常依靠 2PC 确保写操作的原子性，而读操作的一致性通过全局事务管理器进行保障。在集中式的分布式事务处理机制下，其他的数据异常现象处理类似于单机事务型数据库系统所用方法，本章对此不再展开（单机事务处理技术可参见参考文献 [19，20，21，67]）。
- 对于去中心化的事务处理机制，每个事务既可能只操作单拷贝（同一份数据多个副本）的数据，又可能跨多个拷贝的数据进行写操作。在去中心化的分布式数据库事务处理机制中，需要区分写操作的一致性和读操作的一致性。如在去中心化的事务处理机制中，因为有新的事务不一致现象发生，所以对事务一致性的考虑需要扩展到全系统而不是仅局限在单个节点上。

写偏序异常发生在基于快照的 MVCC 机制中，如果分布式事务的并发访问控制技术基于 MVCC，同样需要考虑分布式事务处理模型是集中式的还是去中心化式的（见参考文献 [12]）。

（3）隔离性

隔离性用于确保在有并发事务存在的情况下，本事务的操作不受其他并发事务操作影响而丧失一致性，直至事务完成。隔离性的实现依赖于具体的并发访问控制技术，如果采用封锁机制，则加锁和释放锁的阶段决定了不同隔离级别的实现；如果采用 MVCC 技术，则因操作的是不同版本的对象，所以在事务结束前天然地隔离了并发事务间的相互影响[⊖]。在 ACID 中，一致性是目标，原子性是操作实现的原则，隔离性是实现一致性目标的手段，所以具体的并发访问控制技术和“读已提交策略”实现了隔离性，换言之，隔离性影响了一致性。在分布式数据库中，如果不能确保隔离性，则一致性不能得到保障。

（4）持久性

事务提交后，新的数据状态必须被长久保存。实现这一特性的机制是 WAL（预写日志技术）。在分布式数据库中，每个存储节点都需要有自己的预写日志。另外，预写日志也被用来实现故障恢复、物理备份恢复等（暂忽略 NVM 对事务的影响）。另外，预写日志在价值、作用方面与传统单机数据库系统可能有较大的不同，如 AWS 的 Aurora（见参考文献 [282]）系统，秉承的是“Log is Database”（日志即数据库）的理念。Aurora 利用 WAL 对计算层和存储层进行解耦，在实现持久性方面发挥了更大的作用。

上面讨论了分布式数据库中事务 ACID 特性的实现方式，重点讨论了事务的一致性，并结合了分布式系统一致性中的严格可串行化对一致性问题进行了探讨。

4.2　基本的分布式事务并发访问控制机制

数据之所以在事务层面存在不一致问题，主要是因为并发事务中存在写操作，继而引发写数据异常。在分布式事务中，并发的写事务同样会引发数据不一致（事务不一致和分布式不一致），进而导致数据异常。

解决数据异常需要可串行化技术，解决分布式不一致需要分布式数据库实现强一致性。而要保障事务的一致性（非分布式一致性），则需要依靠并发访问控制技术。

本节讨论的是分布式数据库系统中的分布式事务并发访问处理技术，这属于经典的并发访问控制技术，而 4.4 节将讨论一些前沿的并发访问控制技术。其他分布式事务处理技

⊖ 这句话表述得其实并不十分精确。传统解决写写并发冲突的 MVCC 技术，读写操作之间是隔离的，写写操作存在冲突，需要解决。对于依赖 WSI 实现的 MVCC 技术（见参考文献 [21]），则需要解决读写操作之间的冲突。

术，如中间件采用的补偿模式[⊖]、消息队列模式[⊜]等，因其属于应用层面而非基于数据库的并发访问控制技术，故不在本书讨论范围之内。

4.2.1 封锁并发访问控制算法

在分布式事务的并发访问控制算法中，SS2PL 的思想依然适用。使用全局的锁表结构和 SS2PL 算法，在提交阶段配合 2PC，可以实现分布式事务的提交原子性和数据的一致性。

如果全局只有一个中心化的事务处理协调器，则利用上述技术可以做到分布式事务的全局可串行化。但是，这种架构的分布式事务处理机制的效率很低。

如果把全局唯一的事务处理协调器分散为多个具有相同功能的节点，即去中心化的事务处理架构，依旧利用 2PL 的思想，可以提高分布式事务处理机制的效率。如 Spanner 系统就是一个去中心化的基于 2PL 思想的分布式事务型数据库系统（具体参见第 7 章）。

利用 2PL 实现的分布式事务处理机制，需要解决死锁的问题（资源死锁和通信死锁）。在分布式系统中解决死锁的代价会很大，因为单机系统上解决死锁的代价就已经很大，基于多进程或多线程架构的现代数据库系统，解决死锁的操作可能导致系统几乎停止服务。如 MySQL 5.6、MySQL 5.7 版本中对同一个数据项并发进行更新，死锁检测操作就会导致系统几乎停止提供服务。

死锁检测不仅会消耗巨大的资源，锁机制本身带来的弊端也一直为人诟病。参考文献 [176] 认为封锁机制的弊端如下（对这些弊端的清晰认识，促使参考文献 [176] 的作者设计了 OCC。

1）封锁机制开销大：为保证可串行性，加锁协议对于不改变数据库完整性约束的只读事务，需要加读锁来互斥并发写操作，以防止别人修改；对于可能造成死锁的加锁协议，还需要忍受死锁预防 / 死锁检测等机制带来的开销。

2）封锁机制复杂：为了避免死锁，需要定制各种复杂的加锁协议，如什么时候加锁、什么时候才能释放锁、怎么保障严格性等。

3）降低系统的并发吞吐量，原因如下。

- 等待 I/O 操作的一个事务持锁，将大幅降低系统整体的并发吞吐量。
- 事务回滚完成前，加锁事务回滚时必须持有锁，直到事务回滚结束，这也将降低系统整体的并发吞吐量。

另外，对于现代操作系统而言，基于锁的机制进行互斥操作会引发耗时的内核态操作，进而使得锁机制的效率低下。这意味着基于操作系统的锁机制中带有事务处理语义的 2PL 技术是不可用的。

⊖ 补偿模式：事务链中的任何一个正向事务操作，都必须存在一个完全符合回滚规则的可逆事务。

⊜ 消息队列模式：即消息事务，基于消息中间件的两阶段提交，是对消息中间件的一种利用。它将本地事务和发送消息事务放在了一个分布式事务里，从而保证要么本地操作成功并且对外发消息成功，要么两者都失败。如开源的 RocketMQ 就支持消息队列模式特性。

在参考文献 [21] 的第 2 章详细讨论了基于锁的并发访问控制算法，并着重讨论了 2PL 的改进算法——SS2PL，限于篇幅，本书就不针对基于封锁的并发访问控制算法继续展开介绍了。

4.2.2　TO 相关算法

TO（Time-stamp Ordering，基于时间戳排序的并发控制技术）算法，通过比较**事务开始的时间戳值和其他事务的读写操作的时间戳值（排序）来决定冲突发生时事务该如何处理，先发生的（即排序靠前的）优先提交**。

事务 T_i 的时间戳值 $T_S(T_i)$ 早于事务 T_j 的时间戳值 $T_S(T_j)$，即 $T_S(T_i) < T_S(T_j)$，则并发调度器必须保证产生的调度等价于事务 T_i 出现在事务 T_j 之前的某个串行的调度[⊖]。换句话说，**时间戳排序协议保证任何有冲突的读和写操作按时间戳顺序执行**。而时间戳的值，是在事务开始时由数据库事务管理器直接赋予的（可能是物理时间值，也可能是递增的数值），且这个时间戳值一旦被赋予就不能再发生变化。

在实践中，基于时间戳的并发调度算法[⊖]的实现原理上面已经介绍过了，这里不再重复。

在基于时间戳的并发控制技术中，有一项改进措施——Thomas 写法则，如表 4-1 所示。

表 4-1　Thomas 写法则

时间	T_1	T_2	说　明
t_0	开始		
t_1		开始	事务 T_1 先于事务 T_2 开始，提交时应该是事务 T_1 优先
t_2		$R(X)$	
t_3	$R(Y)$		
t_4		$W(Z)$	事务 T_2 写数据项 Z
t_5	$W(Z)$		事务 T_1 也写数据项 Z，这个写操作可以被忽略。因为后发生的事务的写操作会覆盖之前事务写操作产生的值
t_6	提交		事务 T_1 先提交，符合时间戳排序协议
t_7		提交	

在表 4-1 中，$t_0 \sim t_7$ 表示时间戳值；T_1 和 T_2 表示两个事务；$R(X)$ 表示读变量 X 的值；$W(X)$ 表示写变量 X 的值。

Thomas 写法则允许 t_7 时刻提交事务 T_2，这有助于改进基于时间戳的并发控制效率，使得特定情况下的写操作被"节省"，并使得某种特殊的写写冲突被允许发生，因而提高了执行效率。

⊖ $T_S(T_i) < T_S(T_j)$，可简单地认为，基于时间戳并发控制技术，事务 T_i 早于事务 T_j 发生，故事务 T_i 的提交 / 中止也应该早于事务 T_j 的提交 / 中止。即**基于时间戳排序并发控制技术是以事务的开始时间戳值决定可串行性顺序**。注意，这一点保证了事务的并发调度满足"可串行性"。

⊖ 源自 https://en.wikipedia.org/wiki/Timestamp-based_concurrency_control.

基于TO算法的Thomas写法则的示意图如图4-1所示。T_1先于T_2发生，T_1写了数据项C后提交，因为T_2在T_1之后提交，所以T_2写的数据项C覆盖了T_1写的数据项C。因此图4-1左侧所示效果等价于右侧所示效果，T_1的写操作可以被省略，即两个事务的写写冲突不会发生，**写写冲突允许并发执行**。

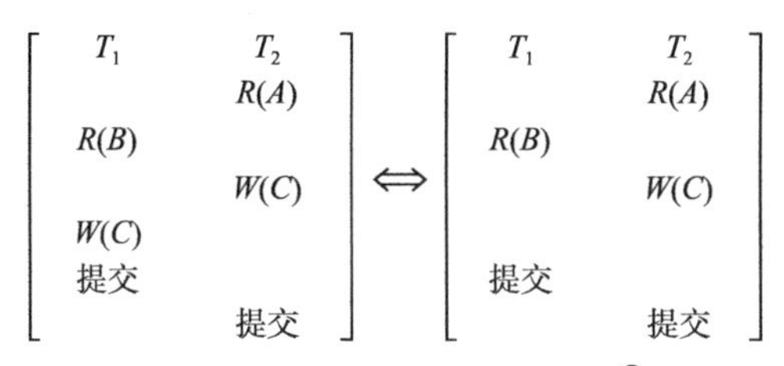

图4-1 Thomas写法则示意图[⊖]

基于TO算法解决并发事务冲突的机制，其本质是使可能导致冲突的事务回滚，这一点不同于基于锁的机制（可能导致冲突事务的执行被抑制）。但是有一点大家要注意，事务回滚的代价可能较高，尤其是对分布式事务进行回滚，因为这种回滚是在分布式节点上进行的，所以代价会更高。

另外，在现代的数据库系统中，TO算法常常结合其他算法一起使用，如基于TO的OCC算法、基于TO的MVCC算法等。之所以能和其他算法结合，是因为不同的并发访问控制算法之间的优缺点能够互补，比如上述两种结合，TO算法可实现事务提交顺序的调度，OCC和MVCC算法可在实现读写并发操作间互不阻塞。但是笔者认为，这种原因只是一种表象，期待有机会探寻多种并发算法能够结合使用的本质原因。

4.2.3 CO算法

CO（Commitment Ordering，提交排序）算法是一种主流的并发访问控制技术。CO算法能确保分布式写事务实现全局可串行化，即在多个独立自治的RM（Resource Manager，资源管理器）上并发地以分布式方式写事务时保持高效的全局可串行化。

局部CO算法（单节点上的CO算法）可保证在多个独立自治的RM间实现全局可串行化。每个RM可以使用不同的并发控制机制，这表明CO算法可以和单节点上的封锁算法、TO算法、MVCC算法等并发访问控制机制结合使用，从而实现分布式事务处理机制，确保全局可串行化。

本节仅围绕CO算法进行介绍。注意，实现分布式环境下的全局可串行化的方法除CO算法外还有其他机制，如用TO思想对分布式事务排序，以求在提交阶段构造有向冲突图，目的是寻找环并打破环从而解决并发冲突。对于其他机制本节不再介绍。读者若是希望了解更多关于CO算法的内容，可以自行学习参考文献[23，44，45，46，47，48，49，50，51]等。

⊖ 图源自 https://en.wikipedia.org/wiki/Thomas_write_rule。

1. CO 算法基本原理

CO 算法的基本原理如下：在调度中等待提交的两个事务 T_1、T_2，如果 T_1 的优先级高于 T_2（即 T_2 冲突依赖于 T_1），调度器在排定事务提交的顺序时，要确保事务 T_1 先于事务 T_2。

CO 算法的原理看起来很简单，但该算法却能确保全局可串行化，对此证明如下。

假设历史 H 是可串行化的，且在提交事务的可串行化图中，事务 T_i 有一条路径指向事务 T_j，也就是说，事务 T_i 经过一系列的冲突指向了事务 T_j，则由 CO 算法的实现原理可知，事务 T_j 一定是在事务 T_i 之后提交的。

假设历史 H 不是可串行化的，那么就存在一个从不是可串行化的环。即存在一条路径，从事务 T_i 指向事务 T_j，经过一些其他事务后又重新指向事务 T_i，由此可知事务 T_i 在事务 T_j 之后提交。因为有环存在，所以可以推导出事务 T_i 指向了事务 T_j，由此又可以得到事务 T_j 在事务 T_i 之前提交。据上述两个推断得到了自相矛盾的结论。所以可知，提交事务的可串行化图是无环的，即历史 H 是可串行化的。

2. 基于 CO 算法的调度器

基于 CO 算法可实现的事务调度器有多种，其中最主要的两种如下。

- COCO（Commitment Order Coordinator，提交排序协调器）。只保证可使用 CO 算法，而不保证系统具有可恢复性，不具备实用性。
- CORCO（CO Recoverability Coordinator，提交排序可恢复性协调器）。CORCO 是一种同时保证可使用 CO 算法和系统具有可恢复性的调度器。因为 CORCO 比 COCO 多提供了一种保证可恢复性的机制，因此会回滚更多的事务。

下面以 CORCO 为例，讨论冲突的具体解决方式。

CORCO 有一个强化的可串行化图 wrf – USG。wrf – USG = (UT , $C \cup$ Cwrf)，其中 UT 是未决定的事务，C 是边的集合，如果事务 T_2 与事务 T_1 是冲突的且 T_2 没有从 T_1 读取数据，则 C 中有一条有向边从 T_1 指向 T_2。如果 T_2 从 T_1 读取了数据，则 Cwrf 有一条边从 T_1 指向 T_2。由此可知，C 与 Cwrf 是没有交集的。

引入一个集合 ABORTCO(T)，并将其定义为在 C 或 Cwrf 中指向 T 的那些由节点组成的集合，这个几乎就是提交事务 T 之后被回滚的那些事务的集合。

可恢复性而被回滚的事务组成的集合记为 ABORTREC(T')，其中包含的是从 T' 读取的节点和从 ABORTREC(T') 中读的节点，此过程是递归的，反映了级联回滚的特性。

对于 CORCO 算法而言，其工作过程是：

1）选取 wrf-USG 中没有任何 Cwrf 输入边的事务，即这个事务没有读其他的事务，这一选取方法保证了该事务不会被 ABORTREC (T') 回滚。选取到以后提交该事务。

2）消除所有 ABORTCO(T) 中的事务，之后回滚所有在之前被回滚的事务 T' 中被 ABORTREC(T') 中记录的事务（事务的级联回滚）。

3）移除所有 T 和被回滚的节点。

由上可知，实现了 CORCO 调度器的数据库生成的历史 H 是符合 CO 算法且具有可恢复性的。

3. 分布式 CO 算法

分布式数据库系统中，一个事务的每个参与节点，如果在本地使用基于 CO 算法实现并发访问控制机制，则在分布式事务提交阶段，使用原子提交协议（Atomic commitment protocol，ACP）[㊀]，如 2PC，即可确保在分布式环境下通过分布式写事务实现可串行化。

CO 算法能解决并发事务的冲突（读写、写读、写写）[㊁]，依赖的是 augmented conflict graph（增广冲突图），一个包括了所有冲突的有向图。在这个有向图中，事务是节点，冲突是有向边，有向边是由一个先发生的事务指向一个后发生的事务。对于事务操作请求，无论是已经被授予的情况（materialized conflict[㊂]，物理冲突）还是未被授予的情况（non-materialized conflict[㊃]，非物理冲突）通常都被包括在这个有向图中。解决冲突的方式就是消除增广冲突图中的环。利用 CO 算法可以解决单节点的并发事务冲突，也可以解决分布式事务的并发冲突。而分布式事务在利用原子提交协议进行提交时，根据各个参与者节点的投票结果，**进行全局事务冲突检测，如果没有检测到全局的事务冲突**，则允许事务提交，否则撤销事务。

但是，在分布式事务中，若是全局增广冲突图（Global augmented conflict graph）中存在环，则会发生投票死锁（voting-deadlock）的情况，这会阻碍全局可串行化的实现。CO 算法会在事务原子提交的投票阶段，检测是否发生了全局事务的死锁。保障分布式事务的可串行化，就是打破全局增广冲突图中存在的环。一种自动消除投票死锁的方式是在 ACP 阶段利用超时机制撤销一个不能投票的事务以消除全局的死锁。另一种解决方式是主动消除死锁，可用的方式在上一节基于 CO 算法的调度器中讨论过，这里不再重复。

4. CO 算法的优缺点

CO 算法的优点如下。

- 能简单确保全局可串行化。
- 能运用于分布式事务处理场景，且该算法独立于局部节点的事务处理机制，使得分布式事务的并发访问控制算法和局部事务的并发访问控制算法解耦。这在分布式事务处理中有助于认识、理解全局事务处理机制和局部事务处理机制之间的关系。

CO 算法的缺点是并发度很低。CO 算法会把一个即将提交的事务的相关事务（依赖本事务或被本事务依赖的事务）都回滚，使得回滚率增加。在工程实践中这样的机制不具有实用性。

㊀ 跨节点的分布式事务中每个节点都可能发生故障，提交阶段受到节点故障的影响会导致不一致出现，因此提交需要确保原子性，这被称为原子提交。

㊁ 此处事务冲突的定义与传统事务冲突的定义有所不同。传统事务冲突是指之后提及的“materialized conflict”，而此处事务冲突还包括了之后提及的“non-materialized conflic”。

㊂ materialized conflict：访问操作的请求已经被满足，诸如读写、写读、写写并发操作已经被满足时出现的冲突。

㊃ non-materialized conflict：访问操作的请求，诸如读写、写读、写写并发操作请求尚未被满足时出现的冲突。

5. CO的变形算法

CO有许多变形算法，如ECO、MVCO，其还合并了多种并发控制方法的算法，如MVECO。

- ECO全称是Extended Commitment Ordering，对于一个调度中两个事务T_1和T_2，T_1在冲突图中指向T_2，T_1先于T_2提交，这确保了本地可串行化。ECO结合原子提交协议利用本地可串行化可保证分布式ECO算法实现全局可串行化。
- MVCO全称是Multi-Version Commitment Ordering，与MV（Multi-Version实则是MVCC）技术结合的好处在于显著提高并发度，原因是MVCC不会产生读写、写读冲突，即读写操作互不阻塞，而且MVCC机制下还可以单独为只读事务提供优化处理操作。参考文献[51]详细讨论了MVCO技术，指出CO算法确保分布式事务全局可串行化，各个分布的节点可以维持各自独立的、不同的并发访问控制方法，利用MV可实现One-copy-serializability model（单副本串行性，可简写为1SER或1SR），结合CO和MV可确保分布式的全局1SR。

4.3　OCC算法

CMU大学的H.T. KUNG在参考文献[176]中提出了OCC算法，开启了事务并发处理技术的乐观并发控制策略。

4.3.1　OCC算法的优势与不足

如图4-2所示，OCC算法把事务执行过程分为3个阶段：第一个阶段是读取阶段，这是事务过程最长，也就是最耗时的阶段，在这个阶段读取数据到事务私有空间中并对数据项进行修改；第二个阶段是验证阶段，通过TO算法实现并发访问冲突机制的仲裁过程，使得某个可能导致冲突的事务回滚以规避出现数据异常现象；第三个阶段是提交阶段，通过验证的事务完成提交操作，把修改的数据项合法地写入数据库中。

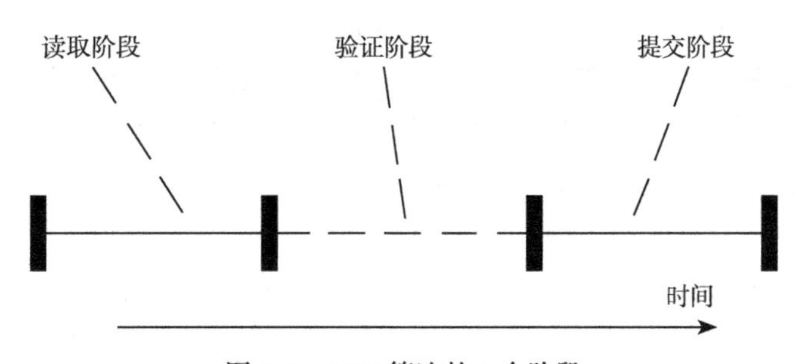

图4-2　OCC算法的3个阶段

将OCC算法划分为3个阶段，因此带来的优势非常明显，具体如下。

- **事务处理性能高**：事务处理效率的提升主要是依靠第一阶段通过读写互不阻塞来实

现的，这极大地提高了读写、写读这两种情况的并发度，从而使得多核的硬件资源能够得到充分利用。对于只读事务来说，因读操作不被阻塞，所以 OCC 算法对其倍显友好。

- **可避免死锁问题**：在第一阶段 OCC 算法会对读写对象排序，在第二阶段 OCC 算法会按序加锁。对于解决死锁问题，OCC 算法的这两种操作明显比封锁并发访问控制算法更有优势。这种优势使得 OCC 算法在分布式事务处理、高通信延时等场景下依然能够支持高事务吞吐率，在高并发场景下不会出现明显的系统性能抖动（但参考文献 [169] 通过实验表明，在高竞争情况下 OCC 算法性能不高）。
- **数据一致性的正确性得到保障**：正确性是在第二阶段得到保障的，其原理是通过事务冲突关系构造有向图从而检测是否存在环，然后通过回滚某个事务破除环的存在，达到解决事务冲突的目的。写写冲突通常也是在验证阶段通过封锁机制来解决的。但在工程实现中，保证正确性的方式有多种，如参考文献 [220] 中介绍的 OCC 改进算法，这种算法在验证阶段检查本事务的读集，如果读集被其他并发事务写过，则触发回滚以避免数据不一致，从而不用构造用于检测是否存在环的有向图。

当然，除了优点，OCC 算法也有不足之处，而且 OCC 算法的缺点较为明显，具体如下。

- **OCC 算法只适用于冲突少的场景**：传统观念认为，事务回滚的开销非常大，尤其是在分布式系统中，回滚涉及多个节点、涉及网络消息传递，所以回滚带来的开销可能远大于封锁同步的开销。但应用封锁并发访问控制算法进行单机系统的死锁检测，开销也很巨大，分布式系统下的死锁检测的开销将更大，且检测到死锁后依旧需要通过回滚其中的某个事务来解决冲突。另外，OCC 算法在验证通过前，并没有真实修改数据库中的数据，因此回滚操作只是放弃事务私有空间中被修改过的数据，操作速度很快，回滚代价小。
- **回滚方式使得事务被整体撤销**：OCC 算法依赖回滚操作来解决事务冲突，而回滚操作使得一个事务之前执行过的 SQL 语句全部被撤销。相较于封锁并发访问控制算法，其他事务只是在某个时刻被阻塞，如果没有死锁发生，则该事务执行过的 SQL 语句是不会被回滚掉的，因此会节约部分计算资源。
- **OCC 算法对写写冲突机制的解决依赖于封锁并发访问控制算法**：OCC 算法没有独立解决写写冲突的机制，其只能依赖封锁并发访问控制机制解决写写冲突。
- **在分布式系统中 OCC 算法在提交阶段依赖于 2PC 机制**：在分布式数据库实现中，OCC 算法在第三阶依赖于 2PC 中的锁机制实现原子提交操作，如果不在第二阶段按序对操作对象加锁，则不能彻底解决锁机制造成的死锁、事务吞吐量降低、系统资源利用率下降等问题。参考文献 [157] 讨论了一个基于 OCC 机制消除 2PC 中的锁机制且大幅降低事务误回滚率的分布式数据库系统。
- **维护的数据量大**：OCC 算法在第一阶段要维护读集或写集，对于读写数据量大的事务而言，需要维护的读集或写集（还包括删除集）的数据量非常大，且在第二阶段的验证过程中耗时增加，这不利于执行长事务或大事务，因此OCC算法不适合用于分析性系统。

OCC算法的应用场景非常多，具体如下。

- OCC算法可应用到分布式数据库系统中，具体参见参考文献[115，116]。
- OCC算法可以应用到生产系统中，具体参见参考文献[120，121，122]。
- OCC算法可以应用到内存数据库Hekaton中，使用全内存的无锁哈希表存储多版本数据，数据的访问全部通过索引查找实现。并发访问控制采用OCC算法实现（相关内容参见参考文献[120]。
- 在分布式系统中可以实现OCC算法，具体参见参考文献[121]，该参考文献简单介绍了在客户端实现OCC算法的几个优点（主要是强调在客户端实现OCC算法带来的便利）。参考文献[54]也提出在客户端可实现分布式事务处理。
- Megastore作为生产级分布式数据库系统，在内核层实现了OCC算法，在实体群组（Entity Group）的数据分区级别中使用MVCC技术和OCC算法实现了串行化隔离级别的事务。但是，同一分区一次只能执行一个事务，分布的多副本间可以并发执行事务。具体参见参考文献[122]。
- Centiman是一个在云环境中基于NoSQL存储层用OCC算法在事务处理层实现的具备串行化事务隔离级别的KV系统，由KV存储、事务处理子系统（包括处理结点和验证结点）、全局总控节点及客户端组成。具体参见参考文献[123]。
- 数据库系统可采用OCC算法实现事务处理，具体参见参考文献[124]。该参考文献还介绍了基于Log-structured的存储以及在Log-structured存储的基础上用树做索引（Tree-structured）的数据库系统，但没有深入介绍并发访问控制的相关算法。

4.3.2　基本的OCC算法

上一节提到OCC算法可以分为3个阶段，其实这个观点是参考文献[176]首先提出的，本节就针对这几个阶段对OCC算法进行详细解读。

1. OCC的3个阶段

第一个阶段是读取阶段，这个阶段的主要工作包括：

1）读操作首先访问事务私有内存空间，如果该空间不存在，则从数据库中读取并放入缓存从而形成事务私有内存空间，也就是构成事务的读集。这种方式避免了不可重复读数据异常。

2）由更新（UPDATE语句）带来的写操作产生的结果会缓存在事务私有内存空间中，也就是构成事务的写集，新写入的值会存入copy(n)对象，这样可以使得之后读写过的对象不再从数据库中获取。在OCC算法出现之前，相关算法会构造一个copy(n)对象，新写入的值先存入copy(n)对象，之后会并入写集，对新写入数据的读取实则就是读取copy(n)对象。

3）由删除（DELETE 语句）带来的写操作可维护独立的删除集合。

4）由插入（INSERT 语句）带来的写操作可维护独立的创建集合。

第二个阶段为验证阶段，这个阶段的主要工作如下。

1）根据某种可串行化标准检查待提交事务是否满足可串行化调度要求，这个过程的本质是基于 TO 算法确认提交顺序。

2）保证可串行化，即在事务完成第一阶段的操作后获取事务的提交时间戳，在事务成功完成验证后再为事务号赋值。在事务 T_j 进入验证阶段后，确定 T_j 与其他并发事务（如 T_i）的关系（T_i 的事务号 $<T_j$ 的事务号），且需满足如下 3 个条件，此 3 个条件可用图 4-3 表示。

- 条件一：T_i 写集的完成早于 T_j 读集的完成，这表明 T_i 和 T_j 完全是串行执行的。如果不满足本条件，则判断是否满足下面两个条件。
- 条件二：T_i 和 T_j 并发，但 T_i 的写集和 T_j 的读集不相交，即没有写读冲突，且 T_i 写集的完成早于 T_j 写集的完成，即没有写写冲突发生。如果不满足本条件，则判断是否满足条件三。
- 条件三：T_i 的写集和 T_j 的读集（或写集）不相交，这表明没有写读冲突或写写冲突，且 T_i 读集的完成早于 T_j 读集的完成。

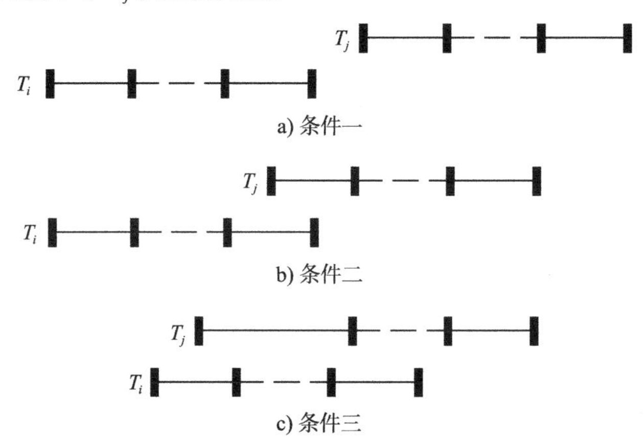

图 4-3 OCC 算法允许的并发情况图

事务号是递增的逻辑全局时间戳，在事务完成第一阶段的操作后为事务号赋值。

如果“T_i 的事务号 $>T_j$ 的事务号”，则表明 T_j 先于 T_i 发生了读操作，故不能满足条件三，需要回滚事务 T_i 或 T_j。

第三个阶段为写入阶段，这个阶段的主要工作如下。

1）将事务私有内存中的写集中的数据写入数据库并使这些数据可见，按照删除集中的数据删除数据库中的真实数据。

2）只读事务被优化，不需要执行写操作，但只读事务可能带来多种读异常，需要在验证阶段进行验证。

另外，参考文献 [176] 提出了两种满足上述条件并实现验证阶段工作的方案，一种是串行方案，一种是并行方案，这两种方案的差别在于解决图 4-3 中所示的不同情况：条件一完全是串行执行；条件二是接近串行执行；条件三对应的是并发的事务方案。前两个条件对应串行方案，最后一个条件对应并行方案。在给出这两种方案前，参考文献 [176] 给出了针对读集、写集等的维护方式。

注意，上面所说的利用“事务私有内存”维护读写集的方法，相对于编程实现来说表述并不精准。对于多进程架构下的数据库系统，如 PostgreSQL，每个事务的载体都是一个独立的进程，并发事务意味着有多个进程存在，而读写集要放在一起比较，只有存放在共享缓存区中，读写集才能被每个进程读到，从而方便判断本事务 / 进程的读集和其他并发事务 / 进程的写集是否相交。若是依靠事务私有内存存放读写集，则在验证阶段判断读写集是否相交时需要将其他事务的读写集大量复制到内存，这会降低性能。

2. 读写集维护方式

读写集的维护很重要，这是 OCC 算法的基础。参考文献 [176] 提出如下针对读写集进行维护的方法。

```
tcreate = (   // 对应 INSERT 操作，但是对于 UPDATE 操作生成的新数据项是否在此集合中（多数数据库
    的实现方式是先删除旧数据，再生成新数据），作者没有深入讨论，而是采用了如下方法来维护写集，故
    认为 UPDATE 操作对应写集
    n := create;
    create set := create set ∪ {IL} ;
    return n)

twrite(n, i, u) = (   // 写集的维护
    if n ∈ create set   // 该写（插入）操作所在的事务生成的新值，将进入写集
        then write(n, i, u)
    else if n ∈ write set   // 再次改写数据库原有的值，生成该值的副本（为这样的数据维护一个
        副本集合及 copies），且使该副本进入写集
        then write(copies[n], i, u)
    else (   // 否则，首次改写数据库原有的值，生成副本，并使该副本进入写集
        m := copy(n);
        copies[n] := m;
        write set := write set ∪ {n};
        write (copies[n], i, u)))

tread(n, i) = (   // 读集的维护
    read set := read set ∪ {n} ;   // 把读到的数据都并放入读集。即因进行更新、删除等操作读
        取过的数据都进入读集
    if n ∈ write set   // 如果读取的数据在写集中，则从写集读取。工程实现中，写集副本要存入读
        集，此点很重要⊖
```

⊖ 因本事务写过的数据也被维护在读集中，所以使用本事务的读集和其他并发事务的写集做判断，相当于用本事务的写集和其他并发事务的写集做判断，这样不仅可以避免读写冲突，还可以避免写写冲突。参考文献 [157] 也描述了读写集的关系：“Typically, the write set of T is subset of the read set of T”（*T* 事务的写集通常是 *T* 事务的读集的子集），但是也有不同实现方式，如参考文献 [157] 中不使用读集和写集做冲突验证，故不需要构造读写集之间的关系。想要了解把写集作为读集的子集的内容，也可参考文献 [220]。

```
            then return read (copies[n], i)
        else
            return read (n, i))

tdelete (n) = (   //删除集合的维护
        delete set := delete set U (n})
```

3. 串行方案

串行方案需要把验证和写入阶段都放在一个临界区中，即下述tend在一个临界区中执行。如下算法只使用了前述条件一或条件二，没有使用条件三，原因是这个算法把写入阶段和验证阶段置于同一个临界区中，这样不管硬件中有多少个CPU/核，在验证和写入阶段，所有并发事务都是串行的，这严重限制了并发度，所以串行方案只适用于一个CPU的场景。

```
tbegin = (  //事务开始
        create set := empty;
        read set := empty;
        write set := empty;
        delete set := empty;
        start tn := tnc)  //事务开始的时候，用全局递增的逻辑时间戳tnc先为事务号赋值
tend = (  //事务结束，在一个临界区内，先进行验证阶段的工作，然后再进行写入阶段的工作
        (finish tn := tnc;  //获取本事务的结束时间点，注意这需要在临界区内进行
        valid := true;
        for t from start tn + 1 to finish tn do  //验证阶段：遍历本事务生命周期内的并发事务⊖
            if (write set of transaction with transaction number t intersects read set)
                then valid := false; //如果本事务的读集和被遍历的事务的写集相交，则回滚本事务
        if valid
            then ((write phase); tnc := tnc + 1; tn := tnc));  //完成写阶段工作。然后全
                局的事务号tnc递增后，为本事务的事务号tn赋值，这表明事务号在事务成功提交后才能取
                得，有了事务号后本事务此后才具有了“用于判断是否与待验证事务存在冲突的身份”。这一
                点影响着对上面循环条件的理解。注意这些工作都在一个临界区内完成
        if valid
            then (cleanup)
            else (backup))
```

为了提高并发度，写阶段可被并发执行。下面介绍一种改进方案。该改进方案提供了更大的并行度，其所用技巧把验证分为两个子阶段，在第一个子阶段进入临界区获取活跃事务号后退出临界区（允许其他并发事务继续执行），然后才验证本事务读集和其他并发事务的写集是否相交（注意只验证了并发事务的一部分），算法期待大部分并发情况能够在这个子阶段完成。在第二个子阶段再次进入临界区，再次获取活跃事务号，并且在临界区内完成“验证本事务读集和其他并发事务的写集是否相交”（注意只验证了并发事务余下的那

⊖ 本事务生命周期内的并发事务，在参考文献[127]中并没有给出事务完成状态的描述；但该算法本身表明，这要对本事务生命周期内已经成功提交的事务与待验证事务进行验证（使用事务号进行循环判断和冲突检测，确定没有冲突才为本事务的事务号赋值），这表明了原始的OCC算法是遵从TO算法做可串行化的。

部分）的工作，算法期待少部分并发情况能够在这个子阶段完成，因此在临界区内应该尽量减少事务的验证过程，缩短在临界区的停留时间（提高了并发度）。被改进的算法如下。

```
tend := (
    mid tn := tnc;    //获取一个中间时间点，注意这需要在临界区内进行，获取事务号后退出临界区
    valid := true;
    for t from start tn + 1 to mid tn do  //先判断本事务读集和其他并发事务的写集是否相交
        if (write set of transaction with transaction number t intersects read set)
            then valid := false; //for循环在临界区外执行
    <finish tn := tnc;  //获取本事务的结束时间点，注意这需要和如下代码共同在临界区内执行
     for t from mid tn + 1 to finish tn do  //然后判断本事务读集和其他并发事务的写集是否相交
        if (write set of transaction with transaction number t intersects read set)
            then valid := false;
    if valid
        then (( writephase); tnc := tnc + 1; tn := tnc)>;
    if valid
        then (cleanup)
        else (backup)
)  //完成后需要退出临界区
```

另外，对于只读事务，因其没有写入阶段故不会有写集存在，可不给这样的事务的事务号赋值，这样可避免只读事务被其他事务在验证阶段作为可能存在写集的事务而被纳入上述算法的 for 循环中。另外，上述算法中只读事务的“ finish tn”可以被赋值为读阶段完成时的 txn 的值。

对于长事务，根据前述算法可知，需要检查其开始时未提交的并发事务的写集。由于资源有限，数据库引擎只能维护最近的、有限个数的事务的写集，如果验证时无法找到与事务号对应的写集，则中止待验证的长事务并重新执行。

对于事务的饿死现象，可记录事务验证失败的次数，若超过一定阈值，则在临界区内重新执行事务，这样可以消除其他并发事务的干扰，从而解决事务饿死现象。

4. 并行方案

并行方案基于前述条件一和条件二实现。这种方案并发度更高，相较于前述的串行方案其主要采用了两段临界区，目的是使在临界区中的代码尽可能少。并行方案是对串行方案的改进，所以两者的伪码基本一样。这个方案适合用于多 CPU 的场景，且写阶段（OCC 算法的第三个阶段）相对于前面的读阶段（OCC 算法的第一个阶段）耗时相差不多。相关实现如下。

```
tend := (
    <  //进入临界区
    mid tn := tnc;
    >  //退出临界区
    valid := true;
    for t from start tn + 1 to mid tn do  //在临界区外执行本循环
        if (write set of transaction with transaction number t intersects read set)
```

```
            then valid := false;
    <  进入临界区
    finish tn := tnc;
    for t from mid tn + 1 to finish tn do
        if (write set of transaction with transaction number t intersects read set)
            then valid := false;
    if valid
        then (( writephase); tnc := tnc + 1; tn := tnc)
    >;  退出临界区
    if valid
        then (cleanup)
        else (backup)
)
```

参考文献 [176] 给出一个并发度更高的实现方式，并采用了前述的条件一、条件二和条件三（满足了条件三就一定能满足条件二和条件一）。与串行方案相比，本方案对条件三进行了判断，事务号的赋值发生在写阶段完成之后，并且维护了一套已经完成读阶段但是尚没有完成写阶段的活跃事务的列表。相关实现如下。

```
tend = (
    //进入临界区
    <finish tn := tnc; //在临界区内执行，分配一个“暂时的”事务号，验证成功并完成写入阶段后
        将分配新的事务号给本事务
    finish active := (make a copy of active); //获取已经完成读阶段但没有完成写阶段的活
        跃事务集合的一份副本，此行为对应条件三
    active := active ∪ { id of this transaction } > ; //∪是并操作，进入验证阶段，把
        本事务加入活跃事务集合中，然后退出临界区
    valid := true;
    // 如下从“start tn + 1”开始验证，表明是从与本事务并发的事务进行验证，先于本事务已经完成
        的事务不必进行验证，这意味着隐含实现了条件一
    for t from start tn + 1 to finish tn do //待验证的本事务读集和并发事务的写集是否相
       交（实现条件二的前半部分）
        if (write set of transaction with transaction number t intersects read set)
            then valid := false; //相交则验证失败
    for i ∈ finish active do  //判断是否满足条件三，本事务对应条件三中的Tj
        if (write set of transaction Ti intersects read set or write set)
            then valid := false;
    if valid
        then (
            (write phase); //执行写入阶段
            < tnc := tnc + 1;  //进入临界区
            tn := tnc;  //验证成功并完成写入阶段后分配新的事务号给本事务
            active := active - (id of this transaction) >; //完成验证和写入阶段后,
                把本验证事务从活跃事务集合中去掉，然后退出临界区
            (cleanup))
        else (
            < active := active - { id of transaction} >; //同上，在临界区内执行
            (backup))
)
```

前述的串行方案、并行方案，都可归类为BOCC方式（具体见4.3.3节），因为它们都是对待验证事务的读集与已经提交的事务的写集进行判断。除了BOCC方式外，还有一种方式——FOCC算法，关于这种方式可参见4.3.3节。

5. 事务饥饿问题

参考文献[115]给出在OCC算法下解决事务饥饿的一种方式（参考文献[115]混合使用了OCC算法和封锁机制）：被回滚的事务不释放验证阶段施加的锁（锁施加在读集中的所有对象上，写集是读集的子集），而是重新执行，因为有锁存在致使其他并发事务不能进入验证阶段，所以被回滚的事务可以获得优先执行的权利，以此来解决事务饥饿问题。但是，锁不随着事务回滚而释放，这会降低并发度。

6. 只读事务的优化

FOCC算法只能作用于只读事务，且无须进入验证阶段，所以这种算法对于只读事务来说是一种优化方式，可以提高并发度，尤其是对HTAP（混合事务分析处理）型的数据库系统更为有利。但即使是TP（事务处理）型系统，也需要支持只读事务，所以参考文献[129]提出的FOCC算法（参见4.3.3节）更有益于构建实际可用的数据库系统。

7. 可串行化的实现

前面介绍过实现可串行化的3个条件（在事务T_j进入验证阶段）。其中，条件一能保证事务之间是串行化的，但是并发度低。条件二确保在并发事务的写读不冲突的情况下，写写操作是串行化的。条件三的并发度最高，可确保在并发事务的写读、写写不冲突的情况下，读读操作是串行化的。

对于串行的可串行化的实现方式，参考文献[176]进行了详细介绍，其中包括对条件一和条件二的判断。该文献对条件二的介绍是，可采用临界区的方式，实现读写操作互斥从而达到串行化的目的。

对于并行的可串行化的实现方式，参考文献[176]也进行了详细介绍，其中包括对条件一、条件二和条件三的判断，还包括对临界区的使用。使用临界区会导致并发度在多核环境下的降低。

另外，有人提出，在验证读集是否发生了读写冲突、写集是否发生过写读冲突时，可先采取重新获取读集和写集的方式，然后与原始的读集和写集进行对比，以验证读写、写读冲突是否发生，此举的好处是直接解决了幻读这样的数据异常（通过此种方式可不再用谓词锁的方式解决幻读异常）。但是，重新获取读集和写集对象代价较大，尤其是在分布式系统跨节点获取读集、写集时代价更大，故这种方案是不可行的。对此，参考文献[120, 209, 220, 223]等都有相关介绍。

4.3.3 改进的OCC算法

OCC算法有多种变种，较为常见的是在内存数据库的基础上基于OCC的基本理念进行改进。下面对一些 OCC 算法变种进行讨论。

1. BOCC 算法与 FOCC 算法

参考文献 [129] 中总结了两种规则以避免读写冲突。

规则 1：没有读取依赖。

- 规则 1-1：T_i 不读取由并发事务 T_j 修改的数据。
- 规则 1-2：T_j 不读取由并发事务 T_i 修改的数据。

规则 2：禁止覆盖。 T_i 不会覆盖由并发事务 T_j 写入的数据，反之亦然。

参考文献 [129] 在 OCC 算法的上述规则，提出 Backward oriented optimistic CC(BOCC) 和 Forward oriented optimistic CC（FOCC）两种变种算法。

BOCC 算法的缺点是事务完成后，其写集需要保留一段时间，因为并发的事务需要用此写集与其自身的读集做冲突判断。长事务需要保留大尺寸的写集。参考文献 [104] 在 BOCC 的基础上提出 ROCC（Range OCC）算法。该算法指出，已经完成事务的写集可以按数据项合并在一起，构成谓词范围，即多个事务的写范围谓词可以合并为一个，这样将减少与写集的判断次数。

另外，对于 BOCC 算法，只读事务也需要经过验证阶段，对于 AP 型应用来说这也是不利的。BOCC 算法的实现过程如下。

```
VALID := TRUE; //Tj 进入验证阶段
FOR Ti := Tj-start+1 TO Tj-finish DO  // 从 Tj 事务开始的每一个并发事务 Ti
    IF RS(Tj) ∩ WS(Ti) ≠ Ø  THEN      //Tj 的读集如果与和 Ti 并发且在本事务验证阶段已经
        成功提交的事务的写集相交非空，则有冲突
        VALID := FALSE;
IF VALID THEN COMMIT
ELSE ABORT;   // 冲突发生，只能回滚事务
```

由上述算法过程可知，时间可能消耗在循环次数上，即 T_j 的并发事务数越多，验证算法花费的时间越多（对于 OCC 算法，验证算法花费的时间多，可能导致冲突发生的概率增大，从而使得并发冲突发生的概率更大，由此形成恶性循环），所以这是一个可优化的点。

对于 BOCC 算法的实际应用，大家可以参见参考文献 [117,176,219,239,240,241] 等。

FOCC 算法的优点较 BOCC 算法多：首先只读事务无须经过验证阶段，只与当前的活跃事务进行验证（但确认活跃事务也是一个耗时操作）即可；其次，该算法具有便于解决冲突的能力（可选择延迟或回滚正在进入验证阶段的事务，也可选择回滚冲突事务）。总之，FOCC 算法对 HTAP 型应用有利。

FOCC 算法的实现过程如下：

```
VALID := TRUE;  //Tj 进入验证阶段
FOR Ti := Tact1 TO Tactn DO      // 从 Tj 事务开始到 Tj 事务进入验证阶段，这之间的所有活跃事务
    IF WS(Tj) ∩ RS(Ti) ≠ Ø THEN  //Tj 写集如果与活跃事务的读集相交非空，则有冲突
        VALID: = FALSE;
IF VALID THEN COMMIT
```

```
ELSE RESOLVE CONFLICT;    //冲突发生，可不采用类似BOCC这样只能回滚事务的算法，而是采用某种
    解决冲突的机制
```

另外，参考文献 [129] 讨论了 OCC 算法中几个重要的问题，具体如下。

1）正确性方面的问题如下。

- **幻象异常不好解决**：OCC 读操作优先从事务的私有内存中获取所需数据，因此可避免不可重复读异常。但是，别的事务生成的数据是不被本事务的读集和写集维护的，因此不能发现幻象异常。如果想避免幻象异常，可在所读对象所在的节点维护一个谓词锁表，如 CockroachDB 的 Timestamp Cache 机制。
- **读取阶段看到的数据库视图不一致**：这个问题对于封锁机制同样存在，不是只有 OCC 算法才存在这样的问题。只有保留历史数据，才能获得一个静态的点，才能在一个事务内部动态执行的过程中始终获取一致的视图（结合 MVCC 技术基于 Snapshot 进行读取可解决该问题）。

2）性能方面，OCC 算法比封锁机制有着更高的事务回滚率，这一观点最早出现在参考文献 [201] 中，但该参考文献发表于 1983 年，数据库实现技术已经今非昔比，该参考文献是否还有借鉴意义？相比而言，参考文献 [168，169] 在不同负载下比较了 OCC 算法和 2PL 机制等并发访问控制算法之间的性能差异，有着更强的说服力。参考文献 [201] 中的测试数据被参考文献 [129] 引用：这项研究清楚地揭示了 OCC 算法中的验证冲突导致事务的回滚率远远高于锁方案中出现死锁时的回滚率（32 个并发事务，OCC 算法的回滚率为 36%，锁回滚率为 10%）。但笔者不认同该观点，期待将来有机会对多种并发访问控制算法的回滚率做定量研究，以确定 OCC 算法的回滚率是否真的低于封锁机制。注意，前述内容是对 OCC 算法和封锁机制从回滚率的角度进行的对比。但是，实际系统中（如 MySQL 5.7 版本）如果存在热点数据的并发冲突，且死锁检测已经致使整个系统不可用（事务处理量保持在每秒个位数以内甚至为 0），那么单纯比较回滚率的意义就不大了。而 OCC 算法因为不必做死锁检测，所以可以避免出现死锁，单从这个角度来说，OCC 算法的可用性高于封锁机制。

3）系统实现方面的问题如下。

- **对读集 / 写集的维护浪费了内存空间**
- **推迟了完整性约束的检查工作**：完整性工作的检查被推迟到了验证或提交阶段执行。
- **写入阶段工作量集中**：所有的写入操作都发生在写入阶段，这可能引发大量的输入 / 输出行为；而且写入阶段不只影响数据，还影响索引、约束检查、触发器执行等，这些工作集中在一起完成，需要斟酌。
- **读写对象，会纠结于选择行级还是页面级别**[⊖]：OCC 算法的实现依赖行级，这会导致读取阶段数据可能不一致（结合 MVCC 解决，参见 4.3.3 节），而且行级查询阶段流

⊖ 早期的数据库是磁盘型数据库，数据的读写在系统内部是以页面（Page）为操作单位的。

程复杂。页面级会浪费空间并增大冲突概率、提高回滚率等，但参考文献 [129] 认为基于页面级的数据实现 OCC 算法是唯一的选择。

其他方面，诸如依赖同步机制避免事务饿死等，都需要斟酌。

2. ROCC 算法

参考文献 [218] 针对 K-V（Key-Value）存储系统提出一个新算法——MVRCC（Multi-Version timestamp ordering Concurrency Control for logical ranges，逻辑范围内的多版本时间戳排序并发控制），该算法提出 logical ranges（逻辑范围）的概念用以在实现事务处理时，解耦数据存储（storage）和数据访问（access）模块。而参考文献 [104] 借鉴了逻辑范围的概念，提出一个新的 OCC 算法——ROCC（Range Optimistic Concurrency Control，范围乐观并发控制）算法。

如图 4-4 所示，ROCC 算法把 DML、DQL 语句中的 WHERE 语句中的谓词（见图 4-4a 所示，基于全局活跃事务列表，从事务的角度进行验证。其中，事务 T_2、T_3、T_4、T_5 已经在事务 T_x 读取数据阶段成功提交，但事务 T_x 的开始时间是事务 T_2 的开始时间，即事务 T_2、T_3、T_4、T_5 与 T_x 均处于并发阶段；事务 T_x 读取事务 T_5 写过的数据项，使得 T_x 只能通过回滚才能满足可串行化）转换为对数据访问的一个个片段（对数据的访问范围，如查询学生成绩表中成绩大于 90 分的学生时，“score>90”即是一个片段，图 4-4 b 所示从谓词范围片段的角度对此进行了验证），然后通过这样的片段，再定位每个片段内正在执行的事务（如 R_2 片段中对应执行的事务是 T_1、T_3、T_x），如果有多个正在执行的事务，且事务 T_x 处于验证阶段，则根据 T_x 读取数据的范围找到 R_n 区域，此时可发现事务 T_5 写过的数据项 y 落在了 T_x 读过的范围内。这两个事务在片段内重叠表明冲突存在，这使得 T_x 不得不回滚才能满足可串行化。

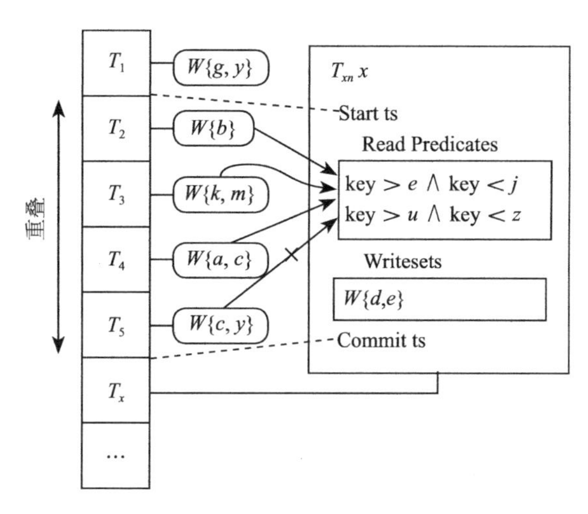

a）通过全局 txn 列表进行验证

图 4-4 参考文献 [218] 给出的 ROCC 算法示意图

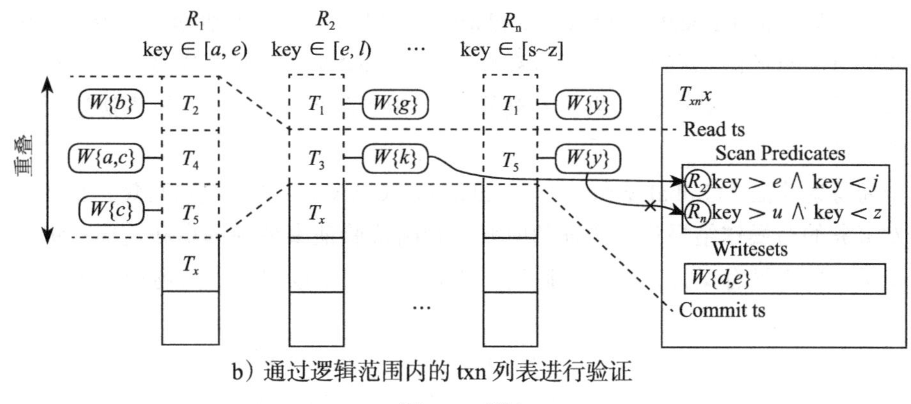

b）通过逻辑范围内的 txn 列表进行验证

图 4-4 （续）

ROCC 算法对当前事务的读集和并发事务的写集进行冲突判断，这一点其实和前述的 FOCC 算法的基本思想一样，只是 ROCC 算法验证事务冲突的角度从遍历并发事务转换为了谓词范围的定位，这样有助于减少冲突检测时对并发事务的遍历判断次数。而谓词的范围（谓词是 SQL 语句中 WHERE 子句中的条件表达式），在 SQL 优化阶段执行完对谓词的逻辑优化（如常量传递、表达式计算、消除似码、等式变换、不等式变换、布尔表达式变换等[⊖]）后就可以精准获得，而不必等到具体的数据项获取后（事务生命周期已经开始）才在 OCC 思想的指导下构造出读集。所以，**ROCC 算法可以提前构造一个逻辑读集（事务生命周期开始前即可构造逻辑上的基于范围的读集），这为提前判断并发事务的冲突关系提供了可能，由此可以构造自适应的、确定性的并发访问控制算法。**

以谓词锁定的读写范围为单位，如果数据项值域范围较小，则出现冲突的概率会增大，这将影响并发度的提高，不利于以“细粒度”的思维方式（详见 4.4.3 节）进行冲突判断。如果结合细粒度的思维方式，则图 4-4b 所示中的 R_1、R_2、R_n 可以是元组对象，也可以是字段对象，这使得 ROCC 算法的适用范围变广。另外，一条 SQL 语句的 WHERE 子句如果是复杂的，且其谓词表达式也是复杂的，那么构造图 4-4b 所示的 R_1、R_2、R_n 等时，与复杂的谓词表达式不存在必然关系，可以按照被访问的“对象”进行构造。

3. 自适应的 OCC 算法

参考文献 [217] 认为，在异构（负载不单一，如范围扫描与单点读（或写）混杂，即批量操作和少量对象的读（或写）操作混杂）环境下，OCC 验证阶段的算法对事务处理的效率影响较大，这包括两个因素：一是操作类型（如获取一个单一元组的读操作，其验证代价和获取多个元组的范围扫描的代价差异较大），二是负载类型（在不同负载下，基于 key 做范围扫描，则验证阶段的性能不同）。参考文献 [217] 总结了业界实现 OCC 技术的两种方式，具体如下。

⊖ 参见《数据库查询优化器的艺术：原理解析与 SQL 性能优化》一书中的 2.2.4 节。

- 本地读集验证（Local Read-set Validation，LRV）：所谓本地读集，指的是在某个待验证事务自己的私有内存空间中存储的读集。验证的时候，通过对读集重新读取来检查数据是否被修改，如果没有被修改，则验证成功并提交。该方法适用于单点读类场景。
- 全局写集验证（Global Write-set Validation，GWV）：所谓全局写集，指的是全局并发事务的写操作结果集。验证的时候，判断待验证事务的读集和全局写集是否存在交叉，如果没有交叉，则验证通过。该方法适用于范围扫描类场景，属于 BOCC 类方法。

参考文献 [217] 中提出一个自适应的 OCC 算法，该算法根据负载的操作类型（读或写操作）、访问负载（读或写操作的访问元组数）来建立代价模型（将被访问的元组数和某项操作的代价值的乘积作为代价值），根据代价选取验证算法（有多种验证算法，比如读集、带有读集的谓词集、不带有读集的谓词集等验证算法，这表明可根据负载量和操作类型自动选取不同的验证算法，这就是“自适应（Adaptive）”的含义。这里所说的自适应不是多种并发访问控制算法之间自动切换的自适应，而是在 OCC 算法内几种不同实现方式之间自动切换的自适应。因此自适应的 OCC 算法是 OCC 算法的一个改进算法。

4. OCC 算法与 DTA

OCC 算法在实现可串行化时，需要对并发事务进行排序，其排序方式是：在事务验证阶段进行冲突检测，检测通过后为事务号赋值并据此实现事务的可串行化。这种方式本质上是 TO 算法的一种实现（见 4.2.2 节）。

但是，传统的 OCC 算法，待验证事务生命周期的开始时间和结束时间的时间戳值的获取，依赖的是一个逻辑时钟或物理时钟。不管是逻辑时钟还是物理时钟，其值的获取都需要依赖一个时钟生成器，且时钟值单调递增，这就会导致一些并发事务被中止，从而降低并发度。

参考文献 [118] 基于 OCC 框架，利用动态时间戳分配思想（Dynamic Timestamp Allocation，DTA，参见 4.5.1 节和参考文献 [166]）为分布式数据库系统提出一种在验证阶段基于访问数据项的时间戳值，以此来动态调整事务提交时间戳值的方法。DTA 方法和 OCC 算法结合，可实现 OCC 算法中事务号的动态生成，而不用再依赖一个全局的事务管理器。这一点有利于在事务号、事务开始和提交时间戳生成这些点上实现去中心化。但是参考文献 [118] 中介绍的时间戳值，是分布式系统中事务处理机制依赖局部节点的时间戳值，此时多个局部节点的时间戳值需要互相广播以确定事务号（OCC 原始算法是在事务成功提交前才确定事务号，而事务号是一个逻辑时间戳值）。广播的方式增加了事务的执行时间，使得分布式系统的事务的吞吐量降低（但去中心化的方式又增加了分布式系统的事务吞吐量）。

5. OCC 算法的临界区问题

对于 OCC 算法来说，验证和写入阶段需要放到临界区中，一次只允许一个事务进入临界区，目的是避免在验证、提交期间发生新的写写（条件二规定）、读写（别的并发事务不可以把新写的值提交成功）冲突，避免已经可能存在的冲突被成功提交，这在客观上起到了为事务排序的作用，因而具有可串行化的功效（4.3.1 节讨论的是原始的 OCC 算法在验证阶段获取事务号，即根据 TO 算法实现可串行化与此相关）。而在分布式系统中无法采用临界区，替代方法如下。

- **锁机制**。验证阶段开始时，对所有访问数据加锁。如果验证失败，可回滚，或不释放锁，重启验证流程。为避免死锁，可以对要加锁的数据项按照某个原则排序（见参考文献 [220]），然后再加锁，只要有序加锁，即能避免死锁。更多内容可参见参考文献 [115]。
- **时间戳机制**。全系统范围内，在验证开始时，统一分配时间戳（全局唯一的递增时间戳值），通过时间戳排定事务的可串行化顺序，从而确定验证和写入的顺序。更多内容可参见参考文献 [116]。
- **写写冲突验证机制**。在验证阶段中，验证本事务与已提交事务的写集是否相交，相交就回滚本事务，这属于 BOCC 类算法。更多内容可参见参考文献 [116]。

参考文献 [220] 提示，全局的临界区（global critical sections）是 OCC 算法的最大瓶颈。关于 OCC 算法的内容，建议大家仔细阅读参考文献 [176]。

6. 其他

参考文献 [215] 给出一个改进的 OCC 算法，这个算法基于多核的单机环境，基于确定性事务，静态分析各种类型的事务间的依赖关系，在运行阶段跟踪操作行为并根据静态分析得到的调度规则对实际发生的并发事务进行调度。该算法的一个特色是对回滚的事务进行重启，重启时尽量复用之前执行过的操作，尽量减小回滚时带来的对 CPU 的无效消耗。另外，改进的 OCC 算法在静态分析确定性事务的基础上，通过标准的 OCC 算法同时支持了 Ad-Hoc Transactions，即对不确定事务进行了支持，这表明确定性事务和不确定性事务在 OCC 算法下没有边界，可以融合。

同样是基于多核的单机环境，基于 OCC 算法和 MVCC 技术参考文献 [220] 提出了一个系统——Silo。Silo 首先实现了一个去中心化的事务 ID 生成器（被参考文献 [216] 引用），事务 ID 由一个 64 bit 的整数构成，分为 3 个部分，高位是一个被称为 epoch 的时间戳值，中位用于区分同一个 epoch 中的不同事务，低位是状态位。在事务处理方面，Silo 实现了读集、写集，并把写集作为读集的子集进行维护，并在事务验证阶段检查读集是否被修改（参考文献 [79] 中的 Write-snapshot Isolation 技术与此类似，具体参见 4.4.4 节）。如果读集有数据项被修改，则回滚本事务。另外，Silo 在写集上对数据项排序后加锁，以此避免写写冲突。

参考文献 [198] 中也给出一个改进的 OCC 算法，这种算法是基于一些提供组提交技术的实际系统（如 MySQL 就提供了组提交技术，但参考文献 [198] 中提出的改进 OCC 算法并不是不基于 MySQL 实现的，关于组提交技术的内容可见参考文献 [221]）实现的，该算法通过依赖图找到需要进行验证的一批事务的集合中最小的无环子图，在这类子图中不存在冲突，可并发提交相关事务；对于其中有环的子图，可进行部分事务的回滚。另外，依赖图构造客观上可对并发事务进行排序（可串行化调度），从而消除一部分冲突，减少回滚的发生。参考文献 [198] 中的实验环境是基于 Java 实现原型构建的，对于单机环境下（Intel Xeon E5-2630 CPU @2.20GHz and 16GB RAM）的实验效果，该参考文献中是这样描述的：在一个开源 OLTP 系统和一个生产 OLTP 系统上进行的实验表明，所用的技术在高数据争用的工作负载上比其生产系统提高了 2.2 倍的事务吞吐量，并减少了 71% 的尾部延迟。

4.3.4 OCC 算法与其他并发算法的融合

OCC 算法用于实现读写操作的并发访问控制，可以作为并发操作的框架构建事务处理机制。而其他并发访问控制算法的着眼的点与 OCC 不完全相同，比如：基于封锁的算法，着眼于在具体的读写操作发生时，其他并发事务的应对方式（阻塞）；而 MVCC 技术着眼于允许读操作继续执行；但是封锁机制和 MVCC 技术并没有考虑事务作为“一个整体”的调度顺序，而 OCC 算法在检测阶段则需要考虑并发调度如何做到可串行化（当然，早期的 MVCC 技术也不考虑事务的调度顺序，需要结合其他算法，如时间戳来实现事务调度排序，后期出现的基于 MVCC 技术的 SSI 技术则考虑并发调度如何做到可串行化，对此可见参考文献 [114]）。

正因为不同的并发访问控制算法着眼点不同，所以这些算法才有机会互相结合各取所长，并在一个事务型数据库系统中融合使用。

下面我们就来讨论 OCC 算法和其他并发访问控制算法是如何融合的。

1. OCC 算法与封锁机制

OCC 算法和封锁机制可以互相结合，这种结合不仅适用于分布式系统（见参考文献 [115]），还可以作为中心化的算法（见参考文献 [204，203]，其中参考文献 [204] 是第一个提到把 OCC 算法和封锁机制相结合的）。

OCC 算法和 2PL 算法有如下 3 种合作方式。

- 第一种是结合的方式，即一个系统中可使用 OCC 算法也可使用 2PL 算法，具体使用哪一种需要通过人工规则确认，关于这种方式可以参见参考文献 [176]。
- 第二种是切换的方式，即一个系统中根据事务负载情况，在同一个时间段选择 OCC 算法或 2PL 算法进行并发访问控制，同一时间段内二者只有一种算法有效，关于这种方式可以参见参考文献 [203]。
- 第三种是自适应的融合方式，即 OCC 算法和 2PL 算法在同一个时间段内都起作用，只是自动适用于不同的情况，该方式是真正的多种并发访问控制算法的融合，关于这种方式可以参见参考文献 [214]。

参考文献 [204] 提到的中心化的算法的核心思想是，以 OCC 算法为事务模型框架。在 OCC 算法的验证阶段，除了按照参考文献 [176] 中的串行方案（见 4.3.2 节）可对待验证事务的读集和已经提交完成的并发事务的写集是否存在交集进行判断外，还可对待验证事务的写集和本事务读阶段发生的获取读锁的所有事务是否存在交集进行判断，若是存在则验证失败。这种技术把**封锁机制融合到了 OCC 框架**中。但是，什么时候使用封锁技术，却不是自动识别的，而是需要通过人工进行分类。人工分类时要提前把事务划分成两类，其中长事务采用封锁技术，短事务采用 OCC 技术。

对于自适应的并发访问控制算法来说，其实现思路通常有如下两种。

- **切换类型**，根据运行的事务负载情况，从一种算法切换到另一种算法，例如冲突高涨则切换为封锁机制，并发冲突负载小则切换为 OCC 算法。该类算法在同一个时间内，所有事务只在一种并发访问控制算法下运行。
- **确定类型**，根据事务的特点，预先对事务进行分类，然后根据确定的分类选用多种并发访问控制算法中的某些算法。该类算法在同一个时间内，可有多种并发访问控制算法在运行，这是一种动态的、自适应的并发访问控制算法。但通常情况下，事务的分类是不易确定的，故该类算法适用范围有限。

基于以上问题，参考文献 [203] 提出一个自适应（Self-adapting）的并发访问控制算法，这种算法可以在并发的事务中自动采取某一个并发访问控制算法，这是一种混合算法。该算法建立在基于封锁和验证（OCC）两种算法结合的基础上。该算法把事务分为 3 个阶段——DM_READ、PRE_WRITE、DM_WRITE，然后在混合算法的控制下，**对读事务采取验证机制（即 OCC），对写事务采取封锁机制**（提前分类，使得原本在实际运行时对写事务可能不需要采取封锁机制，变为必定对写事务采取封锁机制，这样做可抑制并发），来自动使不同的事务使用不同的并发访问控制机制，以实现“自动适应”。这 3 个阶段本质与 OCC 算法的 3 个阶段类似，在 OCC 算法中只读事务是可以做上述自适应优化的，所以该混合算法本质上还是 OCC 算法的变种。

参考文献 [214] 提出一个 MOCC（Mostly-Optimistic Concurrency Control）算法，该算法是 OCC 算法和封锁机制的融合算法。在封锁机制使用方面，MOCC 算法对于读、写操作，根据数据被访问的热度（事务被回滚的次数作为事务内相关数据项的热度）决定采用什么机制。如果数据被频繁访问，则对读写的数据项施加读锁（只是施加读锁，MOCC 算法不使用写锁，以此来抑制读写冲突的发生。写操作的发生也根据数据项被访问的热度施加读锁，此操作相当于通过读锁抑制了写写冲突），此时 MOCC 算法变为封锁算法；反之则是 OCC 算法。MOCC 算法在系统运行过程中，会自动进行数据访问热度的计算。另外，MOCC 算法在验证阶段需要对所写数据项排序后加锁。排序是为了避免死锁，加锁是为了防止写写冲突发生。除了采用热度作为加锁条件外，MOCC 算法还提供了事务重启机制，当事务回滚可以重启事务时，构造一个 Retrospective Lock List（可追溯锁列表，简称 RLL）用以为重启的事务在读写阶段施加读锁，这是另外一种施加读锁的条件。

OCC 算法能和封锁访问机制融合，其本质原因在于：在提交阶段，每个事务都需要经过验证阶段，而 OCC 算法的验证阶段可能发现各种冲突。例如，有 4 个并发事务，其中的 T_1、T_2 已经采取了封锁机制，假定将 T_1 和 T_2 归为 L 组；T_3、T_4 则采用的是 OCC 算法，假定将 T_3 和 T_4 归为 O 组。对 L 组或 O 组内的事务之一进行提交时，都需要走 OCC 算法的验证阶段，如 T_1 或 T_3 进行提交，T_1 需要和 T_2、T_3、T_4 都进行冲突验证，T_3 需要和 T_1、T_2、T_4 都进行冲突验证，所以可串行化可以通过 OCC 算法的验证机制来保证。这也是参考文献 [203，214] 中介绍的算法能实现自适应并发访问控制的原因。但参考文献 [214] 引入热度的概念来尽量避免 OCC 算法因高冲突带来的高回滚率，该参考文献中介绍的算法并发度较高；而参考文献 [203] 根据事务类型（只读事务、读写事务）直接把事务执行方式分为 OCC 算法和封锁机制两种，该参考文献中介绍的算法并发度较低。

参考文献 [115] 介绍的算法支持 OCC 算法和封锁机制相结合。与 OCC 算法和封锁机制相结合相关的算法，基本上都提供了自适应机制，即可以自动在 OCC 算法和封锁机制间切换。

2. OCC 算法与 MVCC 技术

OCC 算法要实现可串行化，必须依赖 TO 算法，即对并发事务进行排序。在分布式系统范围内，通过 TO 算法可对全局的并发事务统一进行排序，并在全局范围内解决各种数据异常，实现可串行化。由此可知，TO 算法是 OCC 算法实现的核心。

OCC 算法的读操作，可以和 MVCC 技术结合，从而获得一个快照，并基于快照进行一致性读。对于分布式系统，只要能构造全局快照，就可以确保全局的读一致性，从而解决参考文献 [150] 中介绍的两种分布式数据库环境下的异常（见 1.1.4 节）。另外，基于 OCC 算法构建事务处理的整体框架，在读操作的实现细节上，可以实现读写操作互不阻塞，因此有助于解决 SQL 标准定义的 3 种读异常（脏读、不可重复读、幻读），解决的方式如下。

- **脏读**：读取已经提交的事务生成的数据项的版本，从而避免脏读数据异常。
- **不可重复读**：在事务开始阶段（有的是事务开始即生成快照，有的是事务开始后第一条查询语句执行时生成快照）生成一个快照，此快照在事务的生命周期中一直作为查询语句获取数据时的快照，从而做到可重复读隔离级别，避免不可重复读数据异常。
- **幻读**：幻读是不可重复读的一种特例，是其他并发事务执行 DML 操作后对本事务再次读取数据发现所获得的数据集发生了变化的情况。如果严格遵守 TO 排序（即串行化，抑制并发），将快照看作一个时间点值（PostgreSQL 的快照是活跃的事务列表而非时间点值），按这样的固定点值读取到的数据集是固定的，从而避免幻读数据异常。OCC 算法中，还可以结合维护的读写集来判断是否存在幻读异常。下面将要介绍的 Hetakon 系统就是这方面的典型案例。

OCC 算法的写操作与 MVCC 技术的结合点，是在提交阶段生成新版本，其本质和其他并发访问控制算法（如基于封锁的并发访问控制协议结合 MVCC 的技术）没有差异。所以 OCC 算法和 MVCC 技术的结合，无特别之处。但是，在验证阶段，在新版本生成方式方面有细节性差异，如基于 2PC 原理实现的提交，其数据的可见性在 Prepare 阶段成功实现（全部子节点同意提交，协调者刷出 Prepare 阶段完成的日志）后即可允许用户读取（即数据提前可见）。

OCC 算法与 MVCC 技术的结合，避免了 4.3.1 节讨论的 BOCC 算法和 FOCC 算法中读写集维护带来的问题，二者结合优势互补。

参考文献 [120，209] 提出了一个同时使用 OCC 算法和 MVCC 技术的内存数据库，名为 Hetakon。作为一个内存型的数据库系统，其事务状态有 4 种，分别是 ACTIVE（活跃）、PREPARING（准备）、COMMITTED（已提交）、ABORTED（已回滚）。这 4 种状态之间的相互转换关系如图 4-5 所示（见参考文献 [120]）。

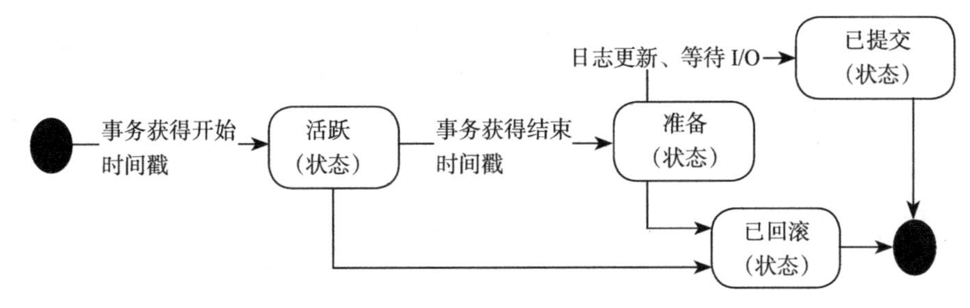

图 4-5 Hekaton 事务状态变迁图

对图 4-5 说明如下。

- 实心黑点表示事务开始（Begin）。
- 事务开始后，获取的开始时间戳将作为数据项的 Begin 时间戳值，然后标记事务的状态为 ACTIVE。
- 如果事务能正常结束，获取事务结束时间戳，并将其作为数据项的 End 时间戳值。事务的状态由 ACTIVE 变为 PREPARING，表示准备提交。
- 如果事务不能正常结束，事务的状态由 ACTIVE 变为 ABORTED。
- 在从 PREPARING 状态变为 COMMITTED 状态的过程中，要从 Hekaton 把日志信息刷到 SQL Server 的 SQL 组件这个传统数据库引擎所在的节点上。事务的状态由 PREPARING 变为 COMMITTED。
- 带有外圈的实心黑点表示事务结束 Terminate。

数据库进行事务管理的时候，常用的就是 Begin、Commit、Abort 等命令，而在这些命令之间存在几个不同的阶段，图 4-6 所示为这些阶段中发生的事情，这几个阶段对应的正是 OCC 算法的 3 个阶段，所以 Hekaton 是用了 OCC 算法作为事务并发处理的框架。

对于图 4-6 所示，说明如下：

1）Begin 命令：获取事务的 Begin 时间戳值（注意，不对应元组存储结构中的 Begin 域，此命令没有为 Begin 域赋值，这里的时间戳只是一个临时要在事务执行过程中判断版本可见性的时间戳值，相当于基于 MVCC 技术为事务建立快照；另外为事务创建一个唯一的事务号)，并将事务状态设置为 ACTIVE。

2）正常处理阶段：把读操作集合（read set）、扫描操作集合（scan set）、写操作集合（write set）记录下来，便于后面检查幻读异常。待验证的事务即本事务，在此阶段事务不会被其他事务阻塞。

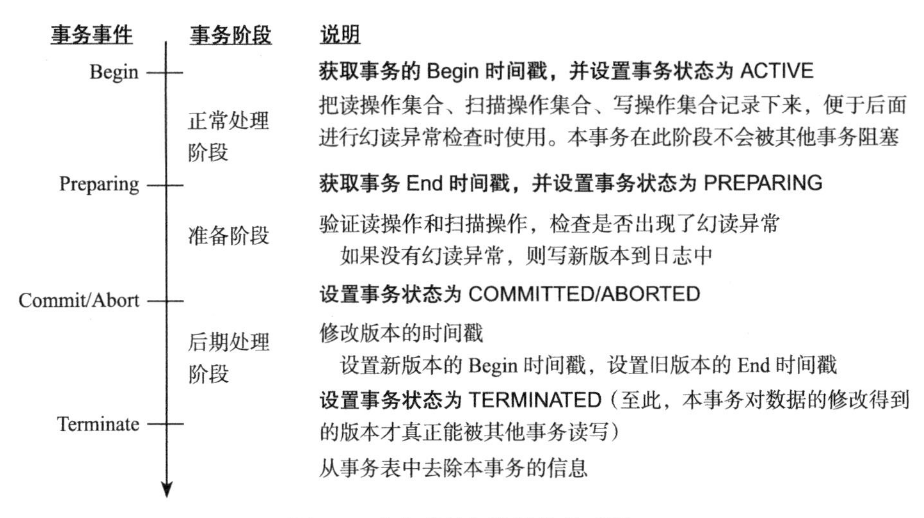

图 4-6 事务事件与阶段的关系图

- 如果是读操作，则基于 MVCC 技术和带有本事务的时间戳，读取某一个已经存在的版本。读取的顺序从最新版本开始，有序获取同一个数据项的不同版本。
  - 读取某个版本的 Begin、End 域，如果都是有效的时间戳，且读时间戳（快照）在 Begin、End 之间，则此版本可见；否则不可见，继续读取下一个版本。
  - 若读取的某个版本的 Begin 域是事务号，则表明该版本可能尚在被某个事务操作中，此时需要分如下几种情况进行处理。
    - 如果事务号所属的事务状态为 ACTIVE，则仅对事务号所属事务可见。
    - 如果事务号所属的事务状态为 PREPARING，且读时间戳比事务提交时间戳大，则采取投机读策略允许读操作进行，但需要记录提交依赖，以便后续进行级联中止操作。
    - 如果事务号所属的事务状态为 ABORTED，则该版本不可见。
    - 如果事务号所属的事务状态为 COMMITTED，且读时间戳比事务提交时间戳大，则该版本可见。
  - 若读取某个版本的 End 域是事务号，则需要分如下几种情况进行处理。
    - 如果事务号所属的事务状态为 ACTIVE，则仅对事务号所属事务不可见。
    - 如果事务号所属的事务状态为 PREPARING，且读时间戳比事务提交时间戳大，则采取投机忽略策略并记录提交依赖（引入了级联中止问题）；读时间戳比事务提交时间戳小，则该版本可见。

    - 如果事务号所属的事务状态为 ABORTED，则可见（在读操作的事务 T 开始后，该元组才被删除，但对于事务 T 是可见的）。
    - 如果事务号所属的事务状态为 COMMITTED，且读时间戳比事务提交时间戳小，则该版本可见。
- 如果是更新操作，则基于 MVCC 技术新生成一个数据项的版本，用本事务的**事务号**给新版本的Begin域赋值，给旧版本或被删除的版本的End域赋值。如果版本可更新，则需要满足如下条件。
  - 被更新的数据项的最新版本的 End 域无效，或者事务号所属事务已经中止。
    - 将原始版本的 End 域原子地更新为当前事务号，防止其他事务的并发修改。
    - 生成新的数据版本，并设置 Begin 域为当前事务号。
  - 若被更新的数据项的最新版本的 End 域对应的事务号所属事务处于 ACTIVE 或 PREPARING 状态，则表明发生写写冲突，此时更新事务需要中止。
- 如果本事务要进行中止操作，则将状态改为 ABORTED，跳转到“**后期处理阶段**”。
- 如果本事务要进行提交操作，则获取事务结束时间戳（将对应元组存储结构中的旧版本的 End 域、新版本的 Begin 域，但此状态还没有为这些域赋值，故暂称为 End-value），并设置事务状态为 PREPARING。

3）**准备阶段**：决定事务是要进行提交还是要进行中止。

- 使用“正常处理阶段”记录的读集和扫描集，再次获取系统条件下的数据，验证读操作和扫描操作，即检查是否出现了幻读异常。如果没有幻读异常则可以进行提交，否则中止。
- 如果需要中止，则将事务状态改为 ABORTED，跳转到“**后期处理阶段**”。
- 如果可以提交，则把生成的新版本和删除的元组的相关信息写到日志中（日志传输给 SQL 组件，Hekaton 自身不做持久化处理工作），设置事务状态为 COMMITTED（此时，本事务的变化还不能被其他事务所见）。

4）**后期处理阶段**：

- 如果事务已经正常提交，则用事务**结束时间戳值设置新版本的 Begin 时间戳，设置旧版本的 End 时间戳（在 Begin、End 域被赋值前，其值是事务号）**。
- 如果事务回滚，则对于新生成的版本，设置 Begin 和 End 域的值为 Inf，这表示这些新版本为垃圾，其他事务不可见。

5）**TERMINATE 命令**：将事务状态设置为 TERMINATED（至此，本事务对数据修改得到的版本才真正对其他事务可见，即能进行读写）。旧版本可被作为垃圾回收。

3. OCC 算法与 2PC 算法的关系

2PC 算法是分布式事务提交阶段的原子提交算法，该算法把提交阶段的工作分为 Prepare 阶段和 Commit 阶段，而 OCC 的验证阶段可以融入 2PC 算法的 Prepare 阶段，写入阶段可以融入 Commit 阶段，因此 OCC 算法和 2PC 算法可以较好融合，以消减协调器和子节点之间发送的消息数量。

参考文献 [115，202] 讨论了 OCC 算法的验证阶段、写入阶段和 2PC 算法的关系，大家若想深入了解，可以阅读这两个文献。

4. OCC 算法与 TO 算法的关系

4.3.2 节讨论了 OCC 算法的 3 个基本阶段，其中的验证阶段提到“根据某种可串行化标准检查待提交事务是否满足可串行化调度要求，这个过程的本质是基于 TO 算法确认提交顺序”，这表明，OCC 算法在实现可串行化方式时，是依赖 TO 算法的。另外，TO 算法和 OCC 算法相结合还可以产生更多变种算法，例如 DTA 算法（见 4.5.1 节）。

5. OCC 算法的效率

OCC 算法的瓶颈究竟在哪里？不同的 OCC 改进算法，其着眼点不同。

参考文献 [217] 认为，在异构（负载不单一，如范围扫描和单点读或写混杂，即批量操作和少量对象的读写操作混杂）环境下，OCC 算法的验证阶段对事务处理效率的影响较大，这包括如下两个因素。

- **操作类型**：如获取一个单一元组的读操作，其验证代价和获取多个元组的范围扫描的代价差异较大，这是因为使用读集和已经提交事务的写集进行验证，读集越大验证耗时越多。
- **负载类型**：基于 key 做范围扫描，负载不同在验证阶段的性能也不同。

所以 OCC 算法旨在减少验证阶段因读写集比较产生的大量耗时。

在一个分布式系统中，如果一个分布式事务执行时间长，则会进一步加剧冲突发生的可能性，这是因为事务持有的数据项的时间变长。参考文献 [158] 将此问题描述为：由于两个主要的限制因素的存在，分布式事务的性能较差。首先，分布式事务具有很高的延时，因为它们每次对远程数据的访问都会产生很高的网络延时。其次，这种高延时增加了分布式事务之间争用的可能性，导致高回滚率和低性能问题出现。

随着事务执行时间变长，基于 OCC 算法的回滚率也会变高，关于这方面的讨论，大家也可以阅读参考文献 [217]。

参考文献 [198] 认为，OCC 算法在高冲突的情况下，因回滚代价高所以会导致事务整体的吞吐量低下，因此算法利用依赖图对多个将进入验证阶段的事务进行可串行化排序，以此来消除冲突、减少回滚率，进而在系统层面提高事务的吞吐量。对于这种观点，业界人员对于其中大部分内容都是认同的，但是在对确定性事务进行静态分析方面，有些人则持不同的观点，有兴趣的读者可以自行学习参考文献 [43，52，169，214] 等。

参考文献 [216] 提出 OCC 算法下回滚存在的两种情况，一种是真回滚（true abort），一种是假回滚（false abort）。这两种情况可以通过判断并发事务之间是否存在 anti-dependent 关系进一步识别，以确认是否必须回滚。如果存在 anti-dependent 关系，则应进一步识别正在验证的事务和其他并发事务是否存在写读、写写、读写关系。如果前述两个假设都存在，则回滚本事务，其算法如下所示。另外，该参考文献对只读事务进行了优化，提出有只读事务发生，可以等到所有并发事务完成再分配快照，但此种方式只适用于特定场景，遇到并发的长事务会造成该只读事务饥饿。

```
1: 事务开始：
2: 分配 TID 并更新全局时钟
3: 拍下全球时钟的快照
4: 分配新的哈希表和释放历史哈希表
5:
6: 事务验证：
7: 进入临界区
8: 拍下全球时钟的快照
9: left_conflict = right_conflict = 0;
10: if 存在反依赖
    then
11:     right_conflict= 1;
12:     查找交易记录
13:    if T是wr、ww或rw(取决于它的并发事务)
        then
14:    left_conflict=1;
15:   end if
16: end if
17: if right_conflict=1且left——conflict==1
    then
18:     设置事务哈希表的Release字段
19:     中止事务
20: else
21:     安装写操作并提交事务
22: end if
23: 离开临界区
```

4.3.5 分布式 OCC 算法

OCC 算法不必像基于封锁的访问机制，需要采用一个集中的锁冲突检测机制，对并发冲突进行检测。OCC 算法具备良好的去中心化能力，可被运用到分布式系统中，实现分布式并发访问控制。

1. 基本的分布式 OCC 算法

参考文献 [112，116] 把 OCC 算法应用到分布式数据库系统中，其基本思想为：

- 读取阶段维护读集、写集，这一点和上节介绍的内容相似。
- 验证阶段，每个子节点上的子事务按照单机节点的方式进入验证阶段；如果所有相关节点的子事务验证通过，则全局事务验证通过。但是，请注意这一结论并不正确（节点上的本地并发访问控制，应该是基于封锁的并发访问控制机制，而不是 MVCC 技术。MVCC 技术需要在协调器上判断是否存在全局冲突）。另外注意，还是需要通过协调器来解决冲突的，并不是“所有相关节点的子事务验证通过，则全局事务验证通过”。如图4-7所示，T_1 和 T_2 两个节点是分布式事务，T_3 和 T_4 是局部事务，在A上存在 $T_1 \rightarrow T_3 \rightarrow T_2$（箭头表示依赖关系）的关系，在B上存在 $T_2 \rightarrow T_4 \rightarrow T_1$ 的关系，各个子节点发现不了全局事务 T_1 和 T_2 互相依赖，只有把这些信息汇总在协调器上统一分析，才能发现存在环，也就是不满足可串行化调度要求。

- 写入阶段，采取2PC机制保证写操作的原子性。

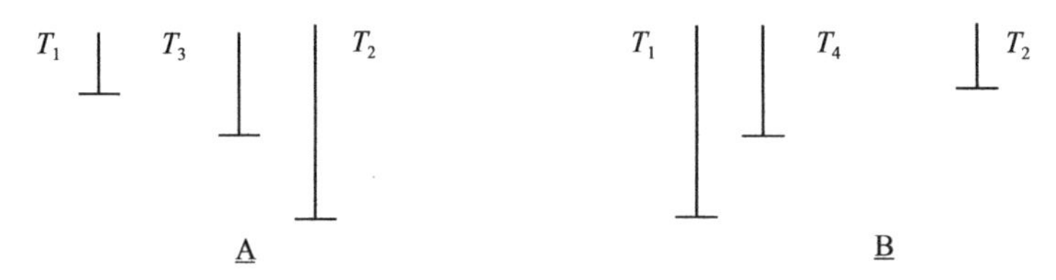

图4-7 分布式事务，需要全局协调图

参考文献[112]讨论了在分布式数据库中使用OCC算法的情况。对于只读事务，维护读集（同一个对象只从数据库读取一次，之后从读集中获取），但不进入验证阶段，即认为不存在读写冲突（对于更新操作引发的写操作，会被强行要求延迟进入验证阶段从而保证只读事务读阶段总是有效的。与参考文献[112]形成对比的是参考文献[116]，其给出的分布式OCC算法是一个读友好的算法，有利于分析型系统的实现）。对于更新操作引发的写事务，存在3个阶段，允许有并发的只读事务，但是并发的更新操作引发的写事务可能因冲突而致使回滚发生，并发的只读事务只会致使本事务的写阶段延迟。对于验证阶段，其算法如下：

```
L: waitset: = 0;
< for all t ∈ {active read transaction} do  //从活跃的只读事务的读集中取出每个数据项
    if (write set of T intersects with read set of t) //判断是否与本验证事务有交集
    then
        waitset: = waitset ∪ {t};
        if waitset ≠ Ø then  //与只读事务有交集则推迟本事务的验证，让本事务等待
            begin
                wait (waitset);   //等待退出临界区
                goto L
            end;
    validation as to update transactions;
write phase >  //符合“<”和“>”表示代码段处于临界区
```

上述算法要求在一个临界区内完成，这对于一个分布式数据库而言是难以实现的。参考文献[112]给出一个解法：把验证阶段细分为两个子阶段，引入tentative write（试探性写）阶段和读取阶段的两个时间戳值以及两个判断规则，保证任何事务都不能修改暂时写入但尚未最终写入的数据，并且任何事务都不能完成读取不安全（即tentative write）对象的操作。

参考文献[112]还讨论了局部事务和全局事务在验证时和全局读写事务之间的关系，其

中指出：本地的读事务和全局的读事务的验证，要和全局更新操作引发的写操作事务在验证阶段进行判断，只有这样才能确认是否存在冲突；而本地的某个写事务需要和本地的其他写事务、全局的写事务在验证阶段进行判断，只有这样才能确认是否存在冲突。

参考文献 [116] 是对参考文献 [112] 的补充，该参考文献提出，在分布式系统下存在两个问题：

- 分布式事务的验证阶段和写入阶段，因是在分布式环境下，所以不同节点上无法实现临界区，故无法保证在临界区内按可串行化的调度顺序执行。这就需要另外的机制保证这两个阶段串行执行。
- 分布式事务中各节点子事务在验证阶段采用的可串行化标准可能不一致。比如，可以使用 TO 算法，并用全局逻辑时间戳作为事务标识，以确保各节点在验证阶段使用相同的可串行化标准。这一点其实和 OCC 算法没有必然关系，在分布式环境下，不同节点各自进行验证，需要有相同的可串行化标准。

参考文献 [118] 也基于 OCC 算法讨论了分布式事务处理机制（见 4.3.2 节）。

2. 改进的分布式 OCC 算法

参考文献 [115] 提出改进的分布式 OCC 算法，该算法在分布式系统中支持了 OCC 算法和封锁机制的融合。在读取阶段没有使用封锁机制，保持了 OCC 算法高并发度的优势。在验证阶段，引入了封锁机制，目的是避免处于预提交状态的数据项被读取到。即对前面提及的"读半已提交数据异常"，使用封锁机制加以解决，排它锁施加在处于预提交状态的对象上，等到全局事务完成才释放锁，避免了读数据出现读不一致的问题。施加锁的方式也解决了验证和写入阶段在分布式系统下难以构造临界区的问题。但是施加锁又可能出现死锁问题，需要在分布式系统范围内进行死锁检测或预防。参考文献 [115] 在验证阶段施加锁和验证的算法如下：

```
<<   //进入临界区
VAUD :=true;
for all k in RS(T,S) do;  //从读集中遍历数据项
    if (X-lock set or X-rcqucst is waiting for k) then
        VALID:= false;
    if lock conflict then do;  //存在锁冲突，则等待
        if k in WS(T,S) //写集是读集的子集
            then place X-request into waiting list WL; //WL，等待队列
            else place S-request into WL;
    end;
    else do; {no lock conflict}  //不存在锁冲突，则施加锁
        if k in WS(T,S)
            then XT := T {acquire X-lock};
            else append T to ST list (acquire S-lock};
    end;
    if wct(k,T) < WCT(k) then VALID := false; (validation} //WCT是k数据项对象的修
        改次数计数器，相当于对象的逻辑时间戳值，标识对象是否为最新被修改的，如果不是，则意味着
```

```
        有其他并发事务修改了该值，验证失败
end; >>  //退出临界区
if VALID then do;  //验证成功，若同时任何数据项均没有被施加锁，则可以提交
    wait (if necessary) until all lock requests at S are granted;
    write log information; {pre-commit)
    send O.K.;
end;
else do;
    wait (if neeessarv) until all lock requests at S are granted;
    send FAILED;
end;
```

参考文献 [52] 提出另一种分布式 OCC 算法——ROCOCO (ReOrdering COnflicts for COncurrency，并发重新排序冲突) 算法。该算法在分布式系统中的每个物理节点服务器上，跟踪并发事务之间的依赖关系（为确定性事务，故可静态分析)，但不实际执行它们。当事务提交时，事务的依赖关系信息被发送到所有服务器上，以便并发事务可以重新按某个可串行化调度方式排序，从而减少冲突。参考文献 [52] 进行了相关实验，结果表明：ROCOCO 算法的吞吐量比 2PL 算法和 OCC 算法分别高出 130% 和 347%。除了 ROCOCO 算法外，还有其他算法采用的是基于确定性事务的处理思路，限于篇幅这里不再展开，大家可以自行查阅参考文献 [43，156]。

参考文献 [118] 提出另一种分布式 OCC 算法，该算法消除了两阶段提交期间的封锁操作，但要求每个事务在分布式数据库系统中的所有数据服务器上执行验证（包括事务未访问的数据服务器)，此举增加了网络间消息传递和处理的开销，同时也破坏了分布式数据库的许多优点，如负载分布和容错性，限于篇幅这里不再展开，大家可自行查阅该参考文献。值得注意的是，参考文献 [118] 中提出的算法还使用了动态时间戳机制，这部分内容将在 4.5.1 节继续讨论。

还有人在一个分布式的工程系统 Megastore 上提出了 OCC 算法，但因为其数据划分是以实体组（entity group）为单位，Megastore 只在一个实体组上确保可串行化，且同时只能执行一个事务，所以这并不是一个真正的分布式 OCC 算法实现。对此感兴趣的读者可以查阅参考文献 [122]。

3. 分布式 OCC 算法实现示例——MaaT

云数据库应该具备的特性之一就是“透明的数据分区，包括自动化的分区拆分、合并、迁移、负载均衡”，这使得高效的跨节点分布式事务成为一个必选功能，因此在 MaaT 系统中提出一种新的 OCC 算法，其具备 3 个特点：

- 在执行分布式事务时，在两阶段提交过程中无须对数据项进行加锁。
- 把 OCC 的回滚率降低到比基于锁的并发控制中的死锁避免机制（如等待 – 死亡和伤害 – 等待）产生的回滚率更低的程度。
- 保留了 OCC 的无抖动特性（不依赖读写集则不受读写集大小变化的影响)，使得

OCC 因为第二个优点比 2PL 算法具有更高的事务吞吐量。

对于 OCC 的实现，有很多业界专家进行了不同的尝试，比较有代表性的是：

- 在参考文献 [157] 中，基于单版本实现了分布式 OCC 算法，这一点和同样是内存型数据库的 Hetakon（见参考文献 [120] 中关于 OCC 算法加多版本的介绍）系统不同。
- 同样在参考文献 [157] 中，并发访问控制采取的是 OCC 算法和动态时间戳分配算法（Dynamic Timestamp Allocation，简称 DTA）。
- 在参考文献 [165] 中，基于 DTA 思想，结合 SSI 技术，在 CockroachDB 上对 OCC 算法做了实现。

4. 分布式系统下的 OCC 算法与 MVCC 技术

Jasmin 是一个原型系统，该系统在分布式数据库中利用 OCC 算法和 MVCC 技术进行并发访问控制。Jasmin 系统中的 OCC 算法遵从前文介绍过的 OCC 算法的 3 个阶段，只是 Jasmin 系统构造了全局读时间戳，使得同一个事务始终能够读到一致的数据；在 OCC 算法的验证阶段，确定在生成待验证事务的读集和生成其写集这两个时间点之间已经提交事务的写集，并判断本事务的读集和其他事务的写集是否存在交集，如果存在则回滚待验证事务，否则表明待验证事务可以提交。

关于 Jasmin 系统的更多介绍，大家可以查阅参考文献 [117]。

4.4 MVCC 技术

1970 年 MVCC 技术被提出，1978 年发布的参考文献 [30] 对该技术进行了进一步描述，1981 年参考文献 [108] 详细描述了 MVCC 技术，但是其描述的 MVCC 技术是基于时间戳的。

1995 年，在参考文献 [113]⊖中第一次提出快照隔离（Snapshot Isolation，SI）的概念，并将其作为隔离级别的一部分。

2008 年，参考文献 [114] 提出可串行化的快照隔离（Serializable Snapshot Isolation，SSI）技术，并指出该技术是基于 MVCC 技术的可串行化隔离级别实现的。PostgreSQL V9.1 使用该技术实现了可串行化隔离级别。

2012 年，参考文献 [79] 提出写快照隔离（Write-Snapshot Isolation，WSI）技术，即通过验证读写冲突实现基于 MVCC 技术的可串行化隔离级别，这种方式相较于依靠检测写写冲突的方式可提高并发度（某种写写冲突是可串行化的）。该参考文献的作者基于 HBase 做了系统实现。

2012 年，参考文献 [68] 提出如何在 PostgreSQL 中实现 SSI 技术。该参考文献不仅讲述了串行化快照的理论基础、PostgreSQL 对于 SSI 技术的实现方式，还提出为支持只读事务而实现的安全快照（safe snapshot）、可延迟交易（deferable transaction）。为了避免读

⊖ 该参考文献也提出了不同于 ANSI-SQL 标准定义的 4 种隔离级别。

写冲突对事务回滚造成的影响，该参考文献还提出可对被回滚的事务采取安全重试（safe retry）策略。另外，该参考文献还涉及两阶段提交对选取回滚读写冲突的事务的影响等重要话题。

参考文献 [281] 较为系统地讨论了 MVCC 技术涉及的 4 个方面：并发访问控制协议、多版本存储、旧版本垃圾回收、索引管理。另外讨论了 MVCC 技术多种变体（MV2PL、MVOCC、MVTO 等）的实现原理，并在 OLTP workload 上测试评估各个变体的效果。参考文献 [280] 则对于 MVCC 技术的旧版本垃圾回收进行了详细讨论。

4.4.1 MVCC 技术解决了什么问题

MVCC 技术是并发访问控制的核心技术之一，在数据库中，用于防止**用户表数据被并发事务访问时出现数据不一致的问题**。MVCC 技术的核心有 3 个：一是多版本；二是快照；三是可见性判断算法。

1. 多版本

数据库在一个数据项上实施基于封锁的并发访问控制技术时，因为读操作会阻塞写操作，写操作会阻塞读操作，写操作也会阻塞写操作，所以数据库事务处理的性能会很差。MVCC 技术通过对用户的表数据，即元组进行“分身”处理，可把一个数据项按照其生存状态（出生中[一]、活着[二]、死去[三]、正在经历凤凰涅槃般的生死历程[四]等）和阶段生命期（某个版本的诞生和死亡时间段）进行区分。这对于一个数据项来说，就会在时间的长河中有多个阶段，每个阶段对应一个版本（包括当前版本和历史版本），每个当前版本可被事务执行写操作，每个历史版本在满足事务一致性的前提下可被任何事务执行读操作，而历史版本就是一个静态的存在。这就是 MVCC 技术的物理基础。

2. 快照

快照用以帮助事务获取满足一致性状态的数据。快照的形式有两种：

- **数据库当前状态（快照生成时）快照**。获取运行的数据库系统中当前状态下的所有并发事务（动态事务），然后将这些事务组成一个数据结构，即构成一个快照，PostgreSQL、InnoDB 都是这么实现的。当有大量并发事务存在时，此种算法的效率会急剧下降。
- **时间长河中的一个时间点上的快照**。结合这个时间点和数据项上的事务提交时间戳值，能知道哪些数据项是可见的。即使在有大量并发存在的情况下，通过该方式进行相关处理，系统的性能也不会急剧下降。

[一] INSERT 或 UPDATE 操作造成的一个过程状态。
[二] INSERT 或 UPDATE 操作造成的一个结果状态。
[三] UPDATE 或 DELETE 操作造成的一个结果状态。
[四] UPDATE 操作造成的一个过程状态，使得旧版本死去，新版本诞生。

3. 数据可见性判断算法

数据可见性判断算法依据快照来遍历多版本，以确定哪些数据在该事务的快照下是可见的。静态存在的版本，其状态和生命周期会被动态事务读或写，通过数据可见性判断算法，可使得多个动态的事务同时读写同一个数据项的不同版本，甚至是同一个版本。因而这种算法与封锁的并发访问控制技术相比有了更高的并发度。

因此，MVCC 技术在通过 SSI 技术确保不出现数据异常等正确性问题之外，还提高了事务并发度，也就是说 MVCC 技术可以确保正确性并获得较高的效率。

4.4.2　MVCC 技术的核心思想

MVCC 技术的核心思想如下：

- 当事务 T_i 执行一个读操作时，并发控制器对版本的获取依赖于事务 T_i 所能读取的数据的上下文。这个上下文（又称事务的快照，快照要和多版本相配合）是事务 T_i 在数据库系统里的当前并发执行的诸多事务状态的一份副本，通过其中的信息能够帮助判断获取到的元组对本事务是否是可读[⊖]。
- 多版本并发控制技术不是一个可独立使用的事务并发控制技术，其需要基于其他并发控制技术来使用。如基于时间戳来使用，此时称为多版本时间戳排序机制（multiversion timestamp-ordering scheme）；基于两阶段封锁协议来使用，此时称为多版本两阶段封锁协议（multiversion two-phase locking protocol）。下面我们分别讨论这两种并发控制技术。

1. 多版本时间戳排序机制

首先，数据库系统在事务开始前赋予事务一个时间戳，记为 TS(T_i)，这个时间戳决定了并发事务的调度顺序。

其次，对于每个数据项 X，多版本体现在：X 有一个版本序列 $<X_1,X_2,\cdots, X_n>$，其中，每个版本 X_i 包括 3 个字段，分别如下。

- X_i=value，value 是数据项 X 的第 i 个版本的值，每个版本是由一个写操作生成的。
- W-timestamp(X_i) 是创建 X_i 这个版本的**事务的时间戳**（不是当前时间戳值），即表明此数据项是被谁在什么时候创建的。
- R-timestamp(X_i) 是所有成功读取 X_i 这个版本的事务的时间戳。

再次，多版本时间戳排序机制通过如下规则可保证可串行性。事务 T_i 执行读操作或写操作，假设 X_m 是 X 满足如下条件的版本：其写时间戳是小于或等于 TS(T_i) 的最大写时间戳（确保了在所有版本中找到一个“最近版本”）。

- 如果事务 T_i 执行读操作 Read(X) 返回给事务 T_i 的值为 X_m，则**读永远不会被阻塞**。
- 如果**事务 T_i 执行写操作** Write(X)，则需要分 3 种情况讨论：

⊖ 这个称为元组可见性判断。PostgreSQL 和 MySQL 等实现了 MVCC 技术的数据库都需要判断元组的可见性。

- 如果同时满足 $TS(T_i)<R\text{-}timestamp(X_m)$，则中止事务 T_i，这表明即将执行的这个写操作之后的时间上已经发生过一个读操作，如果允许写操作成功，则可能发生不可重复读异常现象。这是**写读冲突，事务 T_i 被中止**。注意，发生此种情况是因为事务 T_i 的写操作本来在物理时间上早于对 X_m 这个版本的其他事务的读操作，但是，因为并发执行是无序的，导致调度器进行 $TS(T_i)<R\text{-}timestamp(X_m)$ 判断之前，$R\text{-}timestamp(X_m)$ 已经发生了。
- 如果同时满足 $TS(T_i)=W\text{-}timestamp(X_m)$，则系统更新事务 T_i 的 X_m 为新值，这表明**本事务多次写**过同一个数据项，新值覆盖旧值。
- 如果同时满足 $TS(T_i)>W\text{-}timestamp(X_m)$，则系统为事务 T_i 的数据项 X 创建一个新值，这说明后发生的事务才创建新的版本。这是一种**写写冲突**，会导致产生新的版本。

2. 多版本两阶段封锁协议

首先，每个数据项 X 的多版本体现在：X 有一个版本序列 $<X_1, X_2, \cdots, X_n>$，其中，每个版本 X_i 包括一个时间戳。在多数数据库中，这个时间戳对应的是唯一的一个名为事务号的事务标识。事务号通常是一个递增的数字。

其次，事务分为两种类型，一种是只读事务[⊖]，另外一种是更新事务。这意味着需要事先知道事务的读写请求，进而告知事务管理器，事务管理器才能区分事务的类型并根据类型进行优化（多数**多版本两阶段封锁协议**的事务管理器都采取了一定措施为只读事务做优化）。只读事务开始获得事务号，并读取与该事务号对应的数据项的版本，只读事务在整个生命周期内只使用这个版本的数据。更新事务的操作可以细分为如下几种。

- **更新事务中的读操作**，如果能获取该数据项的共享锁，则读取该数据项的最新版本的值。
- **更新事务中的写操作**，如果能获得该数据项的排它锁，则为该数据项创建一个版本。刚创建的时候新版本的时间戳值为无穷大，致使其他并发事务不能读取到此尚未提交的数据项的版本。事务提交，此版本上的时间戳值加 1，表示此后其他事务可以读写此版本的数据。如果不能获得排它锁，则表明有其他事务准备写或已经写了数据但没有结束，即锁没有被释放，本更新事务只能等待。

4.4.3 可串行化的快照隔离

可串行化的快照隔离技术，即 SSI 技术，是基于 MVCC 技术中的多版本和快照隔离的思想实现的。引入 SSI 技术是为了解决快照隔离的写偏序异常问题。

因为 SSI 技术是基于 SI 技术实现的，所以其整体流程与 SI 技术相同，只是增加了一些

⊖ 有的数据库系统号称支持“只读事务”，就是因为使用了多版本两阶段封锁协议。如 PostgreSQL 的事务并发控制技术采取的就是多版本两阶段封锁协议，然后对只读事务做了优化。

book-keeping（记录簿），目的是记录事务的一些信息以便动态检测是否有写偏序现象发生[⊖]（工程实现中可能有写偏序发生，但不是一定有写偏序发生，所以存在误判的可能，这么做是为了提高检测的效率），如果有，则回滚引发写偏序异常的事务。

SSI 技术的主要内容见参考文献 [114]。参考文献 [21] 的 2.2.5 节对 SSI 技术也进行了详细讨论。下面我们对 SSI 技术的基本内容进行详细介绍。

1. 理论基础

检测写偏序的理论基础如下。

- **读写依赖（rw-dependency）**：参考文献 [196] 定义了读写依赖。读写依赖表明，不可串行化事务中必然存在一个环且该环内有两个读写冲突构成的边存在于多版本可串行化图（MultiVersion Serialization Graph，MVSG）中。
- **读写依赖的扩展**：参考文献 [154] 定义了读写依赖的扩展形式（定义了 5 种依赖关系）。这个定义表明，前述的两条边相邻且每条边的两个端点代表处于不同活动状态下的事务。

上述两个参考文献介绍了并发事务之间的读写操作是怎么造成事务“冲突行为”的，这些冲突行为之间的逻辑关系是什么样子的。利用上述两个参考文献，可以构造出并发事务，如果并发事务之间形成一个环，那么表明事务之间相互依赖导致形成写偏序异常。所以解决写偏序异常的方式就是打破环，即因某个事物加入初次形成环时回滚该事务，从而破解写偏序异常现象，客观上实现事务调度串行化。

注意，参考文献 [226] 在重新定义隔离级别和数据异常之余，也对前述的 3 种依赖关系进行了定义。

2. 3 种依赖关系

前面概略地讲述了解决写偏序的理论基础，其中提到了读写依赖，除了读写依赖之外还有其他两种依赖关系。这几种依赖关系的定义（见参考文献 [226]）如下。

- **写读依赖（wr-dependency）**：事务 T_1 写数据项 X 的一个版本，事务 T_2 读**这个版本**，这意味着 T_1 **先于** T_2 执行，所以可以把 T_1 作为起点，将 T_2 作为终点，画一条从 T_1 到 T_2 的边，即**同一个版本**的**写操作到读操作的边**。
- **写写依赖（ww-dependency）**：事务 T_1 写数据项 X 的一个版本，事务 T_2 使用一个新版本替换这个版本，这意味着 T_1 需要先于 T_2 执行完毕（T_1 提交完成），所以可以把 T_1 作为起点，将 T_2 作为终点，画一条从 T_1 到 T_2 的边，**即同一个对象的写操作到写操作的边**。
- **读写依赖（又称 anti-dependency 或 rw-conflicts）**：事务 T_1 写数据项 X 的一个版本，事务 T_2 读这个对象**之前的版本**，这意味着 T_1 **后于** T_2 执行，所以可以把事务 T_1 作为

⊖ 可以思考这样一个问题：如果除了写偏序外，还有新的数据异常没有被发现且可重复读隔离级别也不能避免，那么，该做法还能实现可串行化吗？

起点，将 T_2 作为终点，画一条从 T_1 到 T_2 的边（虚线绘制，实际上应当是反向倚赖即写倚赖于读），**即同一个对象的写操作到读操作的边**。

表 4-2 给出过 3 种依赖关系。根据上面介绍的几种依赖关系，可以画出并发事务间的一个依赖图，如果存在环，则表明互为依赖（语义上表明写偏序异常发生），所以解决问题的方式就是打破环。

表 4-2　3 种依赖关系

冲突名	描述（T_j 在 T_i 上冲突）	在 DSG 中的符合
直接的写写依赖	T_i 安装 x_i，T_j 安装 x 的下一个版本	$T_i \xrightarrow{ww} T_j$
直接的写读依赖	T_i 安装 x_i，T_j 读 x_i 或者执行一个谓词读，x_i 改变了 T_j 的读的匹配内容，而且 x_i 是同一个或者 T_j 所读的一个更早的版本	$T_i \xrightarrow{wr} T_j$
直接的读写依赖	T_i 读 x_h，T_j 安装 x 的下一个版本，或者 T_i 执行一个基于谓词的读且 T_j 覆盖了这个被读到的对象	$T_i \xrightarrow{rw} T_j$

从理论上看，写偏序的问题被抽象为在并发事务之间绘制依赖图，如果存在环则意味着写偏序发生，所以解决写偏序问题采用的方式是打破环。但是，工程实践中的解决方式却不完全是这样，参考文献 [114] 提出的算法是在即将形成环之时，通过回滚某个事务破坏形成环的条件，从而避免环的形成，如图 4-8 和图 4-9 所示。也就是当发现有两个相邻的读写依赖时回滚当前事务，这样在环形成前即破坏了环形成的条件，从而使 SSI 技术具有避免写偏序异常的功能。

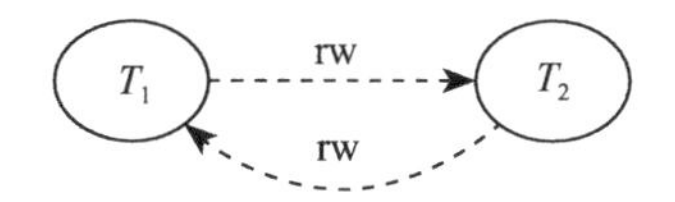

图 4-8　两个事务引发的异常现象优先图

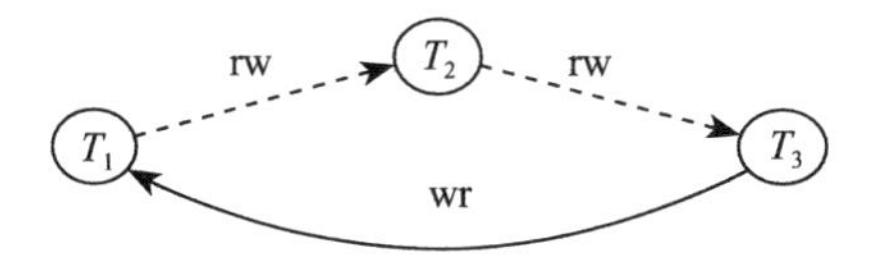

图 4-9　3 个事务引发的异常现象优先图

3. 算法实现

每个事务对象上都有两个 boolean 型的变量——T.inConflict 和 T.outConflict。其中，若只有 T.inConflict 的值为 true，则表示有一个读写依赖从别的并发事务指向自己；若只有 T.outConflict 的值为 true，则表示有一个读写依赖从自己指向别的并发事务；若是 T.inConflict 和 T.outConflict 的值都为 true，则意味着有相邻的两个读写依赖，这可能就是一个不可串行化的快照隔离。

可串行化的快照隔离引入一个新的锁模式——SIREAD 锁。

SIREAD 锁表示**一个 SI 事务（使用快照隔离技术的事务）在数据项上读取了一个版本**。

SIREAD 锁不会阻塞任何锁（与任何锁都相容），所以 SIREAD 锁看起来更像是一个标志而不是锁。SIREAD 锁是施加在数据项对象上的，而不是施加在某个版本上的。

如果一个数据项的某个版本上存在 SIREAD 锁和 WRITE 锁，则表示存在读写依赖关系，因此持有这些锁的某个事务可以设置其 inConflict 和 outConflict 值。

SSI 技术主要体现在事务开始、读操作、写操作、事务提交这 4 种操作中。这 4 种操作的具体实现如下。

1）在事务 *T* 开始时：

```
modified begin(T):
existing SI code for begin(T)  //设置事务T的inConflict和outConflict的初始值为false
set T.inConflict = T.outConflict = false
```

2）当事务 *T* 发生读操作时：

```
modified read(T, x):
get lock(key=x, owner=T, mode=SIREAD) //在数据项x上施加SIREAD锁，并设定属主为当前
    事务
if there is a WRITE lock(wl) on x //检查数据项x，当有写锁存在时，则事务T有读写依赖指向写
    锁的属主事务：所以设置其inConflict值为true，设置事务T的outConflict值为true
    set wl.owner.inConflict = true
    set T.outConflict = true

existing SI code for read(T, x) //SI的算法实现，即SSI依旧要使用SI算法

for each version (xNew) of x  //检查数据项x上的每一个新版本xNew⊖
that is newer than what T read:
    if xNew.creator is committed  //如果xNew的创建者已经提交
        and xNew.creator.outConflict: //且其outConflict值为true
            abort(T)  //意味着有两个相邻的读写依赖存在，所以需要回滚本事务T
            return UNSAFE_ERROR
    //否则，这是一个读写依赖关系，此关系是事务T指向数据项x的新版本的创建者事务的
    set xNew.creator.inConflict = true //可以正常地为xNew的创建者事务设置inConflict
        值为true
    set T.outConflict = true //为本事务T的outConflict设置值为true
```

说明：读操作发生时，意味着有两个相邻的读写依赖存在，这表明事务 *T* 处于与其相邻的且存在读写依赖关系的事务的尾端，即存在这样的关系：另外的一个事务 ->xNew.creator->T。

3）当事务 *T* 发生写操作时：

```
modified write(T, x, xNew):
get lock(key=x, locker=T, mode=WRITE)  //在数据项x上施加WRITE锁，并设定属主为当前事务
if there is a SIREAD lock(rl) on x //检查数据项x，当有SIREAD锁存在时
    with rl.owner is running //且施加SIREAD锁的事务rl.owner还在运行（没有提交或回滚）
    or commit(rl.owner) > begin(T):  //或者rl.owner的提交时间晚于事务T的开始时间
```

⊖ 事务 *T* 不应该读到 *T* 开始时没有完成提交的事务，*T* 结束前已经提交的事务会生成新的 *T* 读不到的版本。

```
        if rl.owner is committed// 意味着有两个相邻的读写依赖存在
            and rl.owner.inConflict:
                abort(T)  // 所以需要回滚本事务 T
                return UNSAFE_ERROR
    // 否则，这是一个读写依赖关系，由创建 SIREAD 锁的事务指向本事务 T
    set rl.owner.outConflict = true
    set T.inConflict = true

existing SI code for write(T, x, xNew) //SI 算法实现，即 SSI 依旧要使用 SI 的算法
# 不能再次获取 WRITE 锁
```

说明：读操作发生时，意味着有两个相邻的读写依赖存在，这表明事务 *T* 处于与其相邻的存在读写依赖关系的事务的头端。即：T->rl.owner-> 另外的一个事务。

4）当事务 *T* 提交时：

```
modified commit(T):
if T.inConflict and T.outConflict: // 意味着事务 T 处于两个相邻的读写依赖的中间
    abort(T) // 存在两个相邻的读写依赖，所以要回滚
    return UNSAFE_ERROR
existing SI code for commit(T)//SI 算法实现，即 SSI 依旧要使用 SI 算法
# 释放由 T 持有的锁
# SIREAD 锁不释放
```

说明：SIREAD 锁不被释放，因为提交后的事务也会影响其他正在运行的事务，如图 4-9 所示情况，这里不再多述。

4.4.4 写快照隔离

Write-snapshot Isolation，即写快照隔离，简称 WSI 算法，WSI 算法是 MVCC 技术的一个变种，WSI 有两个优点：

- ❑ 能够实现可串行化隔离级别，真正保证数据的一致性。
- ❑ 相较于传统的 SI 技术，在检测读写冲突时并发度更高。

下面我们结合参考文献 [79] 讨论 WSI 算法的更多细节。

从实践的角度看，参考文献 [79] 发表于 2012 年，在传统的数据库系统诸如 Oracle、PostgreSQL、MySQL/InnoDB 中尚无应用，但是作者在分布式数据库 HBase 中做了实现，CockroachDB 开发者也在尝试将该参考文献中的思想应用到 CockroachDB 中。

如果应用场景是 PostgreSQL，则可用 WSI 算法替代 SSI 技术，因为 SSI 技术为了避免“写偏序数据异常”而额外增加了 SIRead 这样的逻辑上的谓词锁，以对读操作的历史情况进行检测。如果应用场景是 MySQL/InnoDB，则既可以避免“写偏序数据异常”又可以提高并发度。

参考文献 [79] 分析了两种已有的快照隔离实现方式——Lock-based（见参考文献 [228] 中描述的 Percolator）和 Lock-free（见参考文献 [143]）。Lock-based 本质上是 MVCC 技术

和封锁并发访问控制算法的结合，锁用于解决写写冲突。而图 4-10 所示的 Lock-free 也在着力解决写写冲突，其比较准备提交的事务 T 的开始时间戳和并发写事务中最近提交事务的提交时间，如果最近提交事务的提交时间大，则表明事务 T 操作数据后数据被某个已经完成提交的并发事务修改，所以存在写写冲突，需要回滚事务 T。注意，这两种实现方式都要基于如下两个前提条件：

条件一：Spatial overlap：both write into row r（空间重叠：都写入行 r）。

条件二：Temporal overlap：$T_s(\text{txn}_i) < T_c(\text{txn}_j)$ and $T_s(\text{txn}_j) < T_c(\text{txn}_i)$（时间重叠：$T_s(\text{txn}_i) < T_c(\text{txn}_j)$ and $T_s(\text{txn}_j) < T_c(\text{txn}_i)$）。

条件一针对的是写写冲突，条件二表明事务间是并发的（生命周期有重叠）。

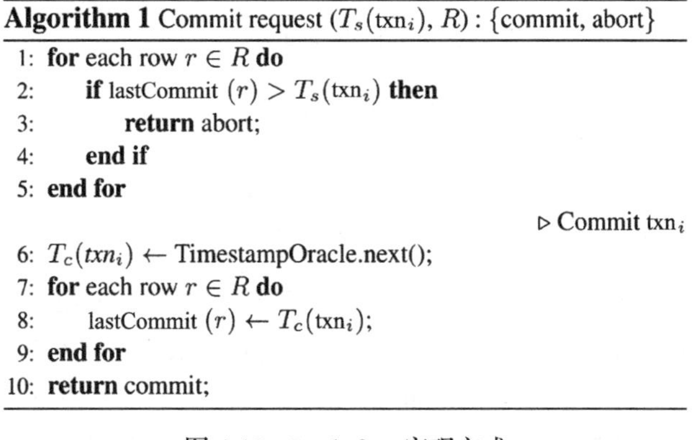
Algorithm 1 Commit request ($T_s(\text{txn}_i)$, R) : {commit, abort}

```
1: for each row r ∈ R do
2:     if lastCommit (r) > Ts(txn_i) then
3:         return abort;
4:     end if
5: end for
                                  ▷ Commit txn_i
6: Tc(txn_i) ← TimestampOracle.next();
7: for each row r ∈ R do
8:     lastCommit (r) ← Tc(txn_i);
9: end for
10: return commit;
```

图 4-10 Lock-free 实现方式

参考文献 [79] 进一步分析了一些并发案例，并指出如下的写写冲突是可串行化的，即不是所有的写写冲突都应该被回滚，如式 4-1 所示。H4 是一个存在写写冲突的并发过程，但其等价于 H5，而 H5 是可串行化的，所以 H4 是可以找到一个等价的可串行化调度的（对于 H5，在 c_1 和 $w_2[x]$ 之间的时间点是一个满足一致性的状态点）。

$$\begin{aligned} &\text{H4}.r_1[x]w_2[x]w_1[x]c_1c_2 \\ &\text{H5}.r_1[x]w_1[x]c_1w_2[x]c_2 \end{aligned} \tag{4-1}$$

基于前述的认识，参考文献 [79] 提出 WSI 算法，并给出可串行化的证明，证明过程见参考文献 [79]，本书不再详述。这是有关正确性的问题，也是最重要的问题。

接下来我们通过几个问题，来进一步探讨 WSI 算法。

问题 1 SI 和 WSI 算法的主要差异是什么？

对比图 4-10 和图 4-11 可知，SI 和 WSI 的差异主要体现在提交操作（Commit request）中，即对所做的读写操作进行判断和处理的方式不同。

SI 算法的判断和处理方式如下：

❑ ***R*** 表示已经提交的事务修改的数据对象的集合，所以图 4-10 所示的第 1 行到第 5 行的代码，会遍历所有被本事务修改的数据，如果有与数据对应的事务的提交时间在当前要提交的事务 T_s（txn_i）的时间之后，则说明本事务（T_s（txn_i））涉及的数据项被其他事务修改且已经提交，这就会引发冲突（写写冲突，且采取的是先提交者获胜的策略，lastCommit（r）是先提交者），所以本事务需要回滚。

Algorithm 2 Commit request ($T_s(\text{txn}_i)$, R_w, R_r) : {commit, abort}

```
1: for each row r ∈ R_r do
2:     if lastCommit (r) > T_s(txn_i) then
3:         return abort;
4:     end if
5: end for
                                        ▷ Commit txn_i
6: T_c(txn_i) ← TimestampOracle.next();
7: for each row r ∈ R_w do
8:     lastCommit(r) ← T_c(txn_i);
9: end for
10: return commit;
```

图 4-11　WSI 算法

- 如果冲突检测完毕，本事务没有被回滚，则图 4-10 所示的第 6 行表明需要为本事务获取一个提交时间点，这个时间点是一个关键值，表示事务可以“提交”了。
- 之后，用本事务提交的“提交时间点”去修正每一个被本事务修改过的数据项，以保证数据项的最新提交时间点被写事务记录（表明数据项被一个写事务修改过，之后这个数据项又被别的写事务用在图 4-10 所示的第 1 行到第 5 行代码实现的循环判断中，所以该算法对应的是写写冲突），之后用于其他事务提交时的判断。

从上面的分析可以看出，SI 算法检测的是写写冲突。

WSI 算法的判断和处理方式如下：

- 有两个数据集合，一个是 $\boldsymbol{R}_w$，表示被最新的一个已经提交的事务修改过的数据；一个是 $\boldsymbol{R}_r$，表示当前要提交的事务读过的数据。这和 SI 算法中的 $\boldsymbol{R}$ 是不同的。
- 在图 4-11 所示的第 1 行到第 5 行的循环中，遍历所有被本事务读取的数据，如果数据项上的提交时间戳发生在本事务之后，则回滚本事务，这表明本事务可能会读到“脏数据”进而引发脏读或不可重复读之类的冲突，因而要回滚本事务（这是读写冲突，且采取的是先提交者获胜的策略，lastCommit（r）是先提交者）。
- 如果冲突检测完毕，本事务没有被回滚，则图 4-11 所示的第 6 行需要为本事务获取一个提交时间点，这个时间点是一个关键值，表示事务可以“提交”了。这一点与 SI 算法一致。需要注意的是，每个数据项都存在这样一个提交时间点。
- 之后，用本事务提交的“提交时间点”去修正每一个被其本事务修改过的数据项，以保证数据项的最新提交时间点被记录。

从上面的分析可以看出，本算法检测的是读写冲突，检测被本事务读过的数据项是否被其他事务在本事务之后修改过。如果被修改了，则回滚本事务。该算法对于只读事务做了优化，即只读事务不构成和其他并发事务的冲突。因为只读事务在图 4-11 所示的 $\boldsymbol{R}_r$、$\boldsymbol{R}_w$ 中为空。

WSI 算法需要维护读写集，对于一个大事务而言，这是一个负担。

另外，WSI 算法的执行前提如式 4-2 所示。图 4-12 所示定义了 WSI 算法下什么样的事务是并发事务，这是一个前提条件。此前提条件和前边介绍的 **WSI 的两种实现方式的条件具有**相同的目的，但两者的具体定义不同。并发事务 T_i 和 T_j 的生命周期交叉有 3 种情况，分别是图 4-12 所示的 Case 1、Case 2、Case 3，图 4-10 限定了 Case 1 和 Case 2 两种情况，排除了 Case 3；而图 4-11 包括 Case 1、Case 2、Case 3 这 3 种情况。

WSI 算法是基于 OCC 框架实现的具备 MVCC 算法特质的 MVCC 改进算法。

$$T_s(\text{txn}_i) < T_c(\text{txn}_j) < T_c(\text{txn}_i) \tag{4-2}$$

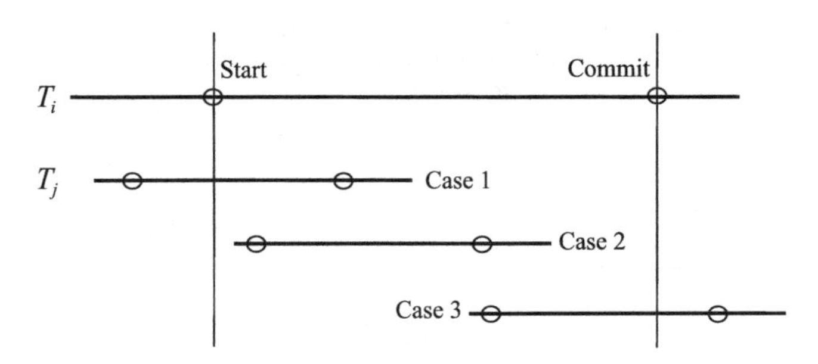

图 4-12 并发事务关系图

问题 2 WSI 是怎么提高并发度的？

先来看一个例子：

$$\text{H4. } r_1[x]\ w_2[x]\ w_1[x]\ c_1\ c_2$$

对于一个如 H4 这样的并发操作，两个事务都要写同一个数据项 x（存在 lost update 的情况，即丢失更新异常），对于 SI 算法，因为存在写写冲突，这样的操作是被禁止的。

在 WSI 算法中，H4 的一个等价调度为：

$$\text{H5. } r_1[x]\ w_1[x]\ c_1\ w_2[x]\ c_2$$

这样的调度方式能够避免丢失更新异常，所以对于 SI 禁止的一些并发情况，在 WSI 算法中是允许执行的。这就是 WSI 并发度能够提高的原因。

为什么 H5 调度方式能被采用？是因为如下的调度转换定义：

- ❑ 对写事务使用与历史 h 相同的提交顺序；
- ❑ 维护每个事务内部的操作顺序；
- ❑ 将只读事务的所有操作移至其开始后的右侧；

❑ 将写事务的所有操作移到提交之前。

其中，第四条保障了从 H4 到 H5 的转换。由此引出一些定理和推论，证明了 WSI 满足可串行化。

4.4.5 MVCC 技术实现示例

本节以 PostgreSQL 为例，讨论 MVCC 技术在 PostgreSQL 中的落地（见参考文献 [68]）。注意本节的讨论限制在“序列化”范围内。

1. 理论基础

首先需要明确一点，PostgreSQL 实现 SSI 算法同样是基于 4.4.3 节介绍的理论。参考文献 [68] 在 4.4.3 节所讲理论的基础上，给出一个定理和一个推论，原文如图 4-13 和图 4-14 所示。

Theorem 1 (Fekete et al. [10]). *Every cycle in the serialization history graph contains a sequence of edges $T_1 \xrightarrow{rw} T_2 \xrightarrow{rw} T_3$ where each edge is a rw-antidependency. Furthermore, T_3 must be the first transaction in the cycle to commit.*

图 4-13 SSI 技术的定理图

Corollary 2. *Transaction T_1 is concurrent with T_2, and T_2 is concurrent with T_3, because rw-antidependencies occur only between concurrent transactions.*

图 4-14 SSI 技术的推论图

上面两图中所示的定理和推论翻译如下。

定理 1 序列化的历史图中的每一个循环都包含一个 $T_1 \xrightarrow{rw} T_2 \xrightarrow{rw} T_3$ 序列，其中每条边都是由读写反依赖构成的，而且 T_3 必须是循环中第一个提交的事务。

定理 2[⊖] 事务 T_1 与 T_2 同时发生，T_2 与 T_3 同时发生，因为读写依赖只发生在当前事务之间。

图 4-13 所示的定理说明，在一个写偏序发生的有向图环中，必然存在 3 个事务 T_1、T_2、T_3，这 3 个事务之间的两条边均是读写依赖构成的，并且处于最右端被事务 T_2 所指向的事务 T_3 一定是环中第一个提交的事务。这样的情况发生，写偏序异常就会出现，这就意味着违反了串行化。所以回滚 3 个事务中的一个，能确保不发生写偏序异常，即确保串行化。这一点和 4.4.3 节所述是一致的。

而读写依赖发生在并发的事务之间，即写偏序一定发生在并发事务之间。所以在本节所讲述的算法中，对于读、写操作，判断的都是正在执行的事务（如判断条件是事务正在运行且存在已提交的事务，则回滚当前正在运行的事务），而这些正在执行的事务之间要想形

⊖ 为了便于理解和处理，图 4-14 中所示的推论 2 在本书中按照定理处理。

成"依赖"关系，则被依赖的一定先提交才能形成正确的结果（即写先进行相关事务才能被读操作读到，只有这样才能形成读对写的依赖）。相对于 T_1 而言，T_2 是写操作，所以 T_2 应该先提交；相对于 T_2 而言，T_3 是写操作，所以 T_3 应该先提交。所以 3 个事务中最右端的 T_3 应该是第一个提交的。

对于图 4-14 所示的推论，发生读写依赖的事务一定是并发的事务。

另外，SSI 算法就是基于上述理论，在并发的、尚在运行的事务之间做检测，若检测到包括式 4-3 所示的情况，则回滚其中的一个事务[⊖]，这样就能阻止环形成。

$$T_1 \xrightarrow{rw} T_2 \xrightarrow{rw} T_3 \tag{4-3}$$

从并发的角度看，MVCC 技术相对 S2PL 而言可有更大的并发度，所以 MVCC 技术被称为数据库引擎在事务管理方面的主流技术。而 MVCC 技术和 S2PL 技术结合，演变出诸如 MySQL 的事务处理实现方式，这实则是做了一个折中。但是 SSI 算法却是一种允许更大并发度的技术。

2. 只读事务

PostgreSQL 支持只读事务，在一个事务开始的时候，通过 BEGIN TRANSACTION READ ONLY 命令告知事务管理器，这是一个只读事务，不需要修改数据。

对于写偏序，图 4-15 所示（见参考文献 [68] 中给出的定理 3）的情况发生时，就有一个事务是只读事务。在参考文献 [68] 中，对此种情况做了讨论，并对 SSI 技术做了进一步的优化。

Theorem 3. *Every serialization anomaly contains a dangerous structure $T_1 \xrightarrow{rw} T_2 \xrightarrow{rw} T_3$, where if T_1 is read-only, T_3 must have committed before T_1 took its snapshot.*

图 4-15　只读事务定理

图 4-15 所示定理翻译如下。

定理 3　每个序列化异常都包含一个危险的结构 $T_1 \xrightarrow{rw} T_2 \xrightarrow{rw} T_3$，如果 T_1 是只读的，那么 T_3 必须在 T_1 获取其快照之前提交了。

这个定理表明，对于存在读写依赖的 3 个事务 $T_1 \xrightarrow{rw} T_2 \xrightarrow{rw} T_3$，如果事务 T_1 是只读的事务，那么事务 T_3 一定是在事务 T_1 获取快照之前就已经提交了。

为什么这么说呢？根据定理 1 可知，如果发生写偏序，那么事务 T_3 一定是在事务 T_1 之前就已经提交。所以这里只讨论事务 T_1 是只读事务的情况。写偏序发生意味着有环存在，假设事务 T_1 之前的事务 T_0，那么事务 T_0 指向事务 T_1 的边（$T_0 -> T_1$）不可能是写读依赖和写写依赖，这是因为事务 T_1 是只读的，不会有写操作。因此事务 T_0 指向事务 T_1 的边只能是写读依赖，这意味着事务 T_0 的写操作对于事务 T_1 是可见的（注意，现在讨论的是写偏

⊖ 挑选 T_1、T_2、T_3 中的哪个事务进行回滚，是一个需要仔细考虑的问题，后续章节会对此具体介绍。

序发生后的情况），因此 T_0 一定是在 T_1 之前的已经提交的事务。根据之前的推论可知，事务 T_3 应该是环中第一个提交的事务，因此 T_3 应该在 T_0 之前提交，所以 T_3 在 T_1 之前已经提交。一种特殊的情况是，事务 T_3 就是事务 T_0。

这个定理有什么意义呢？对于 SSI 算法来说，对写偏序问题的判断有价值。SSI 算法不检测环的存在，而是检测是否存在图 4-15 所示的情况，如果是，则挑选其中的一个事务进行回滚，以消除构成环的可能性。通过定理 2 可以对这个判断进行核实，看是否“误判”。

3. 安全快照

如图 4-15 所示，如果处于中间的事务 T_2 不会因存在读写依赖被 T_1 指向，或者不会因存在读写依赖指向 T_3，即 T_2 不存在，则环也不可能构成。这样即使 T_1 是只读事务，也不需要检测其是否会构成 SSI 算法中的环，即不需要使用 SSI 算法中的检测技术。基于此点，有人提出了安全快照（safe snapshot）的概念并在 PostgreSQL 中加以实现。安全快照的定义原文如下：

```
A read-only transaction T has a safe snapshot if no concurrent read/write
    transaction has committed with a rw-antidependency out to a transaction
    that committed before T’s snapshot, or has the possibility to do so.
```

上述定义的含义为：若某个与事务 T 具有读写反依赖的并已经提交的事务发生在事务 T 的快照之前，或者有可能这样做，则认为只读事务 T 具有安全快照。

上述定义表明，在并发的事务中，如果不存在 T_2，则只读事务 T_1 就会有一个安全快照。所以不能构成环，事务 T_1 就不会被回滚，所以也不需要在只读的事务 T_1 上施加之前提到的 SIREAD 锁，这样就能精准地避免表 1-1 中描述的写偏序。

但是，实践中却没有办法提前判断一个只读事务是否拥有安全快照，只有随着并发事务的执行，才能根据事务的执行情况择机判断。PostgreSQL 提供了一个并发事务列表，一个只读事务正常加 SIREAD 锁并维护 SSI 算法所需要的状态，直到一些事务完成提交，即在一些并发事务完成提交后，这时才能通过宏 SxactIsROSafe 判断事务 T_1 的快照是否是安全的（判断的关键是不存在事务 T_2，这样就符合安全快照的定义了），这样就可以提前把事务 T_1 上的 SIREAD 锁去掉，并且让事务 T_1 在可重复读隔离级别下运行（使用 SI 算法），避免后续对事务 T_1 使用 SSI 算法做检测。这样能够提高只读事务 T_1 后半段的执行效率。一个特例是，当并发的事务中不存在写事务时，一个只读事务的快照可以被立刻认定是安全的。

4. 可延迟事务

只读事务可以获得安全快照的一个特殊类型，这个类型的事务称为 Deferrable Transactions（可延迟事务），其含义是某个只读事务发起执行后，事务管理器暂不“立刻”执行，而是推迟一会，直到发现没有并发的写事务存在，这时这个只读事务就可以获取一个安全快照，然后开始执行。这样的事务通过“ BEGIN TRANSACTION READ ONLY , DEFERRABLE”这样的 SQL 语句告知事务管理器一个只读事务可推迟执行。

之所以延迟只读事务执行，是因为想让其获得一个安全快照，安全快照对于一个只读事务很有意义：

- 对于一个长事务，如果想使用 pg_dump 逻辑导出大量的数据，那么就需要一个安全快照，这样就不会对系统的写操作造成大的性能影响了。
- 再如事务型系统，有时候也需要周期性地执行一些大规模的查询，这时也需要一个安全快照以减少对系统事务型操作的影响。

延迟只读事务使其在能够获得安全快照时再开始执行的原因如下：

- 如果不能获得安全快照，则需要进行 SSI 算法检测，这就会要求在只读事务上施加 SIREAD 锁，这可能会导致大量的 SIREAD 锁被施加进而消耗大量内存，而且一旦施加还不能被及时释放。而获得安全快照可以避免施加 SIREAD 锁。
- 非安全快照的只读事务更容易造成写偏序异常，因而需要参与到 SSI 算法的检测中进而耗费更多 CPU 资源。
- 获得安全快照的事务不会面临被回滚的风险。

5. 锁管理器

SSI 算法主要是能够发现读写冲突（即前述的读写依赖），所以需要对读操作进行检测和判断。

但是，在任何隔离级别下，PostgreSQL 都没有实现过读锁，这样就不能获取新的 SIREAD 模式的读锁（参见 4.4.3 节），所以也不可能标记出读写依赖。另外，PostgreSQL 的元组级写锁存储在元组头中，而不是内存表中，这会导致不会有简单的可实现读写冲突检测的方法（每次判读是否存在读写冲突都遍历所有元组是不现实的事情）。

PostgreSQL 的 SSI 锁管理器仅存储 SIREAD 锁，不支持任何其他锁定模式，所以不会产生阻塞（读锁不阻塞任何操作）。而 SIREAD 锁的施加，发生在读操作进行时：

- 如果是表扫描，则需要在读取元组的时候为每个元组施加 SIREAD 锁。
- 如果是索引扫描，则需要在索引页面上施加 SIREAD 锁。这样做的目的是节约内存空间。

上述两种方式，和 MySQL 的 InnoDB 有很大不同，因为 InnoDB 没有在页面级别上施加锁，而是在索引的记录级别上施加锁（索引记录上加间隙锁），这样锁的粒度小但是锁表会很大。

PostgreSQL 的 SSI 锁管理器的主要作用有两个：一是在关系（relation，表或视图对象）、页面（page）或元组（tuple）上获取 SIREAD 锁；二是在写入元组时检查 SIREAD 锁以判断是否存在冲突的读写依赖。检查是否存在 SIREAD 锁的过程，是一个锁的粒度从粗到细的过程，即先检查 relation，之后是 page，最后才是 tuple，这也是 PostgreSQL 升级锁的过程[⊖]。

另外，事务提交后，其产生的 SIREAD 锁需要保留，因此 SIREAD 锁表可能会很大（因此 PostgreSQL 采取了很多节约内存的措施）。

SIREAD 锁不存在冲突，所以不需要进行死锁检测。

6. 冲突检测与解决

PostgreSQL 的 SSI 算法的冲突检测的实现，依赖两部分内容：一是已有的 MVCC 技术的多版本数据，二是新的锁管理器。具体使用哪一个部分进行检测判断，取决于写和读操作按时间发生的顺序。

- 如果先写：写操作发生时，可以根据 MVCC 技术的多版本数据推断出写冲突（写冲突导致有新版本产生），而不必使用任何锁。
- 如果先读：读操作发生时，每当事务读取元组时，需要进行可见性判断（见参考文献 [21] 的 9.2.1 节），通过检查元组的 x_{min} 和 x_{max}，能够确定元组是否在事务的快照中可见。
- 如果元组不可见，则会存在读写冲突。这是因为创建该元组的事务在读取操作发生前已经生成了快照，在此快照下元组不可见，表明此元组还没有提交，这就是读写冲突（生成快照的读在前，生成不可见版本元组的写在后）。
- 如果元组已被删除，则会存在读写冲突。元组已被删除即元组有一个 x_{max} 值，但是此元组仍然可以被读到，这就是读写冲突（生成快照的读在前，删除可见版本的写在后）。
- 如果先发生读，则还需要处理在写入之前发生读取的情况。这个时候，不能只使用 MVCC 数据，还需要使用 SIREAD 锁跟踪读取的依赖关系。

由前述内容我们得知，一个读写冲突是不足以为 SI 算法带来写偏序异常的。只有满足图 4-15 所示的情况，才可能会发生写偏序，才需要通过 SSI 算法来解决写偏序异常。而 PostgreSQL 为每个事务保留所有读写依赖列表，但不保留写写和写读依赖关系，这个事务列表是按事务提交的顺序进行排序的。所以 PostgreSQL 的 SSI 算法，就是使用事务列表检测出两个读写依赖（如连续相邻），然后回滚其中一个事务以消除发生写偏序的隐患。

但是，回滚操作存在着一些值得讨论的话题。第一个就是 Safe Retry（安全重试），其含义为：如果事务被中止且立即重试同一事务，则不会导致它再次失败，也不会导致相同的串行化失败。Safe Retry 原则表明，满足写偏序异常的两种事务操作（见 4.4.4 节介绍的两个条件和式 4-1）。其中某个事务可以被回滚且不用担心会给系统带来负面影响。Safe Retry

---

⊖ PostgreSQL 提供锁升级的另外一个原因是在 DDL 操作发生的情况下，如 CLUSTER 和 ALTER TABLE 执行时，可能会造成物理元组的位置发生变化，此时这些元组上的 SIREAD 锁将不再合法，于是 PostgreSQL 把锁升级到 relation 级别可保证逻辑的正确性。索引上也存在类似的问题。但是，MySQL 却不会发生这样的事情，因为 MySQL 采用的是 S2PL 机制，读锁会抑制 DDL 操作发生。

原则要求某个事务被回滚后再执行，不会再次造成同样的写偏序异常。但是，这不表明发生写偏序异常的3个事务任何一个都可以被回滚（见图4-15），其中已经提交的事务是不可以回滚的，只能从没有提交的事务中选择一个进行回滚，通常的倾向是选择三个事务中的第二个事务回滚（如图4-15中所示的事务 T_2），但不尽然。总体而言，回滚的情况如下（见图4-15）。

- 第一种情况：不回滚 T_1 或 T_2 事务，直到 T_3 事务提交。
- 第二种情况：回滚 T_2 事务（因为第一种情况，T_3 事务已经提交）。这么做是因为 T_3 已经提交，重新执行 T_2 事务不会和 T_3 事务再并发执行，所以重新执行 T_2 事务则不会再次发生同样的读写冲突。如果回滚 T_1 事务，则 T_1 事务再次执行时，如果 T_2 事务依然在执行，则可能还会发生图4-15所示的情况。
- 第三种情况：如果 T_2、T_3 事务都已经提交，则只有 T_1 事务可被回滚。这是符合Safe Retry原则的，因为 T_1 事务再次执行后不可能与已经提交的 T_2、T_3 事务处于并发状态。

另外，对于第二种情况，有一种特殊情况，如XA支持的2PC阶段，如果事务 T_2 已经处于PREPARED状态，则 T_2 事务是必须提交的，这时只能选择回滚 T_1 事务，尽管这可能不符合Safe Retry原则。

7. 内存相关问题

PostgreSQL V9.1为SSI算法实现了新的事务管理器，此管理器需要记录读数据项的情况。但是一个事务提交后，这样的信息还需要用于其他事务做读写依赖的判断，即事务读记录信息不能随着事务的结束而丢弃，如前面介绍的第二种情况，T_1 事务是只读的，但其提交后还需要保留其“历史上曾经读过数据项 X”的信息，用以为 T_2 事务判断是否存在读写依赖提供依据。此种情况下，假如 T_2 事务是一个长事务，则之前大量的类似 T_1 事务所持有过的SIREAD锁的信息就被迫保存在事务管理器中，这会耗费大量的内存资源。一旦内存被耗费干净，则整个数据库引擎将难以正常工作。

为解决这个问题，PostgreSQL提供了4种特性，具体如下。

- **安全快照和可延迟事务**：可以减少长时间运行的只读事务的影响。
- **粒度提升**：多个细粒度锁可以组合成一个粗粒度锁，这样可以减少占用的空间。
- **积极清理提交的事务**：提交后不再需要的事务应立即删除。
- **事务汇总**：如有必要，可以将多个提交事务的状态合并为更紧凑的表示形式，但是这样会提高误回滚率。

其中前两种特性前边已经介绍过，所以下面我们重点介绍后面的两种。

若一个事务持有SIREAD锁的信息，当与其并发的事务都提交了，则持有SIREAD锁的信息可以被释放（读写依赖只能发生在并发事务之间）。因此，当最老的活动事务提交时，可以清理SIREAD锁的信息。这就是“积极清理提交的事务”。所以事务提交时，存在SIREAD锁清理的操作，这样的操作由ClearOldPredicateLocks()函数完成。但是，事务提交的标志不仅是事务提交的函数，还有诸如 SxactGlobalXminCount 这样的变量，当其值为零时，表示可以清理 SIREAD 锁。比如，GetSafeSnapshot() 函数会等待并发事务完成，这样的只读事务将是安全的事务，所以可以清理 SIREAD 锁。

SSI 算法下的锁表容量有限（节约内存），若已经提交的事务有很多却不能被释放时，锁表有可能会被用光。为了允许接入更多的新事务，PostgreSQL 提供了一种事务汇总技术，即把已经提交但不能被释放的事务信息汇总在一个 dummy 事务上，然后释放那些事务，这样就能省出锁表空间而接纳新的事务。这样的技术被称为事务汇总。

那么，什么样情况下事务可以被汇总呢？

第一种情况：对于一个活动的事务，当其要修改一个元组时，需要检查这个元组上是否曾经有已经提交了的事务发生过读操作。如果是，则可能按图 4-16 所示带来存在连续两个读写依赖的危险，为了检测是否存在这样的危险，已经提交的事务上需要保留 SIREAD 锁信息，但是这个已经提交了但保留 SIREAD 锁信息的事务对于当前活动的事务而言，不需要知道已经提交的这个事务是谁，只需要知道有一个持有 SIREAD 锁的事务曾经在本事务要修改的元组上。因此，可以把已经提交的事务上的 SIREAD 锁等信息汇总到一个 dummy 事务上，然后释放这个已经提交的事务。

第二种情况：对于一个活动的事务，当其要读取一个元组时，需要检查这个元组上是否存在并发事务的写操作。如果是，则可能存在图 4-17 和图 4-18 所示的两种子情况，这两种子情况可能带来存在连续两个读写依赖的危险。因为这时要判断本读事务和其他写事务的关系，所以可以从元组头中找出与写操作对应的事务信息，即进行元组可见性判断。另外，还需要检查写事务是否是可串行化隔离级别的。更进一步，对于图 4-18 所示的情况，需要确保第三个事务是已经提交的事务，这时因为存在事务汇总的情况，作为已经提交了的事务，T_3 被汇总到一个 dummy 事务上并从事务链上被去除，所以不能再根据事务链进行事务相邻且存在读写依赖的判断了，而是根据一个从“汇总事务 ID”到标识读写依赖关系出边（conflict out）的最老事务的提交顺序号的映射表进行判断（代码中注意对 SlruCtlData 结构体、OldSerXidAdd()、OldSerXidGetMinConflictCommitSeqNo() 等函数的使用，本书不再多述）。

事务的汇总，通过 SummarizeOldestCommittedSxact() 函数调用 ReleaseOneSerializableXact() 函数完成。

$$T_{committed} \xrightarrow{rw} T_{active} \xrightarrow{rw} T_3$$

图 4-16 读写依赖之一

$$T_1 \xrightarrow{rw} T_{active} \xrightarrow{rw} T_{committed}$$

图 4-17 读写依赖之二

$$T_{active} \xrightarrow{rw} T_{committed} \xrightarrow{rw} T_3$$

图 4-18 读写依赖之三

本节以参考文献 [68] 为依据，分析了 PostgreSQL 可串行化隔离级别的实现技术。而 4.4.3 节以参考文献 [114] 和参考文献 [226] 为依据，讲解了 SSI 算法实现的基本原理。请注意，在理解 PostgreSQL 的 SSI 算法时，既要注意参考文献 [114] 和参考文献 [68] 的相同之处，又要注意不要把两者混在一起理解。两者基于的**原理是一样的，但实现方式不同**。

4.4.6 MVCC 技术扩展

参考文献 [152] 基于 OCC 算法和 MVCC 技术实现了一个分布式的事务处理机制，还提供了一个基于非中心化的时间戳获取机制，只读事务的快照在事务开始时从协调器本地节点获取。在读取数据项的时候，先从本地写集获取数据；否则根据事务状态（正提交的事务修改了数据，此时需要等待该事务提交后再进行读取操作，读操作延迟了；已经处于 2PC 的 PREPARED 状态的事务修改了数据，此时需要等待该事务提交后再进行读取操作，读操作也延迟了；否则读取在一个本事务快照点之前已经完成提交的版本）确定读取操作。如果事务快照点的时间戳值比分布式事务涉及的多个子节点之间的时间戳值大，则本事务将一直等待，直到事务的快照点时间戳值比分布式事务涉及的多个子节点之间的时间戳值小，这样在事务开始处的子节点获得的时间就是分布式事务的一致性快照点。对于事务提交操作，按照 2PC 的流程执行，只要事务的提交时间戳值取自各个分布式事务涉及的多个子节点之间提交时间戳值的最大者，就可确保分布式事务之间是有序的（偏序有序）。

参考文献 [152] 没有特别介绍事务提交时在协调器节点上是否进行全局的数据异常判断（参考文献 [150]），在给出的提交算法伪码中只在子节点上进行了局部事务冲突验证，这表明分布式事务是非串行化调度，没有实现串行化隔离级别。

另外，参考文献 [152] 根据参考文献 [234，235，236] 给出一个“Clock-SI”算法中各因素对性能影响的评估模型，感兴趣的读者可以自行查阅。

参考文献 [153] 基于 MVCC 技术，在单机内存数据库中通过解决读写冲突实现 SSI 算法。其特点是用 Precision Locking（见参考文献 [253]）替代维护读集，验证阶段减少对读集的遍历以提高实现效率。参考文献 [153] 构造了一个谓词树（Predicate Tree，PT），该树基于列对象进行谓词的组合构造，这意味着判断冲突时是在列的粒度上进行的而不是以行的粒度进行的（事务冲突的最小单位是行还是列，影响着冲突识别的精度，详细信息参见 4.4.3 节，基于列的冲突识别精度较高，错误识别率低，因而回滚率低，事务吞吐量高）。

参考文献 [102] 提供了一种名为 Serializable Generalized Snapshot Isolation（可串行化通用快照隔离，简称 SGSI）的算法，这种算法用于分布式复制数据库下，基于单个节点实现快照隔离，通过中间件实现单复制可串行化（one-copy serializability）的复制数据库系统（一种满足可串行化的分布式数据库系统）。该数据库系统是基于参考文献 [234] 提出的 Generalized Snapshot Isolation(简称 GSI) 实现的。

而参考文献 [234] 为实现可串行化，定义了一个条件（Dynamic Serializability Rule，动态可串行化规则）：假设存在并发事务 T_i 和 T_j，如果 T_j 在 T_i 的生命周期中提交成功（snapshot（T_i）< commit（T_j）< commit（T_i）），那么当 T_j 的写集和 T_i 的读集的交集为空时（readset（T_i）∩ writeset（T_j）= ∅），即本事务没有读取过并发已提交事务写过的数据项时，可确保串行化（另外还有一个 Static Serializability Condition，即静态可串行化条件，可根据参考文献 [234] 自行学习）。此条件和参考文献 [153] 中介绍的相关内容，以及 BOCC 算法在冲突验证方面的内容相同（参见 4.3.2 节），从而确保当前验证事务和其他并发但已经提

交的事务不存在读写冲突（见参考文献[154]定义的anti-dependency edge，即读写冲突）。

另外，对于分布式数据库，当事务可能需要观察同一应用程序中之前事务的结果时，参考文献[234]为此定义了前缀一致快照隔离（Prefix-consistent Snapshot Isolation，PCSI），并给出一个中心化的算法和一个分布式的算法，同时给出一个事务回滚率的计算公式。

参考文献[154]定义了Dependency Serialization Graph of a history H，可简写为DSG(H)，中文可翻译为**历史依赖可串行化图H**，其等价于参考文献[108]中定义的Serialization Graph（串行化图）。DSG(H)用于调查SI中是如何产生可串行化异常的。另外，参考文献[154]还介绍了一套在SI隔离级别下分析应用程序是否存在不可串行化异常的理论，并应用这个理论证明了**TPC-C基准应用程序在SI下没有可串行化异常**。该理论首先分析了在形成不可串行化的依赖图时，对于一个事务顶点来说，各存在一条读写冲突的入边和出边。而TPC-C应用模型通过静态的依赖图分析，确认不会导致依赖图中某个事务顶点存在读写冲突的入边和出边，故不会形成影响可串行化的环。如4.4.3节所述，该结论被用于PostgreSQL中，通过破坏某个事务顶点来避免读写冲突的入边和出边的形成，进而实现可串行化。

4.5 前沿的并发控制技术

本节在前面各节的基础上，讨论一些前沿的并发访问控制技术，以帮助读者进一步扩展视野。

4.5.1 动态调整时间戳算法

1. DTA思路

动态时间戳分配（Dynamic Timestamp Allocation，DTA）最先在参考文献[166]中提出，之后被多篇论文引用和应用。此算法的核心思想是：**不依赖中心化的时间戳机制，根据数据项上的并发事务冲突关系，通过动态调整数据项上的事务的执行时间段来实现全局事务的可串行化**。该算法避免了一些在非动态时间戳分配算法下被认为因存在冲突而被回滚的情况。

参考文献[118]基于OCC框架，实现了DTA算法。参考文献[165]基于DTA思想，在CockroachDB上做了DTA算法的实现。

2. DTA算法

参考文献[157]中介绍的并发访问控制，采取的是OCC机制和动态时间戳分配算法（DTA算法），该算法能够消除OCC机制在验证阶段引入的封锁机制，使得事务的回滚率较低。按照该参考文献的介绍，其创新点有4个：

- 在执行分布式事务时，消除了在两阶段提交过程中所有的封锁需求。

- 使 OCC 的回滚率比基于锁的并发控制中的死锁避免机制（如等待死亡和创伤等待）产生的回滚率低得多。
- 保持了无抖动属性。
- 与基于锁的并发控制相比，OCC 保持了更高的吞吐量。

其中第一条表明不存在传统的锁机制。但这仅限于 2PC 阶段，即 OCC 机制的验证与写入阶段不存在锁机制，而整个算法引入了两个类似锁原理的概念，一个是“a soft read lock on the data item x that is read by *T*”，表示有事务读了这个数据项；另一个是“a soft write lock on the data item x that is written by *T*”，表示有事务写了这个数据项。

本节将基于参考文献 [157]，介绍 DTA 算法的主要内容。图 4-19 所示为 MaaT 系统事务并发访问控制算法使用的基本数据结构。

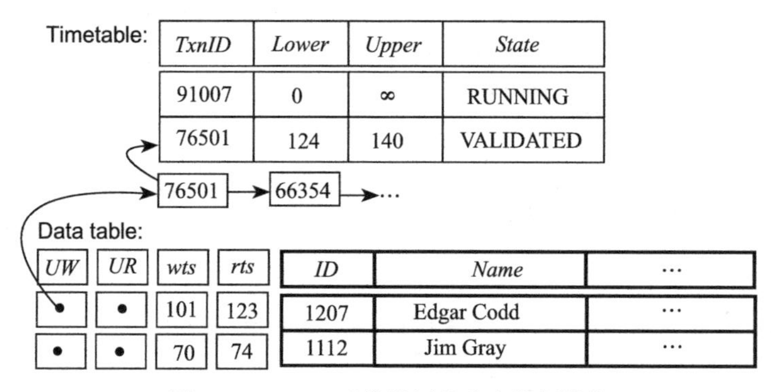

图 4-19　MaaT 系统使用的基本数据结构

对图 4-19 所示的基本数据结构说明如下。

- **事务状态表**（图 4-19 中所示的 Timetable）：在事务访问的每个节点的内存上维护的事务状态表，该表记录了唯一标识事务的事务号（事务开始时分配，全局唯一）、事务的生命周期戳区间（初始值为 0 到无穷，其中 0 表示该事务的下边界 Lower 值，无穷表述上边界 Upper 值，即事务合法的生命周期）及当前状态（RUNNING/VALIDATED/COMMITTED/ABORTED，正在运行 / 已验证 / 已提交 / 已中止）。
- **被事务操作的数据项**：每个数据项上，维护一个最大的读时间戳（read timestamp，rts）和最大的写时间戳（write timestamp，wts），这些时间戳均为已提交事务的提交时间戳，没有提交的事务是没有提交时间戳的。如果是行式存储，rts 和 wts 以及事务 ID 维护在系统列上。对于某个数据项而言，其上存在 wts 和 rts。wts 表示完成提交写事务的最新时间戳值[⊖]；rts 表示进行读操作的最新时间戳值。
- **活跃事务列表**：为每个数据项维护读 / 写过该数据项的当时正处于活跃状态的事务的事务号（与该数据项存在并发关系的事务是相对于该事务的活跃事务。其中一部分有可能在事务 ID 表示的事务的生命周期内已经结束，即要么提交成功了，要么完成

⊖　最新时间戳就是最大的时间戳。

回滚了)。

- **软锁列表**:软锁有两种,一种是读类型的(Uncommitted Read,UR),表示持有读锁的事务列表;一是写类型的(Uncommitted Write,UW),表示持有写锁的事务列表。这个列表用于说明在数据项上,有哪些并发的读事务和写事务需要读或写该数据项,所以列表中存放相关的事务号即可,图 4-19 所示的下方 Data table 中的 UW 指向的事务列表就含有事务号分别为 76051 和 66354 的两个事务。

MaaT 并发访问控制算法的基本流程也遵循 OCC 的 3 个阶段,只不过 OCC 的验证阶段被改为预写和验证阶段(prewrite-and-validate phase),其中在预写阶段对数据项提前加软写锁,如图 4-20 所示。MaaT 并发访问控制算法的基本流程如下。

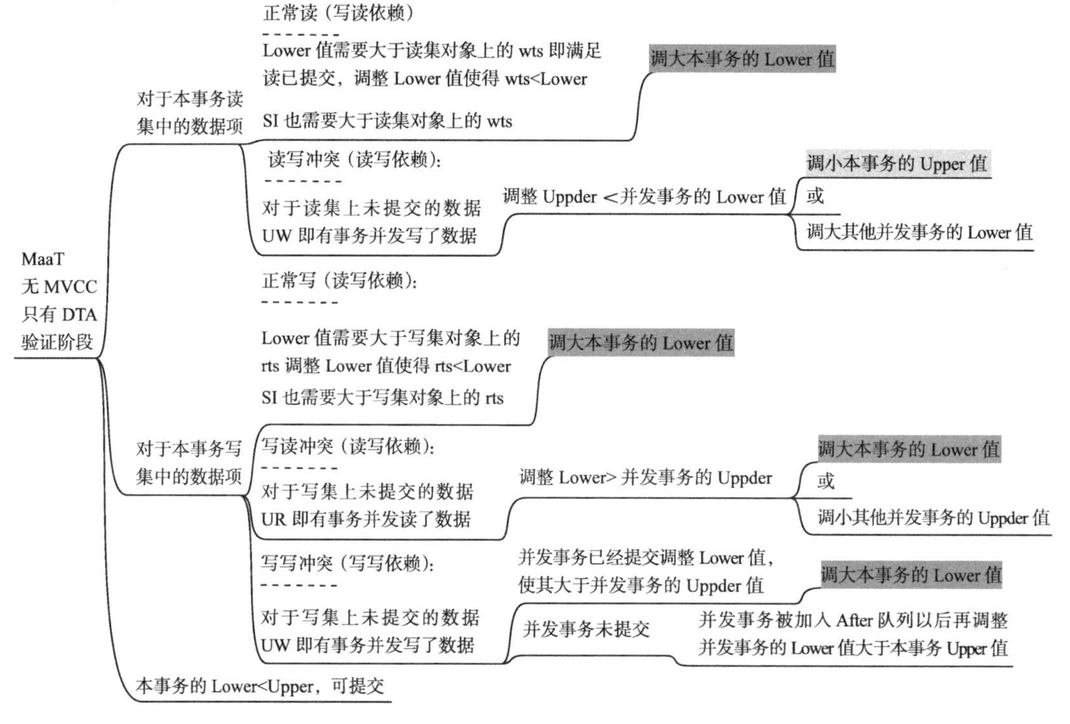

图 4-20 MaaT 系统的 DTA 算法总结

(1)事务启动阶段

为事务分配一个全局唯一的事务号,在事务状态表中初始化事务信息(为该事务的下边界 Lower 赋值 0 和上边界 Upper 赋值正无穷,将事务的状态设置为 RUNNING)。

(2)读取阶段

对于分布式事务,在读取数据执行过程中第一次访问任意远程节点上的数据时,在节点本地的内存事务状态表中为事务的相关初始信息赋值。数据节点上,对读操作和写操作做不同处理(每个数据节点执行的都是一个子事务),具体如下。

- 读操作:将事务号加入被读对象的未提交读事务号列表 UR 中(即在 UR 中设置软读

锁）。返回被读对象的数据、该对象上加过软写锁的所有事务号（UW 列表中的值，对应的这些事务已经进入了验证阶段，所以才在该数据项上加了软写锁）。在本事务的提交阶段，需要获取被读对象的最大写时间戳，使得本事务提交时间戳上边界 Upper 小于这个最大写时间戳（这一点体现在 DTA 算法就是动态调整事务的提交时间戳值）。

- 写操作：把更新数据写入客户端或事务发起节点的事务私有缓存中（读集也在这样的缓冲中）。

（3）预写和验证阶段

客户端发送预写和验证消息到所有相关数据节点（对于分布式系统，所有相关数据节点是指所有读写操作涉及的数据节点所在的服务器），消息中包括与服务器相关的读集、写集及在读取阶段从服务器获取的信息。

1）预写阶段，在各个写操作相关的数据节点上执行如下操作，本事务为 *T*。

（a）收到消息的数据节点将事务号加入本事务中被写对象未提交写事务列表中，即 UW 中（即在被写的数据项上施加软写锁）。

（b）刷出事务日志以防止系统故障（但不是标识事务完成提交或回滚的事务日志）。

（c）从 UR 列表中获取被写对象上加读锁的所有并发事务号，获取与本事务 *T* 对应的 UR 中最大读时间戳 rts 的值（事务提交时需保证提交时间戳下边界 Lower 值大于 rts 的值，这一点体现在 DTA 算法中，就是动态调整事务的提交时间戳值）。

（d）从本事务被写对象的 UW 列表中获取在被写对象上所有加软写锁的其他的并发事务的事务号（本事务和与本事务相关的并发事务之间，尚没有进行“可串行化”式的排序，本项工作在验证阶段完成）。此处获得的所有的事务号，均用 Tv 表示，以备在验证阶段使用。

2）验证阶段，在各个读操作、写操作相关的数据节点上执行如下操作（目的：保证并发事务的串行化顺序按提交时间戳排序，通过调整本验证事务 *T* 的提交时间戳区间的下边界 Lower 值和上边界 Upper 值，确保在验证阶段 Lower 值不小于等于 Upper 值时才可提交；另外，需要解决本事务与其他事务的并发冲突，即本事务读过的数据没有被并发事务修改，本事务写过的数据没有被并发事务读过）。

（a）在每个分布式事务操作过的节点上，对于读集中的对象，需要保证本事务 *T* 的 Lower 大于读集对象上的 wts，即保证本事务能在读对象的最大写时间戳之后提交，避免写读冲突。

（b）在每个分布式事务操作过的节点上，对于读集中的对象上的所有发生过预写的事务（对应的事务号在预写阶段被获取并放入了 Tv 数据结构中），需要保证 Tv 中每个事务的 Lower 值大于本事务 *T* 的 Upper 值，即对于被读对象上的加软写锁的事务，要保证 Tv 中的事务在本事务 *T* 进入验证阶段之后才能提交，以避免读写冲突。但如果 Tv 中每个事务的 Lower 值小于本事务的 Upper 值，则需要调整本事务的 Upper 值，或者调整每个事务的 Lower 值（只有该事务的状态为 VALIDATED 或 COMMITTED，即没有提交，才可调整）以使得 Tv 中每个事务的 Lower 值大于本事务 *T* 的 Upper 值。

（c）在每个分布式事务操作过的节点上，对于写集中的每个对象，需要保证本事务的Lower值大于写集中的每个对象上的读时间戳rts。如果不能确保前者大，则需要调整本事务T的Lower值使之满足前述条件，这样才能避免读写冲突。

（d）在每个分布式事务操作过的节点上，对于写集中的每个被写对象上存在的每个加软读锁的事务，应检查其Upper值是否小于本事务T的Lower值。如果不是，则需要调整时间戳值，保证该事务在验证事务之前提交。调整时，两个事务可以分别调整，也可以一起调整，但是需要根据该被写对象上存在的每个加软读锁的事务状态进行（如验证完毕或已经提交，事务的状态为VALIDATED或COMMITTED，则不可调整）。需要注意的是，如果该事务状态为RUNNING，可将来再进行调整，但需要设置该事务与本事务T的关联关系为before(T)，即判定该事务应该在本事务T之前发生（这是可串行化排序过程的一部分）。

（e）在每个分布式事务操作过的节点上，对于写集中的每个被写对象上的加软写锁的事务，如果其状态为ABORTED，则跳过；如果其状态为VALIDATED或COMMITTED，则该事务的Upper值应该小于本事务T的Lower值，目的是避免写写冲突；如果其Upper值大于本事务T的Lower值，则需要调整本事务的Lower；如果其状态为RUNNING，则可将来再进行调整，但需要设置该事务与本事务T的关联关系为after(T)，即判定该事务应该在本事务T之后发生（这是可串行化排序过程的一部分）。

如上是在每个分布式事务操作过的节点上进行的相关操作，这5条全部完成后，本节点上本事务T是否可以提交，还需要检查本事务T的Lower值是否小于Upper值，如果不是则向协调者节点发出回滚应答（本地事务状态修改为ABORTED），否则发出提交应答（本地事务状态修改为VALIDATED），并根据前述的befort(T)和after(T)调整本事务的Lower值和Upper值（实现可串行化，排序本事务与其他并发事务），尽量使本事务的Lower值到Upper值的范围较小以使得其他并发事务回滚率降低。然后向协调器（MaaT系统中对应的Client）返回本事务的Lower、Upper（注意每个节点上的事务，其实都是分布式事务中的一个子事务）。

各节点通知协调器子事务的状态及调整后的提交时间戳区间，协调器将收到多个子事务的Lower值、Upper值。而各个子事务在网络中传输的并发事务状态信息则被转换为两个时间戳值（可以是两个数值型值），这使得网络中分布式事务的事务控制信息传输量有效变少。

（4）提交/回滚阶段

如果有一个或一个以上节点返回ABORTED信息，则分布式事务最终状态为ABORTED。协调器通知所有相关节点设置子事务状态为ABORTED，各个子节点去掉数据项上的软锁并记录回滚日志。如果所有相关节点均返回COMMITTED信息，则计算所有子事务的提交时间戳区间的交集，如果无交集，则事务最终状态为ABORTED；否则事务最终状态为COMMITTED，协调器从有效区间中选取任意的时间戳作为该事务的提交时间戳。然后执行以下步骤。

1）协调器向相关数据节点发送事务提交消息，提交消息中包含更新数据及确定的提交时间戳。数据节点将本地事务表中的事务状态改为COMMITTED，将提交时间戳区间设置为协调器确定的时间戳，删除该事务在数据对象上加过的软锁并记录事务提交日志。

2）各个数据节点上，对于读集中的数据对象，如果事务提交时间戳大于被读对象的最大读时间戳，则将被读对象的最大读时间戳 rts 设置为事务提交时间戳。

3）各个数据节点上，对于写集中的数据对象，如果事务提交时间戳大于被写对象的最大写时间戳，则将被写对象的最大写时间戳 wts 设置为事务提交时间戳并修改写对象的内容。

4）第一步中，子事务所在的数据节点，被写的数据项、rts、wts 等都未修改过，即子事务的事务状态被设置为 COMMITTED，这会导致新来的事务读到旧数据，这在参考文献 [157] 中没有提及。所以改进的方式是在第三、四完成后，再设置子事务的事务状态为 COMMITTED。

3. DTA 算法实现比较

DTA 算法有 3 种实现技术，这些技术的对比如表 4-3 所示。

表 4-3 DTA 算法实现对比

比较点	CRDB-DTA（见参考文献 [165]）	MaaT（见参考文献 [157]）	DTA（见参考文献 [166]）
数据结构	读写集，**优先和后续队列**	读写集，**优先和后续队列**	读写集
多版本	是	否	否
读操作（MVCC 结合方法的主要区别）	使用 HLC 混合逻辑时钟生成的时间戳，按快照读取数据	单版本，读当前版本	单版本，读当前版本
读操作时间戳调整	把当前事务号施加到读到数据项的 UR 中。 把当前事务调整到已经完成的写事务之后：调整本事务下界大于读到版本的 wts	把当前事务号施加到读到数据项的 UR 中。 **把读到数据项的软写锁列表中的所有事务号施加到本事务的 after 队列中**	把当前事务号施加到读到数据项的 UR 中； 调整本事务下界大于读到版本的 wts。 如果是写操作，额外调整本事务下界，使其大于要更新数据项当前的 rts，向写集中所有数据项的 UW 填入当前事务的事务号
预写阶段	向写集中所有数据项的 UW 填入当前事务的事务号，把写集中数据项的 UR 列表和 UW 列表中的所有事务的事务号加入本事务的 before 队列中	向写集中所有数据项的 UW 填入当前事务号	先对读写集中所有数据加锁，即两阶段提交 prepare 阶段和 commit 阶段需要放在一个临界区里
验证阶段	调整本事务的上界，使其小于 after 列表中所有事务的下界 调整本事务的下界，使其大于 before 列表中所有事务的上界	调整本事务下界，使其大于读到版本的 wts 调整当前事务下界，使其大于写集中所有数据项的 rts before 和 after 列表中的事务需要后续再调整	调整读集中每个对象上的所有活跃写事务的下界，使其大于本事务下界。 调整写集中的每个数据对象上的所有活跃读事务上界，使其小于本事务下界

4.5.2 Data-driven 算法

对于 TO 算法来说，事务的开始时间和提交时间都需要获取时间戳值，而时间戳值的获取要依赖全局统一的时钟。但是，全局统一的时钟在分布式系统中不具备可扩展性，因此去中心化的时间戳获取机制是解决分布式事务处理的一种思路，典型案例如 Spanner 的 Truetime 机制，但这种思路是依赖硬件完成的，相对分布式系统中廉价的 PC 而言成本较高。而 4.5.1 节讨论的 DTA 算法，则是一种去中心化又不依赖物理时钟的优秀算法，可有效提高事务的并发度。

另外一种思路，被称为 data-driven timestamp management protocol（数据驱动的时间戳管理协议）。该思路的核心是不获取全局统一的时钟，事务的提交时间是通过在读写集上记录的分布式节点上的时间进行“计算”得到的。其本质也是一种动态调整时间的算法，只是在初始的时候，不是以一个事务的生命周期为单位赋予一个时间段，而是以被读写的数据项为单位将读或写操作发生的时间赋予时间段。这样事务的生命周期就不是事务开始和完成的时间段，而是一个被“有效缩短”的只在读写操作发生时而被记录的时间段。

参考文献 [61] 介绍了一种名为 Time Traveling Optimistic Concurrency Control（时间旅行乐观并发控制，TicToc）的算法，该算法基于 OCC 算法，提出 data-driven timestamp management（数据驱动的时间戳管理）的思路，即不给每个事务分配独立的（全局）时间戳，而是在访问数据项时嵌入必要的（本地）时间戳信息，用于为每个事务在提交之前计算出有效的提交时间戳，而经计算（不是预先分配）得到的提交时间戳用于解决并发冲突从而保证事务是可串行化的。因不用在分布式事务开始和提交阶段依赖全局的协调器为事务分配时间戳，所以在这个阶段，可实现去中心化的目的。因结合使用 OCC 算法，所以可缩短事务冲突重叠的执行时间段，提高并发度。

另外，参考文献 [61] 介绍的去中心化的全局事务管理架构，使用事务代理（transactional agents）和资源代理（resource agents）两种组件来管理全局事务。其中，事务代理负责解决全局的事务冲突，冲突信息在各个事务代理之间互相传递以知晓全局范围内所有的事务信息，从而实现全局可串行化的判断。该参考文献还提出一个提交处理规则，使得某事务代理可从资源代理获得依赖该事务代理的其他事务代理的信息，便于该事务代理通知其他事务代理正在提交的事务信息，从而避免了消息不能精确通知的情况发生。该参考文献的作者认为，该算法适合用于长事务，但没有给出原因。

参考文献 [78] 介绍了一个名为 Posterior Snapshot Isolation(延迟快照隔离，PostSI) 的算法，并提出了实现 SI 的另一种思路。SI 的隔离级别没有达到全局可串行化，而是使用提交操作的逻辑时间戳确定并发事务之间的顺序。PostSI 以延迟为事务分配时间戳为核心思想（即 DTA 的思想），目的在于去除集中式的事务协调器、提升并发控制的可扩展性。PostSI 建立在一个新的隔离级别——一致的可见性之上。该级别弱于 SI，强于 Read Committed(已完成的读操作）和 Repeatable Read（可重复读，可重复读可用在没有解决分布式下跨节点写偏序异常等情况中）。其时间戳的分配不依赖于中心化的协调器，适用于无共享架构，实现了去中心化的效果。

PostSI 算法首先定义了可见性，可见性用于判断两个并发事务之间的先后关系（前者事务的数据可被后者事务读取，而事实上这些事务之间是并发的），然后基于可见性定义了可见性表（Visibility Schedule），可见性表用于实现并发冲突调度。一致的可见性的隔离级别要求是原子可见，即一个事务对另一个事务要么完全可见，要么完全不可见。在一致的可见性之上可以重新定义 SI 的概念为 PostSI。PostSI 使用事务的开始和提交时间戳值，以排序并发事务，保证调度的正确性；PostSI 还定义了并发事务之间的时间间隔（两个事务之间有时间间隔，表明这两个事务时间上不重叠，可以被安全调度并执行。注意，这里提到的不重叠不是物理时间上的不重叠，而是根据可见性规则定义的“逻辑上”无冲突的并发事务之间在逻辑时间上的不重叠。在 SI 隔离级别下，一些并发事务在物理时间上是重叠的，但 PostSI 认为逻辑上不重叠），而并发事务使用的时间戳与时间间隔之间存在一个函数映射，这个映射把具有单调性的绝对时间戳值变成相对时间的关系，即变绝对时间为相对时间，因而摆脱了依靠中心化协调器获得物理时间的限制（基于 TO 算法的分布式数据库中各个节点的时间戳值需要统一协调，所以传统的分布式事务数据库需要全局协调器）。

PostSI 的事务调度器是去中心化的。其判断并发事务是否冲突，依赖于本地节点中的**反依赖表**（即 anti dependency table，用于解决读写冲突，此表在相关节点上都各有一份）和数据项上的访客名单（visitor list）这两个非中心化的数据结构；它根据冲突关系确定事务之间的可见关系，从而为事务分配正确的时间戳。另外，写操作通过在数据项上加锁并等待事务完成后再释放，从而避免了写写冲突发生。通过这样的方式，PostSI 实现了事务调度器去中心化的目的。但是，PostSI 事务调度的过程中节点间通信分三轮进行，这制约了分布式事务处理的性能。

参考文献 [158] 展示了一个名为 Sundial 的系统，该系统使用内存型的分布式 OCC 算法解决并发冲突，采用 2PC 做原子写操作从而实现了分布式事务的处理。该参考文献描述了一个**基于缓冲的动态调整时间戳的算法，该算法可减少事务的回滚率**。参考文献 [157] 中介绍的算法用于动态调整事务的时间戳，而参考文献 [158] 记录了一个事务内部读或写操作的时间戳范围（每个具体读写操作的时间段称为一个 Logical Leases），然后根据此范围动态调整该事务的提交时间戳值（如图 4-21 所示，时间值为 2 的 Read(B) 操作的时间戳租约和时间值为 3 的 Write (A) 操作的时间戳租约尽管相交，但因操作的是不同对象，所以并发事务之间不相关）。此举会消除一些其他算法认为是并发冲突实在为非冲突的情况（减少了其他算法认为冲突而不得不回滚事务的情况发生，即减少了回滚率），借以增加并发度。另外，通过缓冲远程的数据而减少网络访问，避免了一些网络延时、网络 I/O 消耗，进一步提升了分布式事务的处理效率。

图 4-22 展示了 Sundial 系统所采用的算法，其相比 2PL 的优势在于动态读操作不阻塞写操作（传统的算法中只有 MVCC 技术可以做到这一点），相比 OCC 算法的优势在于先发生读操作的租约决定事务的提交时间戳（事务 T_1 的读操作发生后，该事务没有新的操作发生，所以逻辑上其提交操作的时间戳值等于读操作的时间戳值）早于后发生事务的提交时间戳值，因而解决某些读写冲突时可以不回滚事务，这提高了并发度。

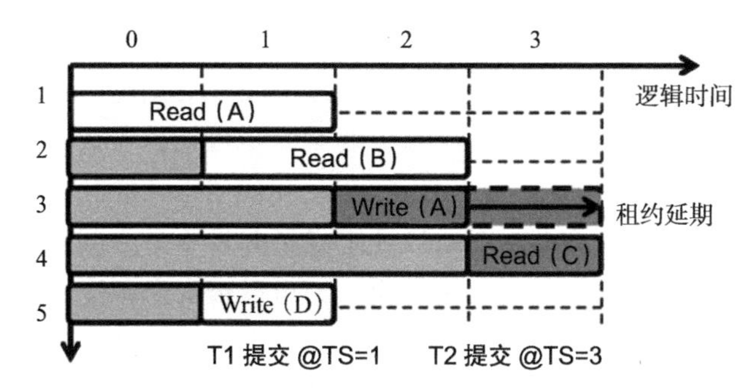

图 4-21 Sundial 系统动态调整事务提交时间戳的“逻辑租约”图

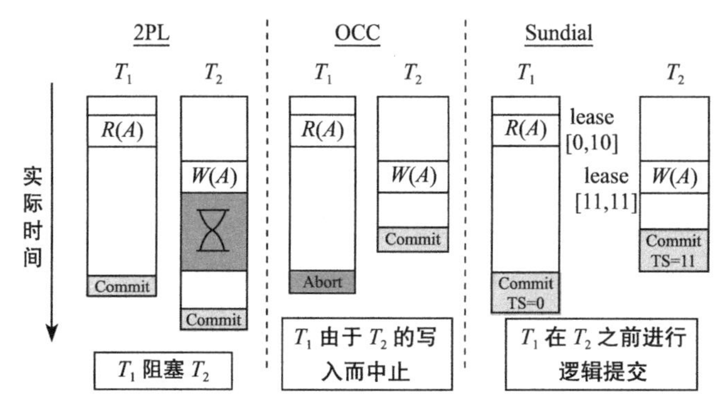

图 4-22 Sundial 系统对 2PL、OCC 读写冲突对比图

参考文献 [61] 和参考文献 [158] 介绍的内容有内在的逻辑关系，这两篇论文的第一作者是同一人。它们解决问题的核心思想：一是数据驱动时间管理，即在事务涉及的数据项上记录操作的时间范围，而不是以事务为单位记录事务的时间生命周期，这使得事务存在的“生命周期”有希望变小；二是并发事务不按 TO 算法进行，即不会根据事务开始的时间排定次序，而是根据事务提交时刻，通过“计算”得出一个不依赖中心节点的逻辑时间戳值并将其作为提交时间，即事务的提交顺序是根据事务间冲突关系计算而排定的。通过这样的方式，有希望让更多的情况并发执行且去除中心化的全局时钟。

所以，参考文献 [61，78，158] 提供的算法，本质上是对 DTA 算法的改进。

4.5.3 面向列的细粒度机制

传统的关系型数据库，诸如 Oracle、DB2、PostgreSQL、MySQL/InnoDB、Informix 等，都以元组为单位进行事务的并发访问控制。如 MySQL、InnoDB 使用 SS2PL 实现可串行化隔离级别，就是以元组为加锁单位，进行排他操作。其形式类似如表 4-4 中所示的并发事务 T_1、T_2。因为锁施加在元组上，所以即使事务 T_2 想更新其他字段，也是不允许的。而表 4-5 表明，以字段为加锁单位，这样事务 T_2 更新 f3 字段时，其上不存在读锁，所以更新操作可以被执行。

表 4-4　以元组为单位的加锁示例表（可串行化隔离级别）

时间	事务 T_1	事务 T_2
t_0	BEGIN	BEGIN
t_1	SELECT info.f1,info.f2 FROM info WHERE key=1	
t_2	在 key=1 这个元组上施加了读锁，在可串行化隔离级别下，读锁互斥事务 T_2 欲施加写锁，所以 t_2 时刻事务 T_2 只能处于等待状态	UPDATE info set info.f3=30 WHERE key=1 等待
t_3	COMMIT	

表 4-5　以字段为单位的加锁示例表（可串行化隔离级别）

时间	事务 T_1	事务 T_2
t_0	BEGIN	BEGIN
t_1	SELECT info.f1,info.f2 FROM info WHERE key=1	
t_2	在 key=1 这个元组的 f1 和 f2 字段上施加了读锁，在可串行化隔离级别下，读锁不互斥事务 T_2 欲在字段 f3 上施加写锁，所以 t_2 时刻事务 T_2 可以继续执行	UPDATE info set info.f3=30 WHERE key=1 可执行
t_3	COMMIT	

基于细粒度的并发访问控制算法与基于元组的并发访问控制算法的原理没有特殊之处。在实践中，有文献表明，基于细粒度的并发访问控制算法效率更高，如参考文献 [168] 提供了基于细粒度的多种并发访问控制算法的性能对比测试。

4.5.4　基于硬件的改进

有多种机制可基于硬件改进分布式事务处理的效率，这些机制各自的着眼点不同：Spanner 的 Truetime 机制（见参考文献 [65]）用于提供全局时钟，以满足分布式可串行化排序需求；参考文献 [7，9，10，11] 介绍的使用硬件的机制，如 RDMA 等机制用于提高网络 I/O 能力；参考文献 [195] 介绍的机制则用于在单机多核环境下进行各种并发访问控制。

基于硬件实现的分布式事务型数据库，其事务吞吐率较传统架构的分布式事务型数据库有明显提升。硬件技术的发展对数据库的架构、算法设计、性能等影响巨大。

1. Spanner 的逻辑时钟

参考文献 [65] 描述了 Spanner 的事务处理机制，其中最重要的一点是 Truetime 机制。Truetime 的核心思想是利用硬件（GPS 和原子钟）为分布式系统中的每一个物理节点提供一个精准的单调递增的时间（**物理时间有助于维持事件的全序，在分布式数据库内有助于实现可串行化需要的偏序和线性一致性需要的全序**）。

Spanner 利用 Truetime 实现了事务 ID 的分配和外部一致性（即严格可串行化），而事务 ID 的分配不依赖中心化的全局时钟，而是依赖每个节点自身的时钟（节点间的时间依赖整个数据中心的时间，数据中心间采用原子钟校时），即每个节点自身的时钟通过原子钟和 GPS 完成校时，通过 Truetime 机制获得单调递增时间戳值（考虑了最坏情况下的时钟漂移带来的误差），如此就去掉了中心化的时钟协调器。Spanner 在一个 Paxos 组中采用 2PL 算法，抑制了Paxos组内其他并发冲突发生。而跨多个Paxos组的分布式事务需要找出一个局部协调器，然后使用2PC完成事务的提交。但在事务的提交阶段，是否使用了类似CO的算法（CO算法中原子提交的特例是2PC，SS2PL是CO算法的特例，从这个角度看，Spanner使用的是CO算法），Spanner没有提及。那么，Spanner到底是不是一个完全的去中心化的事务处理架构呢？答案是“Spanner的架构设计达到了去中心化的目的”。这是为什么呢？原因在于Truetime机制，此机制通过单调递增的时间戳值对集群内的所有事务都排了序，客观上实现了可串行化，因而是全局可串行化的。另外，Truetime机制“对集群内的所有事务都排了序”意味全部事件都是全序的，因而可以提供线性一致性。

Truetime使用的时间由两部分构成——GPS和原子钟。Truetime使用这两种类型时间的原因在于它们有不同的失败模式，放在一起便于互补。

GPS的不足之处在于存在天线和接收器失效的可能，可能会受到局部电磁干扰，可能存在有部分失败发生的情况（比如设计上的缺陷导致无法正确处理闰秒和电子欺骗）会出现系统运行中断。虽然原子钟也会失效，不过失效的方式和GPS无关。由于存在频率误差，在经过很长的时间以后，原子钟会产生明显误差。Truetime联合使用这两种机制，尽可能地提高时间系统的可靠性。

Truetime系统的构成如下：

- 每个数据中心包括许多时间控制（time master）机器，且每台机器上有一个timeslave daemon（后面简称daemon，此处可理解为分布式数据库中的一个物理节点）。
- 大多数机器都有具备专用天线的GPS接收器（这类机器称为GPS master），这些机器在物理上是相互隔离的（GPS master表现出的时间不确定性接近于0）。
- 剩余的机器（称为Armageddon master）配备了原子钟。

Truetime系统的时间校对方式如下：

1）所有机器的时间参考值都会进行彼此校对（在同步期间，Armageddon master会表现出一种逐渐增加的时间不确定性，这是由保守应用的最差时钟漂移引起的，因此需要校对时间）。

2）被选中的机器中：有些机器是GPS master，其上的时间是从附近的数据中心获得的，剩余的GPS master上的时间是从远处的数据中心获得的；还有一些时间是从Armageddon master获取的。

3）每个机器会交叉检查时间参考值和本地时间，如果二者差别太大，就会把相关较大者驱逐出去。

4）每个daemon会从许多机器中收集投票以获得时间参考值，从而减少自身时钟的误差。

（a）daemon使用Marzullo算法的变种来实现探测和拒绝欺骗，并且把本地时钟同步为非撒谎机器的时间参考值。

（b）为了免受较差的本地时钟的影响，Truetime系统会根据组件规范和运行环境确定一个界限，如果机器的本地时钟误差频繁超出这个界限，此机器就会被驱逐出去。

（c）在同步期间，一个 daemon 会存在逐渐增大的时间不确定性问题。Truetime 机制对此时间偏差 ε 进行了矫正。而 ε 的来源有多个：

- ❑ ε 是从保守应用的最差时钟漂移中得到的。
- ❑ ε 取决于时间控制机器的不确定性，以及与时间控制机器之间的通信延迟。

5）Truetime 系统中，ε 通常是一个关于时间的锯齿形函数。在每个投票间隔中，ε 会在 1ms 到 7ms 之间变化；大多数情况下，ε 的值是 4ms。

本质上，Spanner 的 Truetime 机制利用了 GPS 和原子钟可靠地实现了所有物理机器的时钟实时校对，因而每个物理机器的时间可以认为是因同步而相等。所以从单个物理机器获取的时间戳在逻辑上等效于一个全局时钟的时间戳。故 Truetime 机制为实现分布式事务提供了一个现实参考。但是，Spanner 机制在原理上并不是一个高效的分布式事务处理机制，更多内容可参考第 7 章。

2. RDMA 构建的高效网络

硬件技术的发展对数据库的架构、算法设计、性能等影响巨大。对基于硬件的分布式事务处理机制的改进，业界有着多种不同的思路。

参考文献 [7，9，10，11] 表明，基于硬件实现的分布式事务型数据库，其事务吞吐率较传统架构的分布式事务型数据库有明显提升。

参考文献 [7] 分析了分布式事务不具备扩展性的两个因素：一是基于 TCP/IP 协议栈的网络使得 CPU 耗费了大部分的时间处理网络信息，只留极少的时间用于处理诸如事务等相关工作；二是网络带宽限制了分布式事务的吞吐量（通过计算表明分布式事务处理过程中消息传递需要的带宽远大于网络带宽）。因此，参考文献 [7] 通过使用 RDMA（Remote Direct Memory Access，内存远程直接访问）来改进网络通信效率。该参考文献中还介绍了基于 RDMA 设计的新的内存型分布式数据库和一个可扩展的全局计数器，以实现分布式读一致性（使用了分布式的快照隔离技术），使得分布式事务处理具备了扩展性，提升了分布式事务型数据库的性能。

参考文献 [9] 分析了传统的分布式数据库架构的缺点（不能有效利用高效能网络），指出存在的两种挑战：一是分布式控制流（如同步信息），二是分布式数据流（如数据跨节点移动）。控制流和数据流受限于网络带宽。该参考文献在介绍的解决问题的方法中同样使用了 RDMA 技术。该参考文献还对比了 4 种不同的架构，如图 4-23 所示。图 4-23a 所示是传统的 SN（Share Nothing）架构，网络通信是其瓶颈；图 4-23b 所示架构使用了 IPoIB，但不能完全有效利用网络；图 4-23c 所示架构使用 RDMA 构建了分布式共享内存数据库，但缺乏缓冲一致性机制；图 4-23d 所示架构为使用 RDMA 构建的 network-attached memory（网络连接存储器，NAM）式的架构，该架构把计算和存储在逻辑上解耦了，解耦后降低了系统的复杂度，计算和存储节点可各自动态扩展，而数据不必跨节点移动（计算节点可直接访问任何存储节点）。另外，参考文献 [9] 还基于 RDMA 讨论了改进 2PC 和 SI 等与事务处理相关的技术，也讨论了分布式 JOIN 操作（适合 OLAP 型应用，这表明 TP 和 AP 型的应用在新硬件环境下有望统一，即实现 HTAP 系统）。

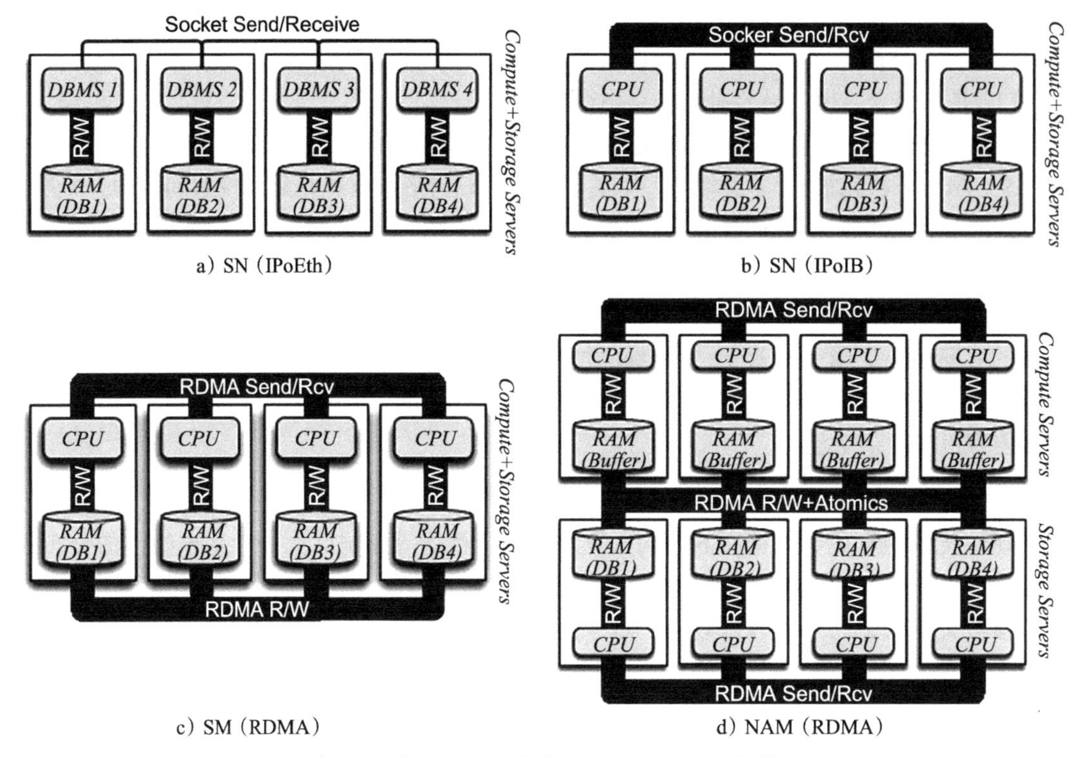

图 4-23 分布式数据库使用 RDMA 的 4 种架构

参考文献 [10] 利用 RDMA 改进了分布式数据库的实现，将改进后的分布式数据库命名为 FaRM。参考文献 [11] 进一步描述了利用 RDMA 实现的主内存分布式计算平台（新版 FaRM），该平台可实现严格可串行化的分布式事务，有着高吞吐、低延时和高可用性的特点。相比参考文献 [10]，参考文献 [11] 还利用 NVRAM 技术避免了日志输出到 SSD 系统，并提供了一个快速恢复协议。

参考文献 [14] 为 Main Memory Database System（主存数据库系统）实现了一个轻量化的封锁管理机制。该机制依据大内存硬件将数据加载进内存从而降低 I/O 量。此时中心化的锁表结构成为瓶颈，因此该机制去掉了传统的中心化的锁表数据结构，把锁信息分布到各个数据项上，以提高并发度、提升系统整体的性能。

参考文献 [164] 使用 RDMA 为分布式数据库构建了一个全局统一的 cache。这个 cache 在逻辑上如同单机的内存。通过这个机制可把物理形式上的分布式事务处理转化为单点的事务处理，因此去掉了分布式事务处理的需求，使得事务的读写操作都在全局统一的 cache 上进行。此机制还去掉了 2PC、去掉了在去中心化的分布式事务中对多个协调器冲突的判断等。

3. 多核环境对并发访问控制算法的挑战

参考文献 [195] 中介绍，在 CPU 核不超过 1000 个的环境下，传统的、不同的并发访问控制算法都不具备可扩展性，但原因不同。

该参考文献讨论了图4-24所示的多种并发访问控制算法，验证了图4-25所示的多种并发访问控制算法在千核硬件环境下的瓶颈（不具备可扩展性，参考6.5节）。

2PL	DL_DETECT	带有死锁检测的2PL
	NO_WAIT	带有非等待式死锁预防的2PL
	WAIT_DIE	带有等待－死亡式死锁预防的2PL
TO	TIMESTAMP	基本的TO算法
	MVCC	多版本TO算法
	OCC	乐观并发控制
	H-STORE	带有分区级封锁（技术）的TO算法

图4-24 多种并发访问控制算法

2PL	DL_DETECT	低竞争环境下的扩展，遭受锁抖动
	NO_WAIT	没有中心化的争论点，高度可扩展，非常高的回滚率
	WAIT_DIE	存在锁抖动和时间戳瓶颈
TO	TIMESTAMP	本地复制数据开销高，回滚率高，非阻塞写。存在时间戳瓶颈
	MVCC	在读、写密集型工作负载环境下性能良好，非阻塞读写。存在时间戳瓶颈
	OCC	本地复制数据开销高，回滚率高，存在时间戳瓶颈
	H-STORE	带有分区工作负载的环境下的最佳算法，存在多分区事务和时间戳瓶颈

图4-25 多种并发访问控制算法的瓶颈

该参考文献得出一些结论：

- 在冲突较高的场景下，混合了MVCC的封锁机制的性能好于单纯的封锁机制，非等待模式的死锁阻止算法的性能好于死锁检测的封锁机制。
- 所有和TO算法相关的算法，时间戳分配都是其瓶颈；但参考文献[195]的作者没有实现并验证DTA算法（参见4.4.1节），在数千CPU核的环境下，去中心化的DTA算法也许是个好的选择。

4.5.5 基于AI的改进

在并行的事务型数据库系统中，参考文献[34]提出基于AI技术对事务进行优化的模型。该模型通过存储过程（类似H-Store、VoltDB）向数据库引擎提前提供要执行的事务，然后利用AI技术，使用Markov model（马尔可夫模型）对存储过程进行分析，确定存储过程代表的事务间的语义，确定事务并发执行时哪些是互相冲突的，得到一个有固定结构的事务执行模型。图4-26是对TPC-C模型NewOrder进行分析得到的事务调度图。当多个客户端发出SQL语句执行存储过程代表的并发事务时，就能推断出事务的调度方式。

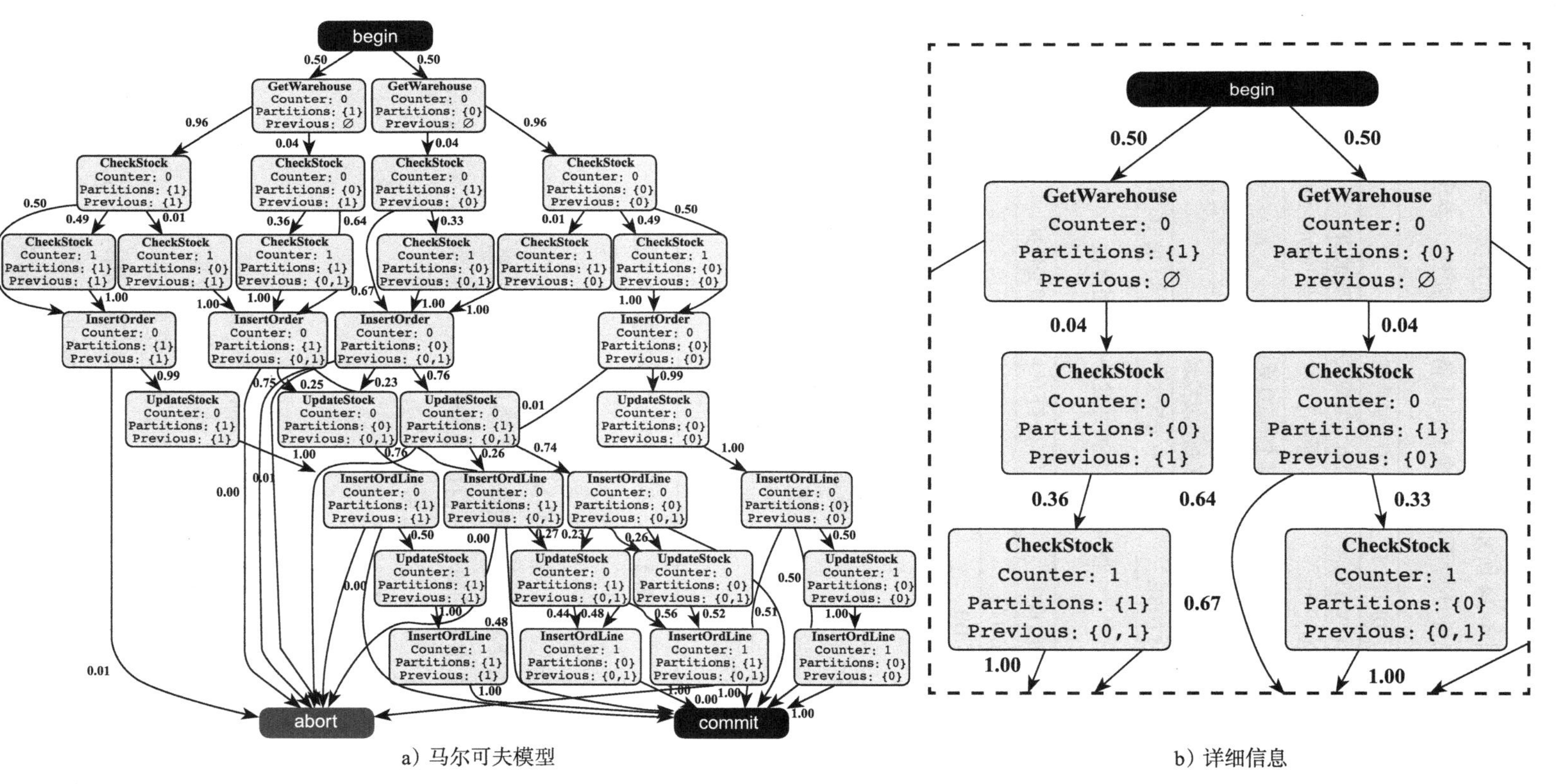

图 4-26 利用马尔可夫模型分析并发事务得到的事务调度图

参考文献 [17] 中介绍的工作使用了类似于参考文献 [34] 使用的马尔可夫模型，但是此模型被用来识别跨事务边界的用户会话（session），其目的是为离线分析提供额外的使用模式。

参考文献 [18] 使用马尔可夫模型基于用户正在执行的事务，预估下一个将要执行的事务。另外该参考文献还提供了 Petri-net 模型，用于对工作流和事务之间的关系进行建模。该参考文献除了使用 AI 技术外，还从应用的角度考虑了应用和事务之间的关系（部分应用不必用分布式事务处理，分解了事务管理器的负担），从而提高了事务型应用的执行效率。

4.5.6 自适应并发访问控制算法

自适应并发访问控制（Adaptive Concurrency Control，ACC）算法的核心思想是：针对不同的并发事务场景，采用不同的并发访问控制算法。

参考文献 [170] 在 1985 年即提出基于 OCC 算法，对写写冲突采用封锁机制，较早地把 OCC 算法和 2PL 算法结合在一起。参考文献 [172] 基于该思想在分布式数据库系统中提出几种不同的模式，旨在减少网络消息以提高自适应的并发访问控制算法在分布式系统中的效率。

参考文献 [179] 在内存型图数据库的事务调度算法中，融合了 2PL 机制和 OCC 算法，解决了单纯使用这两个算法的如下弊端[1]：

- 2PL 机制的弊端在于冲突较高时锁检测[2]的代价大。
- OCC 算法的弊端在于冲突较高时因回滚率高进而导致回滚代价大。

参考文献 [179] 中介绍的内容貌似没有使用 ACC 思想，但是其将图数据库中定“点”的“度”划分为两种，一种是高度，一种是低度。高度的点直接使用 2PL 机制，低度的点使用 OCC 算法，这样根据数据的特征直接选定了并发访问控制方法。这种算法本质上类似 ACC 思想，但不是一种自适应的方式。

另外，参考文献 [179] 提及 fine-grained 一词，这和 4.4.3 节讨论的细粒度不是同一个含义。参考文献 [179] 的细粒度指的是多种并发访问控制算法在一个系统中根据数据情况同时使用，这与 ACC 思想类似；而 4.5.3 节提及的细粒度指的是冲突检测依赖的对象的粒度（事务、元组、字段）。

参考文献 [203] 提出一个自适应的并发访问控制算法，该算法是一个“中心化的”自适应混合算法，该混合算法建立在封锁和验证（OCC）两种算法结合的基础上（参见 4.3.3 节）。

参考文献 [213] 针对分布式数据库提出自适应和投机性乐观并发控制（Adaptive and Speculative Optimistic Concurrency Control，ASOCC）的概念，根据数据库中数据的热（hot data）、温（warm data）、冷（code data）三种特性，自适应选择不同的并发访问控制算法，

---

[1] 原文：2PL will often lead to high locking overhead, while the non-locking based scheduler such as OCC will suffer from high abort rates at the time of transaction commit。

[2] 2PL 死锁检测的代价极高，是影响 2PL 性能的重要因素——作者注。

可选的算法包括 OCC（适合冷、温数据）和 SS2PL（适合热数据）。该参考文献还站在统一多种并发访问控制算法的角度，提出事务的回滚原因，宏观地将主要回滚原因分为 3 个方面：一是采用 OCC 算法时在验证阶段没有通过一致性验证（ACID 中的 C 和 I）；二是采用 SS2PL 算法时在加锁阶段没有能获取锁；三是对于温数据在读取数据阶段进行推测，推测的结果是该事务可能需要重启。

参考文献 [214] 也在 OCC 和 SS2PL 算法之间做自适应选择，但是参考文献 [213] 突出了“推测（Speculative）”之意（首先定义了数据的访问相关性，定义了什么是热数据），通过推测确定事务需要被回滚而不是等到进入验证阶段因验证不通过不得不进行回滚。该参考文献的作者认为，因为有这样的事情发生，对 CPU 的消耗是不值得的，还不如提前回滚该事务然后重新执行（restart）该事务。被回滚的事务重新执行的条件是：联合验证失败。而联合验证（conjunctive validations）和该参考文献定义的数据访问相关性、热数据相关。换句话说，该参考文献发现了一种能及早重启事务的特定条件，从而通过避免 CPU 资源的无谓消耗而避免性能的损失。要重新执行的场景本质上与分布式数据库之间并无关联性。而参考文献 [214] 则侧重在根据事务回滚次数统计数据回滚的热度，以热度来确定是否在 OCC 算法的基础上采用读锁，目的是避免高冲突情形为 OCC 算法带来的高回滚的情况（关于 MOCC 技术的进一步讨论参见 4.3.4 节）。

参考文献 [200] 提出一个自适应 OCC 和 2PL 的算法，这样的算法对并发事务的依赖关系进行跟踪检测，把并发事务的依赖关系转换为进程间的依赖关系，构造了读写事件（读写操作）发生时的状态转换表（转换规则），以此判断事务之间是否存在冲突关系。对于 OCC 和 2PL 的自适应选择，是通过一个代价模型进行的。本质上，这是构造了并发事务的依赖图并进行事务调度。

参考文献 [174] 在 1984 年针对分布式数据库提出一个自适应并发访问控制策略，该策略基于中心化的封锁机制，在网络中发现网络分区事件的发生并给出应对方式。而 20 世纪 80 年代的分布式数据库的网络性能和可靠性尚不高（作者称之为 weakly connected clusters），以此为背景，该参考文献的作者讨论了影响分布式数据库事务处理能力的 3 个因素——Traffic pattern、Network topology、Nature of transactions（流量模式、网络拓扑、事务性质），旨在减少网络消息传递数量。

参考文献 [199] 提出一个不限于特定的并发访问控制协议的通用框架，该框架没有引入跨协议协调冲突的额外开销，且可以在不同协议间动态切换，无须停止系统。该框架基于所有事务处理逻辑运行于一个线程下，考虑了两种成本：为每个事务执行多个协议的成本，为数据库中的每个记录跨不同协议同步进行读 / 写操作的成本。在可串行化方面，选取的任何一个并发访问控制算法，都是冲突可串行化的，而并发事务框架分为 4 个阶段，也满足冲突可串行化的要求。

参考文献 [181] 提出一个名为模块化并发访问控制（Modular Concurrency Control，MCC）的方法，该方法对事务的语义进行了分析，把高冲突的事务分为一组，其他事务为另外一组，然后不同组灵活采用不同的并发访问控制算法。比如采用封锁并发访问控制算法，同一组内的事务，即使存在操作同一个对象的冲突，也允许新事务获得其申请的锁，而锁的互斥只发生在不同的组之间，这样减少了并发事务之间互斥等待的时间，有助于提高并发度。类似的对事务进行分组的思路，还有参考文献 [224，249，250] 等。参考文献 [287] 进一步扩展了参考文献 [181] 中介绍的技术，采用树状的结构把并发事务分组，每个节点是一个组，每个组内的事务按某个并发访问控制算法排序，组与组之间的事务用共同的父节点排序，以此达到可串行化调度的目的。另外，参考文献 [287] 把事务的生命周期分为 4 个阶段，每个阶段适配多个并发访问控制算法，最后在验证阶段确保可串行化。

参考文献 [169] 在一个分布式系统内部，针对没有一种并发访问控制算法能有效应对各种事务负载场景的现实情况（参考文献 [169] 给出实验测试），采用多种不同的并发访问控制算法，以动态方式应对实时变化的事务负载场景。

参考文献 [169] 提出实现 ACC 算法存在的 3 个挑战：

- 如何对聚集数据最大限度地减少跨集群访问，保持负载均衡。
- 如何对工作负载进行建模并相应地进行协议选择。
- 如何支持混合并发控制协议同时运行。

为了应对这 3 个挑战，参考文献 [169] 提出图 4-27 和图 4-28 所示的架构。图 4-27 所示表明，根据所在机器的 CPU 核数和初始负载情况，把不同的核绑定在不同的并发访问控制算法上，每个算法和绑定的核为一个事务处理单元。图 4-28 所示抽取各个事务处理单元的特征（不同的并发访问算法，其特征也不同），采用 AI 技术在离线的分析系统内进行模型训练，提出动态调整负载和资源到不同事务处理单元的建议，其输出供在线子系统动态调整事务处理单元的负载和资源。

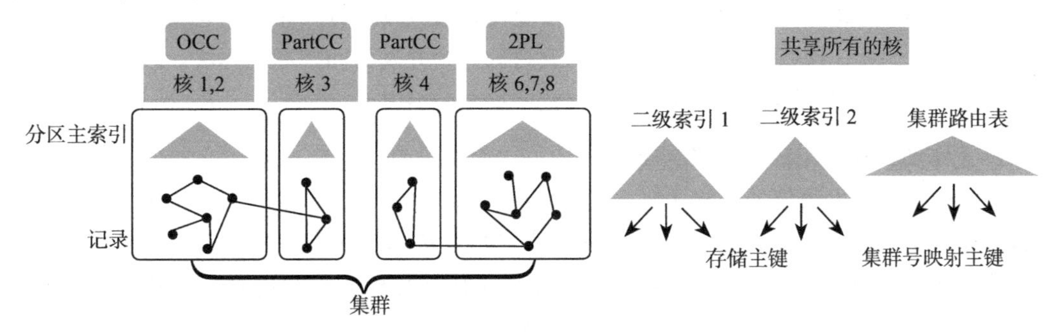

图 4-27　ACC 配置示例

参考文献 [169] 对数据集聚集（Dataset Clustering）、工作负载模型和并发协议选择（Workload Modeling and Protocol Selection）、混合并发访问控制（Mixed Concurrency Control）进行了讨论。讨论的内容如下。

1. 数据集聚集

考虑了硬件资源、数据划分之间的关系，提出在做数据集聚集的时候需要考虑如下 4

个因素并解决 3 个挑战，另外提出数据初始划分和重新划分的方法。

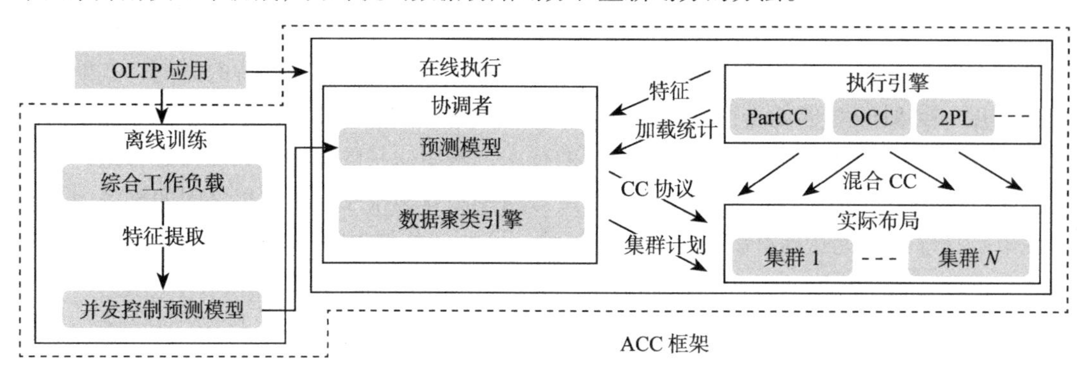

图 4-28 自适应并发访问控制算法架构图

1）**4 个因素**：

- 最小化跨群集访问。
- 保持负载平衡并最大化吞吐量。
- 以最小的开销重新聚集数据集，同时保持 ACID 属性。
- 确定何时重新对数据集进行分类。

2）**3 个挑战**：

- 跨集群访问成本因多个并发协议而异。
- 分区的数量不再是一个常数，而是一个由工作负载和可用核心数共同决定的变量。
- 最小化重新聚集的连续需求（重新聚集需要重新组织每个集群中的主索引，这会给正在运行的事务引入高的锁争用）。

3）**数据初始划分和重新划分的方法**：系统初始做数据划分，采用平均分配的原则（启发式规则），把 CPU 核数平均分配给系统所支持的每个并发访问控制的算法。之后统计每个核的利用率，便于动态地做 MERGE 操作（把一些划分合并）。

2. 工作负载模型和并发协议选择

因为要做出并发协议的选择（怎么选择协议，参考文献 [169] 没有展开论述，基本思想是根据访问的数据选择，而数据划分和并发协议是直接绑定的⊖），所以需要对工作负载情况进行分析。分析需要先对工作负载建模，之后采用特征抽取的方式抽取数据，然后用 AI 技术进行模型训练，这些工作需要解决 3 个问题：

- 如何设计功能来模拟工作负载。
- 如何在运行时有效地从数据库中提取特征。
- 如何综合工作量训练模型。

如上 3 个问题的解决方式包括如下 3 个步骤。

⊖ 如何选择协议？参考文献 [169] 的第五节是这样描述的：对于每个记录访问，首先检查它所属的集群，然后检查管理集群的协议，接着根据管理记录的协议对执行相应的并发控制逻辑进行选择。

第一步　使用如下4个要素建模，前三个适用于PartCC、OCC、2PL算法，后一个适用于PartCC算法。

- ReadRatio：读取操作的比例。
- TransLen：事务访问的平均记录数。
- RecContention：并发事务读取或写入相同记录的概率。
- CrossCost：所有跨集群事务的成本，其会影响PartCC的适用性。

第二步　特征抽取：按照所建模型对各种并发算法所在的事务处理单元进行数据抽样。

第三步　模型训练：如图4-28所示，在“离线训练”模块中利用AI技术加载抽样数据完成模型训练。而训练得到的模型怎么影响“在线执行”，对比参考文献[169]没有展开介绍（即怎么做重新数据划分、怎么做算法与CPU核的绑定，该参考文献没有详细展开论述，但该参考文献介绍了其遇到的挑战，这也具备参考价值）。

3. 混合并发访问控制

对于混合并发访问控制，主要提出了两个挑战，并给出一个面向数据的混合并发控制（Data-oriented Mixed Concurrency Control，DomCC）算法。其中两个挑战如下。

- 如何以最小的开销跨协议实施隔离级别。
- 如何在混合协议运行的情况下快速实现日志记录和恢复。

DomCC算法的本质是在多种并发访问算法之外，增加了一个严格的2PL（即SS2PL）作为对多种算法的框架包装。

4.6 分布式提交技术

分布式事务在提交阶段需要一个原子提交算法，来确保带有写操作的分布式事务的原子性。经典的算法包括两阶段提交、基于两阶段提交（阻塞式提交协议）的改进算法——三阶段提交（非阻塞式提交协议）及基于Paxos的提交（非阻塞式提交协议）。提交算法除了解决提交相关的问题外，还需要考虑在发生各种故障的情况下的恢复处理机制，故障恢复相关技术在本章不做讨论，请参考相关书籍。为了提高分布式事务的提交效率，有人正在探索如何进行一阶段提交。

4.6.1 两阶段提交

两阶段提交（Two-phase Commit，2PC，见参考文献[55，56]）如图4-29所示。顾名思义，两阶段提交是把提交操作分为两个部分，每个部分是一个阶段，因为有两个部分所以称为两阶段。但是，需要注意的是：两阶段提交的核心词是“提交”。两阶段提交是指事务结束前，把在分布式事务（至少跨2个节点进行写操作）中的事务进行提交的动作分解为两个阶段，每个阶段因分布式环境不同而承担了不同的任务，第一个任务是投票任务，是完成这个任务的过程，该阶段称为准备阶段；第二个任务是执行投票结果，是完成这个任务的阶段，该阶段称为提交阶段。准备阶段在分布式环境中各个参与的节点上预先达成事务成功提交或进行回滚的一致意见，然后进入提交阶段以实施达成的协议。这样做的目的是保证事务 ACID 中的原子性，确切地说是**保证分布式事务结束时刻提交阶段的原子性操作**。为了达成这一个目的，引入了如下几个角色。

- **参与者**：事务资源的管理者，又称资源管理器。其是在本地执行分布式事务的子事务，数据在其上存放。其形式上可以是一个单机数据库系统。
- **协调者**：分布式事务在多个参与者上执行的任务协调者，又称事务管理器。其用于协调各个参与者对分布式事务的子事务的执行情况，根据所有参与者的反馈情报（投票结果），决定是提交还是中止事务。
  - 此时如果全票确认每个参与者都可以提交（没有冲突、没有事务故障、没有系统故障等），则分布式事务可以提交，协调者通知所有的参与者提交子事务。
  - 如果至少有一个参与者投票失败（分区发生、延时超时、与其他并发事务有冲突被选为了受害者等），则分布式事务需要回滚，协调者通知所有的参与者各自回滚子事务。

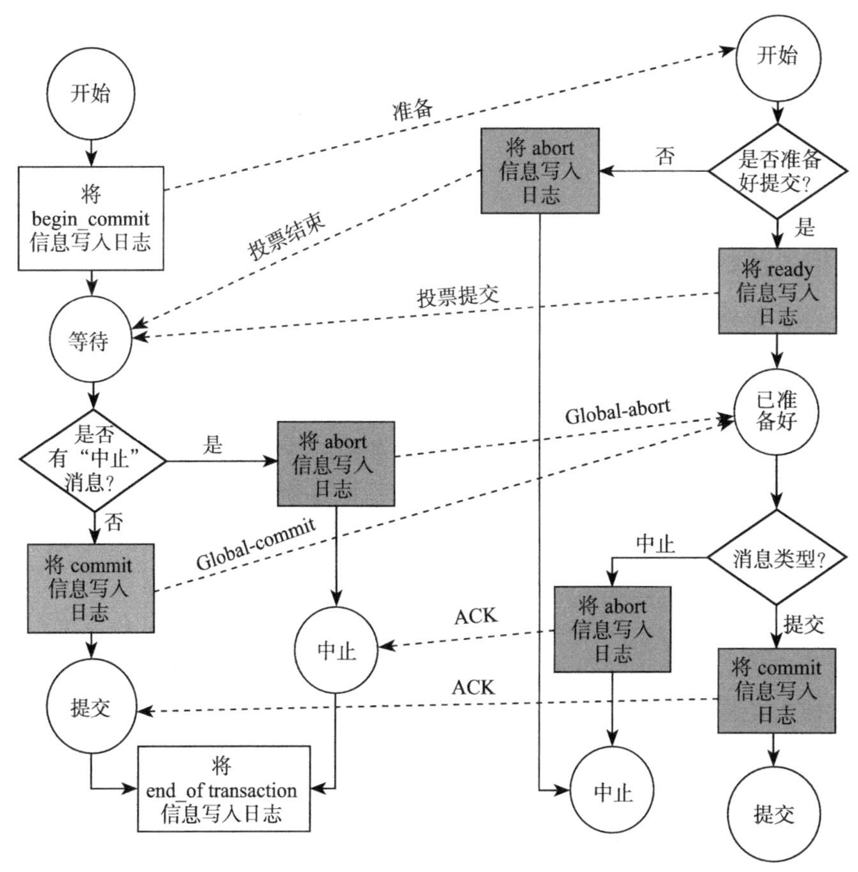

图 4-29　2PC 过程图

如下分阶段讨论 2PC，其中不包括故障发生时的应对措施（带有故障处理的 2PC 见参考文献 [20]）。

1. 准备阶段

准备阶段是 2PC 的第一阶段，其具体过程如下。

1）协调者节点在本地记录 Begin Commit（开始提交）信息到 REDO 日志。

2）协调者节点向所有参与者节点询问是否可以执行提交操作（发起投票，准备消息），并开始等待各参与者节点的响应。

3）参与者节点检查子事务是否可以提交或执行各自的子事务操作直到提交前一刻（注意：子事务已经被实际执行，使用封锁协议则参与者施加了锁导致其他并发事务因此阶段封锁而被阻塞），此后参与者即可知道本地的子事务是否可以提交，如果可以提交，将 ready 信息写入到 REDO 日志。

4）各参与者节点回应协调者。

- 如果参与者节点的子事务操作执行成功，则返回一个投票提交的消息，进入就绪状态等待协调者进一步的消息。
- 如果参与者节点的子事务操作执行失败，则将 abort 信息写入日志，然后回滚本地的子事务，并返回一个投票结束的消息给协调者。

2. 提交阶段

提交阶段，2PC 的第二阶段，又称完成阶段。其具体过程分为如下两种情况。

情况一：协调者节点从所有参与者节点收到的消息都为“投票提交”的情况。

1）协调者节点在本地记录 commit 信息到 REDO 日志。

2）协调者节点向所有参与者节点发出 Global-commit 消息后，进入提交（COMMIT）状态。

3）参与者节点收到 Global-commit 消息，记录 commit 信息到 REDO 日志，正式完成提交操作（设置了事务提交完成标志），并释放在整个事务期间占用的资源。如果各个参与者使用了封锁并发访问控制机制，则必须在最后阶段释放锁资源。

4）参与者节点向协调者节点发送 commit 结束消息。

5）协调者节点收到所有参与者节点反馈的 commit 结束消息后，完成事务，并在本地记录 end commit 信息到 REDO 日志。

情况二：任一参与者节点在第一阶段返回的回应消息为“中止”，或者协调者节点在第一阶段的询问超时之前无法获取部分参与者节点的回应消息的情况。

1）协调者节点在本地记录 abort 信息到 REDO 日志。

2）协调者节点向所有参与者节点发出 Global-abort 消息，进入事务撤销（abort）状态。

3）参与者节点收到 Global-abort 消息，记录 abort 信息到 REDO 日志，利用事务回滚机制执行回滚操作（如 MySQL 可以使用回滚段执行回滚），并释放在整个事务期间占用的资源。如果各个参与者使用的封锁并发访问控制机制，则必须在最后阶段释放锁资源。

4）参与者节点向协调者节点发送 abort 结束消息。

5）协调者节点收到所有参与者节点反馈的 abort 结束消息后，完成事务，并在本地记录 end abort 信息到 REDO 日志。

3. 两阶段提交的变形

为了提高 2PC 的性能，出现了多种 2PC 的变形版本。其中，1PC 表示一个事务只涉及一个节点，即本地事务。所以 2PC 蜕化为 1PC 时，不用考虑分布式事务在提交阶段可能遇到的问题，其本质就是一个单节点的单机事务，所以事务在本地被直接执行，然后提交或回滚即可。

另外，有的变形版本，如**假定取消**（Presumed Abort，见参考文献 [30]）、**假定提交**（Presumed Commit，见参考文献 [31]），做法是降低协调者和参与者之间的消息数量、写日志的次数来提高性能，这本质上还是两阶段提交。

Tree 2PC（又称 Nested 2PC 或 Recursive 2PC，见参考文献 [32]）协议、Dynamic two-phase commit（D2PC，见参考文献 [33]）协议也是对 2PC 的改进。前者把协调者和参与者组织为一棵树的形式，参与者作为节点可以向上层的其他参与者节点或协调者发送中止消息，上层节点有义务即刻向上传播中止消息直到协调者节点。后者是前者的改进，没有预先确定的协调者，而是通过竞争选出协调者，且所有的实例中协调者因需选举而可以不集中在一个固定节点上，降低了事务集中在一个节点上成为瓶颈的可能。

4. 两阶段提交的缺点

2PC 是一个阻塞性质的协议，其有如下几个缺点。

- **同步阻塞问题**。某个参与者在等待其他参与者响应的过程中，将无法进行任何其他操作，即所有参与都是事务阻塞的。此时，参与者占有公共资源（如持有锁）时，其他并发事务如要在相同对象上施加锁则会被阻塞。
- **单点故障**。协调者一旦发生故障。参与者会一直阻塞下去。尤其在提交阶段，协调者发生故障，此时所有的参与者都处于锁定事务资源的状态中，故无法继续完成事务。
- **数据不一致**。在第二阶段，当协调者向参与者发送提交请求之后，发生了局部网络异常或者在发送提交请求的过程中协调者发生了故障，只有部分参与者收到了提交请求。而在这部分参与者收到提交请求之后就会执行提交操作。但是其他未收到提交请求的机器则无法执行提交操作。于是便出现了数据不一致性的现象。
- **2PC 无法解决的问题**。协调者发出提交消息之后宕机，而收到这条消息的参与者同时也宕机，此时，无法知道事务的真实状态。

由于 2PC 存在着诸如同步阻塞、单点问题、脑裂等缺陷，所以，有人提出了三阶段提交、基于 Paxos 协议的 2PC 等改进协议。

4.6.2 三阶段提交

三阶段提交协议（three-Phase Commit，3PC[1]）是对 2PC 的改进，改进之处在于：为协调者和参与者引入超时机制，并且把 2PC 的第一个阶段细分成两步，如此变成 3PC，即变为“先询问是否可以提交，然后再锁资源，最后真正提交”这三步。

1. 执行过程

如图 4-30 所示，3PC 分为了 3 个阶段：canCommit、preCommit、doCommit。

- canCommit 阶段：协调者向参与者发送提交请求，参与者如果可以提交就返回投票提交消息，否则返回投票中止消息。具体过程，类似 2PC 的准备阶段。
- preCommit 阶段：协调者根据参与者的回答和超时机制，确定是否可以继续事务的 preCommit。这包括如下两种情况。
  - 情况一，可提交：协调者从所有的参与者处收到投票提交消息，然后发出全部提交消息，进入下一个阶段。
  - 情况二，撤销事务：协调者从任何一个参与者处收到投票中止消息，或者等待超时之后，则发出全部中止的消息，参与者执行事务的回滚。
- doCommit 阶段：此时会进行真正的事务提交阶段。这个阶段也可以分为两种情况，过程类似 2PC 的提交阶段，但是消息传递过程中存在超时机制。

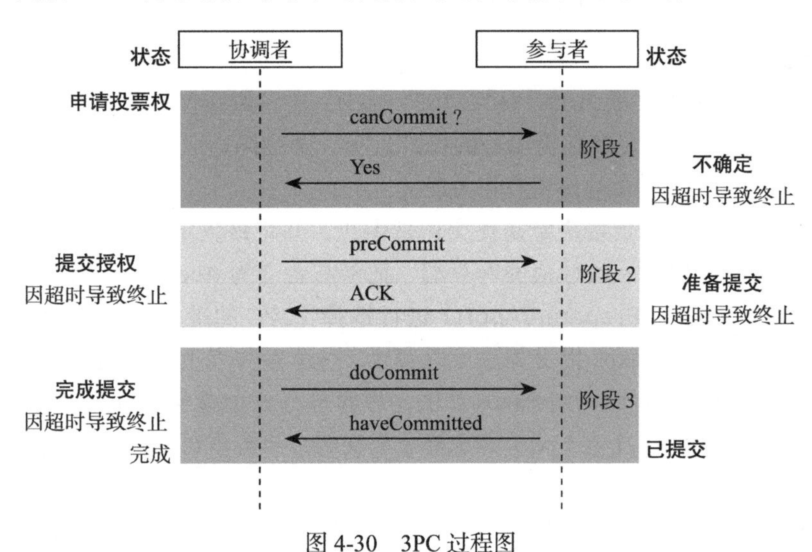

图 4-30　3PC 过程图

2. 三阶段提交的缺点

3PC 尽管不是一个阻塞性质的协议，但也有缺点，具体如下。

- **无故障恢复**：3PC 的主要缺点是不能在发生分区的情况下进行故障恢复。在分布式

[1] 3PC 的更多信息可参考见 https://en.wikipedia.org/wiki/Three-phase_commit_protocol.

事务处理过程中，采用 2PC 或 3PC 机制时，因分布式架构的特点，在事务提交算法中就要考虑分区发生的情况，以实现故障情况下的恢复机制。参考文献 [59] 解决了 3PC 的故障恢复问题。

- **耗时长**：3PC 至少需要 3 次网络交互才能完成整个过程，这使得每个事务的耗时变长。
- **数据不一致**：如果进入 preCommit 后，Coordinator 发出的是中止请求，假设只有一个参与者（Cohort）收到并进行了中止操作，则其他对于系统状态未知的参与者会根据 3PC 选择继续提交，此时系统状态会出现不一致。

4.6.3 基于 Paxos 的提交

参考文献 [159] 讨论了一种使用 Paxos 协议改进 2PC 的算法，这种算法称为 Paxos 提交算法，此算法解决了分布式环境下 2PC 阻塞问题，而且有着更好的容错性。

在 $2F$+1 个协调者参与的事务中，由每个参与者决定事务应当是进行提交还是中止，决定过程需要运行一个 Paxos 一致性算法，当分区发生只要有至少 F+1 个参与者正常工作，Paxos 提交算法就不会被阻塞。与 2PC 相比，Paxos 提交算法具有更好的容错性（存活节点不要求是全部参与事务的节点），同时在没有错误发生的情况下可以具有与 2PC 相同的消息延迟，这使得 Paxos 提交算法可以更好地满足现代分布式数据库对高可用性的要求。而 2PC 可以看作 Paxos 提交算法在 F=0 时的一个特例。

1. Paxos 提交算法

Paxos 算法（见参考文献 [160，161，162，163]）是一种具有极高容错性的异步一致性算法。它使用一系列以非负整数为编号的投票过程，并最终达成一致性。每个投票过程都与一个预先确定的 LEADER 的协调者相关联。

在 2PC 中，由协调者负责决定是提交还是中止，并将该决定通知参与者们。Paxos 提交算法把协调者变成提议一致性值的客户端，把参与者变为 Acceptor，采用 Paxos 一致性算法**对准备提交 / 中止（Prepared/Abort）进行选择**（2PC 的准备阶段的后半程，3PC 的 preCommit 阶段），使得 Paxos 提交算法可以容错（每个参与者上都在运行 Paxos 算法，在 $2F$+1 个参与者节点中运行同一组 Paxos 算法，可容忍有 F 个参与者节点出现故障）。当有 F+1 个参与者（不是 $2F$+1 个参与者）都选择了提交时，事务就可以被提交；否则事务将会被中止。

对于 Paxos 提交算法[⊖]，原文将其过程分为几个阶段（如阶段 2a、阶段 2b，阶段 3 等）。

- 0 号投票的**阶段 2a**：消息可以具有任意的值 v，此消息带有 Prepared（参与者决定要

⊖ 注意：Leader、Acceptor 是 Paxos 算法中的角色名称，协调者（TM，事务管理器）、参与者（RM，资源管理器）是 2PC 算法中的角色名称，实则是分布式事务中的角色。本节介绍使用 Paxos 算法来改进分布式事务提交算法（2PC），所以混用了这些角色名称，但根据角色名称的使用，可以识别是在描述 Paxos 算法在 Paxos 提交算法中的作用，还是在描述 2PC 在起作用。

提交）或 Aborted（参与者决定要中止）标识。通常该消息由 Leader 发送，但是如果将该消息发送的权授给事先确定的任意参与者，Paxos 算法依然正确。

- **阶段 2b**：当 Leader 收到 F+1 个参与者针对 0 号投票的消息 Prepared 后，就能得知该事务可以提交；否则事务将会被中止（一旦参与者知道事务已被中止，它就可以忽略 Paxos 协议的其他所有消息）。
- **阶段 3**：如事务可提交，则之后 Leader 发送消息 BeginCommit 通知参与者（可以通过让 Acceptor 直接将它们的**阶段 2b** 的消息发送给参与者以去掉**阶段 3，即把阶段 3** 的消息并入**阶段 2b** 以消除**阶段 3**）。

由本算法可见，Paxos 提交算法改进的是 2PC 的部分阶段，即**对准备提交 / 中止进行选择**。

2. Paxos 提交算法与 2PC、3PC

在 2PC 中，协调者既要做提交 / 中止决定，还要将事务决定的结果通过 REDO 日志持久化存储。如果协调者出故障，2PC 可能会被无限期阻塞。而 3PC 尽管因超时机制不会被阻塞，但是 3PC 如同 2PC 一样依旧以协调者为主，以其余参与者为辅，当有部分参与者失效时，事务只能回滚。

而 Paxos 提交协议在某个决定上达成一致，可以容忍 2F+1 个参与者中有 F 个失效。这就相当于是用 Acceptor 的持久化存储（网络消息）来代替协调者的持久化存储（局域网中本地持久化的代价会高于网络持久化的代价）而提高效率，用一系列可能的 Leader 集合代替单个的协调者（体现了规避单点故障的去中心化的思想）而提高容错性，将协调者这个角色从提交 / 中止决议过程中消除。

Leader 通过为参与者的 Paxos 实例重启一个编号更大的投票过程，为那些自己无法做出决定的参与者做出中止决定。

另外，参考文献 [159] 讨论了 2PC、Paxos 提交算法的代价，如图 4-31 所示。正常情况下（无失效节点）Paxos 算法会比 2PC 有更多的消息。而基于 Paxos 提交算法虽然提高了系统的容错性，但是因允许部分节点不提交而违背了严格的事务提交的语义（要么成功、要么失败），所以基于 Paxos 提交算法实现的分布式数据库系统，需要其他机制确保失效节点恢复后数据得到同步。

	2PC 算法		Paxos 提交算法		Faster Paxos 提交算法	
消息延迟	4	3	5	4	4	3
消息数	3N−1	3N−3	NF+F+3N−1	NF+3N−3	2NF+3N−1	2FN−2F+3N−3
稳定存储写延迟	2		2		2	
稳定存储写次数	N+1		N+F+1		N+F+1	

注：N 为 RMS（资源管理器）的数量；F 为可容忍的错误数量。

图 4-31 2PC、Paxos Commit 和 Faster Paxos Commit 的性能

不管是 2PC、3PC 还是基于 Paxos 的提交算法，本章都没有详细讨论故障处理机制，

也没有讨论故障的恢复机制，如果读者在这方面有需求，请参考相应资料。

4.6.4 一阶段提交

参考文献 [186] 讨论了一阶段提交，参考文献 [180] 基于多副本数据（冗余数据 / 复制数据，replicated data）在分布式事务场景下提出一阶段提交，即去掉 2PC 中的准备阶段的工作。之所以可以这样做，是因为：

- 对于多副本数据上的分布式事务，每个保存数据项的副本的服务器都是参与者。当事务中涉及的每个数据项都有可用的副本作为仲裁者时（其他的多数派副本，可以帮助失败者在进行恢复操作时复制其需要重新执行的信息），参与者失败可以不用强制回滚事务。并且，参与者不必为了在记录失败进行恢复操作时做相应的工作。而 2PC 的准备阶段是为了在参与者之间达成一致，因此可以利用非阻塞一致性算法 Paxos（见参考文献 [159]）来达成提交一致性。
- 提议者作为协调人，确保承诺信息可由参与者保存。由于提议者是可替换的（通过选举从合法的候选者中产生），所以替换提议者可以使用保存在参与者处的信息，在提议者失败时正确地结束事务。因此事务失败恢复不需要协调者的日志记录。

基于如上两条原因得知，2PC 中的准备阶段的工作可被省去。图 4-32 所示比较了参考文献 [180] 提出的 Pronto 系统的一阶段提交和 2PC、基于 Paxos 的提交的差异。参考文献 [180] 的测试结果表明，Pronto 提交耗时是 2PC 的 20%。

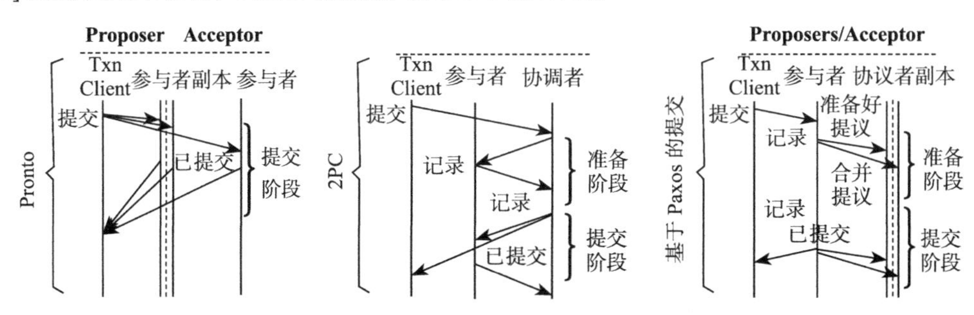

图 4-32 3 种分布式提交协议示意图

4.7 可串行化发展历史

参考文献 [247] 中明确提出事务、数据一致性的并发度（著名的 degree 0 到 degree 3），并发度用于衡量事务处理的效率，也用于指导区分数据异常（但没有隔离级别区分不同数据异常那么明确）。但是，“degree 0 到 degree 3”的提出，是和具体的封锁协议紧密绑定⊖的，即把一个“普适”（其实没有很强的普适性，但是已经在描述数据一致性和隔离性的

⊖ 参考文献 [113] 这样描述：定义了 0 级一致性以允许脏读写，只需要操作原子性。degree1 ～ degree3 分别锁定 READ UNCOMMITTED、READ COMMITTED 和 SERIALIZABLE。

关系上前进了一步）概念和一项实现一致性保证的具体技术绑定在了一起（这一点从 1995 年 Jim Grey 发表的参考文献 [113] 中依然用“degree 0 到 degree 3”表达“Snapshot”可以看出）。而可串行化理论是保证数据一致性的基础理论。

参考文献 [245，246] 定义了被广泛使用的、用于验证事务并发执行正确性的 serial equivalence（串行等效）标准并给出可串行化的形式化定义，同时提出采用 Predicate Lock（谓词锁）来替代在数据项上进行物理加锁的方式。

参考文献 [125] 定义了数据一致性，并讨论了基于封锁的并发访问控制算法和死锁等相关内容。

参考文献 [243] 证明：判断并发事务的调度是否是可串行化的是一个 NP-complete 问题，这表明很可能没有一种有效的算法来区分一个调度是可串行化的或是不可串行化的。因此为了实现可串行化并确保性能达到一个可用的程度，可串行化算法通常以牺牲某种精准度（如降低并发度、增加回滚率）的方式来换取较好的性能（见参考文献 [114] 中介绍的思路）。

数据库实现可串行化有多种算法，如基于封锁的并发访问控制算法、基于时间戳的并发访问控制算法等。

基于封锁的并发访问控制算法是通过抑制将要发生的并发事务的执行，通过不同种类的锁来禁止出现不同的数据异常，从而实现可串行化。

基于时间戳的并发访问控制算法是通过事务获得时间戳的顺序对事务的提交进行排序，然后验证正待提交的事务是否与其他并发事务不存在冲突，如果不存在则说明实现了可串行化，如果存在则说明可能有数据异常。

参考文献 [113] 基于封锁技术定义了多种数据异常和有别于 ANSI SQL 标准的隔离级别（见表 1-1）。该参考文献表明，SI 不满足可串行化（存在写偏序数据异常）。参考文献 [226] 重新定义了多种数据异常，但基于的是封锁、乐观、MVCC 这些技术。后者在前者的基础上，具有更大的灵活性，可适用于多种并发访问控制技术，可适用于工业产品实现。另外，参考文献 [226] 还重新定义了隔离级别（见表 1-2）、可串行化图（使用事务之间的依赖和反依赖关系描述 DSG 是如何形成的）、冲突可串行化等。

参考文献 [79] 讨论了快照隔离写写冲突的避免方法。该参考文献表明，禁止写写冲突时，在允许存在一些不可序列化的历史（历史调度）外，也会阻止一些有效的、可串行化的历史，这会降低事务的并发性。

参考文献 [129] 总结了满足可串行化的两种规则以避免读操和写操作的冲突（参见 4.3 节），一种称为 BOCC 算法，另外一种称为 FOCC 算法。BOCC 算法需要比较历史已经提交的事务的写集和本事务的读集，即检查写读冲突。FOCC 算法需要比较活跃的事务的读集和本事务的写集，即检查读写冲突。但可串行化的实现依靠的是 TO 算法，在事务完成第一阶段的操作时会获取事务的提交时间戳作为并发事务排序的依据。

参考文献 [114] 提出可串行化的快照隔离技术（参见 4.4.3 节），该技术利用可串行化理论，指出若一个优先图（依赖图）上存在环（把写偏序问题抽象为在并发事务之间绘制依赖图的问题），则以为有写偏序发生，所以要解决写偏序问题，打破环即可。但是，在工程实践中却不完全按这样的方式解决写偏序问题。参考文献 [114] 提出的算法是在即将形成环之前，通过回滚某个事务破坏形成环的条件，从而避免环形成。而这样的破坏行为，避免的是双向读写冲突发生（本事务的读集和别的事务的写集、别的事务的读集和本事务的写集共两种读和写的冲突），如此实现了可串行化。

参考文献 [79] 提出 SI 和 WSI 技术。SI 算法遍历所有被本事务修改的数据，检查这些数据是否被其他事务修改过，即检查写写冲突。WSI 算法遍历所有被本事务读的数据，检查这些数据是否被其他事务修改过，即检查读写冲突。WSI 算法是可串行化的（参考 4.4.4 节）。

表 4-6 总结了一些经典的可串行化算法，虽然表中所列参考文献有限，但可串行化技术发展的脉络由此可初见端倪。

表 4-6 可串行化经典算法比较表

参考文献	发表年份	并发算法	采用的冲突模式			可串行化实现
			RW	WR	WW	
[247]	1976	Locking	—	—	—	事务和一致性并发度等概念被提出
[245、246]	1976	Locking	—	—	—	提出 2PL 协议，定义了被广泛使用的、用于验证事务并发执行正确性的 serial equivalence 标准，对可串行化的概念进行了形式化的描述
[229]	1979	Locking	是	是	是	对于 RR 模式，读操作施加读锁，互斥其他并发事务发生，从而实现可串行化。采用 RW、WR、WW 三种冲突模式，这是用于弱于可串行化的其他隔离级别
[261]	1979	Locking	是	是	是	提出 STRICT SERIALIZABILITY 和冲突图等概念
[166]	1982	OCC+DTA 最早的 DTA	是	是	避免	基于锁替代临界区，互斥其他并发事务发生 WW 冲突，若发生 RW、WR 冲突则动态调整事务的时间戳范围，基于提交时间戳（通过协商动态获得）进行排序以实现可串行化
[126]	1983	TO 算法	—	—	—	提出基于时间戳的并发访问控制协议
[129]	1984	OCC/BOCC	—	是	避免	基于临界区互斥其他并发事务进入验证阶段以避免 WW 冲突。先进入临界区者排序在前，基于此完成可串行化排序；BOCC 算法对已经提交事务的写集和本事务的读集进行比较；FOCC 算法对本事务的写集和活跃事务的读集进行比较
		OCC/FOCC	是	—	—	
[113]	1995	无	—	—	—	对多种数据异常进行了形式化定义，没有提及可串行化实现方式（基于封锁技术定义数据异常和隔离级别）
[226]	2000	无	—	—	—	对多种数据异常进行了形式化定义，没有提及可串行化实现方式（基于封锁、乐观、MVCC 技术定义数据异常和隔离级别）
[114]	2009	MVCC/SSI	—	—	避免	理论方面是通过打破依赖图中的环实现可串行化，实践中是通过破坏双方向的 RW 冲突发生实现可串行化（双方向的 RW 冲突是形成环的必要条件）。读操作基于快照，禁止 WW 冲突发生

（续）

参考文献	发表年份	并发算法	采用的冲突模式			可串行化实现
			RW	WR	WW	
[79]	2012	MVCC/WSI	—	—	—	提交阶段，对于本事务的读集数据，检查其是否被其他事务修改过，即检查 RW 冲突（类似 FOCC 算法）。读操作基于快照
[157]	2014	OCC+DTA MaaT	是	是	避免	基于提交时间戳排序，但时间戳是在 RW、WR 冲突模式中通过协商动态获得的；在被写的数据项上加软写锁，避免第二次被写（避免 WW 冲突），软写锁用于替代临界区

4.8　其他分布式处理技术

参考文献 [168] 对多种并发访问控制算法做了对比实验，发现并发访问控制算法影响系统性能的一个因素是一个对象上的时间戳粒度，准确地说：主要是验证了在 OCC 算法下，当对冲突对象进行检测时如果采用更细的粒度，则会获得更高的事务吞吐量。

要在非动态时间调整的算法（非 4.5.1 节介绍的 DTA 算法，主要包括 OCC、ACC、TicToc 等）中实现可串行化，需要将时间戳作为排序依据（ACC 是其中的一部分，OCC 中的部分也是如此）。而时间戳是以事务为载体、以对元组的读写操作为载体，还是以对字段的读写操作为载体？这体现了细粒度的含义。粒度越细，发生冲突的概率越小，并发效率越高。

图 4-33 和图 4-34 所示分别使用基于 YCSB 和 TPC-C 测试标准，对粗粒度和细粒度两种情况的多种并发访问控制算法的性能进行了测试。结果表明，细粒度的并发访问控制算法的性能都优于粗粒度的并发访问控制算法的性能，其原因是细粒度相关算法避免了一部分粗粒度相关算法引发的冲突情况，降低了回滚率，因而提高了并发度。

图 4-33 和 4-34 所示的结果表明，OCC 算法是并发访问控制算法中最优的，这一点是否可信（OCC 算法在原理上不是最优），有待更多研究来确认。

图 4-33 和 4-34 中所示的结果还表明，ACC 算法不是最优的，ACC 算法有待被深入研究。

另外，图 4-33（与 YCSB 负载具有高竞争的吞吐量类似，当有 50% 写操作时，Zipfian 发布 θ= 0.9）和图 4-34（TPC-C 吞吐量随争用的增加而增加，固定 8 个仓库）中所示的结果对于 TicToc 算法而言，在性能上存在较大的不一致。原理方面，在粗粒度情况下，OCC 算法以事务为计时单位，TicToc 算法以事务内的操作为计时单位，TicToc 算法的冲突发生概率相对较小，而且理论上性能较高，细粒度与此相似。而 TPC-C 的测试结果表明，TicToc 算法的性能相对较好，但是和 OCC 算法相比并未明显胜出。

图 4-34a 所示情况为一个时间戳适用所有行；图 4-34b 所示情况为两个时间戳适用所有行。

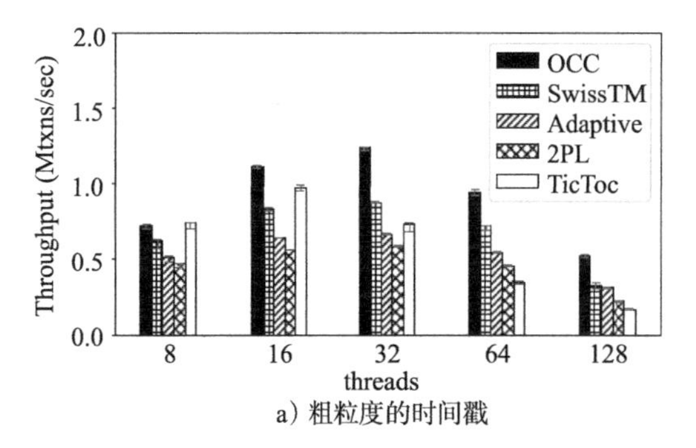

a）粗粒度的时间戳

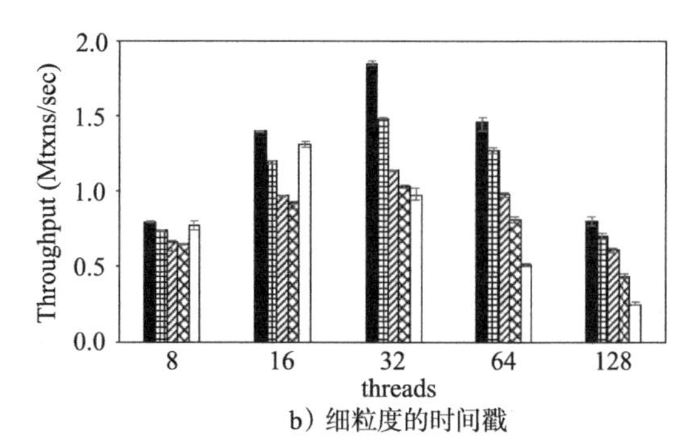

b）细粒度的时间戳

图 4-33 基于 YCSB 测试多种并发访问控制算法的性能

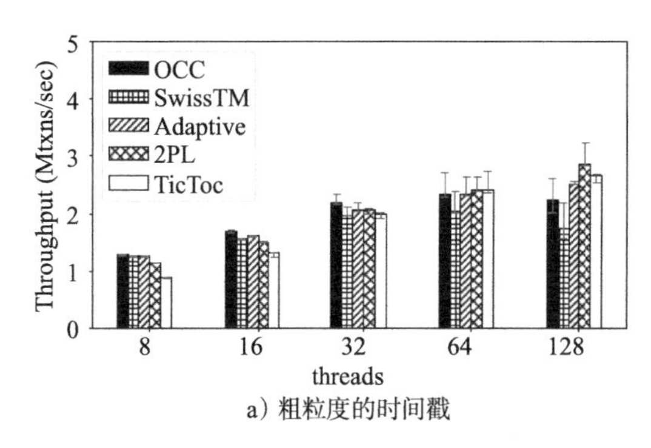

a）粗粒度的时间戳

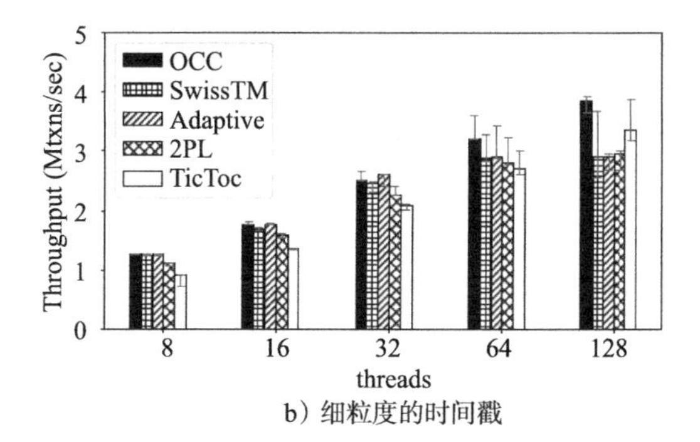

b）细粒度的时间戳

图 4-34 基于 TPC-C 测试多种并发访问控制算法的性能

图 4-33a 所示情况为一个时间戳适用所有列；图 4-33b 所示情况为第一个时间戳适用于所有奇数列，第二个时间戳适用于所有偶数列。对图中各项说明如下。

- OCC：乐观并发访问控制。
- SwissTM：参考文献 [168] 中提及的一种算法，一种基于自适应读写锁和 TicToc 算法的混合并发控制方案。
- Adaptive：自适应算法。
- 2PL：两阶段封锁协议。
- TicToc：参考文献 [61] 中提及的一种算法，基于 DTA 技术实现。
- Throughput (Mtxns/sec)：吞吐量（百万事务 / 秒）。

参考文献 [169] 把元组上冲突发生的概率分为 3 种情况，分别为 WL1（冲突少）、WL2（冲突中等）、WL3（冲突高）。然后基于 TPC-C 对比了悲观机制（2PL）、乐观机制（OCC）、分区并发访问控制机制（PartCC，基于 H-Store）的性能，发现在不同冲突负载的情况下，不同的算法各有优势，如图 4-35 所示。因此参考文献 [169] 的作者认为：没有一种并发访问控制算法可以适配所有场景，根据不同负载和情况实现 ACC 算法是必要的。而图 4-36 表明，在不同的分布式事务负载下，通过性能测试发现多种并发访问控制算法中 ACC 的性能是较好的。

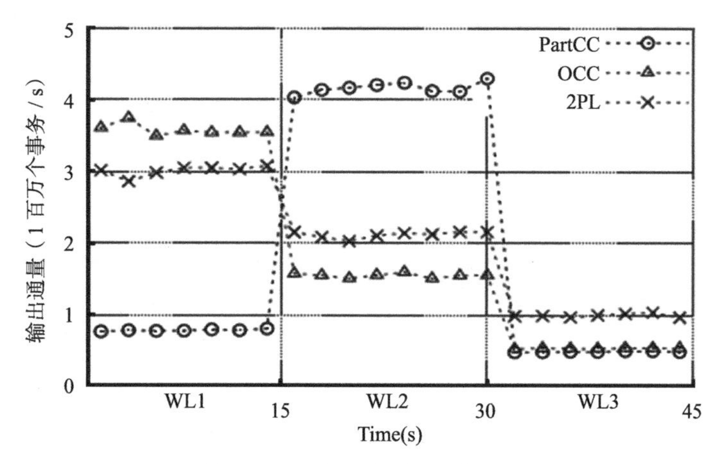

图 4-35　不同冲突负载下的多种并发访问控制算法性能对比

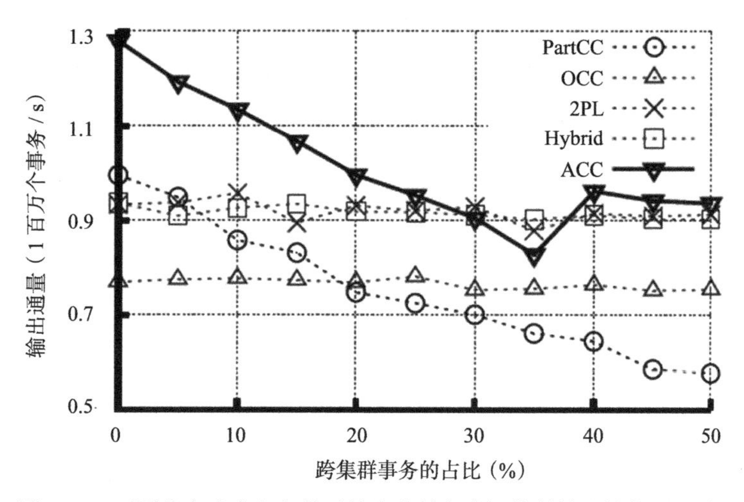

图 4-36　不同分布式事务负载下的多种并发访问控制算法性能测试对比

参考文献 [111] 在分布式系统环境下讨论了多种并发控制技术，包括 2PL、TO、基于 TO 的 MVCC 等。

参考文献 [155] 提出的 fractured reads 异常，本质上是读偏序异常；基于 Read Atomic 隔离级别，给出 Read Atomic MultiPartition (RAMP) 算法，为分布式事务提供了很好的扩展性。

参考文献 [29] 讨论了以高可用为核心目标，在事务的一致性和分布式一致性结合的背景下，各种一致性是否能做到高可用性。其结论是，Causal consistency 能够达到 100% 高可用的最高一致性级别。

第二篇 Part 2

架　　构

本篇以分布式事务处理技术作为主线，讨论与分布式数据库系统架构相关的内容。

系统架构有4个特性：复杂性（Complexity）、不可见性（Invisibility）、易变性（Changeability）、服从性（Conformity）。对于复杂性，软件的各个模块之间有各种显性或隐性的依赖关系，随着系统的成长和模块的增多，这些关系的数量往往以几何级数的速度增长，而数据库系统正是这样的高耦合的特别复杂的系统；不可见性是指我们能直接看见源代码，但是源代码不是软件本身，所以软件的行为难以预料；易变性是指软件所面临的变化是复杂的，环境也是复杂的，这也使得软件行为多变；服从性是指软件要服从系统中其他组成部分的要求，也要服从用户的要求、行业的要求，这使得软件需要适应“应用的需求”，即架构设计的时候，要特别考虑特定的需求。

架构一词有其普适性，也有专指性。普适性是针对所有系统而言的，例如高可用、可扩展；而专指性是针对特定的系统而言的，例如分布式事务型数据库的事务处理技术是数据库技术的核心和灵魂，数据库的架构在高可用、可扩展等普适的要求下用ACID来构建整个系统，而ACID不是每个系统都需要的特性。

对于分布式数据库系统而言，架构包含3个要素。

- **基本组件**：组件代表了一个软件系统所能提供的功能，这里所说的功能包括对外所能提供的服务（如SQL的解析、优化和对SQL语义的执行，如多租户需求下对资源的管控等）和对内对整个系统的支撑（如缓冲区）。
- **基本组件之间的关系**：即各个模块所处的相对位置以及模块之间的相互关系（如计算层和存储层的关系）。而要实现各个模块，必须实现可用性、可扩展性、事务特性等，对这些系统特性的介绍是本篇的主要内容。
- **事务处理技术**[⊖]：事务处理技术从根本上保证了用户数据的正确性，同时兼顾了系统性能。事务处理技术的ACID特性，从数据库内部构建了各个组件之间的关系，协调了计算层（ACID的A、C、I特性）和存储层（ACID的D特性）的关系。数据库内部的很多组件，都要和事务处理技术协调工作，并形成你中有我我中有你的局面（即高度耦合）。

本篇在讨论数据库架构之时，侧重于从事务的角度讨论分布式数据库的架构。因此，**本书的核心逻辑是用强一致性（事务处理技术关联到分布式系统，这是事务的一致性和分布式一致性相结合的问题，即5.5节将要讨论的强一致性）串联起各个章节的内容**。

⊖ 对OLAP系统而言，因为没有TP（事务处理）的需求，所以系统的逻辑只限于前两个要素，因而与OLTP类型的系统相比，OLAP系统比较简单。因要满足OLTP的需求，所以事务型数据库的复杂性极高。

第5章 Chapter 5

去中心化的分布式数据库架构

数据库架构是数据库系统为了适应外部需求，对数据处理组件进行搭建的一种方式。数据库提供何种功能、如何使用这些功能、数据库内部各个模块之间以什么的方式协作等，都是设计架构时需要考虑的内容。

分布式数据库架构，需要以事务处理（一致性、可用性）为核心，其是集存储、计算、可扩展性、用户易用性等一系列满足用户需求的特性为一体的软件架构技术，因此本书讨论的核心是事务处理技术，事务处理技术的核心是分布式事务处理技术。

本章从数据库架构的角度及服务于架构的角度（而分布式数据库所涉及的一些具体技术，如数据的一致性 Hash 分区等，非本章重点，不做展开）对一些影响架构的技术进行讨论，如高可用性、可扩展性、存算分离架构解耦（存储和计算解耦、存储和事务处理解耦、事务控制和流程执行的 MPP 并行框架解耦等）等。

5.1 分布式存储架构

分布式存储架构，是分布式文件系统（包括对象存储和块存储）、分布式数据库的有效组成部分。分布式存储架构通常由 3 个部分组成：客户端、元数据服务器和数据服务器。

- 客户端：负责发送读写请求给一个自动路由服务器或一个中心化的服务器。
- 元数据服务器：元数据从数据管理中分离，庞大的元数据需要独立管理，因此元数据服务器负责管理元数据和处理客户端对元数据的请求。
- 数据服务器：负责存放用户文件等数据，保证数据的可用性、完整性和一致性。

以元数据和用户数据分离的方式设计架构有两个好处：性能和容量可同时扩展，系统规模具有很强的伸缩性。

对于分布式存储架构，有很多值得讨论的内容，如数据分布、数据管理方式、多副本、多读多写等。

5.1.1 数据分布

单机数据库系统有很多数据分区技术，如Hash分区、范围分区、LIST分区、水平分区、垂直分区等。因为分区技术已经成熟并基本在主流数据库系统中实现，所以本节不深入讨论，有兴趣的读者可以参见参考文献[273]，其中详细讨论了单机数据库系统的分区技术。

在分布式系统中也有数据分布技术，如一致性Hash算法，关于这些技术有很多文献已经讨论得十分充分，本节不再展开。本节将对如何利用新技术进行数据自动分布进行简单介绍。

参考文献[267，268]描述了利用AI进行数据分布的技术。

参考文献[274，275]讨论了分布式数据库系统数据的分解技术。参考文献[275]把数据分布和查询优化技术结合在一起，协同考虑数据分片和查询优化技术的关系，这表明在分布式系统中，数据的分布影响着算法的设计。实际上，数据分布是分布式数据库的主要特征，其影响着分布式数据库的架构实现。而实现数据访问的局部化，是分布式数据库模式（Schema）设计的重要内容。为了支持用户方便灵活地进行数据分布设计，进行分布式数据库内核架构设计时需要考虑提供较为丰富的数据分布手段，如在整个分布式系统层级，提供类似Hash分区、范围分区、LIST分区、水平分区、垂直分区、混合分片等技术。对于数据分区技术，常见的产品如带有sharding模式的TDSQL V2.0数据库，以及按Range划分数据的CockroachDB、TDSQL V3.0等数据库。另外，部分研究系统也提供了一些智能化手段用于完成数据自动分布。对于智能化的数据分布策略，不同的系统采取了不同的技术。

参考文献[269]提出了适用于分布式OLTP数据库的、以应用负载为驱动的Schism系统。Schism系统实现了**基于图分割算法的数据分区技术**，其设计思想是：通过在节点上采样出来的元组或元组的集合，创建数据负载关系图。同一个事务访问过的元组作为图中的点，图中这些点彼此相连形成边。Schism系统能把数据分区问题转化为图分割问题。Schism系统采用METIS算法将图分割为n份，这表示数据被分区到n台机器，这样可以减少跨节点事务并保持数据均匀分布。后来又有人对Schism系统进行了改进（见参考文献[270]），其给负载关系图的边赋予了权重，如为具有数据依赖关系的对象的边分配最高的权重，为独立事务的边分配尽可能小的权重等，通过对带权图进行分割，实现数据分区。

我们还可以使用强化学习的方法在列存储数据库上进行数据分块和数据分布方式的选择（见参考文献[271]）：对一组特定的查询负载和数据，使用一组查询或查询样本的估计时间作为代价函数，通过合并、拆分等动作，基于 Q-Learning 的强化学习算法，探索学习适合该组负载的数据分块方式。该参考文献的不足之处在于，在状态表示和代价函数选择的合理性上只进行了初步验证，没有在真实数据库上进行实验，在可扩展性和适用性方面仍然存在问题。对此，我们可以分两个阶段进行强化学习，一是用负载的估计执行时间作为代价函数的主体部分进行离线学习，根据离线学习的模型进行数据分区，再以数据分区后负载的实际执行时间作为代价函数的主体部分，对强化学习模型进行调优；二是设置在线学习阶段，避免强化学习模型受限于传统代价估算模型的质量，同时可以增强模型处理新负载的能力。对于改进的方式，参考文献 [272] 进行了深入探讨。

要想实现合理的数据分布，就需要研究数据分布策略，但更重要的是研究不同类型数据的管理需求，下面我们将对此进行详细讨论。

5.1.2　数据管理

分布式数据库中，与数据相关且影响架构设计的因素有多个。

第一个因素，巨大的数据量以及由巨量数据衍生出的需要对大量元信息进行管理的需求。

在分布式系统中，用户数据的体量会很大，数据的读写性能是影响整个分布式系统（如分布式数据库、分布式文件系统等大型系统）性能的关键，而面对巨量数据，相关的数据管理方式也影响着系统性能。例如，CockroachDB 采取统一的方式对用户数据和元数据进行管理。CockroachDB 存储层支持数十万台规模的存储节点（存储单节点的存储量按 2TB 计算），用户数据最小切分单元是 Range（Range 默认值是 64MB）。CockroachDB 以 3 副本的方式分布在各个子节点上，副本间通过 Raft 协议进行数据同步，总共支持 4EB 的用户数据存储。

因为单个节点容量有限，所以为了支持 4EB 的数据，CockroachDB 需要对数据进行切分，甚至对元数据进行切分。CockroachDB 通过两级路由的方式管理其上的元数据，每级路由中又包含多条子路由，其中每条子路由中的元数据约为 256B，默认情况下，单个 Range 可存储 256K 条路由信息（64MB/256B）；第一级元数据永远不会发生分裂，且第一级元数据发生变更的可能性较小，因此第一级元数据的路由信息会通过 Gossip 协议同步到各个节点，使得各个节点大部分时间可直接根据本地的元数据信息将请求路由到指定节点。第二级元数据是管理用户数据的数据，这类元数据也是基于 Range 进行管理的。

CockroachDB 对 Range 元数据的管理方式，源自每个节点对数据读取的需求，所以需要把第一级元数据在每个节点冗余部署。每个节点对数据读取的需求是实际需求，这决定了元数据管理的设计框架。所以，在现代分布式系统下，不断增大的数据量对数据库架构的设计提出新的挑战[⊖]。

⊖ 当然，也对数据库内部一些子模块的设计提出挑战，如单节点下数据量对 B+ 树的性能构成挑战，B+ 树在支持千万及以下级别的数据量时性能尚可，支持更大规模的数据量性能就会成为瓶颈。

相对于传统的数据库，如 MySQL、PostgreSQL、Oracle 等，其元数据因量少在一个单机系统下足够被存储、查询、管理，因而元数据管理尽管重要，但是没有影响到系统的架构。主流数据库都采用了系统表的方式[⊖]，类似以用户表的方式统一对元数据和用户数据进行管理。

早期的数据库系统架构站在数据管理的角度可以分为集中式和分布式两种。对于元数据的管理来说，也有与之对应的两种架构。其中，集中式元数据管理架构采用单一的元数据服务器，所以存在单点故障等问题；而分布式元数据管理架构，因为将元数据分散在多个节点上，所以解决了元数据服务器的性能瓶颈等问题，提高了元数据管理架构的可扩展性，但实现较为复杂，并引入了元数据一致性的问题。

另外，对元数据的单独管理，本质上就是解耦数据和属性信息。解耦后，对元数据的存储与管理会更加方便，且对元数据的复用也会更加方便。例如，在单机系统下，对元数据的单独管理，就是在一个独立进程上专门为元数据建立一块共享内存，之后加载元信息时，其他面向用户连接的进程都可挂载到该共享内存上读写元数据。这种情形下即使用户连接进程崩溃，也会因为系统的元数据存储在共享内存中，所以不会受到影响。相比元数据和用户数据混杂的管理方式，采用对元数据单独管理的系统的可用性更强。

第二个因素，数据种类增加，对不同类型数据有不同的管理需求。

智能数据库在数据管理方面会增加新的数据种类，而且在很多个层面都会增加新的数据种类，这些数据可被统称为系统数据，如查询优化、事务调度、性能调优等方面都可以新增系统数据。

某网文[⊖]提出“**如果某个系统可以从经验中改进自身的能力，那便是学习的过程**”。这表明，智能数据库需要收集大量的运行态下的过程信息作为“经验”，即系统数据先进行存储并作为训练集和验证集，然后参与数据库中智能组件部分的学习运算，使得智能数据库可推进“学习的过程”。参考文献 [268，269] 对“AI for Database”(人工智能数据库）进行了综述，其中介绍了多个示例：如 SQL 语句的执行计划用于泊松回归模型拟合、查询图向量直接输入神经网络进行最优执行计划的回归等 AI 技术，需要使用系统运行过程中产生的查询执行计划系统数据；再如，使用机器学习的方式挖掘出事务本身特性以选择最佳的并发访问控制策略，对事务进行特征化，再利用决策树选择合适的并发访问控制策略，这需要事务调度类系统数据。

因为智能数据库的引入，数据库的很多“历史经验”需要“沉淀”为系统数据，而此类经验数据化后在系统积年累月的运行过程中不断积累，会对数据库在数据存储方面构成挑战。当用户数据和系统数据越积越多时，存储层不仅需要提供存储支持，还需要考虑在什么样架构的系统内进行学习计算。

⊖ MySQL V8 之前的版本，采取了外部文件的方式对元数据进行管理；其他主流数据库如 PostgreSQL、Oracle 等早期版本用系统表的方式统一管理元数据。

⊖ https://www.cis.upenn.edu/~cis519/fall2014/lectures/01_introduction.pdf。

用户数据在分布式系统下已经实现了分布式存储、分布式计算，数据的分片处理成为主流技术。但对于系统数据，因研究刚刚展开，从系统架构的角度来说，尚未进行充分探索，需要对巨量系统数据的存储和计算架构进行深入研究。

第三个因素，对用户数据生命周期管理的需求，导致数据量暴增。

比如，腾讯 TDSQL 团队和中国人民大学数据工程和知识工程教育部重点实验室提出全时态分布式数据库，这种数据库需要对用户的历史态数据进行存储和计算，这就导致数据量呈千百倍增加。无独有偶，与用户数据生命周期管理相关的数据非常多，量非常大，为了应对这些巨量数据，有人提出 HTAC（Hybrid Transaction/Analytical Cluster，混合事务/分析集群）架构。HTAC 架构可以解决一个分布式系统内，用户当前态数据和历史态数据分离存储、分离且协同计算的现实需求。使用 HTAC 架构的分布式集群，通过事务型集群存储用户当前态数据且为用户对当前态数据提供计算服务，而历史态数据流转在另外一个分析型集群中，该集群专门提供对历史态数据的查询服务。HTAC 架构是根据数据的特点进行分类设计的。

系统数据的存储需求，与历史态数据的存储需求类似，因此可以在分布式系统中将系统数据的子集群独立出来，以便对历史经验数据的存储和开展机器学习提供支持。

从数据管理的角度看，各种数据在分布式数据库系统中均会涉及，为各类数据提供计算服务的子集群也将在分布式系统这样的宇宙中如一个个完整的星系而存在。但是，面对这样的系统，进行全量备份已经近乎不可能。如何提供高可靠性和高可用性，对分布式系统架构提出了挑战。副本技术是解决该类问题的一种较为合适的方式，下节将进行讨论。

5.1.3　多副本与数据存储

高可靠、高可用，一直是对数据库系统的基本要求。分布式系统在数据层面和数据存储层需要提供可靠存和高效用的支持；在硬件和操作系统层面之外，数据库存储层需要提供多副本技术，这是提高云存储系统中数据访问可靠性和系统容错性的常用策略，因此有着较多的与副本有关的技术。例如，对于副本布局任务调度，参考文献 [266] 指出副本技术依据用户需求以及环境变化，及时对数据副本布局进行动态调整，这是目前副本管理研究的重要内容之一。但是，现有研究多以副本布局转换自动完成为前提，旨在关注数据副本数目与位置等与副本布局方案设计相关的内容，但较少涉及副本布局转换的任务调度问题。而多数据中心中，数据副本分裂、合并、迁移、删除、备份、恢复等复杂操作的任务调度在应用不同的任务调度策略时，所占用的空间、时间都是不同的，这使得在成本、效率方面也会存在很大的不同。所以，研究面向多数据中心的数据副本布局转换任务调度模型，从成本、空间、时间等方面离散约束优化调度问题，研究面向多数据中心的副本布局任务调度策略，对提高云存储系统的性能具有一定的意义。参考文献 [266] 从降低成本的角度给出最小开销的数据副本布局转换任务调度问题的定义，基于 0-1 背包问题证明其是 NP 完全的。在此基础上，给出随机 (Random)、最小传输开销优先 (MTCF)、最大机会成本优

先 (MOCF) 以及同数据最小传输成本优先 (MTCFSD) 等副本布局转换任务调度策略。

更多副本相关技术，本节不再深入讨论，可参考相关文献获取更多资料。对于分布式数据库系统而言，副本的利用价值在 OLTP、OLAP、数据冗余、可靠性和可用性等方面，这些还都有待深入挖掘和研究。

5.1.4 存算分离

传统的数据库引擎，其计算和存储紧密耦合；数据库上云后，对资源弹性调度的需求使得存算分离被提上日程，在存储相对固定的情况下（存储硬件资源规模化管理，各种硬件资源池化，存储的数据冷热分离），计算资源可以随需动态扩容或缩容（当然存储也可以随需动态扩容或缩容），因此存算分离成为一种强烈的需求，进而演化为一种专门的技术。Aurora 便是存算分离技术的典型代表。

1. Deuteronomy

Deuteronomy（见参考文献 [119，103]）是微软开发的一个系统，是一个早期的存储分离系统。Deuteronomy 一开始采用的方案是在存储层上面实现事务，而底层使用 KV 模型进行存储。存储层只提供 KV 的原子性和幂等性，上层实现了事务的并发访问控制和恢复。

后来的 Percolator、Spanner/F1、CockroachDB、TiDB 其实都是沿着这个思路在发展，即底层采用 BigTable/Spanner 或者 RocksDB 这样的 KV 存储引擎，在存储之上封装一层事务。但是在类似 RocksDB 这样的 KV 存储中，KV 记录的并发控制和存储还是紧耦合的。

2. Aurora

参考文献 [103] 中提出“日志即数据库”的理念，参考文献 [282] 基于 MySQL 进一步实践了“日志即数据库”的理念并实现了 Aurora 系统，把存算分离技术推向高潮。Aurora 架构如图 5-1 所示。在多实例的计算引擎之下，Aurora 是一个共享的存储系统，计算层向存储层传递的是 REDO 日志，存储层向计算层传递的是还原日志后的段页式数据，这类数据会进入图 5-1 所示的数据缓冲区。在技术层面，Aurora 对数据缓冲区提前预热，把 REDO 日志从事务引擎中剥离，并归并到存储引擎中。存储层可以有多个副本，多个副本之间通过 Gossip 协议来保障数据的“自愈”能力。主备服务模式下，主机有 1 份，而备机可达 15 份，这样的模式可以提供强大的单写多读服务能力。参考文献 [283] 又提出 Multi-Master（多主机）模式，这样的模式可以提供多写服务能力（参见 5.1.5 节）。

在存储层，参考文献 [282] 对“日志即数据库”理念的实践如图 5-2 所示，主机 Primary RW DB（即 Master）输出的 REDO 日志（MySQL 生成的日志带有 LSN⊖）被发送到 6 个储存节点中的每一个储存节点上的时候，只存在一个同步瓶颈点，就是图 5-2 中所示的❶处，这是 **Aurora 的一个核心设计点，尽量最小化主节点写请求的延时。** 在存储节点，传

⊖ Log Sequence Number，单调递增的日志顺序号。

输过来的日志进入一个队列等待被处理。

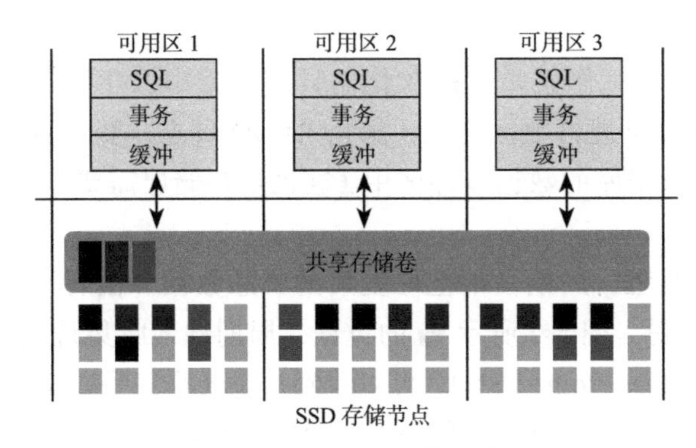

图 5-1　Aurora 整体架构

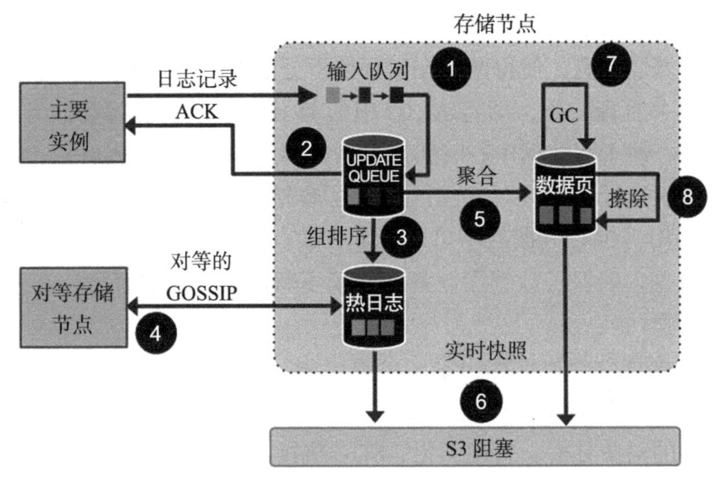

图 5-2　日志数据在存储节点的处理过程

之后日志被快速持久化到物理存储设备，并立刻给主机一个回应。这是图 5-2 所示❷的处理过程，这个过程极其简单，没有额外的操作，因而速度会很快，这样能够满足上面所说的“**尽量最小化主节点写请求的延时**”的设计理念。❶和❷之后的其他操作，都是异步操作，不影响系统的整体性能。这样当主机 Primary RW DB 收到 6 个储存节点中的 4 个节点的 ACK 信息后，就认为日志成功写出，可以继续其他工作了。

图 5-2 所示❸所做的工作是对持久化日志做处理，如将排序、分组等操作作用在日志上，以便找出日志数据中的间隙，存在间隙的原因是在多数派写日志的机制下，少数派可能丢失日志从而导致日志不连贯。

图 5-2 所示❹所做的工作是从其他存储节点（6 个存储节点构成一个 PG ，即 Protection Group，每个节点是一个 segment，存储单位是 10GB，位于一个数据中心中。6 个存储节点中每 2 个位于一个 AZ 中，共需要 3 个 AZ）中，通过 Gossip 协议，来拉取本节点丢失的日志数据，以填满图 5-2 所示❸过程中发现的日志间隙。在❸和❹的过程中，能发现所有的

副本中相同的、连续的日志段是哪一部分，其中最大的 LSN 被称为 VCL（Volume Complete LSN）。

图 5-2 所示❺所做的工作就是从持久化的日志数据中产生数据，这就如同在系统出现故障时使用 REDO 日志进行数据恢复：解析 REDO 日志，获取其中保存的数据页并将其恢复到类似于传统数据库的数据缓冲区中（这也是存储层需要存在“ Caching”的一个明证）。

图 5-2 所示 ❻ 的过程，周期性地把修复后的日志数据和由日志生成的以页为单位的数据刷出到 S3 作为备份。图 5-2 所示 ❼ 的过程，周期性地收集垃圾版本（PGMRPL，即 Protection Group Min Read Point LSN），可以看到，垃圾收集是以 VDL 为判断依据的，当日志的 LSN 小于 VDL 时，则该版本可以被作为垃圾回收；图 5-2 所示 ❽ 的过程，周期性地用 CRC 做数据校验。

Aurora 的存算分离机制有如下几点好处。

- 存储层与计算层分离，使得两层在云环境下分别按需大规模部署成为可能。
- 存储层与事务管理分离，即将 ACID 中的 D 独立出来，使得存储有机会作为独立的服务而存在，便于跨数据中心时实现数据的容错（fault-tolerant）、自愈（self-healing service）和快速迁移。一旦存储层具备了容错、自愈和可快速迁移特性，对外提供服务时就不用再担心数据的不可用了。在数据为王的时代，此举能保护好最核心的财产——数据，确保云数据库服务能持续不断地对外提供服务，这使得 Aurora 具备了云服务的弹性。
- 存储层从高度耦合的数据库引擎中分离出来，降低了数据库引擎的复杂度，数据库组件的分离使得数据库部署适应巨量数据的分布式处理需求。这将进一步带动数据库引擎上层的语法分析、查询优化、SQL 执行、事务处理等组件进一步解耦。

存储与计算解耦，进一步使得数据库引擎内的各种组件互相解耦成为可能。如上谈到了与 ACID 中 D 相关的 REDO 日志下沉到存储层，这使得存算分离得以实现，如下继续讨论 ACID 中和数据紧密相关的 C、I 是否可从 ACID 中分离出来，即**事务与数据是否可耦合**：并发访问控制算法、数据项、数据存储，这三者之间在存算分离的背景下，应是什么关系?

例如，对于 MVCC 技术而言，数据天然存在多个版本，即数据项和多版本是一体的，而基于多版本的 MVCC 技术为不同的版本提供数据版本可见性判断规则，所以 MVCC 技术理应和数据项紧密绑定，两者当是紧耦合的关系。这在存算分离的背景下，不应当被割裂。

数据项源于存储层：

- 一是源于易失性存储，如动态随机存储器（Dynamic Random Access Memory，DRAM，即内存）。
- 二是源于非易失性存储，如 Non-Volatile Memory（NVM）。
- 三是源于断电式存储，如磁盘存储器（magnetic disk storage）、固态驱动器（Solid State Disk 或 Solid State Drive，SSD）等。

前两者符合冯·诺依曼体系结构，可直接给CPU提供数据。如果在内存中的数据和外存物理存储中的数据之间增加一层网络通信开销，然后在上层对数据项进行并发访问控制（参考文献[279]证明网络I/O对并发访问控制算法的影响巨大），则得不偿失。所以事务与数据在存算分离的架构下，应当处于存储层，即存储层不仅应提供数据的物理存储，也应提供对数据的密集计算的支持，至少提供对本地数据的局部事务的支持。所以C和I应当紧密与数据绑定，并下沉到存储层实现。

3. PostgreSQL的存算接口层

存算分离的另外一种代表是提供通用的存储层接口，以衔接多种类型的存储引擎。以PostgreSQL V12为例，该版本提供了一个**表访问方法接口**（Table Access Method Interface），目的是把执行器和存储器分离开。该接口极大地提升了存储层的扩展能力，使得实现一个新的存储方法的过程变得更规范、方便和清晰（如将方便地支持zheap、Memory、columnar-oriented等存储引擎）。该分离方式的实现方法可以是逻辑分离，也可以是通过RPC让执行器和存储器交互起来的物理分离。

Greenplum V5.11.2通过上述接口，支持了包括特有的Append-only行存储和列存储等引擎，本节以基于PostgreSQL的分布数据库Greenplum为例，分析一个优秀的存算分离接口的定义。该类接口的定义通常与系统的实现方式相关。传统的磁盘型数据库系统，可将一个存储系统简单划分为4层，上面是Access层和事务处理层，下面是buffer层和数据物理存储层。而PostgreSQL的接口定义会在上面两层和下面两层之间展开。上面两层负责元组的逻辑形式和事务处理，尤其是并发访问控制功能；下面两层负责元组的物理格式（如表的多种SCAN方式等）和事务的持久化（即日志管理）。上面两层会向下面两层刷出日志，上面两层还可能提供类似快照等事务信息并向下面两层要数据，下面两层在内存（buffer，下层实现buffer的管理功能）中提供页、元组（行存）或列（列存）等存储格式，如果是页则上面两层解析页得到被支持的存储格式（如行、列格式等），故上面两层要支持对表、元组、索引、约束等数据库对象，以及更为细致的与列相关的操作和信息的解析与读取（细致的相关信息如值为NULL如何处理、是否支持排序等信息）。

总之，接口层定义会涉及数据（各种数据对象、与各个数据对象紧密绑定的相关信息等）、数据操作（全表扫描、范围扫描、索引扫描等信息，以及DML操作相关信息）、事务（快照、锁、日志等和事务ACID特性相关的信息）等相关内容。但是，存算分离接口作为一个支持多种存储引擎的接口，其定义要受到存储引擎的类型和所支持的功能的影响，因此接口的定义会因实际系统而异。对于事务相关的信息，也要考虑上层所支持的具体的事务并发访问控制算法，只有这样才能在接口处体现相关内容，例如MVCC技术做数据可见性判断的功能可下沉到存储层实现。这导致事务处理技术与存储层完全解耦的可能性降低。

MySQL的handler接口有着与上述接口类似的功能，只是该接口的定义有些混乱和散漫，结构化不清晰，且没有对列存之类的非行存格式有好的抽象。

5.1.5 多读与多写

多读与多写的目的都是充分利用机器资源，它们本身不是某种特定技术的代名词。不同数据库系统有不同的架构，各种架构可以不同程度地提供写和读的服务，而且实现技术不同。

对于不同的分布式系统的一致性需求，对多读的需求也不同。针对分布式系统级的一致性需求和分布式系统事务级的一致性需求，会提出如下问题：是否支持写后读（read after write）、是否支持全局快照读、是否支持事务处理等能力。如 MongoDB 支持满足因果一致性的读操作、RocksDB 支持满足线性一致性的读操作、Aurora 支持全局写后读（global read after write）要求以求读到已经提交的数据、CockroachDB 支持基于 Time Travle 功能的快照读，即提供针对历史的某个时间点且满足一致性的数据，前三者均是从分布式系统一致性的角度出发提出的需求，最后一个是从事务的角度出发提出的需求。

分布式系统架构不同，多读实现方式也不同。参考文献 [282] 指出，Aurora 在实现了存算分离后，支持最多 15 个备机的只读服务。这意味着从角色的角度看，Master 和 Slave 都支持对数据进行读操作，这是一种一写多读（AWS 称之为 Single-Master）的架构。参考文献 [283] 在 Aurora 读服务方面没有采取 Quorum 读 (多个副本经过多数派确认才能提供读操作，这会引发大量的 I/O 操作) 的方式，而是采取基于 MVCC 技术的快照读的方式，并提供读一致性服务。

如图 5-3 所示，在一个支持多副本的系统中，写操作在不同副本上生效的时间点不同（Writer 写 Replica 3 最早完成，而写 Replica 1 和 2 则较晚）。此时，如果副本之间的写操作不能处于一个一致可见的状态，则如 Reader A 和 Reader B 可以读取 Writer 在 3 个副本之间的任何时间点上的数据，这样会产生不一致，如 Reader A 从 Replica 3 上读取到 1 而从 Replica 2 上读取到 0。如果采取多数派读的方式，Reader A 经多数派（向每个副本读取数据）抉择会舍弃 1 而选择 0 作为返回值，这就不会产生不一致了。参考文献 [283] 认为，多数派读的方式会放大 I/O 量（每个副本都被读一次，n 个副本则放大 n 倍 I/O 量），所以采取了快照读的方式解决多副本读不一致的问题。但是，又因为多副本的实现方式不同，即使同是快照读，但读取数据的技术还是不同的。基于共识协议的实现，可选的方式有 Leader 读、Follower 读、Learner 读；而类似 Aurora 的主备多副本的方式，可以选择参考文献 [283] 介绍的方法——“Read views at the replica are built based on these VDL points and transaction commit history”（副本上的读取视图是基于 VDL 点和事务提交历史构建的），即以一个已经持久化的最新 LSN 为快照点，但是这样可能读不到最新的数据。

对于快照技术，快照在 Server 层被创建以配合写数据的版本（即用时间为所有数据项排了一个序），因此是读一个旧的数据项还是读一个新的数据项，取决于快照建立的时间点。对于多副本来说，副本上的同一个逻辑数据项的提交时间应该是全局统一的，因此按快照读的方式，无论读哪个副本，都应该是一样的。但有一个特殊情况，即快照读基于 MVCC 技术，数据项会有多个版本，若在 A 副本上新版本数据项应完成而未完成（或应应用而未应用），则会读取上一个旧版本数据项，而在 B 副本上新版本数据项已完成故可被读到，此时 A 和 B 上的数据项就会一致。因此数据库要求读已经提交的数据，这时就要讨论提交和多副本之间的数据项在每个副本生效的问题，这就会涉及是 Leader 读、Follower 读还是 Learner 读的问题。

另外还有读半已提交的问题，即当两个及以上数据项在不同节点上被同一个事务读取时，若是一个节点上被读取了新版本，另外一个节点上被读取了旧版本，就会产生读半已提交数据异常的问题。

如果多数派在多副本存储层面能够达到线性一致性，那么对上层会呈现单副本的等价状态，所以不会出现上述的不一致性状态。而采用 Paxos、Raft 等共识协议，如果只能从 Leader 上去读取，也不会读到不一致的数据。

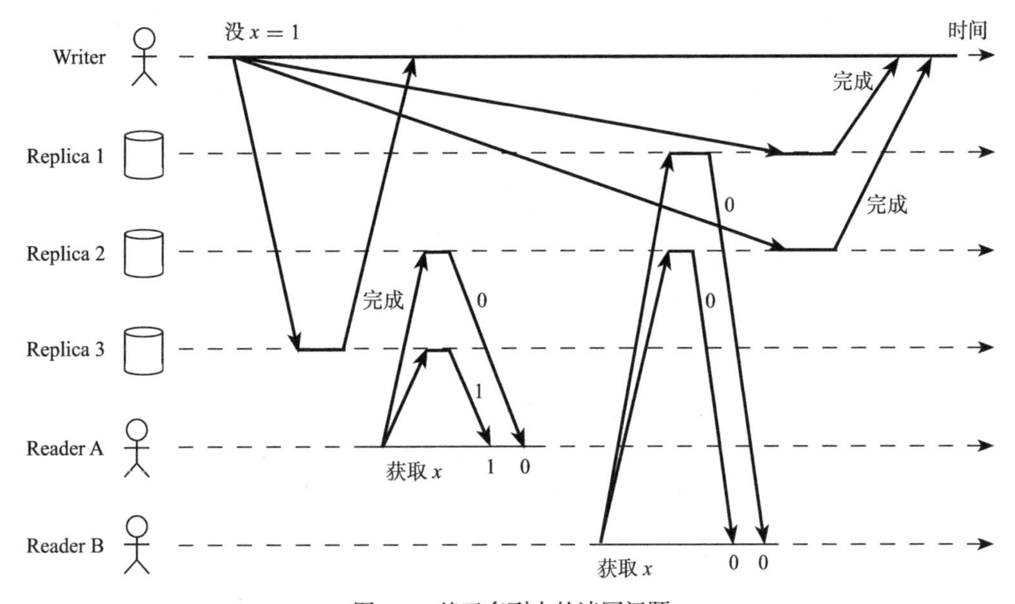

图 5-3 基于多副本的读写问题

多读的物理基础，与分布式系统的架构实现相关。传统的主备机系统，如基于物理日志复制的一主多备的 PostgreSQL 支持由备机提供读操作服务，基于逻辑日志（binlog）复制的一主多备的 MySQL/InnoDB 也支持由备机提供读操作服务。

多读和多写，其实是紧密相关的。Oracle RAC 是一种共享存储（外存）的架构，其基于共享存储的同一份数据，支持在多个节点上进行读写操作。DB2 pureScale 也是一种共享存储（内存）的架构，其提供了集中化的锁管理和全局缓存，支持多写和多读。Informix 是一种基于物理日志复制的一主多备的机制，不仅支持备机提供读操作服务，也支持备机提供写操作服务，也是一种多读和多写的架构。

多读之后，还可以多写。对于多写，AWS Aurora 官方对 Multi-Master 模式的定义如下：

```
Multi-master
An architecture for Aurora clusters where each DB instance can perform both read
```

> **and write operations.** Contrast this with single-master. Multi-master clusters are best suited for segmented workloads, such as for multitenant applications.
> Aurora 集群的体系结构中每个 DB 实例都可以执行读写操作，与 Single-Master（单主机）模式相比，Multi-Master（多主机）模式最适合用于分段工作负载的场景，例如多租户应用程序。

AWS 官方文档[⊖]介绍了 Aurora 的 Multi-Master 集群架构，如图 5-4 所示，其中有多个 Master 存在，每一个 Master 都支持写操作，但如果多个 Master 写同一个物理页面，则会发生冲突（页面级的写写冲突）；官方文档[⊜]给出一些主要的问题和解决方式。简单地说，Aurora 的 Multi-Master 集群架构可以提高机器的利用率，但多写会引发冲突，因此解决"冲突"是关键问题。在数据库内部，用户语义是以事务为单位被执行的，因此冲突应该发生在某些数据项上（即元组或称为记录），这样冲突的粒度会较小。但 Aurora 是基于 MySQL/InnoDB 体系的，其存储层采用的是段页式结构，如果一个数据项被组织在一个物理页面上，Aurora 解决冲突的单位没有采取细粒度精准的方式，而是选择了以页面为单位，这样就会增加冲突发生的可能性使得回滚率增高，这不是一种好的解决问题的方式。在更为早期的 Informix 系统中，多写的实现方式与此类似。

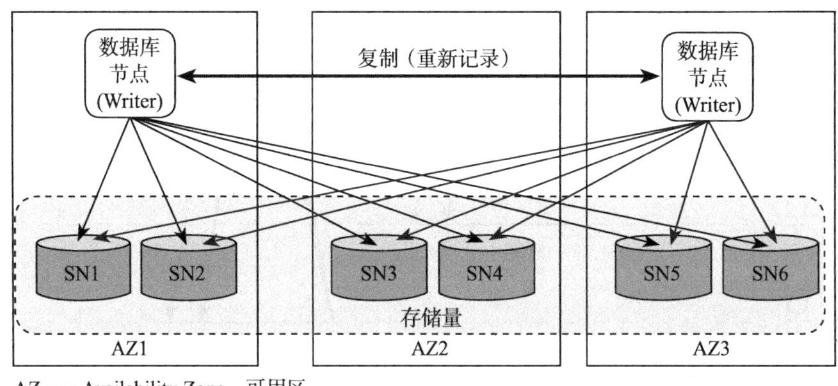

AZ——Availability Zone，可用区
SN——Storage Node，存储节点

图 5-4 Aurora Multi-Master 集群架构图

实际上，不同架构的系统，多写的实现技术是不同的。在一个类似 Spanner、CockroachDB、TDSQL 这样架构的分布式数据库系统中，多写可以有着更好的实现方式。

去中心化分布式事务支持在数据项上的多读多写，且具有粒度细、冲突少和水平扩展性好等特点。对于分布式数据库来说，其是一种支持去中心化的分布式事务，实现了可串行等多种隔离级别的系统，在原理上，支持在任何一个节点进行写入，支持在任何一个节点上进行全局一致的数据读取（全局读一致性问题，可避免读半已提交数据异常，见参考文

⊖ https://docs.aws.amazon.com/AmazonRDS/latest/AuroraUserGuide/aurora-multi-master.html。

⊜ https://www.slideshare.net/AmazonWebServices/deep-dive-on-amazon-aurora-88363686。

献 [128]），因此是理想的多读多写模型。典型的系统如 TDSQL 第三代分布式系统，其支持可串行化、快照隔离等多种隔离级别，也支持线性可串行化（Strict serializability）、顺序可串行化多级一致性级别等；再如只支持因果可串行化的 CockroachDB，尽管分布式一致性级别支持粒度有限，但却是真正的分布式事务型数据库系统，可高效实现多读多写。

只有得到存算分离的分布式存储架构以及去中心化的分布式事务的支持，一个分布式数据库系统才能真正具备水平扩展性。

对于复制型数据库（Replicated Database），通常有多个副本（不能等同于数据的多副本，而是存算结合的主备式的多副本），数据同步通常采用传统的主备日志同步技术。在这样的系统中，需要提高资源的利用率，因此需要在每个副本上提供读和写操作。参考文献 [316] 针对 Geo 复制型数据库系统提出了高效率的多写技术，该技术能同时保证副本之间达到较好的一致性。该参考文献把在副本之间发生的操作分为 Red 和 Blue 两种：Red 表示需要在每个副本上执行同步的强一致操作，以确保数据的一致性；Blue 表示可异步地在每个副本上执行的操作，以使系统实现最终一致性。该技术因在多个副本上都能执行不同的写操作，故实现了一定程度的多写。

5.2　分布式查询优化与并行执行架构

分布式数据库中一个重要的模块就是查询优化和并行执行模块。这个模块属于计算层，在 MPP 架构下，其利用 AI 技术并结合传统的查询优化和执行技术，使得分布式数据库的执行效率获得较大提升。本节简略介绍一些与该模块相关的基础概念。

5.2.1　查询优化

优化器不仅是一个查询优化器，其还可进化为一个调度与优化并存的组件，尤其是对于分布式系统来说，在批处理和实时处理并重的情况下，优化器若是具备了调度功能则其会有更高价值。

传统的分布式查询优化器，主要以规则和代价模型为主要实现技术，采取半连接等技术减少网络数据传输量，并配合 MPP 技术（见 5.2.2 节）实现任务的并行执行。很多书籍和论文对于分布式查询优化技术进行了大量的分析，本节不再罗列前人的成果。本节将结合 AI 技术探讨未来分布式查询优化器的相关技术。

未来的查询优化器，在笔者看来是一个具备学习能力的规则，以及代价模型与调度并重的优化器模式。这种模式看似和传统的分布式查询优化器没有大的区别，但是其会深度利用 AI 技术对查询过程中产生的信息和结果进行学习，然后构建出优化 SQL 语句的隐性知识，作为新的“隐性规则”，以指导 SQL 语句的优化，制定出更适合存储器执行的执行计划（主要面向查询的执行计划）。所以，未来的查询优化器具备了学习能力和进化的能力，是一种学习式查询优化器。查询优化是数据库系统中的经典难题，尤其是多表连接优化，其是一个 NP-hard 问题[⊖]，如果运用 AI 技术，也许能较好地解决该类问题。参考文献 [267, 268] 总结了使用机器学习技术解决查询优化问题的几个阶段：查询规模估算、查询代价估算、多表连接优化、查询计划生成。这些阶段，基本上囊括了对查询做优化的所有主要阶段。

参考文献 [267] 指出，传统的查询规模估算方法可以分为 4 种：以统计直方图为代表的无参数方法、用概率分布函数预测的有参数方法、曲线拟合 (curve fitting) 方法、采样方法。这 4 种方法可以混用。参考文献 [267] 较为详细地讨论了多篇论文采用不同查询规模估算方法的情况，可参考该参考文献获得更多相关的研究内容。

对于代价模型，结合 AI 技术可得到如下新模型。

- **学习式代价估计模型**：基于现有的启发式算法框架，通过机器学习模型提高代价估计的准确率。其中，启发式方法需要数据库管理员基于具体的应用进行调整，或者让优化器具有初级能力以便自动完成优化（如要求执行器自动建立索引）。而基于机器学习模型的优化器，虽然使用了 AI 技术，但依然需要较多的人力，且执行结果不会向优化器反馈，因此优化器难以从错误中学习总结，这使得错误不能有效减少。学习式代价估计模型是构建查询子计划到基数或选择率的回归模型。回归模型主要是回归函数和神经网络，它的训练集都源于数据库中曾经执行过的负载及与其对应的基数或选择率。
- **强化学习查询优化模型**：使用强化学习，端到端输出最佳查询计划。该模型的实现颠覆了传统思路，利用强化学习多次试错的方式，可找到最佳查询计划。

参考文献 [267] 对 AI 技术在代价模型、多表连接优化、查询计划生成等方面的应用也进行了较为详细的讨论，更为具体的内容参见该文献。

对 AI 技术在查询优化、查询执行这两个密切相关阶段的应用的研究，参考文献 [267, 268] 做了较多的综合性描述，感兴趣的读者可以自行学习。另外，该领域新技术会层出不穷，需要时刻保持关注，更多内容本节不再赘述。

5.2.2 MPP

MPP (Massively Parallel Processing，大规模并行处理）是一种具备扩展能力的并行执行器框架，它将任务并行地分散到多个服务器和节点上，这些任务在每个节点上被计算完成后，将各自部分的结果汇总在一起并得到最终结果。MPP 具备可扩展性好、高可用、高性能、性价比高、资源可共享等优势。

对于一个分布式数据库，包括分布式事务型数据库，MPP 框架是必不可少的组成部分。尤其对于一个 HTAP 系统，即事务和分析并重的系统，高效的并发执行框架是必备组件之一。本节旨在讨论一些和 MPP 相关且与事务处理、分布式架构相关的话题。

构建一个完善的 MPP 框架，有着大量的工作需要完成。分布式查询优化器的衔接、高

⊖ 可以简单理解为比所有 NP 问题都要难的问题。

效的并行执行框架（操作间并行、操作内并行）、并行的节点间高效通信、单个节点上各个算子并行化（操作内并行）等要求，使得MPP的实现需要耗费大量的人工。例如，如果改造Greenplum使之具备较好的分布式事务支持能力（支持可串行化），数千行代码即可完成。而如果为一个具备分布式事务处理能力（支持可串行化）的系统添加MPP框架，则需要改造整个执行器架构，改造各种算子，工作量巨大。

对于一个存算分离的架构，MPP架构物理上跨越了计算层和存储层。若参与者节点上具备一个完整的MPP架构的执行器，那么该节点就可从存储层获取数据（直接与存储层交互），并对局部节点进行相关计算；而协调者可收到来自存储层或多个参与者的数据，并进行聚合和计算，以完成分布式整体的计算任务，这也是MPP框架内执行器的一部分。例如，分布式OLAP系统，只有计算层和存储层都有完备的执行器功能，才能支持实现“双层HashAgg”这样的优化。

一个执行器，或者说一个具备MPP框架的执行器，其不只是数据流环节中的一个即走即逝的数据处理器。作为一个具备智能的执行器，不只应具备并行框架，还应具备可恢复性、可交换性、可通信性等智能特性（在笔者看来，这种能力也是“智能数据库”所应具备的基本能力）。

- **可恢复性**是指执行器具备故障处理能力，能够自洽地解决系统故障、自身的运行故障，使自身的健壮性得以提高。如Spanner可处理瞬时闪断问题（参见参考文献[66]介绍的关于瞬时失效事务内部处理和局部查询重启的内容）。
- **可交互性**是指执行器输入和输出接口的形式多样化，从而使得组件之间交互方式丰富，这将促使执行器功能丰富。比如，执行器将具备提供管道以处理流式数据的输入和输出、执行并行数据过滤、提供外部数据源处理接口以接入多样化的数据（结构化、非结构化等数据的输入，如PostgreSQL的外部表功能）等功能。
- **可通信性**是可交换性的内在表现。可通信性不仅可保证组件之间能进行数据交换，也可保证组件之间能进行控制信息、状态信息的交换。这样的能力使得执行器具备了初步的智能。如在执行器之间建立邮箱通信机制、消息队列机制（不限于操作系统和网络之间常用的进程内部通信机制），使得控制类信息可以智能分发；执行器之间、执行器和其他模块之间互相通信，以了解彼此的状态从而做出对应的处理和反应。

如上特性，不能孤立地单个讨论，而是在一个整体的情况下，协调设计和实现，这样才能使得接口具备简洁之美，使得组件功能内涵丰富，并进一步提升MPP架构向前演化。

5.2.3　计算下推/外推

与MPP紧密相关的存算分离，可以是物理分离，也可以是逻辑分离，无论是哪种分离方式，都存在着类似计算下推的需求。

物理分离的方式，计算下推会使得网络层传递的数据大幅减少以提高整体效率。例如分布式的Spanner系统底层的存储是BigTable，计算和存储是由两个不同体系结构的组件实现的，计算和存储完全是物理分离的。

逻辑分离的方式通过接口做概念层面的解耦，但是接口毕竟会割裂上下层，使得上下层之间的联系点减少，而接口讲究清晰和简单，因此必然有些联系点会被迫丢弃，这必然会使得某些优化技术被迫分层（如果紧密绑定则效率更高，如对事务处理的 MVCC 技术中的数据可见性进行判断，可下沉到存储层实现，也可以在计算层实现，但显然前者的效率会更高，但是前者的接口分离得不够清晰），因此做计算下推也是一种实际需求。例如 MySQL 的 handle 接口，尽管没有在计算层和存储层之间引入网络协议，但条件下推（如使用 merge 算法的视图或子查询可将查询条件下推到视图或子查询内部；再如 MySQL V5.6 可以利用索引把本来由 Server 层做的条件过滤操作下推到 InnoDB 存储层完成，这样将减少数据的传输量，提升索引效率）一直是 MySQL 在较早版本提供和支持的功能。

上一节讨论了组件之间可具备的可交换性，可交换性使得 MPP 组件不仅可以下推数据给存储引擎，还可以下推数据给更多的其他设备，如各种类型的计算设备（GPU、FPGA 等），其中典型代表是较新的**可计算存储**⊖设备，这要求 MPP 组件具备外推数据和信息的能力。

外推可执行的工作，如对 FPGA 友好，可把易于并行且对计算密集任务友好的操作推给其他设备 / 组件执行，如压缩、快照、复制、重复数据删除、加密、解密、病毒扫描、元数据搜索、内容搜索、计算、过滤和聚合等。外推功能，可使得多个服务器演变为一个内部横向扩展集群，从而强化 MPP 的架构能力。

5.3 高可用性架构

高可用性是指一个系统经过专门的设计后具备的减少停工时间并保持提供服务的高度可用性。该特性是衡量系统提供服务能力的一个特征，也是对系统进行设计时需要考虑的一个重要因素。

对于数据库系统而言，高可靠、高可用、高性能一直都是重要的特性。而随着互联网需求和技术的发展，高可用性被提到一个新的高度。我们在第 1 章讨论了 CAP 理论，对于分布式数据库而言，CAP 理论认为，A（可用性）应当被更加重视。参考文献 [29] 以 CAP 为背景，论证了分布式的强一致性的线性一致性和事务一致性结合时，与可用性（A）的关系；该参考文献认为，做事务系统的设计时，A 应该作为核心考虑点纳入设计要素中。

基于这样的背景，本节就高可用性在数据库架构方面提出的要求进行讨论。

⊖ 计算存储是一个较新的领域，主要致力于解决延时较高、CPU 瓶颈等问题。计算存储使得数据在存储设备级别进行处理，从而减少原来在存储和计算层之间移动的数据量，这样可以提高实时数据分析的效率，减少 I/O 瓶颈，提高性能。目前，已经有一些供应商提供相关产品，如 ALIBABA、AT&T、ARM、AWS、Azure、戴尔、Facebook、谷歌、惠普企业、英特尔、联想、美光科技、微软、Netapp、Oracle、Quanta、三星、SK Hynix、Super Micro、Western Digital 和 Xilinx、Burlywood、Eideticom、NGD Systems、Nyriad、和 ScaleFlux 等。但是目前业界没有计算存储相关的标准可遵循。**可计算存储需要**在提供稳定 I/O 时延的同时实现数据压缩等，这样既能满足实时计算的需求又能降低存储成本。

5.3.1　高可用衡量指标

在传统领域，在商业上定义系统的高可用性时采用SLA（Service Level Agreement，服务等级协议）。SLA是在一定开销下为保障服务的性能和可用性，服务提供商与用户共同定义的一种双方认可的协定。该协议在网络服务供应商领域被广泛使用，会约定最小带宽、同时服务客户数、最长故障时间等一系列指标。在软件领域，最广泛使用的指标是平均服务时间。例如，我们经常听说的服务可用性可达几个九，就是服务的可用性数字化衡量指标，99.99%表示一年里服务最多只能有52.6分钟不可用，99.999%表示一年里最多只能有5.26分钟不可用。

对于分布式数据库而言，高可用本是一个专业名词，其是系统的一个特性，**保证系统能在足够长的时间内提供指定程度的服务**。衡量数据库系统的可用性，还有如下两类指标。

1）从故障恢复的角度来看，包括RTO和RPO。

- RTO（Recovery Time Objective，恢复时间目标）：故障恢复过程所需的时间花费。故障发生后，从IT系统停止服务开始，到IT系统恢复为止，此两点之间的时间段称为RTO。比如，故障发生后系统服务在12个小时内便可被恢复，那么RTO值就是12小时。对数据库系统而言，RTO通常需要控制在秒至分钟级别。该项指标是描述系统可用的指标之一，不能完全代表可用性。
- RPO（Recovery Point Objective，恢复时间点目标）：数据恢复后对应的时间点，即数据可恢复到哪个时间点上，该时间点之后的数据都会丢失，该值越小越好。如果数据库采用主备强同步或者多基于共识协议的副本技术，后者数据库依赖分布式文件系统，则RPO的值可以确保为0，即数据不丢失。该项指标更多的是在描述系统的可靠性，唯有可靠才更可用。

2）与衡量计算机的高可用类似的指标，包括MTBF、MTTF、MTTR。

- MTBF（Mean Time Between Failure，平均无故障时间）：对于可修复系统，系统的平均寿命是指平均情况下两次相邻失效（故障）之间的工作时间，又称系统平均失效间隔。该值越大表示可用性越好。
- MTTF（Mean Time To Failure，平均失效时间）：对于不可修复系统，系统的平均寿命指系统发生失效前的平均工作时间，又称系统在失效前的平均时间。
- MTTR（Mean Time To Repair，平均修复时间）：对于可修复系统，该指标表示故障的平均修复时间，即故障从出现到修复的时间。MTTR越小表示易恢复性越好。

在如上3个指标下，可用性是指可修复系统在规定的条件下使用时具有或维持其功能的能力。其量化参数为**可用度**，表示可修复系统在规定的条件下使用时，在某时刻具有或维持其功能的概率。可用度通常记作A：

$$A = \text{MTBF}/(\text{MTBF} + \text{MTTR})$$

在实践中，对可用性存在一些具体的要求，如GB/T 20988—2007《信息安全技术　信息系统灾难恢复规范》规定了不同容灾等级需要采用的技术和管理保障手段，具体如表5-1所示。

表 5-1 不同容灾等级需要采用的技术和管理保障手段表

		1 级	2 级	3 级	4 级	5 级	6 级
数据备份系统	完全数据备份	≥每周 / 次	≥每周 / 次	≥每天 / 次	≥每天 / 次	≥每天 / 次	≥每天 / 次
	备份介质	场外存放	场外存放	场外存放	场外存放	场外存放	场外存放
	数据备份			每天多次利用通信网络将关键数据定时批量传送至备用场地	每天多次利用通信网络将关键数据定时批量传送至备用场地	采用远程数据复制技术，利用通信网络将关键数据实时复制到备用场地	远程实时备份，实现数据零丢失
备用数据处理系统			配备灾难恢复所需的部分数据处理设备，或灾难发生后在预定时间内调配所需设备到备用场地	配备部分数据处理设备	配备全部数据处理设备，并处于就绪或运行状态	配备全部数据处理设备，并处于就绪或运行状态	备用数据处理系统与主系统处理能力一致并完全兼容
							应用软件是“集群的”，可实时无缝切换
							具备远程集群系统的实时监控和自动切换能力
备用网络系统	通信线路	无	配备部分通信线路和网络设备，或灾难发生后在预定时间内调配相应通信线路和网络设备到备用场地	配备部分通信线路和相应网络设备	配备灾难恢复所需通信线路	配备灾难恢复所需通信线路	配备与主系统相同等级的通信线路和网络设备
	网络设备				配备灾难恢复所需的网络设备，并处于就绪状态	配备灾难恢复所需的网络设备，并处于就绪状态	备用网络处于运行状态
						具备通信网络自动或集中切换能力	最终用户可通过网络同时接入主备中心
备用基础设施	有无符合介质存放条件的场地	有	有	有	有	有	有
	有无满足 / 符合信息系统和关键业务恢复运作要求的场地	无	有	有	有	有	有
	有无符合备用数据处理系统和备用网络设备运营要求的场地	无	无	无	有	有	有
	场地运作时间要求				7×24 小时	7×24 小时	7×24 小时

	灾难备份中心是否有专职计算机机房管理人员	无	无	有	有且 7×24 小时	有且 7×24 小时	有且 7×24 小时
专业技术支持能力	有无专职数据备份技术支持人员	无	无	无	有	有	有
	有无专职硬件、网络技术支持人员	无	无	无	有	有	有
	有无专职操作系统、数据库和应用软件支持人员	无	无	无	无	无	有
运行维护管理能力	有无介质存取，验证和转储管理制度	有	有	有	有	有	有
	是否按介质特性对备份数据进行定期有效性验证	是	是	是	是	是	是
	是否有备用计算机机房管理制度	无	有备用站点管理制度	有	有	有	有
	有无硬件和网络运行管理制度	无	相关厂商有符合灾难恢复时间要求的紧急供货协议	备用数据处理设备硬件维护管理制度	有	有	有
	有无实时数据备份系统运行管理制度		与相关运营商有符合灾难恢复时间要求的备用通信线路协议	电子传输数据备份系统运行管理制度	电子传输数据备份系统运行管理制度	有	有
	有无操作系统、数据库和应用软件运行管理制度	无	无	无	无	无	有
灾难恢复预案	有无相应的经过完整测试和演练的灾难恢复预案	有	有	有	有	有	有

5.3.2 高可用性分类

参考文献 [22] 把高可用性划分为**节点级高可用性**、**服务级高可用性**、人工介入后高可用性。

- 节点级高可用性是指网络出现分区后，所有节点都能持续对外提供服务。
- 服务级高可用性是指网络出现分区后，只要分区的严重程度有限（比如某个分区中存在多数派），那么整个系统仍然可以继续对外提供服务。服务级高可用性不要求故障发生后所有节点都可用，但要求一定存在部分节点可用。作者认为，传统数据库和 NewSQL 系统所涉高可用性通常是指“服务极高可用性”，而非“节点级高可用性”。
- 人工介入后高可用性是指当出现网络分区后，系统暂时不可对外提供服务，只有在人工介入确认系统状态或采取某种补救措施后，系统才能继续提供服务。

如果从用户的角度看可用性，CAP 中的 A 一定不是百分之百可用之意，而是“高可用”的含义，如达到几个 9 的服务能力。结合系统的各种故障分析：用户链路故障会导致系统不可用（参考文献 [73] 改进 2PC 的方法可部分解决此问题）；数据库引擎会出现服务不可用，中心化式的集中式架构构建的数据库服务更容易出现整个服务不可用的情况，一些去中心化的分布式事务构建的数据库服务能较好应对服务级不可用；节点故障导致的局部数据不可用，包括主副本不可用和从副本不可用；另外，还有因网络分区发生导致的各种不可用、服务 / 节点响应缓慢导致的不可用、网络延时长用户期待响应快而产生的不可用等。这些使得可用性、分布式一致性、事务一致性成为分布式数据库需要在架构层面就当优先考虑的问题。

参考文献 [107] 介绍了缓解大规模响应式 Web 服务中延迟波动问题的技术，这有别于数据库的高可用，但是对数据库也有借鉴意义。提供 Web 服务，一是应做到延迟的分布尽量窄，让服务的响应更加可预测；二是要能容忍错误且要具备大规模容忍延迟长尾的能力。

参考文献 [107] 从系统和硬件层面分析了延迟波动产生的原因。

- **共享资源**：多个应用竞争硬件资源或者多个请求竞争软件资源。
- **守护进程**：调度执行守护进程的时候会产生延迟。
- **全局资源共享**：运行在不同机器上的应用会竞争一些全局资源（例如网关、共享文件系统等），而分布式数据库中如全局时钟、集中式协调器等都属于全局资源。
- **维护性活动**：系统中的后台维护活动（例如带垃圾回收的编程语言进行垃圾回收）也会造成延迟。
- **排队**：在多个层级上的排队会加重延迟波动。用户请求量增大到一定程度，数据库也可能对用户连接或用户的请求排队并进行处理。

参考文献 [107] 认为，缓解大规模在线服务中延迟波动的通用方法，是将多个子操作交由多个组件并行处理。但是，单个组件的延迟波动会对整个系统造成更大的影响，因为一个单机的延迟会拖慢整个系统的服务。延迟波动可以通过严格限制资源、软件实时性设计和提高稳定性来消除。这个思路对于设计分布式数据库也有帮助。

另外，参考文献 [107] 还提供了一些其他方法，如怎么消除组件层面的波动、怎么容忍延迟波动[⊖]等。这些方法要求分布式数据库的架构中要包括负载均衡组件、设计更好的容错方案、建立 SQL 或事务重试机制等，以应对来自应用和数据库自身所处的外界环境（如网络）等的影响。

参考文献 [66] 讨论了在事务控制下查询语句级别的瞬时失效问题，解决瞬时失效问题也是数据库可用性的一种表现。在数据库内部，用户的服务请求可以分为 3 个阶段：一是接受用户的 SQL，根据任务负载确定是否进入 SQL 队列进行等待；二是执行 SQL 解析和查询优化，这意味着 SQL 开始被执行；三是事务开始，SQL 进入执行器的执行阶段。后两个阶段对于多 SQL 而言会并入一个阶段，即在一个事务内进行多条 SQL 语句的解析、查询优化和执行。因为存在多个阶段，对于可用性的讨论就需要依托上述 3 个阶段进行，因此在数据库内部，讨论可用性必然要纵深开展，该纵深即依托任务的阶段划分按策略应对。

5.3.3 高可用事务

Peter Bailis 等在参考文献 [29] 由总结了分布式体系下各种一致性（包括分布式一致性、事务一致性、事务的隔离级别）和高可用性之间的关系，如表 5-2 所示，并分析了单调读、单调写、因果一致性等分布式一致性。他们还依据表 5-2 所示进一步画出了图 5-5，并基于事务可用性（transactional availability）和黏性事务可用性（sticky transactional availability）提出高可用事务（Highly Available Transactions），HAT 的概念，刻画在网络存在分区和延时的情况下，事务与可用性的关系。他们认为，强一致性与 100% 的可用性是不可兼得的。这表明 CAP 是正确的。

表 5-2 不同隔离级别[⊖]（隐含一致性）与高可用性之间的关系表

可用性类型	隔离级别
高可用性	读未提交（Read Uncommitted，RU） 读已提交（Read Committed，RC） 单调原子视图隔离（Monotonic Atomic View Isolation，MAV 隔离） 项目切割隔离（Item Cut Isolation，I-CI） 谓词切割隔离（Predicate Cut-Isolation，P-CI） 写后读（Write Follow Read，WFR） 单调读（Monotonic Read，MR） 单调写（Monotonic Write，MW）
黏性	读你所写（Read Your Write，RYW） PRAM 因果性（Causal）

⊖ 参考文献 [107] 中提及了对冲请求和捆绑请求的技术思路：对冲请求是将一个请求发送给多个副本，然后使用最先返回的回复；捆绑请求是将请求在多个服务器上排队，并且服务器之间能够知道彼此的等待状态。如果一个服务器开始处理请求，需要告知其他服务器取消排队，该服务器需要等待一个消息延迟以确保取消消息的到达。

⊖ 此处的“隔离级别”同事务处理技术中的“隔离级别”不同。前者是对级别进行划分；后者除级别外还有层次划分之意，但更多强调 ACID 中的 I（隔离），即事务与事务互不影响。

（续）

可用性类型	隔离级别
不可用性	游标稳定性（Cursor Stability，CS） 快照隔离（Snapshot Isolation，SI） 可重复读（Repeatable Read，RR） 单复制可串行（One-copy SeRializability，1SR） Recency 安全（Safe） 规则（Regular） 线性（Linearizability） 强单复制可串行（Strong-1SR）

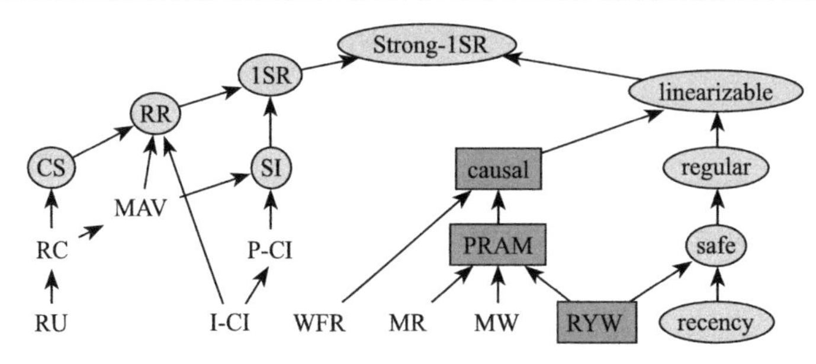

图 5-5 事务一致性与分布式一致性之间的关系图

参考文献 [29] 提出的事务与可用性相结合的概念如下。

- **黏性可用性**：从用户的角度看整个系统的可用性和事务之间的关系，在用户可容忍的时间内（可以设置超时检测），即使发生了分区或较长时延，用户依旧能够得到一个反馈，这样的可用性称为黏性可用性。
- **事务可用性**：从事务的角度看，带有多个副本的事务型数据库系统和可用性的关系，在用户可容忍的时间内（可以设置超时检测），即使发生了分区或较长时延，事务依然能够被提交或回滚，这样的可用性称为事务可用性。
- **黏性事务可用性**：这个概念合并了从用户角度和事务角度看待可用性的语义。
- **高可用事务**：只要系统满足 HAT 的要求，就能确保系统是高可用的，也可确保是事务型的。因此 HAT 是衡量一个分布式系统是否满足高可用性、分布式一致性和事务特性的指标。

参考文献 [29] 从 ACID 的隔离性、原子性、持久性的角度，分两种情况探讨了与 HAT 的关系，一是能够保证 HAT 语义的情况，二是不能保证 HAT 语义的情况。

对于隔离级别，能够保证 HAT 语义的情况包括读未提交、读已提交两种隔离级别，这是因为这两种隔离级别在分区或较长时延的情况下，多副本的分布式事务能够保证读操作（两种隔离级别的场景都是先写后读的并发）被正确满足。而可重复读、快照隔离、单复制可串行化，见参考文献 [35]）隔离级别因在分区或较长时延的情况下，多副本的分布式事务不能够保证写操作，即不能使丢失更新、写偏序这样带有先读后写的操作被正确满足（需要满足**写过半原**

则：写操作需要半数以上的副本成功才可以成功，但分区发生时，写过半原则不能一定能被保证，这需要看分区发生后最大的一个分区的副本数是否过半数，且要看此分区是否满足黏性可用性，即与客户端是否连通）。特殊的是可重复读隔离级别，其定义是模糊的，细化各种情况后得到的切割隔离、项目切割隔离、谓词切割隔离等[⊖]隔离级别是可以满足 HAT 的。

参考文献 [29] 考虑了原子性与 HAT 的关系：在分布式系统中，原子性影响了写操作结果对其他事务的可见性，这可以视为一种隔离，因此原子性是具有隔离性的，这种隔离性称为 MAV 隔离。MAV 隔离用于防止读偏序异常[⊜]。在 MAV 隔离中，如果事务 T_i 能影响到的部分数据能被事务 T_j 可见，则 T_i 能影响到的所有数据都能被事务 T_j 可见。即事务 T_j 读取到事务 T_i 所写的数据（T_i 能影响到的数据），则事务 T_j 再次读取事务 T_i 所写的数据不会有更新的值（即所读到的就是最新值）。

参考文献 [29] 考虑了持久性（Durability）与 HAT 的关系，为持久性在分布式环境下被赋予了新的含义：从用户端看，事务提交前要保证持久性，就必须在有 F 个副本失效时至少还有 F+1 个副本可用（即满足半数写原则的要求）。

参考文献 [29] 从分布式一致性的角度（包括了会话一致性和因果一致性等）讨论了可用性与 HAT 的关系，并对上述提到的各种隔离级别、分布式一致性是否满足 HAT，进行了总结，如表 5-2 所示。然后又把事务和分布式一致性建立关联，得到图 5-5。

参考文献 [277][⊜]讨论了可用性和事务 ACID 之间的关系，认为事务的特性应该由 ACID 转变为 ACIA，第二个 A 是 Availability（可用性）之意。该参考文献认为：**一旦事务提交了其结果，系统必须保证这些结果反映在数据库中，连接到系统的任何客户端都可以访问数据库的数据。**

5.3.4　高可用架构

对于数据库系统，在单机数据库时代，通过主从架构实现了系统服务级别的高可用，如 PostgreSQL、Oracle、Informix、SQL Server 等采用的都是基于物理日志复制技术的主从架构。MySQL 的基于逻辑日志（以逻辑日志为主的混合日志）复制技术的主从架构，AWS 的 Aurora 基于"日志即数据库"（Log is database）思路的存放分离、共享存储的一主多备（备机级联可达 16 个只读备机）架构，都是早期数据库在高可用架构方面的典型范例。主从架构技术的数据冗余粒度在服务器一级，某个备机服务器挂掉则可用性降低，这是因为挂载新的备机时需要从其他节点传输大量的数据到备机，致使备机的不可用时间变长；而如果采用逻辑复制的方式，会因效率低致使备机可用性降低。

在分布式数据库中，节点级的高可用，也可采用主从复制的架构，如 Greenplum 的 Mater 节点就有一个作为备机的 Standby 节点，Master 作为系统的入口，用于存储元数据，

⊖ 这几个隔离级别的定义在参考文献 [29] 的附录 A 中。

⊜ 参考文献 [21] 的 1.1.6 节讨论了读偏序异常。

⊜ 更多信息可参考 https://sites.google.com/site/zhuyuqing/acia。

接收客户端连接及提交的 SQL 语句，将子任务分发给提供存储和处理数据服务的数据服务节点（Segment 节点）。

分布式数据库中，数据层和计算层的高可用，首先采用了存算分离架构，使得数据层和计算层可独立分别进行扩缩容。存储层采用基于共识协议的多副本的方式，有些系统提供主副本写从副本可读的方式，从而提高了系统的可用性。计算层无状态信息，这使得计算层的可用性得以提高；只要是启动的新的计算层，加入集群后即可提供服务，这也使得系统整体的可用性得以提高。但是这样的分布式系统的组件可能存在可用性不够高的地方，如 Spanner 的 Placement Driver（简称 PD）[⊖]是对整个集群进行管理的模块，其可能存在单点瓶颈从而导致可用性不高，需要专门构造带有冗余机制的其他高可用方案，例如有的系统采用 ZooKeeper 集群进行元数据的管理、选主等工作。

相较于传统的主备方式，基于共识协议的数据冗余的方式，其数据划分为一个个分区（Partition、Range 等），以适配 I/O 块大小的方式传输。数据复制的粒度因此被细化，这使得数据的复制可以并行进行且可以从多个不同副本上同时复制，这减少了备机上线的时间，提高了可用性。这一点也是基于共识协议实现数据冗余进而提高系统可用性之处。

除了节点故障、组件失效等会降低分布式系统的可用性外，延时也会降低其可用性。第 1 章提出的 PACELC 是除了考虑网络分区外，在延时方面也提供了考量因素的理论。该理论将少见的基于现代高性能可靠网络进行分区和更为多见的延时这两种因素一起纳入系统架构设计的范畴。由此可见，影响分布式数据库系统可用性的因素越来越多。

5.4 分布式事务架构

分布式事务技术，除第 4 章讨论的并发算法外，还和数据库架构设计密切相关，事务处理功能模块的位置，应随系统的设计目标不同而灵活确定。这意味着分布式事务就是框架的一部分，在设计系统的早期就应考虑好分布式事务的位置和实现机制。

5.4.1 事务管理器在客户端、中间件、服务器端中的实现

分布式事务处理技术在架构层面需要讨论的内容有中心化事务管理器（如 Postgre-XC）和去中心化方式的事务管理器。除了这两种架构外，分布式事务在架构层面还有其他需要讨论的内容，如参考文献 [7，78] 中提及的事务模块和存储模块分离的设计。

参考文献 [64] 总结了分布式事务处理的 3 种架构模式，分别是通过数据存储层、中间件层、客户端层实现分布式事务处理。TDSQL V3、TiDB、OceanBase、CockroachDB、Spanner（见参考文献 [65]）、COPS、Granola、Warp（见参考文献 [54]）等均采用在数据存储层实现事务处理的模式；Megastor、G-Store、Deuteronom、CloudTPS、pH1 等均采用在

⊖ 例如提供的服务可包括：一是存储集群的元信息，二是对集群进行调度和负载均衡（如数据的迁移、Raft group leader 的迁移等），三是分配全局时钟。

中间件层实现事务处理的模式；Percolator、ReTSO 等均采用在客户端实现事务处理的模式。

参考文献 [16] 为 Berkeley DB 构建了一个分布式事务处理中间件，实现了全局事务处理。相似架构的系统在参考文献 [16] 中多次被提及。这类工作探索了分布式事务处理、存储引擎分离、有自治能力的单机事务型数据库引擎的解耦。另外还有基于 P2P 架构的分布式事务处理技术等，这些内容不是本书讨论的重点，所以本章不再展开。

参考文献 [25] 提出 3 层架构的设计思想，即借助中间件的思路实现分布式事务处理，且在中间件中存在多个非中心化的全局事务管理器，如图 5-6 所示。这种架构表明，分布式事务数据库的另外一种趋势（TDSQL V2 等系统的架构与此类似，Spanner 采用的是一种集成化的架构，故其与此不同，感兴趣的读者可以自行查阅参考文献 [65，66]），即采用多组件混搭模式实现分布式事务型数据库系统；ZooKeeper 协调处理来自客户端的分布式应用，MySQL Cluster 存储元数据，M 类节点是多个全局事务管理器，L 类节点是多个以较低代价实现原子性事务计算的节点，存储层是分布式的 NoSQL 系统 HBase。

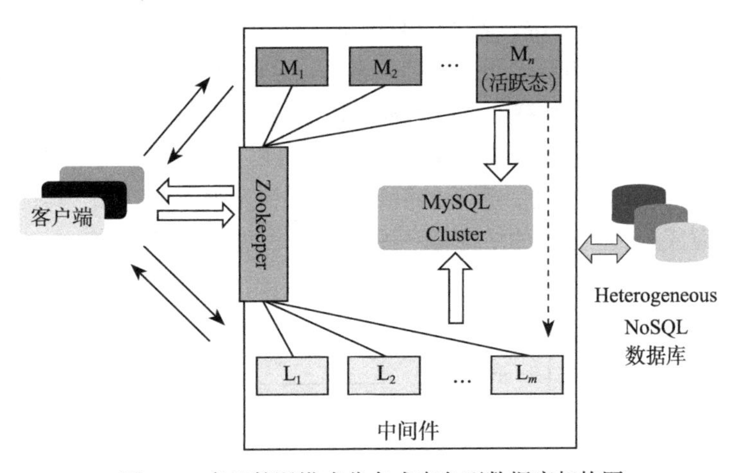

图 5-6　多组件混搭式分布式事务型数据库架构图

参考文献 [53] 研究了动态放置数据的问题以支持数据库在云端弹性扩展。对于分布式事务而言，数据在不同节点存储、分布式事务跨节点进行操作，从而导致出现耗时多的问题，这制约了分布式数据库整体性能。通过动态存储数据（跨节点的分布式事务写的数据项通过数据移动被集中存储在了一起）可以将分布式事务处理变为在单机系统上进行事务操作，这也是解决分布式事务型数据库因分布式事务处理成为系统瓶颈的一个思路。

参考文献 [73] 引入了多数据中心一致性（Multi-Data Center Consistency，MDCC）算法，该算法扩展了 Multi-Paxos 以支持多记录事务（Multi-record transaction），达到了读已提交隔离级别，并通过阻止写写冲突解决丢失更新问题，但其不提供全局可串行化。在性能方面，MDCC 利用乐观策略在提交阶段使用一轮消息传递即可实现分布式事务提交（核心思想是改进 2PC 协议的可用性，事务提交决定不由协调器做出，而是由存储层做出，其还会持久化存储相关决策信息，这使得事务状态不再依赖于协调器，减少了消息传递的轮数，从而减少提交响应时间)。其架构跨越了数据中心，为地理分散的分布式事务处理机制提供了思路。MDCC算法认为，数据中心内部的时延(约几个毫秒的数量级)相比跨数据中心的时延(数百毫秒的数量级)要少，时延不是多数据中心分布式事务一致性的主要矛盾，故可忽略。

参考文献[73]指出，数据库引擎这一层可分为两部分：计算层实现查询优化、事务处理等功能，作为一个DB Library可以随应用一起部署在客户端，是一个无状态的服务；存储层实现数据的分布式存储、复制、扩展等功能，是一个有状态的服务。

参考文献[54]提出了一种去中心化的分布式事务架构，其特点是把事务处理分为两层，一层位于客户端，一层位于服务器端，如图5-7所示。位于客户端的称为Transaction Context(事务上下文)，用于缓冲客户端读写的数据和相关的事务状态，事务在没有提交前，其数据一直缓冲在事务上下文中；当事务提交的时候，客户端执行acyclic transaction(无环事务)提交协议，此提交协议依赖于一个数据依赖链(根据冲突关系构建有向的依赖链)，在此链上前向遍历链条中存储的服务器，以确认服务器上是否有与数据依赖链中涉及的事务相冲突的事务。若是有则回滚，若是没有则继续前向遍历。如果遍历到链头没有发现冲突事务则进行提交(前向遍历链表到头并结束遍历，这说明依赖图之间无环即没有冲突的事务)。服务器层负责确认本服务器上事务的数据操作是否冲突(客户端读过的值是否又被写过，客户端写过的值是否又被读过)，如果有冲突则可以后向遍历并发送回滚消息给欲提交事务的发起者。在这样的结构中，事务的管理职责主要落在了客户端(其优势是CPU密集型操作由客户端完成)上。这样的结构是一种去中心化的事务处理架构。

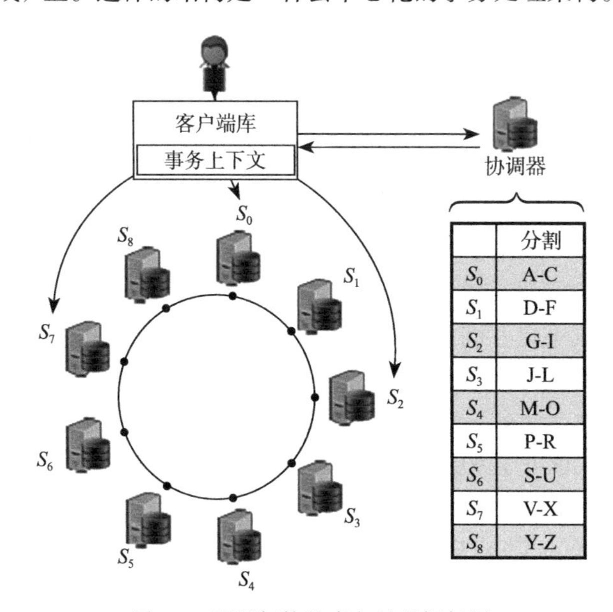

	分割
S_0	A-C
S_1	D-F
S_2	G-I
S_3	J-L
S_4	M-O
S_5	P-R
S_6	S-U
S_7	V-X
S_8	Y-Z

图5-7 两层架构的事务处理框架图

参考文献[36]实现了一个多Master的完全无协调机制的分布式键值系统。在事务处理层面，参考文献[37]讨论了一种事务处理机制——HATs。该参考文献通过分析发现大多数应用不需要协调器，从而建立了一类框架识别无须事务处理机制的应用，这类应用因为不用进行事务处理，所以整体性能提高了。当然，少量应用依旧需要通过事务协调器解决并发读写冲突。

5.4.2 去中心化的并发事务框架

有研究表明，在数据库系统中，并发访问控制算法是制约系统扩展性的重要因素。而分布式数据库去中心化的关键在于并发访问控制算法去中心化，对此大家可参见参考文献[60，61，62，63，70，71，72，73，77，78]。参考文献[8]对20世纪90年代早期之前的去中心化的事务管理技术做了综述。

参考文献[70]介绍了一种完全去中心化的事务管理器的算法，该算法在每一个节点（独立的数据库）都维护一个全局事务管理器（GTM），一个集群中有多少节点就有多少个GTM。GTM负责维护全局事务的可串行化，每个全局事务会被赋予一个整个集群范围内唯一递增的全局事务标识，此标识是一个时间戳值，表示全局事务之间的顺序。通过该标识可以实现事务的可串行化调度。之后，全局事务会被分解为在不同节点上执行的子事务，全局事务的子事务带着全局事务的时间标识在各个节点上执行（各个节点采用S2PL算法）。因事务标识（子事务标识）依赖时间戳排序，故全局有序，所以子事务在各个相关节点上都执行成功则表明全局事务可以提交。此算法把多个全局事务分散在了各个节点执行，达到了去掉全局事务管理器的目的。但是全局事务的时间戳（GTS）的分配，依赖于单个节点的本地时钟，多个节点的时钟需要同步，但时钟是否同步并不影响其算法的正确性。这是因为算法中把每个全局已经提交的事务的时间戳值存储到了涉及的子节点，作为子节点下一个时间戳值生成的依据，并且算法中用这个时间戳值作为事务回滚的条件，把新事务启动时间戳值与GTS比较，时间戳值小于GTS的全局新事务被回滚。该算法没有使用全局的事务之间的冲突信息作为冲突解决的依据，而是依赖时间戳排序全局事务，从而实现了可串行化，但因此引入了较多的回滚情况；子节点的时间戳值依赖于已经提交的事务的时间戳值，这引入了事务时间戳的向后推延的情况。

参考文献[63]介绍了有多个协调器的分布式事务管理器架构，包括多个全局事务管理器和多个全局事务调度器两种架构。在全局事务中，参考文献[63]利用2PC完成事务的提交，为事务分配全局唯一的时间戳值，全局事务的时间戳值通过TO算法实现全局可串行化调度（全局事务的子事务的调度顺序，是通过TO算法为全局事务排定有序的时间戳值，并根据该时间戳得到的）。这个过程和参考文献[70]介绍的内容相似。另外，全局的时间戳排序避免了死锁问题。参考文献[63]不同于参考文献[70]的地方在于，参考文献[63]首先在各个相关节点之间进行时间同步，然后调整子事务所在节点的事务时间戳值，因时间戳全局有序，所以整个分布式系统内的全局事务之间被时间值定好了顺序，这种方式改进了参考文献[70]引入的回滚较多的情况。

参考文献[72]介绍了异构分布式数据库（集群）中有多个协调器的去中心化的分布式

事务管理器架构，其中每个协调器上执行全局的分布式事务。该参考文献还定义了直接冲突和非直接冲突。该算法利用了严格两阶段封锁协议（SS2PL）确保对局部节点中事务的可串行化，对于并发的全局事务则需要在全局的协调器之间互相传递全局的事务信息以确保全局的可串行化。

4.4.2 节介绍过其他去中心化的并发算法，如参考文献 [61] 介绍的时间移动的乐观并发控制（Time Traveling Optimistic Concurrency Control，TicToc）算法，参考文献 [78] 介绍的 Posterior Snapshot Isolation（后路快照隔离，简称 PostSI）算法。

还有一些去中心化的并发算法依赖于物理硬件和软件机制的结合，如参考文献 [65] 介绍的 Spanner 的事务处理机制（4.5.4 节和 7.3 节有详细介绍）。

参考文献 [54] 也提出了一种去中心化的分布式事务架构，其特点是把事务处理分为两层，一层位于客户端，一层位于服务器端，具体参见 5.4.1 节。

5.5 可扩展性架构

分布式数据库的一个重要特性是可扩展性，英文常用 Scalability 来表示。

对软件系统而言，一般有两种扩展方式，一是垂直扩展，可实现最大化单机资源利用率并提供更好的服务；二是水平扩展，可不断延伸自身提供服务的能力以应对不可预估的需求波峰。

下面将从概念和事务处理技术层面，对可扩展性展开讨论。之所以单独讨论事务处理技术的可扩展性，是因为笔者认为，分布式系统在强一致性需求面前，事务处理机制是制约系统的可扩展性的最大瓶颈。

5.5.1 可扩展性是一种能力

对于数据库系统而言，维基百科[⊖]对可扩展性的解释如下：

```
    Scalability for databases requires that the database system be able to perform
additional work given greater hardware resources, such as additional servers,
processors, memory and storage. Workloads have continued to grow and demands on
databases have followed suit.
    Algorithmic innovations have include row-level locking and table and index
partitioning. Architectural innovations include shared-nothing and shared-everything
architectures for managing multi-server configurations.
```

翻译过来就是：数据库的可扩展性要求数据库系统能够在给定更多硬件资源的情况下执行更多的工作，例如给定更多的服务器、处理器、内存和存储。工作负载持续增长，对数据库的能力要求也随之增长。算法创新包括行级锁定、表和索引分区。架构创新包括管理多服务器配置的无共享和全共享架构。

⊖ https://en.wikipedia.org/wiki/Scalability。

简单地说，**可扩展性是一种能力**，一种在得到更多增量资源的情况下，自身（模块、算法等）没有瓶颈并能继续利用新增资源提供“更高、更强、更快”服务的能力。

但实际上，可扩展性作为一种能力，对于单机系统的模块设计也存在要求。例如，单机系统上的索引结构和索引存储方式就不具备可扩展性。这是因为，数据库的索引多是B+树，该树是一种层级结构，叶子节点指向具体的页面。数据量增大，则树的高度会增加，但是数据量无限增大会导致内存放不下该树，此时B+树的实现方式通常不提供子树转存到外存中的功能，即B+树的实现没有把内外存融为一体以求应对无限量的数据，这使得其不具备可扩展性，而是受限于内存容量。

而与此对应的是数据库数据缓冲区的设计方式，这是一种具备可扩展性的设计方式。因为内存一直是有限的，而面对无限量的外存数据，缓冲区存在调入、调出机制，也存在脏页刷出机制，使得缓冲区对于上层来说饰演的角色是无限量的数据提供者，因此该设计方式使单机系统具备了可扩展性。再如，数据库的日志（REDO日志和UNDO日志）是一个数据流，会不断从数据库运行态产生并被刷出，但是日志文件在外存中以无限量文件的方式存储，只要物理存储的容量足够大，日志即可无限刷出，因此该设计方案具备可扩展性。

同样是数据缓冲区，如PostgreSQL在实例启动的时候，固定了数据缓冲区在内存中的容量（共享缓冲区的大小，需要在配置后重启才有效），随着物理可热插拔的内存的增多，PostgreSQL没有能力在保障高可用状态时动态扩展数据缓冲区，因此，其不具备可扩展性。

所以，无论是一个数据结构体的设计、一个算法的设计，还是一段模块的构成或一个框架的结构，**只要能考虑无穷的理念（具备线性映射关系）使其能够不受数目、中心点、占用资源的有限性的限制（可自动调节对资源的利用[⊖]）**，其就具备可扩展性。

从形式上看，一个组件存在两个方面的扩展——垂直扩展和水平扩展。

- 垂直扩展方式以单个实体机器为宿主，根据硬件的能力，扩展软件的能力，即软件的能力随硬件的个数、容量、算力等的扩展而扩展。例如，支持热插拔的内存得到扩展，则数据库的内存缓冲区的管理方式应设计为动态自动扩展方式，以适配内存硬件的变化，从而提高数据库对硬件的利用能力。
- 水平扩展方式以增加新的实体机器为主，数据库的用户连接数、事务吞吐量、查询并发度、数据存储量等都可以因此得到近似线性的扩展。所以，对于数据库系统而言，扩展性首先是面向数据库各个模块的模块级别的扩展性，其次是数据库在整体上表现出来的扩展能力。

水平扩展可以按如下方式进行。

- 多入口：单入口变为多入口（用户接入）。
- 多连接（存储分布）：一个连接在物理层面变为多个连接（操作多个物理节点）。

⊖ 资源多则可动态占用更多资源，资源少则可释放一定量的资源供其他系统使用。

- 数据分布：一份数据在物理变为多份数据。
- 操作多路由：一个操作逻辑，可操作（逻辑上是同一个数据的）不同的数据副本。
- 事务管理分布：无单点事务管理器、分布式事务调度器之间互相协调。
- 查询优化：获取数据分布元信息和机器节点信息，计算最佳计划。
- 查询执行：数据聚合可扩展且可协调、可互相配合。

参考文献 [87] 提出了一种建立可扩展分布式系统的新范式。其不需要处理消息的传递协议（消息传递是现有分布式系统中最复杂的部分），取而代之的是一种被称为 Sinfonia 的服务，此服务可设计和操纵数据结构。这为分布式系统的架构设计提供了一种新思路，即把复杂问题转换为一个具有可扩展性的问题，这也许是一种好的解决问题的方式。

5.5.2 事务处理的可扩展性

对于事务处理的可扩展性，下面我们分几个层面进行介绍。

1. 并发算法层面

并发算法层面，存在可扩展性的瓶颈，如 TO 算法依赖时间戳。我们在 4.4.2 节讨论过，全局统一的时钟在分布式系统中不具备可扩展性，因此去中心化的时间戳获取机制是解决分布式事务处理的一种思路。再如，参考文献 [195] 在讨论 Scalable two-phase locking（可扩展的两相锁定）技术的时候，指出需要进行死锁检测的 Locking 算法，该算法在低竞争场景下具备可扩展性，但在高竞争场景中，封锁颠簸（Lock Thrashing[⊖]）是制约封锁技术扩展性的因素，因此需要在设计上打破这种瓶颈。如果对并发处理能力要求高，则并发访问控制算法的设计中可考虑避免使用封锁协议，或者减少封锁时长，如采用 OCC 技术尽量缩短封锁协议的时间长度以提高并发性能（见参考文献 [220]）。另外，与并发访问控制相关的一些算法要对并发事务进行判断，而并发事务可以是一个无穷数，因此如果这类算法依赖所有的并发事务，则其不具备可扩展性。参考文献 [195] 讨论了锁技术的 NO WAIT 方式，该方式因无中心化节点而具备可扩展性，但是回滚率高。而讨论锁技术的 WAIT DIE 方式，不仅存在封锁颠簸瓶颈，还有因需要获取时间戳而存在获取时间戳值时不可扩展的限制（Spanner 通过 Truetime 机制获取时间戳值，因其不依赖中心节点而具备可扩展性）。其他依赖 TO 算法的技术，如基于 TO 算法的 MVCC 技术、基于 TO 算法的 OCC 技术等，都因存在时间戳获取的瓶颈而不具有可扩展性。

参考文献 [61，78，157，158，165，166] 等均采用延迟、存在冲突时互相调整相对时间戳值等方式为事务分配时间戳，这就是 DTA 的思想（参见 4.5.1 节）。通过 DTA 思想可以去除集中式的事务协调器，提升并发控制的可扩展性。这种方式消除了事务提交验证阶段必须集中化处理不可扩展的瓶颈。

再如，第 4 章讨论的 OCC 算法、BOCC 算法、FOCC 算法，以及 SSI（参见参考文献

⊖ 封锁的时间越长，并发性能越差。

[114])、WSI（参见参考文献 [79]）等并发算法，均因为要和历史已经提交的事务、正活跃的事务的读集和 / 或写集进行比较，加之已经提交或活跃的事务的数量可能有从零到无穷多个，这使得算法的性能严重受限于事务个数，因而不具备可扩展性。需要进行死锁检测类封锁并发算法同样依赖于并发事务的个数，因此在此点上也不具备可扩展性。综上，在可扩展性上，这些算法都逊于 TO 类算法，但如前述，一部分 TO 类算法又受限于中心化时钟。所以，我们可以得知，并发算法的可扩展性不是受限于中心化的点，就是受限于并发事务数量，可扩展性总是受到一定程度的制约。

2. 事务任务执行层面

可扩展性**在事务任务执行层面**也存在瓶颈。例如，参考文献 [132] 讨论了在多核环境下制约事务处理具备扩展性的因素：多核支持更多的并发操作且为了实现可串行化排序而导致更容易产生竞争（在同一个数据项上进行的读写操作）。该参考文献对此提出两个解决方式，一个是采用单机跨核的分区功能（不使用单线程执行事务的逻辑和并发访问控制的逻辑，而是将线程分为两组，一组是执行并发控制的线程，一组是执行事务的线程，两组线程之间通过消息机制通信。注意，该方式不是进行数据分区，而是对执行任务的线程按任务类型进行划分），一个是对数据访问方式进行提前预判（类似确定性事务的逻辑，见参考文献 [34] 中介绍的确定性事务）。再如，PostgreSQL 基于 MVCC 技术可进行判断，这依赖于活跃事务列表，而一个系统内部的活跃事务列表可以无限大，所以算法的性能严重受限于活跃事务个数，这样的设计方式不具备可扩展性。

3. 数据库架构层面

参考文献 [9] 分析了传统的分布式数据库架构影响扩展性的因素（不能有效利用高效能网络），其中指出存在两种挑战——分布式控制流（如同步信息）和分布式数据流（如数据跨节点移动）。分布式控制流和分布式数据流受限于网络带宽。如果采用 RDMA 硬件技术，则可以有效提升分布式数据库的性能。但是该参考文献没有止步于此，而是进一步提出 4 种架构，并通过对架构层的改造来充分利用 RDMA 硬件红利。该参考文献还讨论了如何改进 2PC 和 SI 等技术。这是一个事务处理可扩展性在硬件、架构方面和并发控制算法相结合的例子。

4. 架构含义延伸

架构含义延伸使得操作系统更具备可扩展性。*DBOS: A Proposal for a Data-Centric Operating System* 利用数据库的技术，为操作系统在多个层面提出设计方面的改进思路。该论文的作者认为，数据库的关系模型和数据库的众多技术具备高度抽象的特性，可以为操作系统的设计理念改进提供很好的思路，因此把数据库内核的设计思路移植到操作系统内核的设计上，用 data-centric architecture（以数据为中心的体系结构）设计操作系统内核，会产生很好的效果。该论文的作者还提出，需要为操作系统中各个组件的各种状态设计不同的数据结构，这样的内容用数据库的不同结构的表来维护会更具可扩展性（关系模型采用 E-R 模型把世界映射到了二维表中，使得世界中的实体对象被高度抽象，因此关系模型具备了很好的可扩展性，而状态的变更可采用数据库的事务处理机制使数据具备强一致性。因此有采用水平方式扩展的数据库系统，也有采用垂直方式扩展的数据库系统），而且还具有便于查询、系统不用重构、便于在线升级操作系统、可使用机器学习的方式做决策、可实现复杂的安全管理机制等优点。这样的操作系统称为 DBOS。在这样的系统中，要实现分布式事务处理技术则不需要在其他层面重新实现事务处理（ 部分事务处理功能由 OS 解决），故用户更容易通过构建软件栈来构建不同的应用。

5.6 强一致性

我们在第 1 章讨论了 CAP 理论，这是讨论分布式系统一致性的理论基础。

在分布式系统中，只有第 2 章介绍的线性一致性、顺序一致性属于强一致性，因为它们是从全局的角度要求结果必须稳定（对任何读都保持一致的结果）。而因果一致性等一致性则属于弱一致性，它们不能在全局范围内提供一个唯一的结果。

第 4 章介绍的数据库事务的一致性，是从事务的角度出发讨论一致性，其中事务一致性最强的是可串行化隔离级别。

对于分布式事务型数据库而言，**强一致性融合了分布式强一致性与事务一致性**，即其做到了**严格可串行化（Strict Serializability）或者顺序可串行化（Sequential Serializability）**。

要识别某一致性是否是强一致性，可参考第 1 章和第 2 章的内容。其中，2.1 节给出了强一致性的定义，即**新的数据一旦写入，在任意副本任意时刻都能读到新值**。这个定义，要求任何操作 / 事务的结果，在全局范围内有效，且操作之间具有很强的线性一致性或者顺序果一致性。

参考文献 [29，99，65] 等讨论或实现了严格可串行化技术，目前市场可见的事务型分布式数据库中，能做到严格可串行化的是 Spanner（详见第 7 章），能做到顺序可串行化的是 CockroachDB（详见第 9 章，宣传称可做到，但目前版本实现的是因果可串行化），腾讯的 TDSQL 数据库则支持严格可串行化和顺序可串行化。

5.7 解耦

数据库系统自身是一个解耦后的产物。早期数据和应用是绑定在一起的，应用程序需要自己存储、管理数据，并基于数据进行计算。但是，不是每一个应用都能把复杂的数据存储、管理、计算等工作做好。因此把与应用和数据处理相关的工作解耦，促进了数据库技术飞速发展，也方便了用户进行应用开发。

数据库系统经历了一个技术系统化构建的阶段，这使得数据库系统成为一个典型的高耦合系统。耦合的含义是指两个或两个以上的体系间通过相互作用而彼此影响以至联合起来，成为一个整体。数据库内部有诸多的模块，为了效率，各个模块之间互相交织，从而使得数据库内核耦合度特别高，带来的一个问题是复杂度特别高。

而20世纪60年代到70年代，各种数据模型技术的发展，使得对数据的操作方式和数据也进行了解耦，尤其是关系模型和SQL语言的提出。关系模型使得物理存储数据和逻辑操作数据两者解耦，这为SQL语言操作逻辑数据提供了便利。这是一次解耦的工作，该解耦促成了数据库技术飞速发展。也是该次解耦工作，使得查询优化器和执行器之间也可以解耦了（业界已经有单独的优化器，可适配多个执行引擎）。

对于分布式系统而言，在云计算需求（资源池化、服务Serverless化、弹性计算）、新技术应用（AI、新硬件等）、分布式架构内驱力（高可靠、高可用、高可扩展性等）等作用下，数据库内部各个模块间如何解耦成为新的重要课题。

前述的存算分离，是用户业务在云环境下驱使数据库软件架构发生的首要变化。该解耦方式使得数据库软件架构适应了用户的业务发展需要。但是，**解耦工作对于数据库系统而言却不应停滞，在数据库架构背景下应继续思考各个模块解耦的问题**，这是一个技术问题。解耦工作，可以在许多层次、许多模块间展开，各个模块之间一旦解耦，系统的可扩展性、智能化程度就会有机会产生极大提高。纵观历史，每一次解耦工作，都为技术的大发展提供了基础。

在数据库中，多种解耦技术当各有其妙。下面我们通过几个示例来认识数据库内核范围内的解耦工作。

例如，分布式存储系统中，元数据管理和用户数据管理分离，这是一种解耦的方式。该种解耦，不仅使得数据库的性能和存储容量可同时拓展，系统规模也具有很强的伸缩性。

再如，在分布式环境、存算分离架构下，事务处理技术如果采用MVCC，那么MVCC应该置于哪里？在解耦的需求下，可以考虑如下方式。

- **MVCC置于存储层**：在传统的页面结构之上，进行MVCC的可见性判断（即可见性判断放置在存储层），这样的好处是，网络传输数据量少，但是事务处理技术和存储层耦合度高。
- **MVCC置于计算层**：这样以MVCC技术为基础的事务处理可以和存储层解耦，这有助于实现多模数据库。

存储层可以进一步分离，分离为带有执行器功能的**计算存储层**以及接近文件系统和物理存储的**数据存储层**，前者可以是一个分布式的基于数据进行计算的存储层（提供部分计算功能，例如多个节点按sharding key，即切分键进行统计，统计操作的汇总需要上升到更上一层的计算层进行），后者可以在物理数据块或文件层面通过共识算法（如第3章讨论的Paxos、Raft等）保持多副本的一致性，并同时作为一个共享存储而存在。

在数据模型后面，可以依托数据的生命周期管理，做读写分离解耦。读写操作一旦解耦，将极大影响HTAP（Hybrid Transactional and Analytical Processing，混合事务和分析处理）的实现，使得一个系统两种应用的梦想得以实现。

6.5.1 节从数据库技术发展历史的角度，进一步阐述了解耦的价值，大家可提前学习。

参考文献 [260] 展示了索引的数据结构与物理存储层之间的解耦。其提出了一种事务存储和恢复机制——FineLine，这种机制舍弃了传统的 WAL 机制，把所有需要持久化的数据存储到一个单一的数据结构，希望使数据库的持久化部分和内存中数据存储之间解耦。FineLine 无须将内存中的数据落盘到数据库，仅将内存中的日志信息持久化到 Indexed 日志中，然后通过 fetch 操作从 Indexed 日志读取数据的最新状态即可。通过尽量将内存中的数据结构与其持久性表示解耦，消除了基于磁盘的与传统的 RDBMS 相关的许多开销。除此之外，这种单一的持久化存储架构带来的另一个好处是，在系统发生故障后恢复的开销很低。由于 Indexed 日志保持了与原子操作的一致性，当发生故障并重启时，可以从 Indexed 日志中读取已提交的最新数据记录。若基于日志管理中常用的 no-steal 的策略进行相关操作，则 Undo、Checkpoint 等操作就不再需要了。

参考文献 [74] 介绍的解耦方式，利用低延时的 SSD 引入了一个间接层，改变在混合存储层中的数据结构，利用间接层解耦了多版本记录在物理表示与逻辑表示之间的关系。当记录更新时，除了建立在更新属性上的索引需要涉及磁盘 I/O 外，其他属性上的索引都只会涉及低延时的 SSD I/O。这种利用新型存储介质的读写优势、通过构筑新的存储层缓解读写瓶颈的方式，可使数据库的持久化部分和内存中数据解耦。

传统的数据库系统尽管是一个高耦合的系统，但其内部实现中也存在很多“尽量解耦”的设计理念。表 5-3 展示了传统数据库中可实现解耦的内容。

表 5-3　传统数据库中可实现的解耦

类别	比较项	PostgreSQL	MySQL	Informix
存储	支持替换整个存储引擎	不支持	支持（通过 handler 实现）	不支持
	可替换数据存储底层的文件操作	支持（通过 smgr 层实现）	不支持	支持
	用户可自定义数据类型	支持	不支持	支持
优化器	支持替换整个优化器	支持	不支持	不支持
	支持替换单表扫描的方法	支持	不支持	不支持
执行器	支持替换整个执行器	支持	不支持	不支持
数据访问	用户可自定义索引	支持	不支持	不支持
	用户可自定义操作符	支持	不支持	不支持
	用户可自定义外部数据源	支持	不支持	不支持
	用户可自定义数据采样方法	支持	不支持	不支持
进程	支持附加用户进程到服务器共享内存	支持（通过 BackgroundWorker 实现）	不支持	支持
用户功能	自定义函数	支持	支持	支持
	存储过程	支持（多种语言）	支持（单一语言）	支持（多种语言）
	触发器	支持	支持	支持

总之，对传统架构的数据库进行解耦，可构造新的分布式数据库系统，进而简化模块之间设计的复杂度，以清晰的接口明确模块之间的关系，在各个模块中再融入新的需求（第5章和第6章的二级标题描述的都是新需求的方向）。解耦是未来分布式数据库设计者需要不断思考和实践的方向。甚至存在一种可能，未来的数据库系统是由已经解耦的数个大数据组件经过一定程度的耦合（如通过某种抽象过的事务处理接口）组装成的。

复杂的系统才需要解耦，数据库系统即如此。现代的数据库系统已经足够复杂，基于单机的数据库系统，在分布式时代，对其各个模块进行解耦，是一种价值重构的方式。在其中，**解耦是手段，重构是方向，解放生产力**[⊖]**是目的**。解耦之后的重构，为效率发挥提供了更大空间。

⊖ "解放生产力"，是一个具有广泛意义的词。对于不同层面不同内容的解耦，其具体作用不同。对于一些现象和算法，通过解耦可更加容易认清其本质；对于事务处理机制，解耦可提升并发访问控制算法的效率；对于数据模型的存储和操作，解耦可使数据库内核模块层更加清晰，使各个模块专注于某一问题，因此可提供更好的服务。

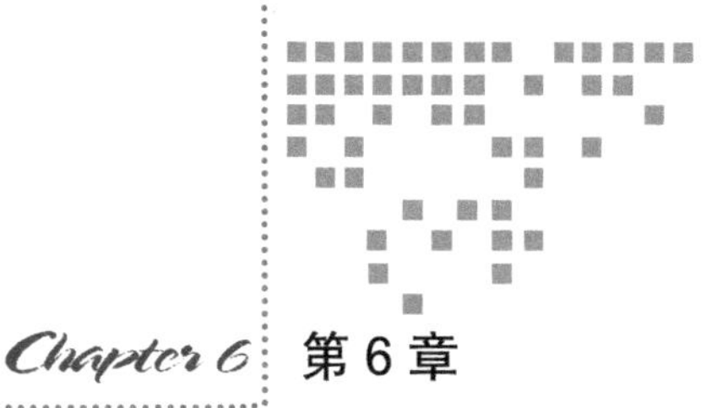

Chapter 6 第6章

新技术与分布式数据库架构

新技术有可能帮助实现社会变革，促进大发展。一项价值巨大的原创技术，可带来社会的进化、推进文明的进程。

在计算机领域，新技术也有着影响软件体系结构的力量和价值。诸如云计算、微服务已经在改变人类使用计算机硬件和软件的方式了，RDMA（见参考文献[9]）、NVM（见参考文献[11]）、可计算存储已经在改变数据库等软件的体系结构了。本章选择了一些影响数据库技术的新技术进行讨论。

6.1 新硬件

硬件技术的发展，影响着软件技术的发展，也影响着数据库系统架构的发展。新硬件的出现，势必会影响数据库的设计，进而带来新的研究热点。

在现代的计算机系统中，虽然CPU单核能力提升空间不大了，但提升核数量的空间却很大。未来的计算环境，可能是数千个CPU核一起参与单点计算。但是，多核CPU可能会带来性能下降，这是因为不同的核会争抢相同数据资源。例如，参考文献[195，214]在千核环境下研究了并发访问控制算法，发现CPU资源不能得到很好利用。

在存储方面，大内存催生出内存数据库，SSD使得磁盘型数据库的物理I/O不再成为制约数据库系统的巨大瓶颈，这些都有效延长了磁盘数据库的生命。因此一段时间内，利用NVM的技术特性[⊖]，可在数据库内部对数据缓冲区进行分层处理（合理利用DRAM和

⊖ NVM技术特性是指非易失性、按字节存取、高存储密度、低能耗、读写性能接近DRAM、读写速度不对称、读远快于写、寿命有限（需要像SSD一样考虑磨损均衡）等。

NVM 的特性使热数据在内存中，温数据在 NVM 中），还可将冷热数据分离并分别存储到传统的磁盘等介质中。

在网络层面，RDMA 类的高速网络设备使得数据库的架构发生巨大变化。

上述内容无不昭示出新硬件对数据库技术的影响是举足轻重的。相关文献正如雨后春笋般不断涌现，有兴趣的读者请自行查阅资料。

参考文献 [7，9，10，11，14] 等表明，基于新硬件实现的分布式事务型数据库，其事务吞吐率较传统架构的分布式事务型数据库有明显提升。硬件技术的发展对数据库的架构、算法设计、性能等影响巨大。相关内容可参考 4.5.4 节。本节将概述一些研究文献在新硬件对数据库系统影响方面的探索，限于篇幅，不深入进行探索。

6.2　智能数据库

智能数据库的发展分为如下几个阶段。

- **自适应（Self-adaptive）**：始于 20 世纪 70 年代，当时是数据库发展早期，那时提出的自适应技术采用外部工具的方式，使得数据库可以进行自动化物理设计（如索引选择、数据分区）等。如 Informix 提供了自动创建索引的功能，DB2 提供了一些工具做 SQL 的优化等。MySQL 自 V5 起，也具备了在 SQL 执行的过程中自动创建临时索引以加速查询的功能。
- **自调优（Self-tuning）**：随着技术的发展，数据库界又在 1990 年左右提出自调优相关技术，期望数据库能自动完成物理设计，也能进行数据库参数调优。该项工作发展到 21 世纪，出现了基于机器学习的数据库自动调参系统，如 Ottertune（见参考文献 [100]），以及基于深度强化学习的端到端的云数据库自动性能优化系统，如 CDBTune（见参考文献 [101]）等。
- **自学习数据库（Self-learning）**：从 2010 年左右开始，自学习数据库将数据库看作一个黑盒子，通过 JDBC、ODBC 等进行交互，对已有数据库进行改造。其中，以 PelotonDB（见参考文献 [340]）为代表，其最重要的特性是将数据挖掘技术引到了数据库管理系统中，通过感知应用工作负载自适应调整底层存储方式，实现 OLTP/OLAP 的融合，以及无人工干预的自动调优技术。
- **自驱动数据库（Self-driven）**：自 2015 年起，自驱动数据库以机器学习（Machine Learning, ML）组件的形式存在于数据库内部，这类数据库适合从头设计一个新系统，代表产品为 NoisePage。NoisePage 与 PelotonDB 系统相同的是都源自 CMU（Carnegie Mellon University，卡内基梅隆大学）。NoisePage 是一个支持混合负载（HTAP）、使用 LLVM 进行即时查询编译、基于 relaxed-operator fusion（松弛算子融合，简称 ROF）实现的向量化执行的内存数据库。

在数据库中可使用 AI/ML 技术改造数据库内核的组件，有关内容见参考文献 [267，

268]。本节仅对智能数据库的相关话题展开讨论，大家还可以结合 5.1.1 节中介绍的关于智能数据分布和 5.2.1 节中介绍的关于智能查询优化的内容学习本节。

百度百科有这样一段描述：

> IDB（智能数据库）思想的提出，预示着人类的信息处理即将步入一个崭新的时代。IDB将计算机科学中日趋发展成熟的五大主要技术，OO（面向对象）技术、DB（数据库）技术、AI（人工智能）、Hypertext/Hypermedia（超文本/超媒体）技术以及正文数据库与联机信息检索技术，集成为一体。其中 O O、AI 和 DB 是 IDB 的三大支柱技术。

该段描述貌似是对智能数据库下的一个定义，但其原文⊖是从用的角度描述智能数据库，这里所说的智能数据库非本节准备讨论的“具备智能的数据库管理系统”。

智能数据库，尚没有一个明确的定义。简单而言，就是把 AI（人工智能，Artificial Intelligence）能力赋予传统的数据库系统，使得数据库系统对外的表现看起来可以进行自调优、自优化，这可使得数据库管理员（DBA）的工作减少（或者是手工工作减少，智力活动增加）。

另外，笔者认为智能数据库不仅要求 AI 类算法在数据库内核中与各个数据结构、其他算法、模块、组件、框架等融合使用，还要求数据库内核各个数据结构、算法、模块、组件、框架等作为个体，自身具备相对独立的特性（与其他部分解耦并有着清晰的接口）且具备基本的读写、理解、交流能力。参考图灵测试的理论，笔者认为：**如果数据库内核各个数据结构、算法、模块、组件、框架等作为相对独立的子部分能通过图灵测试，则表示该子部分具有智能；如果一个数据库系统整体能通过图灵测试，则表示该整体部分具有智能；如果一个数据库管理系统的每个子部分具有智能，且整体具有智能，则表示该数据库系统具有智能；如果数据库具有智能，且其各个子部分和整体都是有智能的子部分（智能组件），则表示该数据库是智能数据库。**

那么什么是智能组件呢？对于数据库系统而言，**一个组件若是能听（有控制信息输入）、能理解（可处理控制信息）、能说（根据输入的控制信息可输出新的数据信息和控制信息），那么这个组件就可以称为智能组件。**

采用图灵测试的方式描述智能数据库，是从概念上对智能数据库的阐述，可实现性不强。用仿生的思维，用人和社会来描述智能数据库可以获得更多启迪。

一个人作为一个个体是具备智能的，这是可以达成共识的。如果数据库系统具备人的基本智能和数据处理的能力，则可以等价认为，该数据库具备智能。那么，人类具备哪些智能呢？发现、认知、存储、理解、自主、创造、感情、同理心，以及协同构成社会、进行道德判断、形成社会规则等（这些是人的意识的一部分）等都是人类智能的基础，其物理基础是 DNA，其社会基础是人与人之间的关系，后者基于前者但可以更加促进前者向智能

⊖ 原文还有下面这样的内容：智能数据库系统是一个对象数据库管理系统，即是一个具备多媒体管理能力的有一定智能特性的数据库。显然该多媒体智能数据库不是一个从数据库内核内在特性的角度探讨智能的，而是在多媒体数据存储与管理的应用层面建立的概念。

进步，并因此发展出有别于生物体的文明。而人工智能，是基于编程，建立在代码基础上的（称为**代码智能**）。人和人工智能看似没有关联，但如果把二者看为一个黑盒子，有输入输出，则在此模型下二者是相似的。其实，二者的相似，更多是“逻辑（思维存储和计算）”角度的相似。而由每个独立的逻辑，如何演化出“逻辑的社会、逻辑的文明”，这样的社会和文明是否存在差异或能否融合，目前尚无从模拟和研究。

但是，人工智能技术的发展速度很快，为生物社会带来的不确定性不断增加。霍金曾多次呼吁人类要警惕人工智能的发展，要规避风险，并警告人们，**拥有独立意志**的人工智能可能会毁灭人类。言下之意，他认为**人工智能或将演化出意志**。独立意志，是否是一种“逻辑”？从目前阶段来看，基于代码的人工智能技术是否可以逐步发展出它自己的逻辑？具备 DNA 基础的生命体（如人类）可以进化出逻辑，**为什么复杂代码体就不可以飞速发展出自己的逻辑呢？**甚至，也许我们可以推演出代码智能的出现时间和发展历程[⊖]。

现阶段对于 AI 技术融于数据库的研究，被冠以“智能数据库”一词，这其中有放大概念以博眼球的味道，也有建立长远奋斗目标的味道。人类对自身生物学本质还处于探索阶段，人类智能尚不能精确定义，因此也无法赋予人工智能相应的结构来实现人类智能。目前对于 AI 技术的研究，尽管有一些轰动性的研究成果，但尚处于点状突破的阶段，还没有更进一步的发展。

目前处于初级阶段的仿生工作，尽管诞生了模仿突触信号传递和人脑神经网络结构的全连接神经网络，诞生了借鉴人眼视觉感知模式的卷积神经网等，并使得这些技术被大量应用于生活中的各个方面，但是，**智能数据库还处于初级阶段**，所以现阶段更多人讨论的是“AI For DB”而不是“智能数据库”。但笔者相信，未来对智能数据库的研究会更深入，相关技术会进一步前进。

可以肯定地说，如果有一天智能数据库成熟了，则那时一定是智能操作系统、智能中间件、各种智能软件都已经遍地开花，也一定是所有软件消失或融合后只有一个智能大脑的时代。在那个时代，软件智能使数据库一类的软件不复存在，一切软件都是一个智能体即智能大脑的一部分，如同水滴融入大海，星辰之于宇宙。

当前的一些研究，停留在使组件“**具有智能**”的阶段。4.5.5 节介绍的马尔可失模型就是这方面的实例。这个实例尚没有使得事务调度器成为智能事务调度组件。

6.3 云计算与数据库

本节讨论云计算与数据库的关系，包括云数据库自身的技术和特征，也包括云数据库

⊖ 例如，用能量的方法，我们可模拟人工智能的发展速度。机器算力在未来 N 年可以获得的能量如果等量于生物界过去 38 亿年获得和利用到的能量，而机器算力的计算速度 M 倍于生物界演化发展的速度且能持久计算，由此大致可推知代码智能的发展速度。另外，有人类的参与，代码智能的发展速度也许可加快发展。在后发智能的发展初期，先发智能有助于后发智能的发展，但中后期也许会阻碍其发展。

的使用方式和形态变迁。

2006 年 Google 的 CEO 埃里克·施密特首次提出了云计算（Cloud Computing）的概念。2011 年，哥伦比亚大学的 Prof.Stolfo 教授提出雾计算（Fog Computing），后被思科公司理论化。云计算是集中式计算，埃森哲（Accenture）公司给出了的云计算定义：**第三方提供商通过网络动态提供及配置 IT 功能（硬件、软件或服务）**。而雾计算是云计算概念的延伸，是局域网的分布式计算方式，符合互联网的“去中心化”特征，其低延时、位置感知、广泛的地理分布、适应移动性的应用特征，使得该计算范式可支持更多的边缘节点。

2011 年，同时出现了边缘计算（Edge Computing）的概念，OpenStack 社区给出的定义为：**边缘计算是为应用开发者和服务提供商在网络的边缘侧提供云服务和 IT 环境服务，目标是在靠近数据输入或用户的地方提供计算、存储和网络带宽。**

雾计算和边缘计算的区别在于，雾计算具有层次性、网式架构；而边缘计算依赖于不构成网络的单独节点。雾计算中的不同节点之间具有广泛的对等互连能力，而边缘计算是孤岛中运行的节点，这样的节点被容纳入云或雾的网络中可实现流量传输。

云计算、雾计算、边缘计算，是三种不同但又相关的计算范式，每种范式对于数据库系统而言，都有提出不同需求的可能。如今，云计算中的云数据库的特征基本探明，但也在发展中。而雾计算中的雾数据库的特征尚未有提出，边缘计算中的数据库是否是可从传统的单机数据库系统稍加演化得到，也尚未有提及或讨论。

但是，三种不同的计算方式，必然适用于不同类型的应用，对于**数据的存储、管理、计算、交换**的需求，也必有差异，深入研究不同应用的需求和特点，可得到不同类型的数据库。未来数据库的类型或形态必然会更加丰富多彩。

6.3.1 云原生

早在云原生概念出现之前，就出现了 Cloud Foundry 的概念，其内容可以被概括为一种方法论，称为 12 要素应用程序（12-Factor App）。根据这 12 个要素，人们对数据库提出了如下一些具体的要求，使得数据库的架构和功能发生了变化。

- 12 要素应用的任意部署，都应该可以在不进行任何代码改动的情况下完成，将本地 MySQL[⊖]数据库换成第三方服务 (例如 Amazon RDS)。与此类似，本地 SMTP 服务应该也可以和第三方 SMTP 服务 (例如 Postmark) 互换。这使得云应用研发不深度依赖于数据库系统，使得云数据库之间的功能差异化竞争被消灭。
- 12 要素反对与会话具有高黏性。会话中的数据应该保存在诸如 Memcached 或 Redis 等带有过期时间的缓存中。这就要求云数据库服务要么有多种产品支持不同能力，要么在一个产品内提供带有过期时间的缓存。
- 12 要素应用本身从不考虑存储自己的输出流，即不提倡提供日志功能（不写或者管理日志文件），而是把信息直接输出到标准输出 (stdout) 事件流。在开发环境中，开

⊖ 互联网应用多基于 MySQL 系统构建，因此 12 要素在提出时直接以 MySQL 为内容描述中的数据库主体。

发人员可以通过这些数据流，在终端实时看到应用的活动。在应用端不能提供日志以供确认问题，这对服务端的数据库提出了更高的要求：第一数据绝对保持强一致而不存储，第二数据库自身有分析等位问题的能力。但是，不是所有类型的应用都适合进行这方面的设计和实现，大型复杂类应用和网站类应用的定位问题多依赖于日志。

Matt Stine 于 2017 年在一次技术大会的分享中提出“Cloud Foundry 与微服务：一种共生关系”的概念，云原生（Cloud Native）的概念正式诞生。他将云原生归纳模块化、可观察、可部署、可测试、可替换、可处理 6 个特质。

Matt Stine 认为：**服务的基本原则是有一个清晰的专注点（对应用功能细分的要求）、一个清晰的契约（应用与后台服务之间的接口定义要清晰）、一个清晰的 API（应用与后台服务之间的接口在形式上要明确好用）**。

云原生通常被认为是一个思想的集合，包括了诸多内容：DevOps、持续交付（Continuous Delivery）、微服务（MicroServices）、敏捷基础设施（Agile Infrastructure）、康威定律（Conways Law）等，以及根据商业能力对公司进行重组。这使得云原生的概念全面且复杂，其成为一系列技术、企业管理方法的集合，其中既包含了技术（微服务、敏捷基础设施），也包含了管理（从 DevOps、持续交付、康威定律、重组等层面对技术进行管理）。

云计算使得传统的应用方式发生了变化，其自身具有的特点如下。

- **规模化**：IT 设施从零散化走向集中化、规模化。大型数据中心被大量建立，作为基础设施向全社会提供集中式服务。
- **资源池化**：IT 设施规模化以后，基于弹性服务的要求，需要对硬件资源统一管理。业务规模应可动态瞬时扩缩容，因此要池化硬件资源以提供弹性服务。云计算，是期望通过互联网络为用户提供按需使用的 IT 资源服务。因此，云服务商要保证在所提供的硬件资源上拥有容量充足的资源池，以保证在并发业务高峰时刻可以满足用户的服务要求，这就是云服务的资源池化。云数据库作为一种服务，同云计算相似，其所能管理使用的资源同样需要资源池化。这样用户在使用云数据库的服务时就无须了解云数据库中的实际架构和技术实现了，用户所感知的是其使用的独立完整的数据管理服务和相应的计算资源。对于用户而言，资源管理在云数据库内部体现为实现多租户特性，根据租户所租用的资源来提供服务。数据库内部资源池化后，可为用户的应用提供弹性伸缩服务。
- **服务化**：云计算使得过去 IT 业所能提供的内容发生了变化。
  - **交付方式从软件交付走向服务交付**。用户看似在使用一个软件其实不再是一个软件，一系列软件组合成一个服务后提供给用户，对用户而言一项项具体的服务是可直接感受到的。
  - **开发方式从底层（IaaS[⊖]+PaaS）走向上层（SaaS）**。云计算不仅提供 CPU 和机

[⊖] IaaS（Infrastructure as a Service），基础设施即服务；PaaS（Platform as a Service），平台即服务；SaaS（Software-as-a-Service），软件即服务。

架，更多的是提供用户可感受的软件服务（SaaS），或者软件都感受不到，直接感受到的就是服务（Serverless）。

- ❑ **多样化**：数据形式及应用场景从单一化走向多样化。服务、微服务等已经各自成型，无服务（Serverless）也作为一种 FaaS（Function-as-a-Service）开始为世界的多样性和精彩性贡献力量。

6.3.2 云数据库

为了应对云应用的研发需求，云上提供服务的数据库系统也相应发生了一些变化。云原生数据库是指通过云平台进行构建、部署、交付和自动运维的数据库服务。该服务通常以 DBaaS (Database-as-a-Service) 的形态，将数据库架构和实现细节隐藏起来，采用多租户和资源有效分发的形式将云资源自动管理起来，为用户提供一个能够满足弹性伸缩、高可用、高可靠、高安全性、强一致等需求，且可以随时随地访问的数据库服务。该服务具备自动化运维能力（仅需要极少的人力），可提供自动备份和恢复、自动性能调优、自动对规模化的数据库集群的资源进行调节等可超越传统 DBA 所做工作的能力（具备智能数据库的特征）。这种能力使得云数据库系统托管和维护的成本降低，规模化地提高资源的利用率。总体来说，云数据库的特征可以概括为**解放用户和适应业务两类**。具体可以转化为如下 6 条内容，其中前 3 条属于解放用户的范畴，后 3 条属于适应业务的范畴。

- ❑ **智能运维（智能数据库）**：故障可自愈，包括宕机自动迁移、故障隔离、异常流量自动调度、负载均衡、自动限流降级等。数据库可自动调优，自动调节资源的使用，拥有自适应算法以应对应用的负载等。这样的能力可以概括为自调优、自适应、自动驾驶（工业界将自动驾驶的标准分为 6 个级别，数据库界借用了此级别来定义数据库自动驾驶的概念）。
- ❑ **易于管理**：智能运维的表现就是易于管理。云数据库具备自动化异常分析诊断能力，可在运维操作中实现白屏化、智能化、规模化、少人化。
- ❑ **极致体验**：用户对于数据库的申请、创建、监控、报警、故障定位都可以最简单的方式完成，给用户以极致便捷的体验。
- ❑ **弹性伸缩**：能够根据业务的应用负载自动伸缩，具备秒级扩缩容能力，可灵活动态分配或释放资源，结合弹性计费策略，可以大幅度降低用户的使用成本。这一条中部分内容和智能运维重合，但描述问题的角度不同，本条是从系统可扩展性的角度，对云数据库的重要特征进行描述。业务或系统上云，是购买了一种应对未来的可能。对于正处于业务发展中的商户而言，随着数据的积累在云端可随时扩展存储，也可自由扩展计算节点，这样对于一个从小向大发展的商户而言，是一种最佳的资源利用方式，也是一种成本最低的方式。而支持这种业务发展的技术，就是弹性伸缩。在弹性伸缩中需要考虑事务执行的先后次序，这个次序对于数据库架构而言，就是存算分离。

- **按需计费**：支持按量（如流量、存储量、调用次数、调用时长、核数、内存资源占用量等）制定多种定价策略，使用户可根据业务情况灵活匹配出最优计量模式，节约用户成本。
- **安全、资源隔离**：云数据库采用共享池化技术来提高计算、存储、网络等资源的利用率，隔离用户对资源的并发争用；另外提供多租户方式以做到安全隔离，避免信息泄露或遭受攻击等。

上述内容为云数据库的设计指出了方向。

6.3.3　Serverless 数据库

Serverless 是一种无服务器架构[1]，其不是一个具体的编程框架、工具，而是一种软件系统架构思想和方法，其核心思想是让用户无须关注支撑应用服务运行的底层主机，用户可根据应用需要，按需使用底层服务器（硬件以及软件系统），并根据使用量付费[2]。Serverless 类应用所需要的计算资源由底层的云计算平台动态提供。

云原生数据库作为后台服务，其提供一种数据库服务 / 访问方式连接用户，该方式即是 Serverless 方式。但是，Serverless 不只是连接数据库的一种服务方式，还是连通其他各类服务的一种方式。Serverless 与云数据库都是一种服务能力。云数据库把数据存储、管理、计算能力转化为服务提供给用户。具备了 Serverless 能力的数据库系统，在存储层面要解决无限量的数据存储能力；在计算层面，要提供弹性计算的能力；在系统内部的架构方面，要提供监控调度能力，使资源分配可动态进行；对于数据库的各个组件，要有可被池化的能力，即具备自动资源管理的能力；对于用户接入层面，要能响应用户接入的事件请求，根据访问量，利用前述的存储、计算、管理的基础进行弹性扩缩容以应对应用层的波峰或波谷，按量计费。如果云数据库具备了无服务器架构的能力并可支持依赖于数据库 Serverless 类的应用，则该数据库就可称为 ServerlessDB。而云数据库[3]在构建 Serverless 能力时，应具备如下特性。

- **单一职责**：该云数据库的业务是独立的，负责的团队是自主的。云数据库负责单一的服务且该服务处于核心领域。该云数据库具有高内聚、低耦合、与其他系统和领域有明确边界的特点。
- **轻量级通信**：云数据间的通信应该简单、轻量，且与语言和平台无关。
- **独立性**：该云数据库应是独立开发、独立测试和独立部署的。

---

[1] 无服务器，不是“不需要服务器”，是指代码不会明确地部署在某些特定的软件或者硬件的服务器上，而是由云计算厂商提供可运行代码的托管环境，用户可专注于业务开发，不必把精力耗费在部署等工作上，实际上这也是云服务商为方便用户研发而提供的一种服务举措，目的是把用户黏在云平台上。

[2] 在传统数据库的使用方式中，数据库容量固定，且需要用户进行管理，但在 Serverless 数据库中，用户只需为应用程序消耗的容量付费，与在传统数据库中要为峰值负载配置容量相比，用户可以节省更多成本。

[3] 注意，这里的 Serverless 数据库是基于云的数据库而不是传统数据库。

图 6-1 显示了 AWS 的 Aurora 的 Serverless 能力。

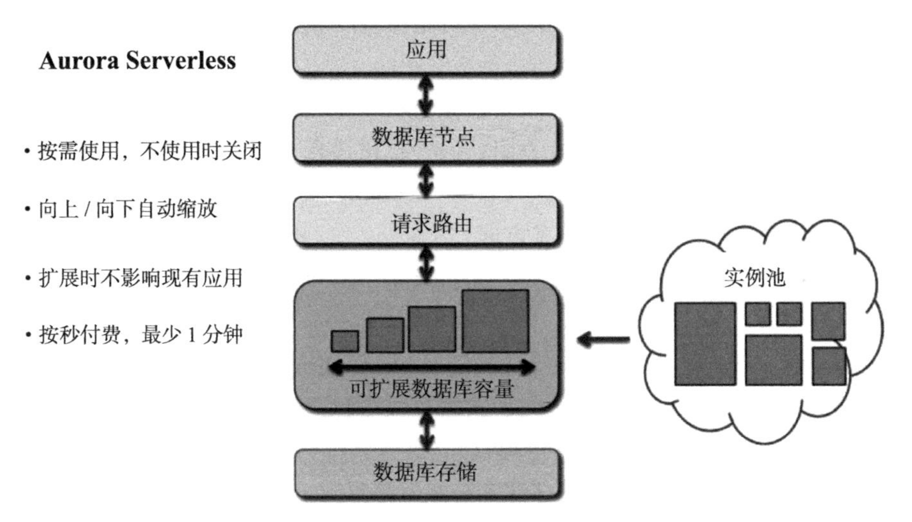

图 6-1 Aurora 数据库具备有 Serverless 的能力

在应用层，形式上 Aurora 可以通过函数或事件的方式接入服务平台。如 AWS 的 API 接口会触发 AWS 的 Lambda 函数[⊖]或者无服务器函数，这些函数再从数据库表中获取数据流，返回应用时数据的格式是固定的。不同云计算厂家有不同的设计方案，但使用的思想是类似的。

6.4 HTAP

2014 年 Gartner 的一份报告中使用 HTAP（Hybrid Transaction and Analytical Process，混合事务和分析处理）一词描述新型的分布式数据库的框架，以消除 OLTP 和 OLAP 之间的间隔，使得一个分布式数据库系统既可以应用于事务型数据库场景，又可以应用于分析型数据库场景，进而实现实时业务决策[⊖]。

6.4.1 HTAP 概念与 HTAC 架构

HTAP 概念的愿景是美好的，且具有显而易见的优势：**所有数据在一个数据库系统内，数据不必进行格式转换，可避免烦琐且昂贵的 ETL 操作，而且可以实时地对最新数据进行**

⊖ AWS Lambda 是一种无服务器计算服务，可通过运行代码来响应事件并**自动管理底层计算资源**。AWS Lambda 通过自定义逻辑来扩展其他 AWS 服务，或创建用户自己的按 AWS 规模、性能和安全性运行的后端服务。AWS Lambda 可以自动运行代码来响应多个事件，例如，通过 Amazon API Gateway 发送的 HTTP 请求、Amazon S3 存储桶中的对象修改、Amazon DynamoDB 中的表更新以及 AWS Step Functions 中的状态转换、调用 AI 算法等等。**Lambda 本质上定义了云上提供服务的事实标准，这已经成为一种新的资源、服务的使用方式。**

⊖ 对于 OLAP 系统而言，提供实时分析和适合的事务处理功能，正成为一种需求和趋势。

分析。但需要注意的是 HTAP 概念需要具备的 3 个特征。

- **同一个系统**：无论是 OLTP 类应用还是 OLAP 类应用，都应在同一个数据库系统内进行工作，该数据库系统逻辑统一，重耦合，在系统内部统一进行数据管理、存储和计算。其中，“数据管理、存储和计算”在 HTAP 的需求下，每一项都需要考虑在一个系统内如何适应两种应用方式，这对资源的利用、对数据存储和格式的转换、对查询优化（大量复杂的查询会遍历大量数据，那么数据缓冲区该如何管理和调度？如果底层是 KV 存储，则数据的计算应该是在存储层完成还是在数据缓冲区层之上完成？）、对事务处理调度技术（小而快的事务和大而长的事务如何同时处理？如何防止分析查询对操作的干扰？）等都提出了新的挑战。因此，作为一个 HTAP 系统，理应说明在“数据管理、存储和计算”这三个方面做了哪些特定工作。
- **面向两种数据**：系统内有两种类型的数据——实时操作数据（live operational data）和历史数据（historical data）⊖，参考文献[147]把这两类数据分别称为热数据（事务数据）和 冷数据（历史数据）。系统需要针对用户的实时操作数据，在事务处理技术的支撑下对数据状态进行符合一致性的变更，并提供实时的数据分析功能。而实时的数据分析对于早期传统的 OLTP 型数据库系统而言，能力是具备的，但在 HTAP 需求下需要更加强化；另外，系统需要针对用户的历史数据，提供分析能力。这就衍生出一个问题——在 HTAP 系统中，历史数据如何沉淀？
- **去除数仓操作**：所有数据处于同一个系统内部，数据不需要被 ETL 类工具抽取、转换和重新加载，这样才能为实时分析数据提供有效帮助。参考文献 [147] 认为，在 NewSQL 中支持 HTAP 有 3 种方式，其中之一是采用 ETL 的方式从 TP 型数据库把数据转入 AP 型数据库，这种方式即是传统的数仓实现方式。该参考文献更认可或推崇的是“without needing to move data around”(无须移动数据）的方式。

HTAP 的示意如图 6-2 所示。

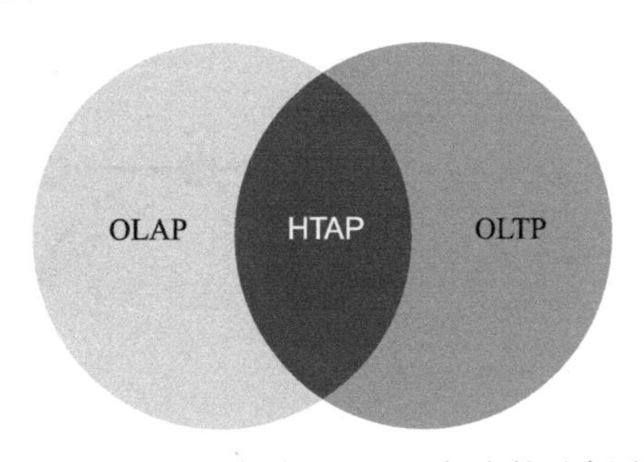

图 6-2 Gartner 提出的 HTAP 概念的示意图

⊖ 不同文献对 historical data 的定义也不同，比如有这样定义的：Historical Data is the recorded from actual past experience that used for the basis of forecasting the future data or trends.（历史数据是从过去的实际经验中记录下来的，用于预测未来数据或趋势）。参考：https://www.theprojectdefinition.com/historical-data/。

从前述 3 个特征看，HTAP 对数据库系统提出的需求主要在于：对历史数据的沉淀。对于传统的数仓，通常依赖于 ETL 之类的工具，且做增量数据的抽取非常不易，更加不能满足实时的需求。

参考文献 [278] 提出了**全时态数据库，这是一套管理、存储和计算历史数据（historical data）与当前数据（live operational data）的一体化解决方案**。该参考文献基于 MVCC 技术对历史数据进行“time travel”方式的查询处理，如图 6-3 所示，其中 r1.2 和 r2.2、r3.2 之间的颜色不同表示是不同事务写过的历史数据，但这些数据在 (t_2,t_3) 时间点之间处于一致性状态故可以被读取分析。

另外，《揭秘腾讯全时态数据库系统，又一论文被数据库顶会 VLDB 收录》进一步介绍了腾讯提出的 **HTAC（Hybrid Transaction / Analytical Cluster，混合事务 / 分析集群）系统架构设计理念，而时至 2020 年年末，尚没有一个 HTAP 系统具备对完整的历史数据进行管理、存储和计算的能力**。该论文宣称，TDSQL 全时态数据库系统分为 OLTP 集群和 OLAP 集群，其中 OLTP 集群负责处理事务型业务，OLAP 系统负责处理分析型业务，并提供历史数据的查询分析等功能。TDSQL 通过统一路由模块根据查询语句、查询操作的语义将 SQL 发送到对应集群进行处理。由于时态数据查询等负载需要占用大量系统资源，这种拆分系统的设计可以尽量减小生产系统受到性能的影响。另外，历史数据量级较大，OLAP 集群可通过扩展存储的方式，实现对历史数据的无限存储。在 TDSQL 中，不是通过 ETL 等费时耗力的方式进行历史数据沉淀的，而是在事务的作用下，利用 MVCC 技术中的多版本，自然地把历史数据沉淀在 AP 子集群中，不必进行数据格式转换。这使得 TDSQL 全时态数据库中 OLTP 集群和 OLAP 集群只是逻辑分离而在物理上仍是一个强耦合的完整系统，因此真正具备了 HTAP 的能力。

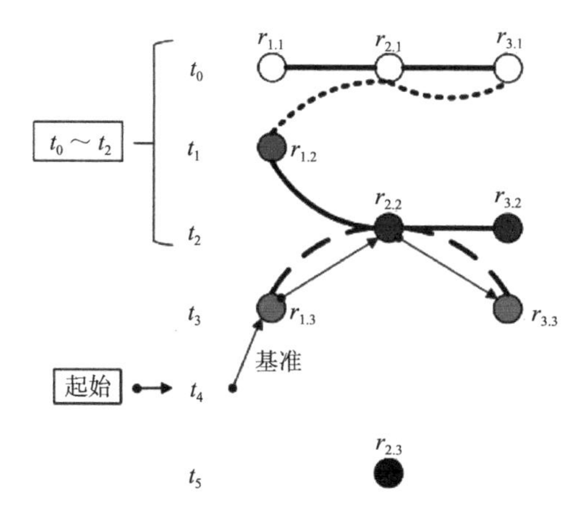

图 6-3 参考文献 [278] 提出的时态数据库工作原理

6.4.2 行列混存

对于 HTAP 系统来说，在实现层面有较多的技术，其中不少技术可很好地支持数据分析。例如，执行器支持的向量化，可利用 SIMD（Single Instruction Multiple Data，单指令多数据流）充分挖掘硬件的潜能；数据库支持的多模引入列存模式（如 Greenplum），可基于多副本的存储层支持列存模式（如 TiDB 的 TiFlash）。这些技术都可以有效提高 HTAP 的分析处理能力。在一个行引擎中引入列存模式，构成行列混存，可在数据的存储模式上形成多种模式混合。基于这样的存储模式，在计算层搭载支持多种模型的查询和计算方式，就可以构成行列混存计算模型。

在同一个数据库系统中支持行列混存计算模型，可以有效提高 OLTP（面向行存的实时更新）和 OLAP（面向列存的实时计算）并重的应用的响应速度，使之可更好地支持实时计算的需求。

但是，行列混存有不同的架构和实现方式。其中架构实现方式主要分为如下两种。

- **物理分离**：行存和列存对外是一个统一的逻辑系统，但在内部却被分为两部分，一个是行存子系统，一个是列存子系统。在该架构下，行存子系统为主，实现实时的写计算；列存子系统的数据源自行存子系统。该架构的优点是实现简单，生产系统和查询系统分离。但该架构效率不高，好似在 TP 和 AP 两个系统上套了一个外壳，两个系统不能协同计算。
- **物理相合**：行存和列存对外是一个统一的逻辑系统，在内部看也是一个系统。例如基于三副本的系统，可以是一行存两列存的方式，也可以是两行存一列存的方式，其中任何一个副本都可以是主副本，任何副本出现异常，从副本都可以提供读服务，而一条 SQL 语句可以同时在行存与列存副本中同时执行，这样的方式不对计算模式提出限制，因此可较大增加系统协同计算的可能。

6.5　下一代数据库

本节讨论未来若干年，下一代数据库可能具备的特征和使用的技术。在讨论之前，我们简略梳理一下数据库的发展历史，以史为镜，观演未来。

6.5.1　数据库技术简史

参考文献 [75] 总结了从 20 世纪 60 年代至今这几十年数据模型发展历史，其把这段历史分为 9 个不同的时代，并分析了每个时代的提议内容，以及每一个时代对其提议内容进行探索的经验教训。

- 层次模型时代，层次数据库被开发。
- 网状模型时代，网状数据库被开发。
- 关系模型时代，关系数据库被开发。
- E-R 模型时代。
- 扩展关系模型时代。

- 语义模型时代。
- 面向对象的模型时代，对象数据库被提出。
- 对象 – 关系模型时代。
- 面向半结构化数据，开启 XML 模型时代。

通过参考文献 [75] 可以了解数据库发展历史，掌握每一段历史中技术发展的思路和脉络。历史是研究技术前进的根源和动力。下面简要地对该参考文献进行介绍，请注意数据库发展思路的变迁和背后的原因。

1. 层次模型

IMS（Information Management System，信息管理系统）由 IBM 公司在 1968 年前后发布，其为一个**层次模型**。该模型的数据基是一个记录类型实例的集合，每个实例（除了根实例）外，都有一个正确的记录类型的单亲，因此构成一个具有层次的数据结构，可用树表示对应的数据结构。

参考文献 [75] 对于层次模型总结的经验教训（多数是缺点）主要包括：

- 物理和逻辑数据的独立性[⊖]是非常好的（这是分层模型的优点）。
- 树结构的数据模型是非常严格的（这是分层模型的优点）。
- 对树结构数据进行复杂的逻辑重组是一个挑战。
- 一次一记录（record-at-a-time）的用户接口迫使程序员进行手工查询优化，这种优化方式难度通常很高。

2. 网状模型

1961 年，GE（General Electric Company，通用电气公司）的 Charles Bachman 开发了 IDS（Integrated Data Store，集成数据存储）。这是第一个 NDBMS（Network Database Management System，网状数据库管理系统），也是第一个数据库管理系统。1969 年，CODASYL（数据系统语言委员会）发布了 DBTG（Data Base Task Group，数据库任务组）报告，开启了网状数据时代。1971 年和 1973 年 CODASYL 发布了两版语言规范，这使得数据库可以支持网络数据模型和记录数据操作语言。网状模型将记录类型的集合（每个都有键）组织到网络中，网络是一组命名记录类型和命名集类型的集合，它们共同构成一个连通图。

参考文献 [75] 对于网状模型总结的经验教训主要包括：

⊖ 早期，没有相应的软件负责数据的管理、存储和计算工作。应用程序中涉及的数据，由程序员自己管理。即程序员需要编写数据逻辑结构的代码（业务层代码，数据的计算工作），还要编写数据物理结构的代码（数据的管理和存储工作），包括数据存储结构、存取方法和输入方式的代码等。而数据库出现后，应用开发和数据库管理系统分离，用户只需要关注业务应用，而数据库专注于数据的存储、管理和计算工作。所以，可以说**数据库就是从解耦中诞生的；其复杂性，使得相关技术不断解耦，数据库也因此不断获得发展的新动力。**

- 网络比层次结构更灵活，但也更复杂。
- 加载和恢复网状数据比加载和恢复层次数据更复杂。

3. 关系模型

1970 年，关系时代开启。当时在 IBM 工作的 Edgar F.Codd 在参考文献 [69] 中提出了关系数据模型。关系数据模型的建立，在于 Codd 认为 IMS 程序员在进行逻辑或物理更改时，需要花费大量时间对 IMS 应用程序进行维护。因此，Codd 希望有一种模型可提供更好的数据独立性㊀。该独立性表现在：

- 将数据存储在一个简单的数据结构（表）中。
- 每一次的 DML 操作，都不需要知道数据的物理存储方式㊁。

上面把表作为数据存储的逻辑格式，用表几乎可以表示任何东西，这是一种简单的数据模型，称为关系模型。在关系模型中，DML/DQL㊂等操作面对的是一种逻辑数据格式（DDL 操作元数据，而元数据采用的存储方式也是表），因此在**逻辑上 SQL 语句与物理数据格式可以解耦**，这样使用简单的数据结构，就可以更好地实现逻辑数据的独立性。而使用高级的 SQL 语言，可以提供高度的物理数据独立性。所以，关系模型不需要像 IMS 和 CODASYL 那样指定数据的存储格式。关系模型相较于层次模型和网状模型，展示出的优点是：**简单数据模型比复杂数据模型更容易实现逻辑数据的独立性**。

在关系模型时代，一些数据库的主要技术诞生了：

- 1974 年，IBM 的 Don Chamberlin 和 Ray Boyce 通过实践 System R 项目，发表了参考文献 [57]，提出了 SEQUEL 语言（SQL 语言的原型）。
- 1975 年，IBM 的 Don Chamberlin 和 Morton Astrahan 发表了参考文献 [58]，在 SEQUEL 语言的基础上阐述了在 System R 中的 SQL 实现，SQL 语言正式问世。
- 1976 年，IBM System R 项目组发表了参考文献 [23]，描述了关系型数据库的原型。
- 1976 年，IBM 的 Jim Gray 发表了参考文献 [247]，定义了数据库事务的概念和数据一致性的机制。

4. 实体关系（E-R）模型

1976 年，Peter Chen 提出实体关系模型，使得数据库进入实体关系时代。实体关系模型最初是作为关系模型、层次模型和网状模型的替代品出现的，可是没有完全成功。参考文献 [75] 认为，实体关系模型作为由 DBMS 实现的底层数据模型从未得到认可，可能的原

㊀ Codd 提出了全关系系统的 12 个准则，其中包括数据的物理独立性准则，即无论数据库的数据在存储表示或存取方法上做任何变化，应用程序和终端活动都保持逻辑上的不变性；数据逻辑独立性准则，即当对基本关系进行理论上信息不受损害的任何改变时，应用程序和终端活动都保持逻辑上的不变性。

㊁ 基于关系模型的数据库的执行器，在火山模型的背景下通过构造迭代器，一行行遍历元组实现了数据访问，而迭代器的实现简单易行，这使得 DML 不需要知道数据的物理存储方式。

㊂ SQL 也在关系模型时代出现，成为事实上的标准关系语言。

因是：在早期，没有为该模型提出相应的查询语言，或者在20世纪70年代世人更关注关系模型而忽略了它，再或者是它看起来太像网状模型的“清理版”了。但是，在数据库（模式）设计领域，实体关系模型获得了成功[1]，其固作为数据库设计工具而变得非常流行。

5. 扩展关系模型

20世纪80年代初，出现了一批（数量可观的）论文，这些论文意图向关系模型添加一个新的“特性”来纠正关系模型的问题，这批论文带来了扩展关系模型时代。但是，扩展关系模型很少由技术层面转移到商业领域，参考文献[75]总结其没有成功的原因是：除非有很大的性能或功能优势，否则新构造（的模型）不会有任何用处。

6. 语义模型

在扩展关系模型出现的同一时期，出现了另一种想法：关系数据模型是“语义贫困”的，它不能容易地表示用户感兴趣的数据；因此，需要一个“后关系”数据模型来解决语义表达问题，这就是语义模型。可惜，大多数语义模型都非常复杂，一般都是纸上谈兵，很难兼容到事实标准即SQL标准[2]中，因此语义模型在市场上并不成功。

7. 面向对象的模型

20世纪80年代中期，学术界研究起了面向对象的数据库（OODB），当时指出了关系数据库和C++等语言之间的“不匹配[3]”，因此期望能把编程思维和数据库结合起来，于是有了面向对象的数据库，但是没有成功。参考文献[75]总结了失败的多个原因，详情见该参考文献，限于篇幅，这里不再展开。

8. 对象–关系模型

对象–关系模型是由一个非常简单的问题驱动的：如何在数据库中存储地理位置，并提供相应的计算？例如，道路的交叉口位置的集合以某种模型存储，之后对其中的数据进行搜索，这类搜索是一个二维搜索问题，但数据库中的B-tree是一维访问方法。一维访问方法不能有效地进行二维搜索，因为在关系系统中无法快速运行该查询。对于数据库系统而言，在SQL引擎中添加用户定义的数据类型、用户定义的操作符、用户定义的函数和用户定义的访问方法，是扩展数据库的需求。Postgres以及后期的PostgreSQL是该时

[1] 关系模型通过构建最初的表集合来进行数据库的模式设计，其将归一化理论应用到初始设计中。人们先后提出了一系列的范式，包括第二范式（2NF）、第三范式（3NF）、Boyce-Codd范式（BCNF）、第四范式（4NF）、项目连接范式。但是，将这些规范化理论应用于实际数据库设计时存在问题，而实体关系模型转换为第三范式的表集合很简单，这使得实体关系模型在数据库（模式）设计领域走向了成功。

[2] SQL标准被称为“一种星系级标准”。

[3] 关系数据库有自己的命名系统、数据类型和作为查询结果的返回数据的约定。在关系数据库中使用的任何一种编程语言都有自己的版本，如自己的数据类型。而将应用程序绑定到数据库需要从“编程语言”转换到“数据库语言”并返回，而与之对应的事务之间很难统一并友好转换，如Int型在不同语言中含义可能是不同的，在不同数据库中也可能是不同的，如有的表示64b，有的表示32b。这就是所谓的不匹配。

代催生的产品，它们都属于对象–关系模型数据库，支持添加用户定义的数据类型、用户定义的操作符、用户定义的函数和用户定义的访问方法等，它们的接口定义清晰，这使得PostgreSQL对于GIS（地理信息系统）的支持特别友好。但是，对象–关系模型并没有流行起来，参考文献[75]总结了失败的原因：

- 将代码放入数据库，模糊了代码和数据的区别，使得耦合变重。
- 新技术的广泛采用需要标准和/或大公司的大力推动。当时业界的主要数据库公司，如IBM、微软、Oracle、Sybase等，没有参与推动对象–关系模型。

9. XML模型

自1985年以后，关于“半结构化”数据的研究不断涌现其中就包括对XML模型的研究。半结构化模型有两个基本要点：一是模式最后，即事先不需要模式即可处理数据，XML模型也是如此，其不需要将模式作为元数据。这一点与关系模型有着显著不同，关系数据库会拒绝任何与模式不一致的记录，因此数据能够始终与已存在的模式保持一致。二是属于复杂的面向网络的数据模型，目前应用范围很小。

参考文献[75]认为，设计需要“保持简单愚蠢（KISS）”，该规则适用于数据库。因此数据库提供了XML模型，并将XML这样复杂的数据用作结构化数据的模型，这是很难想象的。IBM曾经大力发展的XML类型的数据库，产品发布后未获得商业成功。

10. 其他技术发展

在20世纪90年代早期，对象型数据库的原型被开发出来，20世纪90年代中期，计算机网络的进步导致数据库产业的爆发增长，之后进入互联网时代和大数据时代，不间断的联机处理需求，伴随数据呈爆炸式增长，非结构化数据的处理需求也爆发了。

时间到了1993年，关系数据库之父Edgar F.Codd在参考文献[24]中提出OLAP这个名词，并总结了OLAP产品的12个准则，这使得两种不同的应用类型在概念上得以解耦，从而导致数据库产品形态发生变化，分出了TP和AP两种数据库种类。

1994年，参考文献[1]发表，Goetz Graefe提出了火山模型，又称迭代器模型。该模型的基本思路简洁，即将关系代数当中的每一个算子抽象成一个迭代器。每个迭代器都带有一个Next方法，使得从父节点来看，子节点可以是任何类型的算子，父节点可以从子节点的算子中读取数据行而不用关注算子的类型。这使得数据获取和与关系代数对应的操作算子解耦，促进了执行器技术的发展。

1996年，新硬件技术的发展，影响了数据库系统技术。内存数据库（In-memory Database）被提出，突破了传统的磁盘型数据库的物理I/O瓶颈。之后SSD的出现，又一次使得数据库从物理I/O瓶颈中解放出来。

此后，各类应用开发愈发依赖于数据库系统，关系型数据库系统承担了很多不能承受的重压，适合使用关系数据库的应用和不适合使用关系数据库的应用都在使用、依赖于关系数据库系统，由此暴露了传统（单机）关系型数据库系统的弊端，以至于演变出一场

NoSQL 运动。

1998 年，Carlo Strozzi 开发了一个轻量、开源、不提供 SQL 功能的关系数据库——NoSQL 数据库。2009 年，Last.fm 的 Johan Oskarsson 发起了一次“开源分布式非关系型数据库”的讨论，Eric Evans 再次提出了 NoSQL 的概念，但其所指是指非关系型、分布式、不提供 ACID 的 NoSQL。之后同年在亚特兰大举行的 no:sql(east) 讨论会提出 NoSQL 的含义是“非关联型的”，着力强调 Key-Valuc Stores（键值对存储）方式，但不是单纯地反对 RDBMS。在 Web 与云时代，NoSQL 得到了大量的应用。之后，约到了 2012 年，Spanner 系统问世后（见参考文献 [65，66]）此时的 NoSQL 含义变迁为 Not Only SQL（不仅仅是 SQL）。总体来说，NoSQL 主要的特征如下。

- **数据一致性**：NoSQL 的设计思想是，作为一个分布式系统，在 CAP 的理论指导下，追求最终一致性，即抛弃事务处理技术。而传统的关系模型与强事务机制，制约了数据库的性能、可扩展性和高可用性，NoSQL 抛弃了事务处理和关系模型，使得其性能和可扩展性极大提高。
- **数据模型**：抛弃传统关系模型，采用如键值对，图或者文档数据模型来组织数据。
- **数据操作**：抛弃了 SQL 语言，提供 API 直接操作数据。

NoSQL 系统，以其分布式架构、高效的扩展性和可处理海量数据的能力，降低了处理稀疏数据、半结构化和非结构化数据的难度，但是其去掉事务完整性等技术思路为促生 NewSQL 系统埋下了伏笔。2012 年参考文献 [65] 发表后，原生于 NoSQL 系统的 Spanner 系统开始向事务型系统转变，这使事务处理技术重新回到世人眼前。这样的系统被称为 NewSQL。

在讨论 NewSQL 之前，我们再来看看与 NoSQL 并列的时代中，其他一些技术。2005 年，参考文献 [4] 提出列存数据库，使得数据的存储方式从单一的行存变为行列并存的方式（结构化向非结构化存储转变）。2006 年参考文献 [106] 提出 BigTable 分布式数据库，使得数据的存储方式从行存变为多维有序映射表的方式（即 Key-Value 方式，非结构化存储方式）。前者在数据库界迅速走红为 OLAP 的发展推波助澜，后者在大数据界迅速走红成为大数据系统发展的基石。而 2017 年基于 BigTable 的新一代 Spanner 系统，也集成了列存方式。如今反观这些技术发展，在数据的存储格式上，这些技术的推出其实是关系模型在概念（表示关系模型的行式结构化数据）和物理存储方式（关系或非关系面向的行式或列式非结构化数据）上的一次解耦。对于 key-Value 存储格式而言，其上层提供面向行存格式的逻辑解析接口，使得 key-Value 存储层成为数据库的一种可选的标准存储格式，如 MySQL 体系中的 MyRocks、CockroachDB 等底层的存储，都采用了基于 key-Value 的 RocksDB 存储。

参考文献 [147] 定义了 NewSQL：一类现代关系型 DBMS，旨在为 OLTP 读写工作负载提供与 NoSQL 相同的可伸缩性能，同时仍保持事务的 ACID 保证。

参考文献 [147] 认为，作为 NewSQL 系统，其基本特征应该是：具备与 NoSQL 相同的可扩展性，数据模型上支持关系模式，且支持事务的 ACID 特性。这样开发者就不需要写额外的代码来保证数据的一致性，且系统能提供实时处理海量数据的能力。因此，NewSQL

系统就是一个分布式事务型数据库系统。

另外，参考文献 [147] 还对 2016 年已知的 NewSQL 产品进行了分类，其把云数据库也纳入 NewSQL 体系当中，如图 6-4 所示。

		发布年份	主存储器	分区	并发访问控制	复制方式
新结构	Clustrix[6]	2006	无	支持	MVCC+2PL	强 + 被动
	CockroachDB[7]	2014	无	支持	MVCC	强 + 被动
	Google Spanner[24]	2012	无	支持	MVCC+2PL	强 + 被动
	H-Store[8]	2007	支持	支持	TO	强 + 主动
	HyPer[9]	2010	支持	支持	MVCC	强 + 被动
	MemSQL[11]	2012	支持	支持	MVCC	强 + 被动
	NuoDB[14]	2013	支持	支持	MVCC	强 + 被动
	SAP HANA[55]	2010	支持	支持	MVCC	强 + 被动
	VoltDB[17]	2008	支持	支持	TO	强 + 主动
中间件	AgilData[1]	2007	无	支持	MVCC+2PL	强 + 被动
	MariaDB MaxScale[10]	2015	无	支持	MVCC+2PL	强 + 被动
	ScaleArc[15]	2009	无	支持	Mixed	强 + 被动
DBaaS	Amazon Aurora[3]	2014	无	不支持	MVCC	强 + 被动
	ClearDB[5]	2010	无	不支持	MVCC+2PL	强 + 主动

图 6-4　参考文献 [147] 对 NewSQL 系统的分类

随着时间的推移，2014 年 Gartner 提出 HTAP，又在 2017 年预测多模[⊖]数据管理将成为未来的主要趋势。2017 年 AWS 发布的 Aurora 存算分离云数据库，使得 NewSQL 的内涵进一步发展。之后云数据库以及源自应用的 Serverless 需求等对数据库系统也提出更多新要求。

⊖ 多模的概念是 2012 年在 NoSQL 的一次会议上被提出的，其思路是用一个系统处理多种类型数据，以简化应用数据架构，减少开发维护成本。此后的若干年，数据规模增大、类型增多，一站式服务需求激增，使得多模数据库成为用户新的需求，但未必是所有用户的必然需求。未来依赖于数据处理系统的应用更加丰富，因此某类用户的需求也可能演变为巨大的市场机会进而促使数据库管理系统技术不断发展。

2017年，参考文献[2]提出Learned Index㊀技术，该技术可在数据库系统内部使用统计学手段预测数据热点，实时构建索引进而提升AI赋能DB的热度。参考文献[3]介绍的SageDB把这个想法应用到数据库的各个方面，包括查询优化、数据访问、运行时等。例如，使用Learned CDF可以提高统计数据的精度进而提高优化器的能力。

近些年，HTAP、AI、云计算等技术对数据库提出挑战，它们一起助力NewSQL系统的内核技术继续滚动发展，而内核技术的发展趋势，又对数据库的架构提出挑战。传统数据库中各个模块之间的关系，面临着被重构的可能，而重构的前提是做好解耦，因此数据库技术发展的一个新机会是在**架构层面对传统数据库各个模块进行解耦和重构**。而解耦后的模块，需要考虑我们在第5章提及的高可靠、高可用、可扩展（可伸缩㊁）、强一致性等特性，也需要具备本章提及的智能数据库、云数据库、HTAP等所需的特征，还需要考虑新硬件、其他新技术对于数据库提出的适配要求。

6.5.2 下一代数据库技术特征

本节我们讨论未来数据库的技术特征。

- **本质不变**：数据库的核心能力是对**数据进行存储、管理、计算**。这一点无论是对单机系统还是对未来的数据库系统，都保持不变。在实现方式方面，数据的存储系统也许会被剥离到文件系统（Share Everything）或独立成为数据逻辑存储系统（Share Logical Everything㊂），也许会继续保留在计算层（Share Nothing）。而数据的管理和计算会采用无状态的方式，逻辑和物理上都独立于数据存储层，上下层之间都将方便提供弹性计算。
- **数据模型应对世界的抽象能力，进一步加强**。多模多态数据库支持多种模型多种存储方式（行存、列存、混合存等），作为数据处理基础的底座，为多种数据计算服务提供基础处理能力。上层的计算能力取决于数据模型的支持能力，计算的广度是由存储层的存储数据模型确定的，底层有存储的需求则上层就要拥有对其直接计算的能力，这是由效率（性能）原则决定的。尽管Stonebraker曾经提出“One size does NOT fit ALL”(一个尺码不可能适合所有人)，但是，数据库系统也必将经历“天下大事合久必分，分久必合”的螺旋上升过程，多模多态数据库已经在工业界和学术界展开应用，而上层计算也在向“流批一体、湖仓一体”演进（使得“一刀切”成为可能），HTAP需求也被提出。集中，使得用户能够把更多精力从选择引擎、维护

㊀ Learned Index提出了训练一个概率分布函数（CDF）用于预测数据分布的想法，从而帮助数据库引擎实时构建索引。

㊁ 参考文献[76]讨论了可伸缩的一些话题。

㊂ Share Everything，在逻辑和物理上都依赖于文件系统，此时，文件系统可以是内存型的分布式文件系统，也可以是磁盘型的分布式文件系统。Share Logical Everything，依赖于一个逻辑分布式存储管理层，此层实现事务处理和数据共识协议作用下的多副本数据一致性和数据层面的高可靠与高可用，如TiDB。

引擎中解放出来，从专注于业务本身。因此，当下也许正是大数据系统和数据库系统融合的时代序幕展开之时，集中而拥有更强大的能力是数据库系统发展的推动力。

- **更加智能、易用**。由于前述的两条，模型转换、统一访问、统一管理、资源共享等成为数据管理的实际需求。另外，传统数据库的辅助技术特性，即围绕核心能力提供的方便管理的外化能力，如安全性、易用性、智能管理和运维等，会得到更多强化。
- **更加分布式化**。架构层面，分布式应对的是数据量的变化。分布式存储和分布式计算，都将符合弹性扩展的需求（形式上也是上云的需求）。由此，资源管理智能化和自动化、系统可扩展、弹性伸缩、高可靠、高可用等，成为存储层、计算层的实际需求，在每一个层面都需要得到很好的支持。云原生、Serverless、AI 原生等作为自然需求融入每个模块或组件。
- **模块接口化**。“存储格式标准化，访问接口标准化，计算全能化”是对数据库的要求。计算机体系结构是硬件和软件之间的接口，数据库体系结构是各个模块之间的接口，接口构成架构。架构开放有统一的接口标准（多个层面提供统一的接口，供不同组件或软件系统接入），要支持多种平台接入（可有计算平台的接入，如 Flink 接入以支持 OLAP 应用，如可进行列存的存储层的接入以支持某种特定格式的存储），这将有效利用业界现有的产品和生态。
- **拥有强一致性**。分布式数据库不仅需要提供事务的 ACID 特性，还需要有完备的一致性体系，其中包括有强弱之分的一致性级别，这样的级别，融合了分布式一致性和事务一致性的需求，构成了完备的具有多种级别的多级一致性，且需要有高性能和高可用性。

第三篇 Part 3

典型案例

本篇以业界经典数据库系统为例，在前述各章的基础上，对分布式系统架构、事务处理技术等在实际数据库系统中的落地进行分析。

本篇从引领NewSQL技术的Spanner开始，探索其在分布式架构、强一致性技术和事务处理技术方面的实践；接下来对富有代表性的Percolator的事务技术和开源数据库CockroachDB的分布式架构、事务处理技术、因果一致性进行讨论；之后讨论业界其他知名数据库产品或模型（如内存型数据库Hekaton、文档型分布式数据库MongoDB、分布式列存数据库HBase，以及图模型和键值模型等）的实现技术。

第 7 章 Chapter 7

Spanner 深度探索

Spanner 是 Google 研发的一款可扩展、多版本、全球分布式、同步复制的 NewSQL 关系型数据库系统。该数据库是数据库世界一款具有里程碑意义的产品。

7.1 从 Spanner 的两篇重点论文说起

2012 年发表的参考文献 [65] 描述了基于 KV（Key-Value）系统㊀实现的一个半数据库式的“分布式系统”㊁——Spanner，这个系统具备了大规模的可扩展性，在可扩展性（scalability）、自动分片（automatic sharding）、容错性（fault tolerance）、一致性复制（consistent replication）、外部一致性（external consistency）㊂和数据广域分布（wide-area distribution）等方面极具代表性。这些是通过提供多行事务（multirow transaction）、外部一致性、跨数据中心的透明故障转移（transparent failover across data center）等功能实现的。Spanner 促使由 NoSQL 时代跨入 NewSQL 分布式数据库时代。Spanner 主要解决了如下问题：

- **数据分布**。
- **多副本高可用**：支持故障转移（failover）。
- **分布式事务处理**：外部一致性、2PC 技术的使用等。
- **计算分布**：松耦合结构，通过 F1 支持 SQL、Spanner 进行事务处理并提供数据库功能。

㊀ 还可参见“BigTable: A Distributed Storage System for Structured Data”。

㊁ “Spanner: Becoming a SQL System”中这样描述：创建 Spanner 的想法来源于系统和数据库社区。

㊂ 等价于第 5 章讨论的线性一致性和可串行化结合的“严格可串行化”，这是一种强一致性。

- **KV 存储模型**：底层存储依赖 BigTable，这是典型的存算分离架构。

2017 年，Google 发表论文 *Spanner: Becoming a SQL System*，这篇论文描述了查询执行的切分（query execution in the presence of resharding）、瞬态故障情况下查询重新执行（query restarts upon transient failures）、驱动查询路由和索引查找范围查询（range extraction that drives query routing and index seeks），以及改进的基于块的列存（improved block wise columnar storage format）等分布式查询优化技术。较之参考文献 [65] 中介绍的 Spanner，本篇论文新增了强类型的模式管理系统（a strongly-typed schema system）、查询处理器（a SQL query processor）和关系模型存储及列存系统，并论述了 2012 年以来，Spanner 系统向关系型数据库演进的历程。该论文乐观地表示，Spanner 已经从一个 NoSQL 系统全面演进为一个**关系型分布式数据库系统**。概括地讲，该论文解决了如下问题。

- 计算分布（紧耦合）：分布式查询优化。
- 关系型存储模型（行存 + 列存）。
- 瞬时失效事务内部处理（局部查询重启）。

论文 *Spanner: Becoming a SQL System* 表明如下几点事实：

- 有分布式基因的 NoSQL 是可以进化为 NewSQL 的，进化的途径可参考 Spanner 的发展历程。而 Spanner 设计者对于这个问题也给出了针对性的建议——有了分布式处理能力后及早向关系型演进。
- NewSQL 的一个特征是支持混合数据类型存储，如 Spanner 支持 NoSQL 也支持关系存储模型。而支持关系存储模型将是 NewSQL 系统的一个重要特征。
- Spanner 是一个高效的紧耦合系统，这样的系统能够处理各种类型的大数据。与 Spanner 不同的是，目前大部分大数据处理组件都采用松耦合的方式，这就会引发三难——选型难、使用难、维护难。所以笔者认为，未来大数据处理的技术架构可能从松耦合向紧耦合演进。注意，这里所说的“紧耦合”是指大数据系统（松散的多个独立系统）向分布式数据库系统迈进的方式，是把完全独立的一些系统由互无关系变为逻辑相关（即对外可提供与传统数据库相似的功能），并不是与第 6 章讨论的“解耦”相反的方式。第 6 章讨论的解耦，是从逻辑的角度出发，把类似 PostgreSQL、MySQL 这样的传统紧耦合系统的模块的接口划分清晰，使各个模块尽可能独立。或者直白点说，即使对传统数据库系统的模块进行解耦，各个模块间的耦合程度也比 Spanner 和 BigTable 的耦合度高。

7.2 Spanner 的架构

图 7-1 所示为 Spanner 的整体架构。Spanner 支持海量数据，数据采用分布的方式进行存储和计算，其中存储层是基于 BigTable 系统实现的。Spanner 的存储系统可以看作一个大型的共享存储系统，而且其上的每个计算节点都提供写操作，而节点之间逻辑上通过多副

本的方式，采用 Paxos 共识协议进行复制，并且提供跨数据中心（Zone）的能力。

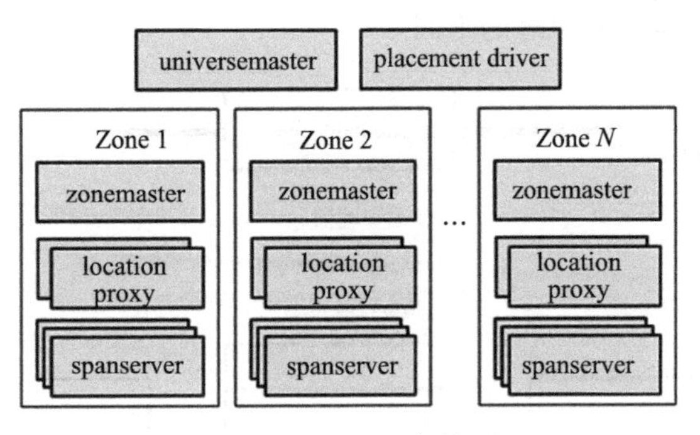

图 7-1　Spanner 架构图

由图 7-1 中可知，一个 Spanner 包含多个 Zone、一个 universemaster、一个 placement driver，这些组件合称 universe。

- 一个 Zone 为一个数据中心。Zone 内部有一个 zonemaster、若干个 location proxy 和数百甚至数千个 spanserver。其中，zonemaster 负责将数据分配到 spanserver；location proxy 用于支持客户端查询数据的分配情况，即定位哪个 spanserver 在为自己服务。
- universemaster 是一个控制台服务器，用于监控和调试，可显示 Zone 的各种状态信息。
- placement driver 用于 universe 级别的跨 Zone 的数据迁移，还可进行负载均衡等工作。

Spanner 的软件栈如图 7-2 所示。对图 7-2 所示说明如下。

- 一份数据有多个副本，不同的副本跨多个数据中心散布于数据中心 X、数据中心 Y、数据中心 Z 等内部。
- 每份数据的基本单位是一个 BigTable 中的 tablet。Paxos 算法以 tablet 为单位，这样可以确保副本间日志的复制一致。
- participant Leader（参与者的领导者）是在一个 tablet 上通过 Paxos 算法选出的逻辑 Leader，此 Leader 控制的数据是主副本（Spanner 不明确区分主副本和从副本，这样表述是为了对比其他分布式数据库，Spanner 的所有副本都提供读功能，有着较高的并发度）。在不同的 tablet 上，可以有不同的 participant Leader，即在 Spanner 实例内，可以有多个 participant Leader。
- participant Leader 中包含分布式事务的逻辑。分布式事务中包含全局一致性读、跨节点的一致性写，以及事务与分布式结合相关的问题。
- 一个 participant Leader 和多个从副本可以构成一个 Paxos 组。
- tablet 的数据组织是 KV 结构，用“(key:string, timestamp:int64)->string”表示。其中时间戳是并发访问控制技术中的 MVCC 技术的重要依据。
- Colossus 是分布式文件系统。Colossus 是 Google 文件系统，可提供不停止服务的 Master 容错处理功能，其还可以自动分区 Metadata，Chunk 大小为 1MB。此工作方式对小文件友好，使用 Reed-Solomon 算法来复制数据，可以将原先的 3 份数据减小到 1.5 份，如此可提高写性能，降低延时。Colossus 和后面将讲述的 CockroachDB 等系统的存储架构有着显著的不同。

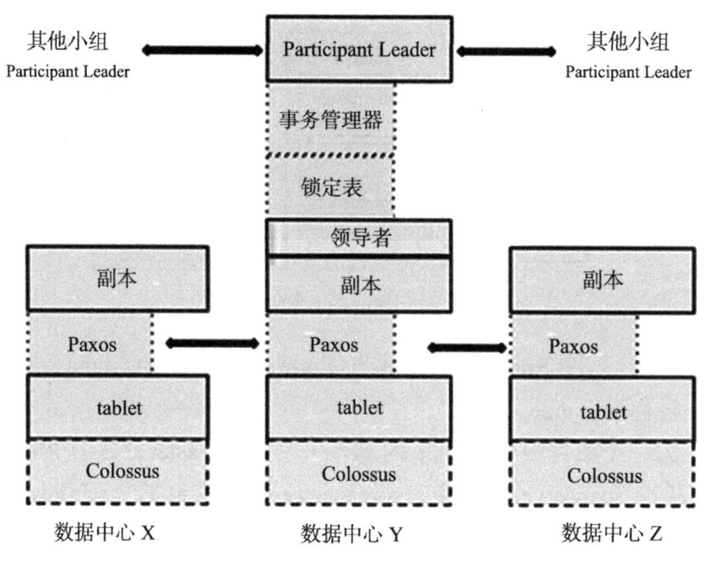

图 7-2 Spanner 软件栈图

7.3 Spanner 的事务处理模型

Spanner 支持事务的 ACID 特性，大家若想进一步了解这方面的内容，可以自行学习参考文献 [65]，这里就不再展开了。但是要注意，参考文献 [65] 并没有明确描述 ACID 分别是怎么实现的，仅对 C 特性的实现进行了较为详细的介绍，对于 D 特性进行了简单介绍。

在支持事务的特性上，Spanner 具有如下特点（见参考文献 [65]）。

- **外部一致性事务**：Spanner 的外部一致性等价于我们第 5 章讨论的严格可串行化，这是分布式和事务处理技术结合的经典问题。
- **无锁的只读事务**（lock free read-only transactions）：凭借 MVCC 技术的快照技术，Spanner 实现了无锁的只读事务。基于快照的 MVCC 技术不仅适用于单机数据库系统，还适用于分布式数据库系统。但是需要注意的是，在分布式数据库系统下，为提供全局的无锁只读事务，需要有全局的事务管理器。图 7-2 中所示的事务管理器（transaction manager），是一个用来标识 participant Leader 所管范围的局部的事务管理器（如要跨节点，也就是跨多个 participant Leader 时需要进行全局级的事务协同）。
- **支持对过去数据的无阻塞读**（non-blocking reads in the past）：这类似无锁的只读事务，只是建立快照点所依赖的时间点不同。该功能的实现类似腾讯全时态数据库 TDSQL 在 HTAC（Hybrid Transaction / Analytical Cluster，混合事务 / 分析集群）架构下，以历史数据建立全局读一致性点[⊖]（见参考文献 [278]）。

从并发访问控制策略的角度看，Spanner 采取了悲观策略，对于写操作，采用了基于封锁的并发访问控制技术，而对于读类型的操作，采取了 MVCC 技术。

7.3.1 读事务的分类和意义

读类型的事务只有两种，除这两种外的所有事务都归属于读写事务。两种读事务如下。

- Read-Only Transaction：预先声明事务是只读的，Spanner 会利用 MVCC 技术为本事务生成一个快照（快照点是 Spanner 系统自动提供的），从而能够帮助本事务识别自己应该能读取哪些数据（Read-Write Transaction 会生成新版本，只有本事务之前已经提交的事务生成的数据才可以被本事务读取）。只读事务有机会从 Follower 的副本（数据上的时间戳值是相对快照的快照点而言的，这个副本是一个足够新的副本）中读取数据从而减小 Leader 的压力。只读事务失败，Spanner 会自动发起重试，重新运行只读事务。由于 Spanner 实行的是 SS2PL 的封锁控制机制，读操作可能会加锁（可串行化隔离级别）影响性能，但是只读事务的读操作不加锁，因而性能会好一些。
- Snapshot Read：快照读，快照点不是 Spanner 系统自动提供的，而是由用户指定的。其可细分为如下两种。
  - client-provided timestamp：由客户端提供快照点的值。
  - client-provided bound：由客户端提供快照点的范围。

Read-Only Transaction 和 Snapshot Read 对数据库的数据只读不写，所以数据的状态不会受到影响，因此即使在某台机器上读了一部分数据，之后机器失效，仍然可以换机器用一样的时间戳重试，且结果不会有变化，这可以保证做到“瞬态故障情况下查询重新执行”。

有了这两种读操作类型，可以方便地利用 Follower 中的副本（从副本）对外提供查询功能，从而减小对 participant Leader 节点的读请求压力。

另外，两种读操作基于使用快照实现的 MVCC 技术，数据项上保存有全局提交时间戳，这从数据项的角度确保了全局一致性读。

Spanner 还支持外部一致性（即线性化和事务的可串行化），这和全局一致性读、写密切相关，也和 Truetime 机制以及 Spanner 的提交、读取机制相关。

7.3.2 分布式一致性实现原理

举一个分布式系统中一致性的例子：假设数据项 X 要从 Node1 复制到 Node2，客户端 A 上的事务 T_1 写节点 Node1 上的数据项 X。一段时间后，客户端 B 上的事务 T_2 从 Node2

⊖ 基于 MVCC 技术构建全局读一致性点，是在一个具有历史、当前的时空内的所有数据项的所有版本间，寻找与某个时间点（历史时间点或当前时间点）对应的事务在数据版本上的操作一致性点的过程。

上读取数据项 X（这是从副本读取数据），那么客户端B是否应该读取到客户端A写到Node1上的数据项 X 的值呢？

Spanner保证外部一致性约束（external consistency invariant），即本书讨论的分布式一致性中的**严格可串行化（分布式线性一致性和事务一致性的融合体）**。

如果 T_2 开始前 T_1 已经提交，则 T_1 的提交时间戳 $t_{abs}(e_1^{commit})$ 小于 T_2 的提交时间戳 $t_{abs}(e_2^{commit})$，如式7-1所示。这意味着事务 T_2 一定能够读到事务 T_1 提交过的数据，这就是典型的读已提交问题（关联的问题包括：ANSI SQL标准定义的读已提交隔离级别；可恢复性要求读已提交这样的行为不会引发级联回滚）。

$$t_{abs}(e_1^{commit}) < t_{abs}(e_2^{commit}) \Rightarrow S_1 < S_2 \tag{7-1}$$

因事务启动时间存在先后关系，这使得不同事务读写这件事情在单机数据库系统中不是什么问题，但是到了分布式系统中，因为读取数据有了多种选择，比如从participant Leader的主副本上读或者从其他的从副本上读，是有差异的（其他从副本的数据因**写多数派协议**影响，有可能在读取中还没有被及时更新，造成主副本和其他从副本在某时刻数据不一致）。

Spanner要实现外部一致性还需要两条规则来确保：Start（启动）规则和Commit Wait（提交等待）规则。

首先，对于一个写操作 T_i 而言，担任协调者角色的领导者（coordinator Leader）发出的提交请求的事件为 e_i^{server}。

其次，**满足启动规则**，即coordinator Leader给**写事务 T_i 指定的提交时间戳 S_i** 满足如下条件（大于等于当前最新时间戳TT.now()latest）：

$$S_i \geqslant \text{TT.now().latest} \tag{7-2}$$

其中TT.now在 e_i^{server} 之后调用，这样使得事务 T_i 的提交时间一定比提交请求晚一个时间段。

再次，**满足提交等待规则**。这个规则是说，提交的真实时间戳要大于/晚于提交事件的时间戳TT.now()latest，也即TT.after(S_i)为真。这样把提交操作再次推迟了一个时间段。即有如下条件成立。

$$\text{TT.now().latest} \leqslant S_i \leqslant t_{abs}(e_i^{commit}) \tag{7-3}$$

这两个规则保证了外部一致性（线性一致性），可以从如下推导看到逻辑工作过程，如图7-3所示，最终 S_2 晚于 S_1 则 S_2 能看到 S_1 提交的数据。第一步是“**提交等待规则**”；第二步作为假设是假定系统中的事务顺序满足线性一致（这是重要的假设，即需要确保线性一致；第三步说明事务开始时间小于等于本事务的提交时间是天经地义的，因此满足因果一致；第四步是“**启动规则**”。通过这四步，按照时间值大小的传递性，可以推出最后的结论。

$S_1 < t_{abs}(e_1^{commit})$	（提交等待规则）	第一步
$t_{abs}(e_1^{commit}) < t_{abs}(e_2^{start})$	（假设）	第二步
$t_{abs}(e_2^{start}) \leqslant t_{abs}(e_2^{server})$	（因果一致）	第三步
$t_{abs}(e_2^{sever}) \leqslant S_2$	（启动规则）	第四步
$S_1 < S_2$	（传递性）	结论

图 7-3 **外部一致性规则推导图**（使得并发操作全序化，非偏序）

另外，要想确保读事务 ACID 中的 C 和外部一致性，还需要依赖**稳定精准的 Truetime 给定的事务规则（Truetime 规则），以及如图 7-3 所示的条件**。该规则和图 7-3 确定了读操作相对于**以 Paxos 组为写单位的写操作的时间戳提交点**（注意，影响外部一致性的是**以 Paxos 组为写单位**），**确保读一定发生在一个可用的写事务提交之后**（假如当时有并发的写事务存在。如果没有并发写事务，都是并发的只读事务则不会有不一致问题，所以不必对此种情况进行讨论）。本质上是 Spanner 在逻辑上利用 Truetime 在为所有并发事务进行线性排队，即在分布式、多副本的前提条件下，使得所有事务满足"可串行化"理论，因而得以保证事务 ACID 中的 C 和外部一致性。

$$t_{safe} = \min(t_{safe}^{Paxos}, t_{safe}^{TM}) \qquad (7\text{-}4)$$

7.3.3 写操作一致性的实现原理

Spanner 写事务的分布式实现，依据的是什么机制？这个问题，其实是一个难题。

在参考文献 [65] 里介绍说，读写事务的并发访问控制技术使用的是悲观策略，并且该文献里说"事务性读写使用两阶段锁定""读写事务中的读取操作使用伤停等待以避免死锁"，也就是说，**Spanner 是采用基于封锁并发访问控制机制来实现事务的一致性的，所以才需要使用"伤停等待"算法来解决死锁问题**。

单机数据库（如 Informix、Oracle、MySQL/InnoDB）都使用了 2PL 的 SS2PL 算法来解决事务的一致性、可恢复性简化等问题。那么，Spanner 是否也使用了 SS2PL 算法呢？参考文献 [65] 是这样描述的：可以在获取所有锁时，且在释放任何锁之前，随时为加锁和解锁分配时间戳。

参考文献 [65] 中没有直接说使用的是 SS2PL，但是在加锁和解锁两个阶段之间，事务被赋予了一个时间戳。而参考文献 [65] 的 4.2.2 节描述的内容恰好使用了这个时间戳即事务的提交时间戳。因为写操作被缓冲在客户端，只有提交时刻才要使用这个时间戳，所以提交完成后才释放锁，这正是 SS2PL 的语义。

在参考文献 [65] 中还有如下表述："与大表（BigTable）一样，事务中发生的写操作在提交之前都会在客户端进行缓冲。因此，在事务中进行读取时看不到事务写入的效果。这种设计在 Spanner 中工作得很好，因为读操作返回读取数据的时间戳时，未提交的写操作还没有被分配时间戳。"这段话看起来别有洞天。写操作缓冲在客户端，直到提交。这样的方式是乐观机制的行为，偏偏参考文献 [65] 把这一过程描述为悲观策略，这是一个值得注意的地方。

参考文献 [65] 还有这样的描述"当客户机完成所有读操作并缓冲所有写操作后，它将开始两阶段提交。客户机选择一个协调器组，并向每个参与者的负责人发送一个提交消息，其中包含协调器的标识和所有缓冲写操作。"这段话表明，Spanner 事务提交时跨节点使用了 2PC，提交信息发给所有参与本事务的节点中的 Leader（协调者）。

之后，参与者尝试获取写锁，如果成功获取到写锁，则选择一个"单调递增"的、比历史给出的时间戳更大的时间戳值作为两阶段提交的第一阶段的时间戳值。关于这一点，参考文献 [65] 是这样说的："非协调参与者首先获得写锁。然后，它选择一个 prepare 时间戳，该时间戳必须大于它分配给以前事务的所有时间戳（以保持单调性），并通过 Paxos 记录 prepare。"

再之后，协调者开始获取写锁，记录提交日志，并将相关信息同步到自己的 Paxos 组内（多副本复制的 Paxos 组），同时进入**提交等待**状态。等待的目的是让提交时间延后一个事务提交安全期，以获得一个安全的事务提交时间戳值。协调器中的 Leader 首先获取写锁，但跳过了准备阶段。在允许任何协调器中的参与者副本应用提交记录之前，协调器中的 Leader 等待，直到 TT.after(*s*)[⊖]。

而安全的提交时间戳值，在 Spanner 中是由主副本（Leader replica）简单地按照递增的顺序指定的。当然，这之外还需要一个约束：在切换主副本（Leader replica）所在的 Leader 时，保证跨主备切换下的时间戳也是递增的。此约束在参考文献 [65] 中被表述为"单调不变性（monotonicity invariant）"。这是确保时间戳单调递增的关键。

当获得安全的提交时间戳值后，协调者进入两阶段提交中的第二阶段——通知参与者发起提交，参与者提交并记录提交日志，然后复制日志给同组的副本，最后通知客户端事务成功与否。

再之后，才会进行锁的释放工作。这意味着并发访问控制机制是 SS2PL。

对于读写事务中的读操作，参考文献 [65] 是这样描述的：客户机向相应组的 Leader 副本发出读取命令，在该 Leader 副本中获取读取锁，然后读取最新的数据。客户端向一个 Paxos 组（跨节点的分布式事务构成的 Paxos 组）内领导者副本（即主副本）发起读操作，获取读锁。这一点很重要，一是在读写事务中的读操作，与基于快照的读操作和只读操作读取的副本主体是不同的；二是读操作也加锁。这也是分布式系统中全局一致性的一种实现方式，读写事务只能在主副本上发起，才能保证一致性。

总结 Spanner 的读写事务处理机制，我们可以看到：

1）在读写事务中，Spanner 把乐观和悲观策略结合了起来。

- 先是乐观策略，但乐观策略在验证、提交阶段中夹杂了悲观读锁。
- 提交阶段采取悲观策略，时间戳是提交时间戳而不是事务启动时间戳，这使得并发

⊖ 表示 Truetime 机制中采取 after 函数获取一个位于 *s* 之后的安全时间。

的读操作只需要和读写事务的提交点比较。

- 读在提交点之前：自由读取，不存在读写冲突。
- 读在提交点之后：如是并发写事务的提交点存在读写冲突，则提交点推迟，并对事务进行线性排队，这解决了读写冲突。

❑ 提交时刻，对写操作加锁，对并发事务排序，从而实现了序列化，进而保证了 ACID 中的 C。

2）在悲观策略中使用了 SS2PL，统一释放乐观策略阶段施加的读锁，释放 SS2PL 过程中施加的写锁。

3）Spanner 采取两阶段提交解决了跨节点的数据原子写的一致性问题，此两阶段融合在了悲观策略中的 SS2PL 算法中。

4）在提交阶段给写事务赋予一个时间点，这是通过图 7-3 所示方式保证的，这样 Truetime 就会发挥作用，以保证外部一致性。

5）对于写操作的全局事务，Spanner 没有采用全局事务管理器机制统一对发生在 Spanner 内的全局写事务进行管理，而是采用分布式事务处理机制（**去中心化、去全局事务管理器式的分布式写事务机制**），如图 7-2 所示，每个事务都可以启动一个相关的包含了多个节点的事务组。其涉及的关联内容可见参考文献 [65] 的 3.2 节和 3.3 节。

7.3.4 Truetime 事务处理机制的缺点

Spanner 的处理机制是否存在弱点呢？如前所述，Spanner 事务处理的本质是线性排序。这意味着，在一个时间轴上，充满了事务提交点。而 Truetime 的计算特性，把一个事务的生命周期划看作一条线段——提交阶段才算是事务生命周期的起始期，这有效缩短了事务在时间轴上的线段长度，但是，这条线段长度最小也得是 2ε⊖；而且**并发事务在时间轴上占据的时间段不重叠**。所以可以算出，每秒事务的吞吐量 $=1/(2\varepsilon)$，而 ε 的平均值是 4ms（如果使用 NTP，时间的延迟误差在 100ms 到 250ms 之间，远大于一个 ε），所以得到式（7-5）。

$$每秒事务的吞吐量 = 1/(2\varepsilon) = 1/0.008 = 125 个事务/秒 \tag{7-5}$$

两个相邻事务之间，时间段的计算方式示意如图 7-4 所示。

事务 T_1					事务 T_2				
开始点		事务的真实时间戳值	结束点		开始点		事务的真实时间戳值	结束点	
$t_1-\varepsilon$	$t_1+\varepsilon$		$t_2-\varepsilon$	$t_2+\varepsilon$	$t_3-\varepsilon$	$t_3+\varepsilon$		$t_4-\varepsilon$	$t_4+\varepsilon$

图 7-4　Spanner 相邻的两个事务之间的时间计算关系图

⊖ 参考文献 [65] 原文：the expected wait is at least 2*ε（预期的等待至少是 2ε）. 其中，ε 是 Google 网络系统的平均延时。

如果ε有希望减小，如缩小200倍，则一个Spanner集群的一个Paxos组每秒也只能处理25000个事务。这个值其实不高。

另外，如果一个长事务总不提交，则后面的事务就不能提交，解决办法是不使用过长事务，或者告诉用户只能使用短事务。

如果不是写同一个数据range的并发事务（注意是并发不是并行），则吞吐量是不应当按式（7-5）这么计算的，不要因此处的讨论而引发不必要的争议。

此外，应当讨论的一个问题是：**Truetime机制真的好吗？**

首先，Truetime机制可确保单调递增特性，这使得事务之间可串行化，这是事务正确性的保障，是一个优点。

其次，Truetime机制使得所有写操作在提交阶段排序，物理上看，在整个Spanner中有多个事务并发，但实际上因提交时刻逻辑上串行化了并发事务，故保证了分布式中的外部一致性且允许真实并行，这也是一个优点。

再次，Truetime机制在校对各个节点的时间值时，可以是单向发送时间戳值给各个节点，这样非双向的通信方式不消耗各节点的时间，故会提高事务的执行效率。

但是，正是为了保证外部一致性，Spanner才可串行化事务的提交顺序，且**在一个物理时间段上为事务的提交限定物理时段（定长的时间段只能提交有限数量的事务，不具有好的并发性）**，这样的机制严重抑制了并发，不是一种好的方式。

Spanner每次都是从本机获取的时钟，但是提交时要进行一段时间的等待（这个等待时长本质是时钟同步带来的）。除了同步时钟的差异外，Truetime还提供了处理闰秒等问题的方法，所以Truetime就是一个时钟，一个分布式时钟，一个不用从全局获取时间的时钟，一个从本地获取时间但需要做一点“间隔”等待的时钟，所以该间隔时间影响了单位时间内可以获得的时间值个数，即影响了单位时间内事务可逻辑执行的个数（假设值为A），或者说影响了事务的单位时间吞吐量；反过来讲，一个逻辑上能无限分配（或巨量分配）时间值的时钟，单位时间内支持的事务数是巨大的（假设值为B），所以B远大于A。综上可知，理论上Truetime机制的效率不高。

7.3.5 深入理解Spanner的悲观策略

Spanner自称对于读写事务采取的是悲观策略，且又提及了封锁的并发访问控制技术。但是笔者认为，其采用的是乐观和悲观结合的策略。

Spanner中事务的管理是由客户端完成的。事务开始的之后，写操作会被缓冲在客户端（貌似是并发访问控制的乐观策略，实则是乐观与悲观结合的策略，这一点和Percolator相似，参见8.2节）。

读写事务，在读阶段（乐观阶段）加锁，这样的锁却不能阻塞写操作（因为写在提交前，只在本地缓冲中写），而在常规锁表的实现中，读操作是抑制写操作的。因此，这样的方式能提高并发度。

在写操作阶段不加锁，这是因为写操作发生在客户端，相当于服务器没有进行写，所以不用考虑锁的问题。

在提交阶段，写操作才开始申请锁。首先是非协调者的领导者申请写锁，这样能够抑制对同一个数据项的读操作，（非主副本上）新发生的读不再被允许。其次是协调者的领导者申请写锁，抑制协调者的领导者上对同一个数据项的读操作，（主副本上）新发生的读不再被允许。

经过以上过程就完成了加锁操作。

提交完成才释放锁，这就是 SS2PL 悲观策略。整体过程如图 7-5 所示。另外，时间戳的使用表明 Spanner 是基于封锁和时间戳排序的并发访问控制方法。

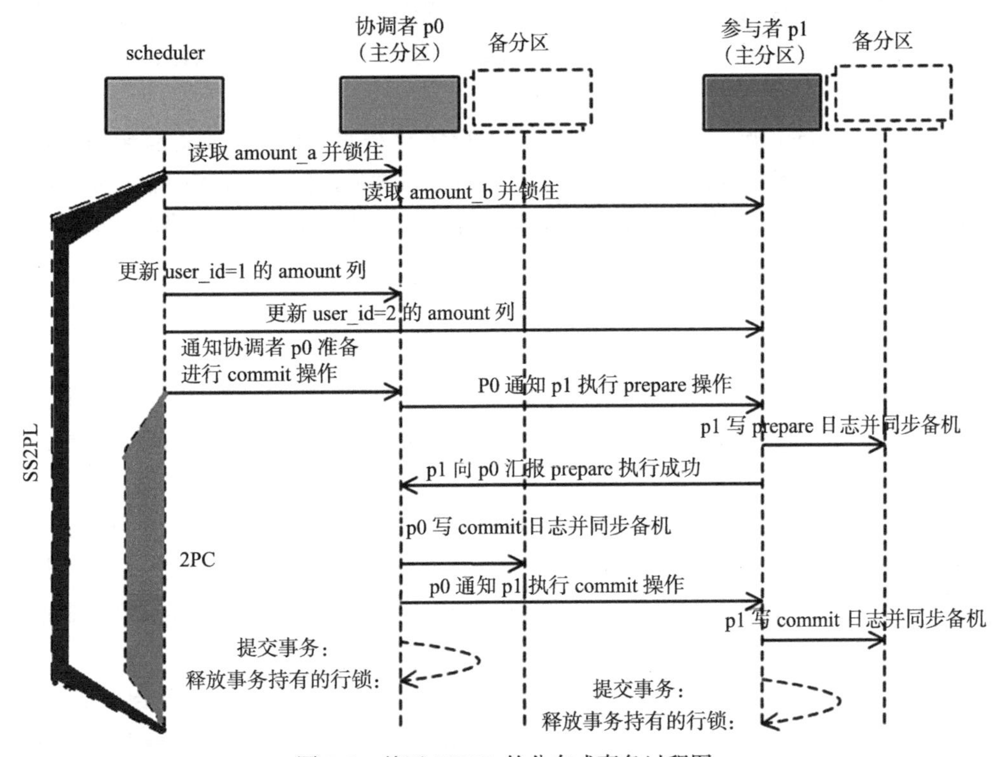

图 7-5　基于 SS2PL 的分布式事务过程图

Spanner 正是利用 Paxos 协议来提高系统可用性的。2PC 协议工作过程中的协调者和参与者会生成日志，Spanner 会利用 Paxos 协议把数据复制到所有副本中，其结果是：无论是协调者还是参与者宕机，都会有其他副本代替它们，完成 2PC 过程，使得该过程不会阻塞。这一点对于一个分布式数据库系统而言非常重要，不仅关乎性能，更关乎系统的可用性。

7.3.6　Spanner 与 MVCC

在 *Spanner, Truetime & The CAP Theorem* 这篇文章中，模糊提及了 MVCC 和快照，但

没有明确说快照实现与 MVCC 有关，该文章表明了这样的观点：Truetime 机制的真正价值在于它对一致性快照的支持。退一步说，MVCC 有很长的历史，它单独保留旧版本，因此允许读取过去的版本，而不管当前的事务活动如何。这是一个非常有用且被低估的属性。

在参考文献 [66] 中，没有提及 MVCC，但是提及了快照，其中也没有明确说快照实现与 MVCC 有关：我们的并发控制使用悲观锁和时间戳的组合……读取可以在无锁快照事务中完成，在同一快照事务中，所有读取返回的数据都来自指定时间戳的数据库一致快照。

参考文献 [65] 开篇就指出，Spanner 是谷歌的可扩展、多版本、全球分布、同步复制的数据库。这说明在 2012 年 Spanner 就实现了多版本，而多版本和快照组合可实现 MVCC。而 MVCC 可以实现读一致性，但是 MVCC 存在写偏序数据不一致的问题。在分布式系统中，数据各自以 Paxos 组管理（每个 Paxos 组内有锁表），缺乏全局事务管理器，局部的事务管理是无法实现全局读一致性的，但 Spanner 偏偏支持了全局读一致性，那么究竟是怎么做到的呢？

答案就是 Spanner 极力突出 Truetime。**Truetime 使得写操作在提交时有全局的唯一时间段其满足图 7-3 所示结论，且并发事务在时间轴上占据的时间段不重叠（注意不是提交时间段不重叠）**。Truetime 配合 MVCC，就能构造出一个全局一致的快照，当然就能提供全局的一致性读了。

7.3.7 读副本数据

在分布式系统中，同一份数据存在多个副本，目的是防止单点故障以提高系统的可用性。

Spanner 作为一个分布式数据库系统，也通过提供多副本来实现高可用性。但是，为了提高资源的利用率和系统的性能，Spanner 的从副本支持提供读操作服务。

读从副本的条件是：**从副本上的数据足够新**。那么什么样的数据才算足够新呢？

每个副本都会记录一个时间值，这个时间值被称为**安全时间** t_{safe}，它是一个副本最近更新后的最大时间戳。如果一个读操作的时间戳是 t，当满足 $t \leqslant t_{safe}$ 时，那么这个副本就可以被这个读操作读取。

而 t_{safe} 可以通过式（7-6）中计算获得。每个 Paxos 组的状态机都有一个安全时间 t_{safe}^{Paxos}，每个事务管理器都有一个安全时间 t_{safe}^{TM}。t_{safe}^{Paxos} 是最高应用（日志回放）的 Paxos 组写操作的时间戳。由于时间戳会单调增加，写操作也是被顺序应用的，故当时间戳小于 t_{safe}^{Paxos} 以后，写操作就不会发生，因而读其前的数据是安全的。

$$t_{safe} = \min(t_{safe}^{Paxos}, t_{safe}^{TM}) \tag{7-6}$$

7.3.8 全局读事务的一致性

对于一个副本而言，如果有没有处于准备阶段的事务（即在 2PC 控制下，写事务没有进入 Prepared 阶段，这表明事务处在运行中还没有提交），则 t_{safe}^{TM} 值为无穷。

但是，一旦有一个或多个事务进入了Prepared阶段，则这样的写事务跨多个节点时，可能会造成新的读事务读数据不一致的问题（见参考文献[128]中介绍的**分布式读半已提交异常**）。

为了避免这个问题，对于一个参与的从副本而言，$t_{\text{safe}}^{\text{TM}}$值实际上源自主副本的事务管理器。而提交协议会确保每个副本都会知道一个处于准备提交阶段的事务的时间戳的下界。事务T_i的每个参与领导者（对于一个全局写事务涉及的所有节点构成的组g而言）会为准备提交的记录分配一个准备时间戳$s_{i,g}^{\text{PREPARE}}$。协调者的领导者会确保所有参与者组g（参与分布式事务的多个节点，如果以同一个副本组为单位，则主要指跨多个副本组的参与者才构成一个参与者组；另外也包括同一个副本组中的所有副本）中的事务提交的时间戳$s_i \geqslant s_{i,g}^{\text{prepare}}$。因此，组$g$中的每个副本，对于在$g$中准备的所有事务$T_i$，都有$t_{\text{safe}}^{\text{TM}} = \min(s_{i,g}^{\text{prepare}}) - 1$，这样做的目的是保证不读取处于**半提交状态的全局写事务**（跨节点的写事务，至少有一个子事务完成了提交操作，且至少有一个子事务处于运行状态没有完成提交），而是读取与之前的一个时间戳值对应的事务生成的数据，这相当于在各个节点间找到了一个共同认可的最小的一致性点，读取与此点对应的数据是安全的（这也是**读历史数据**[⊖]的含义）。

Spanner从所有被读取的副本中找出最小的一个共同点，即这些副本上可用的时间点是Truetime机制下单调递增的时间点，尽管它们各自有不同的最新的时间点，但是它们都有过共同的最小时间点，这个共同的最小时间点就是全局读一致性点。因此保证了全局读一致。

7.3.9　只读事务

作为一个较为特殊的事务，只读事务是建立在MVCC技术基础上的。如果使用封锁技术，用写锁抑制读操作，则只读事务不能被并发执行，因而其在这种情况下没有存在的意义。正是MVCC技术具有的读写互不阻塞的特点，才让只读事务具有了存在的基础。

在Spanner中，只读事务需要提供一个scope表达式（scope表示范围，读取数据的范围），它可以指出这个只读事务需要读取哪些键。对于只有一条查询语句的只读事务，Spanner可以自动计算出scope。

这是一个特殊的限制，使得Spanner在解析SQL语句阶段就可以知道（根据元数据的数据分布信息）只读事务读取的节点是单个Paxos组还是多个Paxos组。

只读事务读取单个Paxos组，需要通过Leader节点为事务分配一个时间戳值。之后，读取的数据是源自主副本还是从副本，Spanner官方文档中没有涉及。但是Spanner官方文档中有这样一句话“如果作用域的值由单个Paxos组提供服务，那么客户机将向该组的负责人发出只读事务。（当前的Spanner实现只为Paxos领导者上的只读事务选择一个时间戳。）”这表明在此种情况下，读操作获取的数据只源自从副本。

⊖　参考文献[65]开篇中提出reads in the past。

若只读事务读取多个 Paxos 组，则 Spanner 会在多个 Paxos 组之间做一圈轮询，以求出一个全局的读一致性点。

只读事务读取到的数据通常不是最新的数据，这是因为 t_{safe}^{TM} 的值总是落后于正在执行事务的时间，这使得只读事务能够取到的数据的读一致性点总是历史上的一个点，因而其读到的数据总是旧数据。参考文献 [65] 对比描述如下：t_{safe}^{TM} 有一个弱点，即单个准备好的事务会阻止 t_{safe}^{TM} 前进[⊖]。

7.4 Spanner 与 CAP

参考文献 [65] 没有讨论作为事务处理系统的 Spanner 在 CAP 下，是选择 CP 还是选择 AP。参考文献 [66] 也没有特别就 CAP 问题展开讨论。

但是，作为一个分布式系统，会存在碰到各种错误的情况，比如网络分区、机器重启、进程崩溃、延时发生等，参考文献 [65] 中还提到了分布式等待（distributed wait）和数据移动（data movement）。造成分布式等待可能的原因是机器忙导致 Paxos 组里面 Follower 应用日志的速度跟不上 Leader 发送日志的速度。数据迁移是指某些数据可能正在被动态迁移到其他可用区。

上面的错误都可能导致某些事务出现处理中断，而当事务中出现查询执行中断时，会有两个选择：一个是让用户重试，比如著名的指数退避原则，但是笔者认为这种方法很难实现，而且容易导致查询长尾问题，同时也会影响架构的灵活性（对动态负载均衡的约束）。在 2017 年，参考文献 [66] 中提到了另一种选择——瞬时失效。瞬时失效技术可使得查询在出现分区事件后还有机会继续执行下去，这样能有效利用分区事件发生之前的计算成果。但在 CAP 背景下，当出现分区和延时等问题时，分布式数据库系统的各个模块需要有很好的应对机制。

在瞬时失效情形下，读操作过程不用完整进行，而是可以续接之前进行了一部分的读操作，继续读剩余的数据。这一点是如何做到的呢？

在参考文献 [65] 中有如下描述，由此可以看出端倪：对于只读事务和快照读，一旦选择了时间戳，提交就不可避免了，除非该时间戳处的数据已被垃圾收集。因此，客户机可以避免在重试循环中缓冲结果。**当服务器发生故障时，客户机可以通过重复时间戳和当前读取位置在不同的服务器上继续进行内部查询。**

由上可知，瞬时失效的读操作是针对只读事务和快照读取这两种情况的。

⊖ 原文为：as defined above has a weakness, in that a single prepared transaction prevents t_{safe}^{TM} from advancing.

第 8 章 Chapter 8

Percolator 事务处理模型

Percolator 是 Google 基于 BigTable 实现的一个支持分布式事务的存储系统，该系统解决了网页索引的增量处理问题，以及维护数据表和索引表的一致性问题。Percolator 的事务模型在参考文献 [228] 中进行了描述。

在确保 ACID 特性的情况下，Percolator 提供了两种具有快照隔离语义的事务——跨行事务和跨表事务。在 Percolator 出现之前，BigTable 仅支持海量数据存储和随机读写，不支持跨行事务，Percolator 对此做了改进。

8.1 Percolator 的架构

Percolator 的基本架构分为 3 层，如图 8-1 所示。

- ❑ Percolator 层：负责跨行、跨表事务。
- ❑ BigTable 层：提供单行数据对象操作的 ACID 语义。所谓单行，是逻辑上的一对 KV。
- ❑ GFS（Google File System）层：提供分布的、PB 级的数据存储服务。

上述 3 层之间通过 RPC 调用，如图 8-1 中虚线部分所示。Percolator 中一个事务的提交延迟可能有几十秒，与 OLTP 型数据库相比，效率很低。

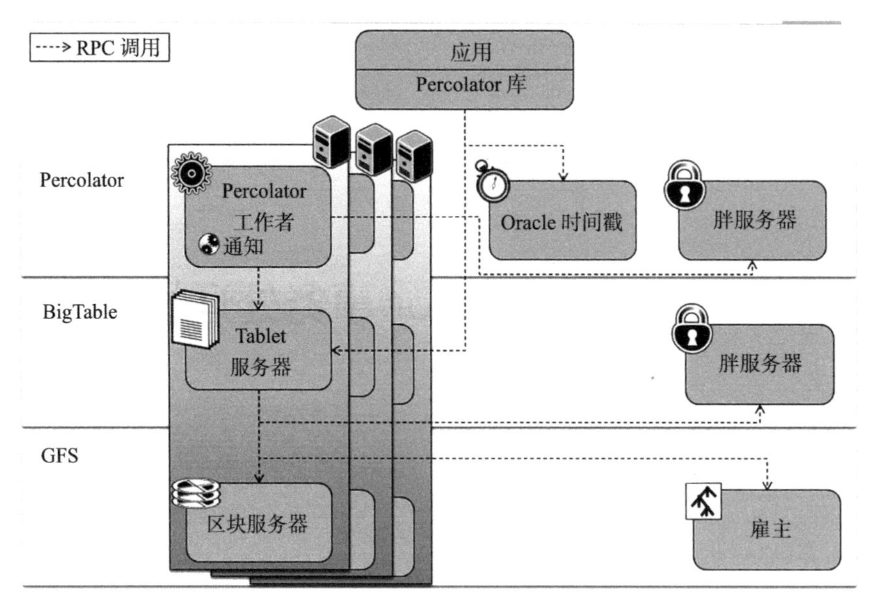

图 8-1 Percolator 架构图

8.2 Percolator 的事务处理

参考文献 [228] 中描述的 Percolator 最吸引人之处是分布式事务处理机制，该机制在分布式数据库领域中是较早出现的一种分布式事务实现机制，其技术层面也有一些亮点，吸引了一些人和系统对之进行学习和模仿。因此，本章主要从事务处理机制方面介绍 Percolator。

8.2.1 事务处理整体过程

Percolator 事务处理的主要流程分为 3 个阶段，如图 8-2 所示。

- **事务开始**：对应图 8-2 中所示的第 6 行代码，即①处所示为第一阶段。此时，开始一个事务，为 start_ts_ 这个变量赋值，这个值是快照的开始时间，用于在多版本中识别本事务与哪些事务是并发的，哪些历史事务可被本事务读取，这意味着这是基于时间戳的 MVCC 技术。
- **事务过程**：对应图 8-2 中所示的第 7 和第 8 行代码，即②处所示为第二阶段，这个阶段的工作包括读数据、写数据。此时，事务执行读写操作（如某个序列为 Get、Set、Set，也可以是 Get、Set、Set、Get、Set 等，即读写交互体现用户的操作语义）。需要注意的是 Set 操作是在客户端缓冲中写结果，这样数据库引擎看不到被修改的数据，这意味着 percolator 使用的是乐观策略。
- **事务提交**：事务提交，调用的是图 8-2 中所示第 41 行代码，即③处所示为第三阶段。

此时，用户准备提交事务，而提交采用的是2PC算法，所以第44和第46行代码会调用第27行代码的预提交方法Prewrite()，这是2PC的第一阶段。之后，进入2PC的第二阶段。对比后面会详细讨论。

- **事务回滚**：观察图8-2会发现，Percolator没有事务回滚的接口，这是为什么呢？对此问题，下文详细讨论。

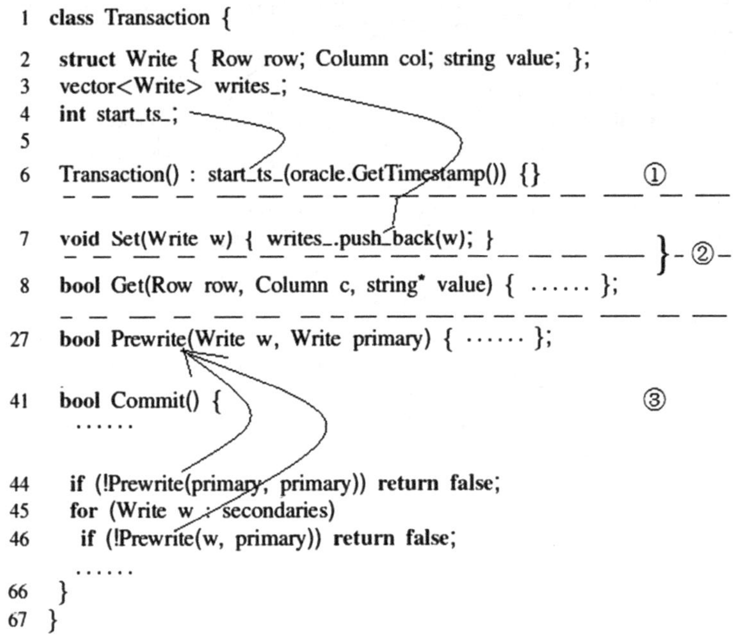

```
1  class Transaction {
2    struct Write { Row row; Column col; string value; };
3    vector<Write> writes_;
4    int start_ts_;
5
6    Transaction() : start_ts_(oracle.GetTimestamp()) {}                ①
   ---------------------------------------------------------------------
7    void Set(Write w) { writes_.push_back(w); }
   --------------------------------------------------------------  }-②-
8    bool Get(Row row, Column c, string* value) { ...... };
   ---------------------------------------------------------------------
27   bool Prewrite(Write w, Write primary) { ...... };

41   bool Commit() {                                                    ③
      ......

44    if (!Prewrite(primary, primary)) return false;
45    for (Write w : secondaries)
46      if (!Prewrite(w, primary)) return false;
      ......
66   }
67 }
```

图8-2　Percolator事务处理接口图

8.2.2　数据项上存储的事务信息

Percolator事务处理的信息保存在数据项上，每一个数据项Column中除了数据外，还有两个和事务相关的信息，具体如下。

- lock：用于标识事务正在提交阶段内（还没有完成提交），包括主锁（primary lock）的位置。
- write：用于标识事务已经完成（没有新事务在此数据项上进行操作），存储事务完成时刻的时间戳，即真正的提交标志位。

8.2.3　事务提交过程

Percolator事务的提交阶段是重点，其详细执行过程如图8-3所示。提交阶段可以分为3个子阶段（注意参与操作的各个子节点是用于区分主节点Primary和非主节点Secondary的）。

```
41  bool Commit() {                                                    ①
42   Write primary = writes_[0];
43   vector<Write> secondaries(writes_.begin()+1, writes_.end());
44   if (!Prewrite(primary, primary)) return false;
45   for (Write w : secondaries)
46    if (!Prewrite(w, primary)) return false;
47  - - - - - - - - - - - - - - - - - - - - - - - - - - - - - - - -
48   int commit_ts = oracle_.GetTimestamp();                            ②
49
50   // 先提交主节点（Primmit）
51   Write p = primary;
52   bigtable::Txn T = bigtable::StartRowTransaction(p.row);
53   if (!T.Read(p.row, p.col+"lock", [start_ts_, start_ts_]))
54    return false;     // 警告时中止
55   T.Write(p.row, p.col+"write", commit_ts,
56       start_ts_); // 指向写入 start_ts_ 的数据指针
57   T.Erase(p.row, p.col+"lock", commit_ts);
58   if (!T.Commit()) return false;      // 提交点
59  - - - - - - - - - - - - - - - - - - - - - - - - - - - - - - - -
60   // 第二阶段：辅助单元（secondary cell）的写出写入记录（write read）
61   for (Write w : secondaries) {
62    bigtable::Write(w.row, w.col+"write", commit_ts, start_ts_);
63    bigtable::Erase(w.row, w.col+"lock", commit_ts);
64   }                                                                  ③
65   return true;
66  }
```

图 8-3 Percolator 事务提交图

1. 第一个子阶段

提交阶段的第一个子阶段是预提交子阶段，这也是 2PC 算法中的第一个阶段。在这个阶段把缓冲在客户端的写集合（被修改了的数据）提交。这时要对两种情况进行异常判断，如图 8-4 所示。

1）本事务开始后，如果有其他事务写过相同数据项，则本事务失败。这里貌似采取的是“首次写获胜”原则，但是，观察图 8-3 中所示的第 55 行代码，在“Write”列上，写入的是提交时机点 commit_ts，所以可以确定这是“首次提交获胜（first-commit-win）”原则。

2）本事务之前或之后的事务（本事务正在验证，其他事务也开始验证，但先于本事务进入验证过程），在相同数据项上施加过锁，则本事务失败。

3）如果以上两种情况不存在，则可以正常写数据，并加锁以互斥其他并发事务。

4）注意图 8-4 中所示方框标注的时间点信息，不同操作所使用的时间点是不同的，需要注意时间点所起的作用。

5）另外，预提交阶段分两个步骤完成，图 8-3 所示的第 44 ～ 46 行代码，先在主节点 Primary 上预提交，然后在 Secondary 节点上预提交。每一步提交都放在 BigTable 的一个事务块内执行。

```
26 // Prewrite 尝试锁定单元格 w，在冲突时返回 false
27   bool Prewrite(Write w, Write primary) {
28     Column c = w.col;
29     bigtable::Txn T = bigtable::StartRowTransaction(w.row);
30
31     // 在开始时间戳之后中止写入
32     if (T.Read(w.row, c+"write", [start_ts , ∞]) return false;
33     // …或在任意时间戳锁定
34     if (T.Read(w.row, c+"lock", [0 , ∞]) return false;
35
36     T.Write(w.row, c+"data", start_ts, w.value);
37     T.Write(w.row, c+"lock", start_ts,
38       {primary.row, primary.col}); // Primary 的位置
39     return T.Commit();
40   }
```

BigTable 的单行事务接口

在本事务开始后，如果有其他事务写过相同的数据项，则本事务失败。采用首次提交获胜原则

本事务之前或之后如果有其他事务在相同数据项上施加了锁，则本事务失败

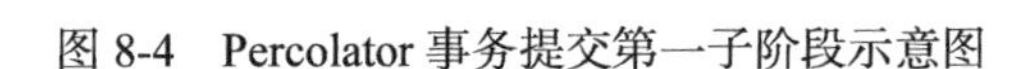

图 8-4　Percolator 事务提交第一子阶段示意图

2. 第二个子阶段

进入第二个子阶段，意味着参与分布式事务的各个子节点已经符合了提交条件，可以开始 2PC 算法的第二阶段了。理论上，此时各子节点的事务“完成”标志（如预写日志已经完成）已经建立，若数据库发生宕机，则重启后能够恢复事务。但是，在 Percolator 中却不一定。从图 8-1 所示中可以看出，Percolator 的节点是 BigTable 的客户端，所以 Percolator 可能发生客户端故障，这可能导致 Prewrite 写下的锁被遗留在 BigTable 中（图 8-4 中所示的第 37 行代码），进而**后续事务读取时会在这个锁上死等（死锁发生）**。所以因 Percolator 发生的客户端故障导致的遗留锁必须被清理掉。8.2.4 节将要讨论的冲突锁的问题就是这个问题。

除上述的原因外，更重要的原因是 Percolator 中没有数据系统的恢复子系统存在。对于使用 2PC 的数据库系统，如果预提交完成，则意味着至少在每个参与者的节点上都有日志存在，使得每个节点在故障重启后，可以通过恢复机制保证事务一定能在本节点正确提交。而 Percolator 没有数据系统的恢复子系统存在，但又可能发生客户端故障，所以事务的状态才需要明确标识，正因为如此才有了提交点的概念（若是没有写提交点，则系统会认为该事务是失败的，将被下一个相关事务清理）。因此，Percolator 需要一个提交点，此提交点起到标识事务正确提交的作用。这就是图 8-3 中②所示子阶段的内容，具体如下。

- 图 8-3 中所示第 53 行代码用于检查是否为本事务施加的锁，不是则事务失败。这里需要注意的是，一旦确认不是本事务施加的锁，则退出并返回 false，但是预提交阶段已经写了数据，这些数据是脏数据，Percolator 相关论文没有讨论这些脏数据被怎么处理，Percolator 也没有回滚操作，这表明这些脏数据被遗留在系统里了。那么，这些脏数据是否会影响其他事务呢？答案是“不影响”，因为读操作采取的是“读已经提交数据”。

- 如果上一条没有发生事务回滚，则在主节点的 Write 列记录上提交标志（参见图 8-3 所示第 55 行代码和第 56 行代码），然后释放预提交阶段施加的锁（参见图 8-3 所示第 57 行代码）。这里有一个问题：主节点提交，是否表明事务正式提交了？答案是否定的。假设一个事务，涉及 A、B、C 这 3 个节点，主节点 A 转账 100 元，分给 B 节点用户 30 元，分给 C 节点用户 70 元。在主节点 A 提交后，B、C 没有提交前，另外一个事务进行对账操作，从分布式事务数据的一致性角度看，如果此时能保证数据一致，显然账应该是平的，但是读取 A 少了 100 元，而读取 B 和 C 却没有多出 100 元（B、C 上事务没有提交，读取不到），这样账户对账就会发现钱少了。所以提交点的作用不是正式宣告事务提交了。
- 如果图 8-3 中所示第 58 行代码返回 false，即 BigTable 提交失败，则事务失败，这时脏数据遗留在了主节点 Primary 上，而其他非主节点却因脏数据没有提交而不会被任何事务读取到。论文没有提交这一问题如何解决。

如上也是笔者认为 Percolator 实现代码中从第 60 行代码开始为第二阶段，而相关论文中却说从第 48 行代码开始为第二阶段的原因。Percolator 的两阶段中 Prepare 之后事务未必提交，这可能会被其他事务清理并导致回滚。真正标志本事务能够提交的，是第 50 代码中实现的提交点，所以在图 8-3 所示第 58 行之前都是在完成 2PC 的第一阶段的工作。

3. 第三个子阶段

图 8-3 所示的第 60 ～ 66 行代码，从节点数据依次提交，提交过程类似从主节点提交数据，存在的问题也同主节点提交数据一样，即如果中途某个从节点提交失败，则会遗留脏数据。而此种情况下，图 8-3 所示的第 60 ～ 66 行代码却没有返回 false，这表明参考文献 [228] 在此处给出的代码有错误。

另外一点需要注意点是，主节点的提交对于 BigTable 而言是一个原子操作，而从节点的提交却不是，这是一种异步非事务类的写操作，不符合 ACID 中 A 的语义。

8.2.4 事务读数据过程

Percolator 是怎么读取数据的？如图 8-5 所示，在事务开始阶段给定一个时间点 start_ts_，这个事务读取的数据有两个来源：

- 读取 [0，start_ts_]，确认哪些数据对于本事务的快照是可见的。对于与本事务并发的事务修改的数据对本事务是否可见，Percolator 没有明示，但强调了“读取 [0，start_ts_]”之间的数据、修改的数据被缓冲在客户端，这表明所读到的数据一定是**读已提交的数据**。
- 读取缓冲在客户端本地且被自己修改过的数据，所以图 8-5 中所示的两个 Get 操作读取的数据可能存在差异，但遵从“本事务修改的数据对自己可见”原则。

读数据的时候，如果没有“冲突的锁”存在，则可以直接读取数据（图 8-6 所示的第 18 ～ 23 行代码）。那么，什么是“冲突的锁”呢？当事务正在提交的时候，客户端失败，没有确保事务成功提交，此时会遗留锁信息在数据项，这样的锁信息就是“冲突的锁”（图 8-6 所示的第 10 ~ 13 行代码）。“冲突的锁”是没有被清理掉的锁信息，是非正常的锁信息，需要后续读取此数据项的事务把此数据项上的“冲突的锁”清理掉（图 8-6 所示的第 14 行代码）。

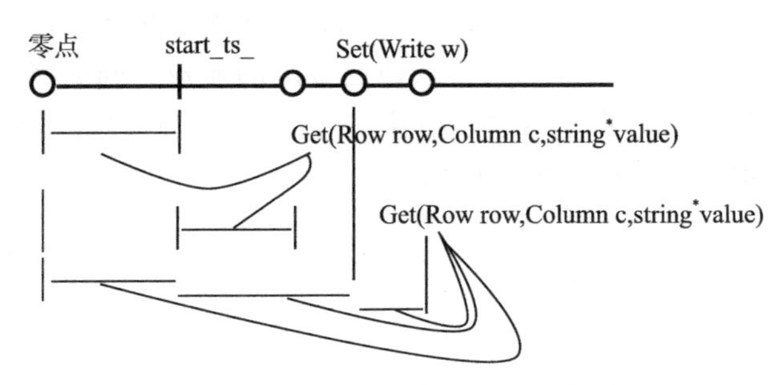

图 8-5　Percolator 数据读取示意图

```
8   bool Get(Row row, Column c, string* value) {
9    while (true) {
10    bigtable::Txn T = bigtable::StartRowTransaction(row);
11    // Check for locks that signal concurrent writes.
12    if (T.Read(row, c+"lock", [0, start_ts_])) {
13     // 存在一个冲突的锁，尝试清理它并等待
14     BackoffAndMaybeCleanupLock(row, c);
15     continue;
16    }
17
18    // 在 start_timestamp 下面找到最新写入的数据
19    latest_write = T.Read(row, c+"write", [0, start_ts_]);
20    if (!latest_write.found()) return false; // no data
21    int data_ts = latest_write.start_timestamp();
22    *value = T.Read(row, c+"data", [data_ts, data_ts]);
23    return true;
24   }
25  }
```

图 8-6　Percolator 数据读取算法图

8.2.5 Percolator 的事务处理示例

本节将通过一个例子来展示 Percolator 的事务处理过程，具体的案例如图 8-7 所示。

编号	示例			
	key	*bal:data*	*bal:lock*	*bal:write*
1	Bob	*6*: 5:$10	*6*: *5*:	*6*:data@5 *5*:
2	Joe	*6*: 5:$2	*6*: *5*:	*6*:data@5 *5*:

图 8-7　Percolator 的事务处理示例

初始状态下，Bob 的账户下有 10 美元（首先查询列 write 获取最新时间戳数据，获取到 data@5, 然后从列 data 里面获取时间戳为 5 的数据值，即 10 美元），Joe 的账户下有 2 美元。

事务开始后，修改的数据缓冲在客户端，直到提交时刻才执行图 8-8 所示操作（OCC 乐观策略，这样可减少数据项上的封锁时间）。

事务开始提交，转账开始，使用 stat timestamp=7 作为当前事务的开始时间戳，将 Bob 选为本事务的 Primary 节点，通过写列锁来锁定 Bob 的账户，同时将数据 7: $3 写入 data 列。注意这里把数据写入底层存储 BigTable 中，后续对于相同数据项的并发操作就可知道已经有事务在写该数据项了，具体如图 8-9 所示。

编号	实例			
1	Bob	7:$3 6: 5:$10	7:I am primary 6: 5:	7: 6:data@5 5:
2	Joe	6: 5:$2	6: 5:	6:data@5 5:

图 8-8　事务开始后的操作

编号	实例			
1	Bob	7:$3 6: 5:$10	7:I am primary 6: 5:	7: 6:data@5 5:
2	Joe	7:$9 6: 5:$2	7:primary@Bob.bal 6: 5:	7: 6:data@5 5:

图 8-9　事务开始提交

事务提交中，使用 stat timestamp=7，锁定 Joe 的账户，并将 Joe 改变后的余额写入 data 列，当前锁作为 Secondary 节点并存储一个指向 Primary 节点的引用（当失败时，能够快速定位到 Primary 锁，并根据其状态进行异步清理），具体如图 8-10 所示。

事务带着当前时间戳 commit timestamp=8 进入 commit 阶段：删除 Primary 节点所在列中的锁，并在 write 列中写入从提交时间戳指向数据存储的一个指针 commit_ts=>data@7。至此，读请求过来时将看到 Bob 的余额为 3 美元。具体如图 8-11 所示。

编号	实例			
1	Bob	8: 7:$3 6: 5:$10	8: 7: 6: 5:	8:data@7 7: 6:data@5 5:
2	Joe	7:$9 6: 5:$2	7:primary@Bob,bal 6: 5:	7: 6:data@5 5:

图 8-10　事务提交中（一）

编号	实例			
1	Bob	8: 7:$3 6: 5:$10	8: 7: 6: 5:	8:data@7 7: 6:data@5 5:
2	Joe	8: 7:$9 6: 5:$2	8: 7: 6: 5:	8:data@7 7: 6:data@5 5:

图 8-11　事务提交中（二）

事务清理，在 Secondary 节点中将提交时间点写入 write 列并清理锁，整个事务提交结束。

第 9 章 Chapter 9

CockroachDB 深度探索

CockroachDB（蟑螂数据库）是一款开源的分布式数据库。其主要的设计目标是具备全球一致性和可靠性，这要求 CockroachDB 能处理磁盘、物理机器，甚至在数据中心失效的情况下最小延时的服务中断，使得整个失效过程无须人工干预。CockroachDB 具有海量数据的存储管理能力，具备事务处理能力（最新版本直接支持可串行化隔离级别[⊖]）和 SQL 执行能力，另外还支持跨地域、去中心、高并发、多副本强一致和高可用等特性。以上能力在支持 OLTP 场景之余同时支持轻量级 OLAP 场景。

9.1 CockroachDB 的架构

CockroachDB 的架构是一个 Share-Nothing 架构（不同于 Spanner 和 Percolator 的共享存储架构），如图 9-1 所示，分布式计算层接收 SQL 后进行 SQL 解析、分布式查询优化的处理，底层是一个以 Raft 协议构建起来的分布式 KV 系统（采用 RocksDB 作为单节点存储层）。

对于用户数据，CockroachDB 实现了单一的、巨大的有序映射，理论上支持 4EB 的逻辑数据，其键和值都是字节串形式，而不是 unicode 形式。数据通过分区技术映射为一个或者多个 Range，每个 Range 对应一个存储数据的 RocksDB，并且复制到 3 个或者更多 CockroachDB 服务器上以实现多副本。

⊖ 早期版本的 CockroachDB 提供两种不同的事务特性，包括快照隔离（SI）和顺序的快照隔离（SSI）语义，后者是默认的隔离级别。最新版本已经支持可串行化隔离级别了。对于数据库系统而言，强一致性逐渐成为一种趋势。

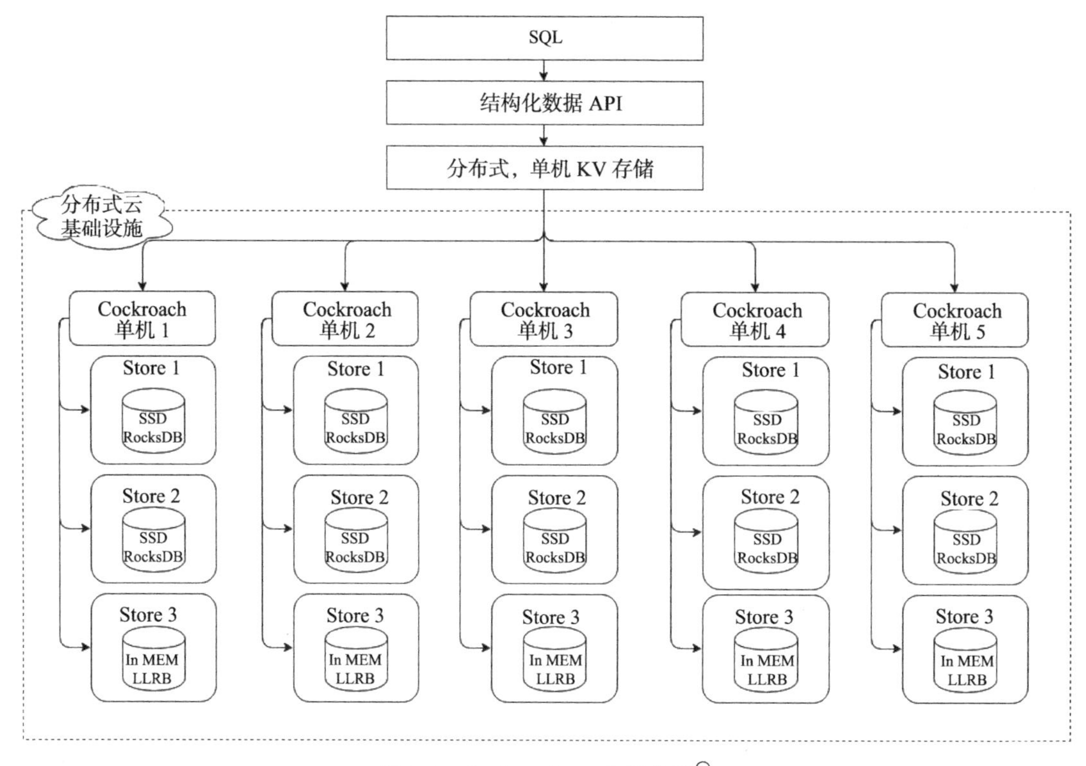

图 9-1 CockroachDB 的架构图[⊖]

如图 9-2 所示，从逻辑组件的角度看，CockroachDB 提供了 SQL 处理能力、结构化（Structured）数据处理能力（把底层的 KV 存储格式转换为关系模型）、分布式查询优化器和执行器（图上没有标出，或可以看作被 SQL 层包含）。之后是一个关键的组件——分布式 KV 处理系统，把底层的物理分布的存储单机（Node）组织成为一个分布式存储系统，用 Raft 协议确保多副本数据之间的一致性。Store 指的是 RocksDB，Range 是在每个 RocksDB 实例下具备的多个分区的数据组织方式。如图 9-3 所示，在 CockroachDB 内部，有两种协议用于同步节点间的信息和数据，Raft 协议保证副本之间数据的一致性，Gossip 协议用于在集群中高效地交换节点之间“互相感兴趣”的信息，如 Schema 变更。

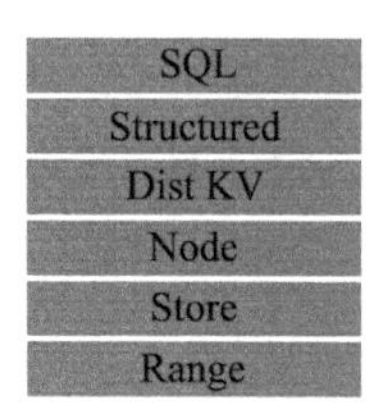

图 9-2 CockroachDB 模块层次架构图

⊖ 该图源自 CockroachDB 官方网站。

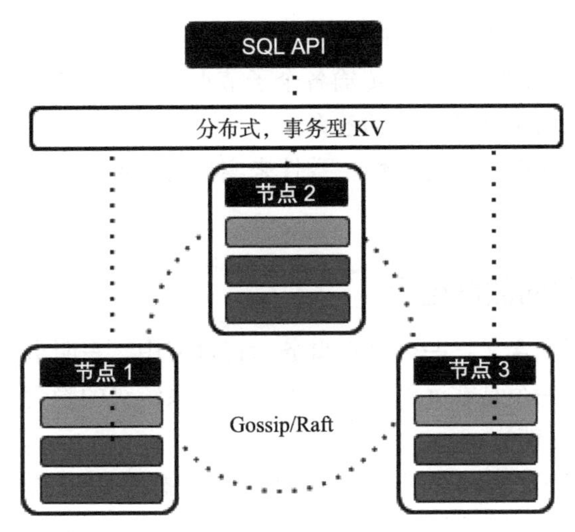

图 9-3　CockroachDB 内部主流程架构图

9.2　CockroachDB 事务处理模型

CockroachDB 是一个分布式数据库，通过**乐观策略、时间戳排序**（**TO 算法，**CockroachDB 事务的时间戳管理依赖于 HLC 算法，参见 3.4 节）和 **MVCC 技术**，完整地支持了 ACID 语义。在隔离级别层面，支持可串行化和 SI（2.1 版本后不再支持 SI），且将可串行化作为默认级别。CockroachDB 中并发冲突的正确性，是通过回滚一个冲突的事务来保证的。

CockroachDB 官方自称受 WSI[1]（见参考文献 [79]）技术影响较大；而 WSI 技术着力于在提交阶段解决读写冲突（需要维护读写集），以实现可串行化（注意不是采用 SSI 技术）。但 CockroachDB 没有维护读写集，而是在读或写操作发生时，实时检测各种冲突是否发生，没有集中在提交阶段进行各种冲突检测，所以 CockroachDB 的冲突检测机制自成体系。

CockroachDB 的事务调度器[2]不是通过检测并发的事务之间是否会构成环并禁止环的形成来实现可串行化调度的，而是通过 TO 算法实现事务的可串行化调度的。每个事务在开始的时候会分配一个时间戳值，此时间戳值贯穿整个事务生命周期，即事务内部的不同 SQL 语句使用同一个时间戳值执行，这好比该事务就发生在一个时间点上。

对于事务的可恢复性属性，CockroachDB 通过**只允许读取已经提交的值**来进行确保。

在事务状态的管理方面，事务的状态以 Transaction Record（事务记录）的形式存储在 KV 系统上，对整个集群中所有的节点可见。事务状态的修改是原子的、不可逆的。

在架构层面，CockroachDB 中没有一个物理上的全局事务管理器，它是一个去中心化

[1] 参考 https://www.cockroachlabs.com/blog/serializable-lockless-distributed-isolation-cockroachdb/。

[2] 详情见《数据库事务处理的艺术：事务管理与并发控制》中的 6.3.4 节。

的分布式事务处理架构，集群中所有的节点都可以发起并管理一个事务。因采用TO算法实现可串行化，在各个节点之间不需要传输各个子节点上的并发访问事务信息（网络通信量少），这提高了协调器处理分布式事务的效率。

CockroachDB通过支持有限的线性一致性来实现对外部一致性的支持（即没有实现线性一致性）。

9.2.1 事务处理相关的数据结构

事务提交标志有两个含义，一个是在事务运行过程中，表明事务的执行状态到了提交阶段并完成了提交；另一个是在元组的版本上，增加系统级的隐含字段，标识此版本是否已经提交（用于判断可见性）。

CockroachDB事务处理的一个特点，是把**事务运行状态的提交标志显式化**[⊖]**，**CockroachDB称之为**事务记录**。一个事务记录包含有3个部分：

- 一个UUID，唯一标识一个事务。
- 一个事务的状态，有3种取值——PENDING、ABORTED、COMMITTED。
- 一个存储层中KV的key，即RocksDB中KV的key，用于定位Switch对象的存储位置。

事务记录只有一份且被存放在事务中第一个被写的节点上，其他节点没有事务记录。

带有写操作的事务的每一个被写数据项（不是事务级而是数据项级）对应着一个**写意向（Write Intent）对象**，这个对象包含了：

- 事务成功时数据项被修改后的新值。
- 一个事务ID，指向“事务记录”的存储位置。其作用是当CockroachDB检测到读写冲突时（一个读操作在被读的数据项上遇到/读到了一个写意向对象），要确认此数据项是不是真的被提交了，因此需要根据这个事务ID找到**事务记录**，检查事务的提交状态（9.2.4节将讨论根据事务的状态所应做出的不同的操作以解决读写冲突）。

每一个**写意向对象**，唯一对应一个数据项（数据项上有key，所以能唯一对应一个数据项，且能互斥其他的并发事务操作此数据项）。在执行事务中的写操作时，写意向对象标识和数据记录一起写入底层的KV系统，此举没有带来额外的写入数据的通信开销，但会导致底层的KV存储层增加I/O量。

数据项上存储的事务信息，包括体现多版本的事务信息。CockroachDB通过修改

⊖ 不是所有数据库都这样处理事务的提交标志。在单机数据库中，事务是否被提交，靠的两个内容来判断：一是内存中的事务提交标志变量，其表示正常运行的事务在有限状态自动机模型下被管理；二是预写日志中的写事务提交信息，其用于应对恢复状态下确认事务提交情况。另外，如PostgreSQL使用clog对事务的提交状态进行管理，在判断元组可见性的时候，需要查阅一个版本是否属于已经提交的事务，这就会用到clog中存储的事务状态信息，这样可以加快元组可见性判断的过程。这一点与CockroachDB事务处理机制有相似之处。MySQL在判断元组可见性的时候，需要查阅元组中的事务标识xid是否在当前活动事务列表中，这样的方式需要遍历活动事务列表，处理速度慢。而其他分布式数据库（诸如Spanner等）都没有显式的事务提交标志，Spanner会在数据项上加提交时间戳作为提交标志。

RocksDB 来记录**每个 key** 的**提交时间戳**和 GC 过期时间，从而实现了对多版本的支持。

读取和扫描可以通过指定一个快照时间来返回该时间戳之前的最近一次更新后的数据，而所谓的最近一次更新后的数据，理论上一定是一个已经提交的更新 / 插入的事务。

CockroachDB 中对于事务记录的存储位置，有一个优化方式：将事务记录存储在一个该事务可能频繁访问的 Range 上。每个 Range 上会预留一块专门区域存放事务记录。此优化方式使得一个事务所产生的写意向对象有更大的可能性和事务记录存储在同一个 Range 上。这样访问数据项时需要了解其事务状态（读取事务状态和清理写意向对象）以尽可能减小网络通信量。

但在实现中，因 CockroachDB 的事务提交模型和其他的分布式数据库常用技术（如 2PC 等）不同，所以没有事务提交标志的数据项也可能被读取到（在进行版本可见性判断时被舍弃），但是 CockroachDB 会保证读取的数据值的正确性（用快照进行可见性判断），使得读取到的数据符合 ACID 语义。

9.2.2 事务处理的阶段

CockroachDB 用几个术语[⊖]固化了事务处理的重要过程，这几个术语如下。

- Switch：可以理解为逻辑概念上的一个“事务的数据可见开关”，一个唯一（每个事务只有一个）标识事务修改的数据是否能被其他事务读取（只有已经提交的事务才能被其他事务读取）的标志，在逻辑概念上，初始值为 off（事务状态为 PENDING 或 ABORTED），可以由 off 转变为 on（事务状态为 COMMITTED）。值为 on 时表示事务已经提交，所以本事务修改的数据已能被其他事务读取。注意，事务状态的修改是原子的，其原子性体现在这个开关上面。
- Stage：可以理解为“事务执行阶段”。数据项的旧值、新值代表两种不同的阶段。CockroachDB 操作新旧值是一种策略，写操作修改的新值不会覆盖旧值，而是和旧值相邻存储。新值被统称为 staged value（带有写意向对象），旧值被称为 original value，而对外提供的值被称为 plain value（不带有写意向对象），所以对外提供的 plain value 可能源自 staged value，也可能源自 original value。在 Stage 中如果发现数据项上已经存在一个写意向对象，则需要检查对应的事务是否已提交，如果没有提交，是不允许继续写入写意向对象的；如果事务已经提交，那说明此标识是一个遗留未被清理的标识，应被清理掉。
- Filter：可以理解为“过滤”。根据 Switch 进行过滤。Switch 就是确认在某个情况下，应该是读取 / 保留新值（Switch 值为 on）还是读取 / 保留旧值（Switch 值为 off）。也就是说，Switch 是决定读取新值还是旧值的开关（一个数据项被读取且被识别后通过对其可见性进行判断来决定是保留还是舍弃）。

⊖ 参见 https://www.cockroachlabs.com/blog/how-cockroachdb-distributes-atomic-transactions/。

- Flip：可以理解为“触碰”动作，用于触碰开关，也就是对 Switch 的状态进行切换，使其由初始的 off 变为 on。在这个触碰发生后，会异步改变数据项对外提供的值为 staged value。这意味着，事务内部的多个写操作是累积完成的，在所有的写操作完成前，Switch 的状态一直处于 off，事务如果能成功提交，则修改 Switch 的值为 on。
- Unstage：清理写意向对象和事务状态的过程。可以理解为处于 Stage 状态的数据被“消灭”。如果事务提交成功，则用 staged value 替代 original value。如果事务提交失败，则删除 staged value。这样不管事务是成功还是失败，曾经在事务过程中存在了一个阶段的 staged value 都不再有 staged 状态了，故被消灭。

了解了上述几个术语，就可以进一步掌握 CockroachDB 在事务处理阶段所做的事情了。

9.2.3 事务处理的整体过程

CockroachDB 中利用原子的事务状态修改，配合写意向对象，把事务的提交（或者终止）变成一个原子操作，从而保证了事务的写原子性，消除了 2PC。下面分阶段分析其事务处理的完整过程。

1. 初始阶段

客户端开启一个事务，随机确定事务优先级，分配一个唯一的事务 ID。采用 HLC 算法为快照分配一个时间戳，并携带一个 MaxOffset（默认值为 500ms，表示节点之间的物理时间偏差不会超过 500ms，物理启动时可根据运行环境的时钟精度调整该值。物理节点间需要对时钟进行同步）。当事务消息发送到其他参与者节点之后更新参与者节点的本地 HLC 时间，以保证节点间的偏序关系。

CockroachDB 中对于 HLC 的使用有如下两种。

- **事务处理相关**：用于实现某种隔离级别，如 SSI、SI。
- **非事务处理直接相关**：因为有第一种方式存在，使得 CockroachDB 中的非事务处理时间需要与数据项上的时间比较，所以也得依赖 HLC，如 CRDB 的时间戳缓存（timestamp cache）、心跳请求的请求信息均采用物理节点的 HLC 时间戳值。

2. 事务执行阶段

在初始阶段之后，CockroachDB 会挑选一个 Range[⊖]，在此 Range 中创建一条事务记录，在事务记录中存储一个事务运行状态的提交标志，设置事务的状态为 PENDING（事务在提交或回滚完成时，会将事务的状态修改为 COMMITED/ABORTED），这个**事务记录就是一个 Switch**。

所有的写操作，没有缓冲在被写的 Range 端（跨节点的写会有多个 Range 存有写意向对象，这一点和 Spanner 在客户端缓冲写的结果不同，CockroachDB 这么做是便于及时检测到冲突，早发现早解决冲突从而加快事务的过程），每个被写的数据项都有一个写意向对

⊖ 通过选择一个可能与事务密切相关的范围并将新的事务记录写入该范围的保留区域（状态为 PENDING）来启动事务。

象（存有新值）。这个过程就是 Stage 阶段。

所有的写操作都给客户端返回一个与本地写操作对应的时间值，客户端收集后找出最大的时间值并将其作为事务的提交时间戳（时间戳的比较是利用 HLC 算法完成的）。

所有的读操作（被缓冲在 Range 端之前）需要经历 Filter 阶段，如果已确定读取到写意向对象，则需要检查对应的事务是否已提交，如果没有提交，则此数据项不可见；如果事务已经提交，则此数据项被读取到客户端进行缓冲。

3. 事务提交阶段

每个节点都有自己的 WAL，用于在各自的日志中记入事务提交信息。

客户端接收到参与者 Range 返回的结果，并判断是否可以提交。客户端提交事务，将开始时间戳作为提交时间戳，修改 Transaction record 状态为 COMMITED/ABORT，然后将修改后的 Transaction record 写入磁盘中。

进行事务的提交或回滚，即进入 Flip 阶段。进行提交操作时将事务记录的状态修改为 COMMITED 并执行 Flip 使得 Switch 由 off 变为 on ；进行回滚操作时将事务记录的状态修改为 ABORTED，不需要执行 Flip。之后就可以给用户返回事务成功与否的状态了。

这里有一个关于事务提交时间戳的设置细节，这对应到早期版本，与事务的隔离级别选取的是 SI 还是 SSI 有关。当隔离级别为 SI 时，选所有的写操作返回的最大时间戳作为事务的提交时间戳，因为读写操作互不阻塞，所以提交操作可以继续。当隔离级别是 SSI 时，因为并发访问控制使用的技术是 WSI（参考 4.4.4 节）且解决的是读写冲突，因此需要重启一个事务。具体重启两个并发冲突事务中的哪一个，又会涉及更多细节（详情参见 9.2.4 节）。

此时，修改事务记录是一种把**事务运行状态的提交标志显式化**的行为，帮助 CockroachDB 在处理跨节点的分布式写事务的时候，避免 2PC 在等待各个节点应答的过程中协调器出现故障而阻塞事务。这就是 CockroachDB 所言的"不需要可靠的代码执行来防止 2PC 协议停滞"。

4. 事务提交之后的收尾阶段

事务被正式结束后，异步执行下面的工作。如果事务记录的状态为 COMMITED，则用异步的方式把 staged value 变为 plain value，并去掉每个版本上的写意向对象。如果事务记录的状态为 ABORTED，则删除写意向对象，保留旧值不变。这些操作就是上节所述的 Unstage 所做的工作。

清理操作发生在事务完成、写写冲突发生、读写操作发生等时刻。

从这个过程中可以看出，**CockroachDB 事务的提交并没有使用 2PC 协议**，故消除了 2PC 带来的缺点（2PC、3PC 等的缺点参见第 4 章）。

9.2.4 事务的并发冲突

MVCC 技术的 SI 隔离级别可解决写读冲突。对于可串行化隔离级别，CockroachDB 通过 TO 算法来实现可串行化调度。

尽管CockroachDB是一个分布式数据库系统，但是对于数据库层面的属性而言，相同数据项上的并发冲突依然存在，所以CockroachDB依旧需要解决读写、写读、写写这3种冲突，这3种冲突一定是不同事务之间并发导致的，这是事务一致性的问题。

1. 对写读冲突的解决

CockroachDB对写读冲突的解决，依赖MVCC技术，通过读已经提交的数据且是本事务对应快照可见的数据（快照是一个时间点，即**只读本快照之前且已经提交的数据**），来避免写读冲突（即该机制下不会发生写读冲突）。这种方式会降低事务的并发度。例如，事务T_1在t_0时刻开始在t_3时刻结束；事务T_2在t_0和t_5之间的一个时间点t_1开始，然后t_2时刻写了一个数据项并在t_3时刻完成提交；在满足读已提交的隔离级别下，事务T_2所写数据应该被事务T_1在t_4时刻读取到，但是CockroachDB却会回滚事务T_1。这种完全通过时间点实现可串行化的方式，降低了并发度。

CockroachDB在事务T_1为当前事务时，正在执行的是读操作，此种情况下，处理**写读冲突**的机制示意如图9-4所示，事务T_2在事务T_1正准备读取的数据项上存在写意向对象，此时需要分情况判断：如果不存在写意向对象，则表示事务T_1可以正常读取数据，而事务T_1一旦读取了数据，就需要在所读取数据所在的局部节点的时间戳缓存中注册本次读操作的情况。

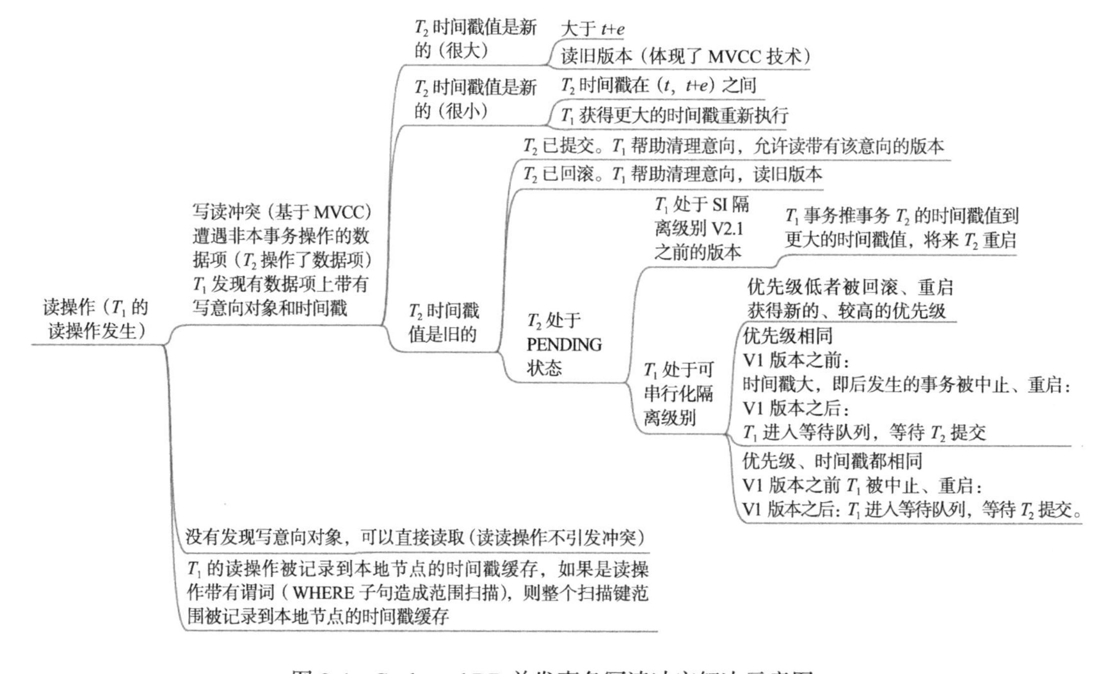

图9-4 CockroachDB并发事务写读冲突解决示意图

2. 对写写冲突的解决

CockroachDB 对写写冲突的解决，使用事务的时间戳值做判断，当写操作执行时（当前事务），检测被写对象上是否存在比该事务时间戳值晚但已经发生过写操作的情况，如果存在，则表明发生写写冲突，回滚当前事务。在此种解决方案下，当有写写冲突发生时，会立刻被检测到；而传统的 SI 技术在提交阶段才进行写写冲突的判断，冲突处理的实时性降低（可以参阅与 WSI 技术相关的内容）。

CockroachDB 在事务 T_1 为当前事务时，正在执行的是写操作，此种情况下，处理**写写冲突**的机制如图 9-5 上部分所示，事务 T_2 在事务 T_1 正准备写的数据项上存在写意向对象，此时需要分情况判断事务 T_2 处于什么状态，然后做出不同的应对。写写冲突的解决思路是，把处于 PENDING 状态的事务 T_2 的状态设置为 ABORTED。但是，CockroachDB 提供了优先级的概念，因此在回滚事务的时候，实则是根据事务的优先级确定是回滚事务 T_1 还是事务 T_2。

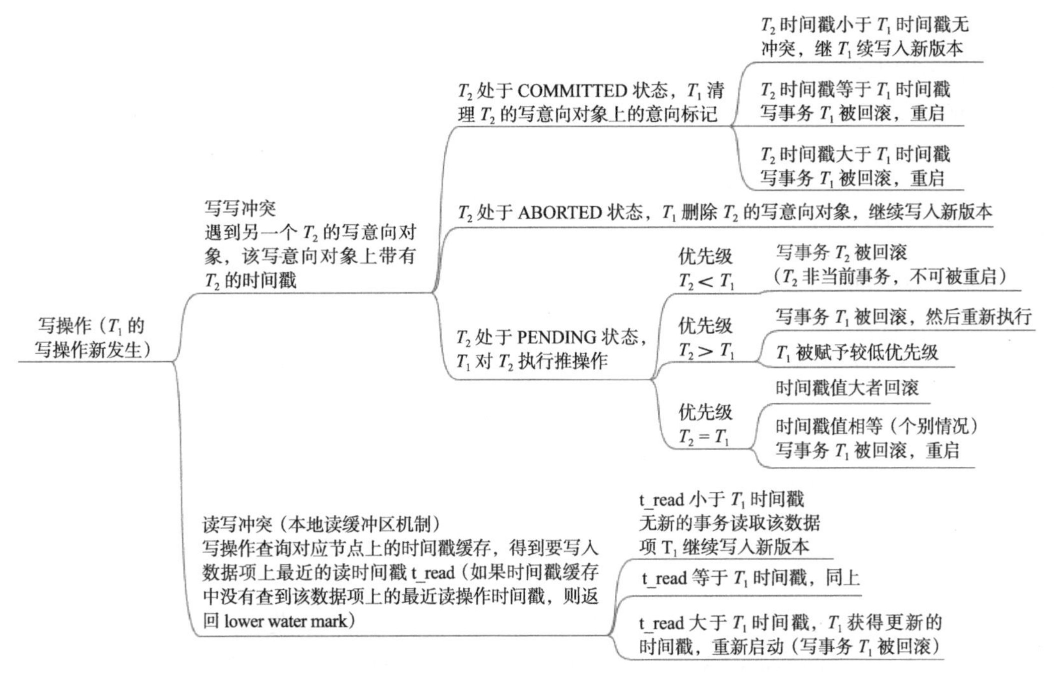

图 9-5 CockroachDB 并发事务写写冲突和读写冲突解决图

3. 对读写冲突的解决

CockroachDB 对读写冲突的解决：CockroachDB 在每一个子节点上维护一个读取时间戳缓存（Read Timestamp Cache），用于存储与各个 key 最后一次读操作对应的事务时间戳。任何写操作（当前被检测的事务）执行前，会查阅读时间戳缓存，如果写操作的事务时间戳小于该事务所操作的 key 在读时间戳缓存中注册的读时间戳值，则表明发生了读写冲突（早些时候完成的写操作在进行写动作的时候发现，本应比自己晚发生的其他事务的读操作已经发生过了，即过晚写发生），此时通过回滚与写操作对应的事务（当前被检测的事务）来避免读写冲突。

读时间戳缓存的存储空间有限，通过 LRU（Least Recently Used，最近最少使用）算法维护，则具备最老的时间戳值的 key 被优先淘汰；存在于 Cache 中通过 low water mark 变量维护与最老的 key 对应的时间戳值，该值被作为写操作查阅读时间戳缓存的返回值。

图 9-5 下部分所示是处理**读写冲突**的机制，此时将依赖图 9-4 所示读操作执行后在时间戳缓存注册的读操作来判断事务 T_1 的写操作是继续还是回滚。

另外，CockroachDB 维护了一个写时间戳缓存（Write Timestamp Cache），事务执行写操作之前，也需要检查写时间戳缓存中要写入 key 的最新被写的时间戳，如果被写的时间戳比当前写事务时间戳大，则重启。

CockroachDB 在事务记录上还存储了心跳时间。活跃事务周期性更新心跳值。事务 T_1 在推事务 T_2 时，如 T_2 的心跳过期，则忽略优先级直接让 T_2 回滚并重启。

CockroachDB 在 1.x 之后的版本中，已经不再完全使用乐观策略，而是使用乐观和悲观结合策略。如果两个事务发生写读冲突，事务的优先级相同，那么后一个事务会进入等待队列 TxnWaitQueue，等待前一个事务完成。

9.2.5 事务自动终止

CockroachDB 的事务管理器位于客户端代理（client proxy，类似微软 SQL Azure 中的网关）。即事务由客户端代理来管理。在客户端代理中有读缓冲[⊖]，读数据项的情况被记录在读缓冲中，以方便根据 WSI 技术实现序列化隔离级别。但是，读缓冲带来的一个的问题是：在非主副本可提供读服务的时候，读非 Leader 副本时会经过 Leader 节点，这就会更新读缓冲中的数据项上的时间戳值。这样读操作的效率会降低。

客户端代理还跟踪所有被写的 key（all written keys），以在事务完成时能够异步解决写意向对象问题。如果事务提交成功，则所有写意向对象被更新为已提交状态。如果事务被终止，所有写意向对象被删除。

但是，客户端代理不保证一定会解决已经存在的客户端代理问题，这意味着有事务的相关信息“残留在 CockroachDB”中的可能。而残留的事务信息，靠心跳机制解决。

事务与事务记录之间的周期性心跳用于维护事务的存活状态。当读取者或者更新者遇到无心跳悬挂的写意向对象时，事务会被中止。如果在事务提交后异步解析完成之前，客户端代理重启了，悬挂着的写意向对象会在未来读取者和更新者遇到时被更新，CockroachDB 不依赖于这些写意向对象的及时处理来保证正确性。

⊖ Spanner 在客户端有写缓冲，在提交时才把写操作的新值更新到数据库。但 CockroachDB 恰恰相反，写操作直接发送给数据项所在的 Range，好处是如果有冲突则可以立刻知晓而不用等到事务提交时才进行判断，从而提高了冲突情况下的事务响应速度。

9.2.6　隔离级别

CockroachDB 的 SSI 隔离级别采用了 TO 算法，所有事务的排序遵循“谁先开始，谁先提交”的原则完成，然后通过 9.2.4 节介绍的并发冲突解决方式实现可串行化。

CockroachDB 的 SI 隔离级别，通过 HLC 实现一个全局快照，这样可保证全局的读一致性，但是不能解决写偏序异常。该隔离级别已经被放弃。

9.3　分布式一致性实现原理

CockroachDB 没有 Spanner 的 Truetime 机制，也没有 Pecolator 的 Oracle Time 机制，所以不能得到一个单调递增且多个节点间时间同步误差极小的、可用于排列事务顺序的事务标识（通常是事务 ID），所以 CockroachDB 实现线性一致性与 Spanner 相比并会不方便（实则是 CockroachDB 没有实现外部一致性[㊀]，而是通过 HLC 和节点过期退出集群机制，从而实现了顺序可串行化，即顺序一致性和可串行化）。而 Truetime 为多节点提供的时间，同步的误差极小（Truetime 控制在 7ms 内，有希望更小），因而从分布式事务处理的功能上看，Spanner 理论上优于 CockroachDB。而 CockroachDB 牺牲线性一致性，有利于提高并发度，相对于 Spanner 的 Truetime 机制，CockroachDB 主要提高了写并发度。而读操作发生时，CockroachDB 通过实现因果令牌，要求用户编程时利用此机制[㊁]，这避免了因果不一致的问题，但是会延迟读操作，客观上也抑制了并发操作。

在多节点的分布式事务中，读操作要想获得一个全局的读一致性，其事务开始时间（针对使用了基于时间戳排序的并发访问控制技术）应该是所有节点使用时间中最大的（确保一定读到已提交的事务的值，而分布式跨节点的写操作的提交可能会涉及每一个节点）。分布式事务处理低效的一个原因就是需要获取所有节点的时间而不得不等待每个节点给予反馈。

CockroachDB 为解决如上问题，采用了 HLC 算法（参见 3.4 节），从而使其能够以较少的开销跟踪关联事件的因果性，这与使用向量时钟（vector clock）类似。CockroachDB 使用 HLC 作为事务的时间戳，此时间戳由两部分构成，一个是物理时钟值，另外一个是逻辑时钟值。前者是节点所在物理时间，后者是用于区分相同物理部件上的事件的逻辑顺序，逻辑顺序保证能够实现因果一致性。

CockroachDB 支持有限的分布式一致性[㊂]，实现方式是通过在客户端提供一个大于上一个事务的提交时间戳的值给数据库服务器，这使得节点可以根据之前事务的时间戳，快速设置新事务的提交时间戳，保证了从此客户端上提交的事务的线性化，即在同一个客户端

㊀ 对于这一点可以参阅 https://www.cockroachlabs.com/blog/living-without-atomic-clocks/。

㊁ 大致方式是：写操作完成后，给客户端返回一个时间值，告知客户端只能读取此时间值之后的数据。这样可人为限定写、读操作的时间间隔来完成系统的数据同步工作，从而让读操作能够读到写操作写好的数据。

㊂ 更多信息可参考：https://www.cockroachlabs.com/blog/living-without-atomic-clocks/。

上实现了线性一致性（本质上是一个会话内的因果一致性）。而新的客户端启动后，在开启第一个事务之前，需要等待一段时间以确保 CockroachDB 有足够的时间提交或回滚新连接建立前发生的事务（CockroachDB 事务的完成是有时间限制的），这保证了在客户端上实现了因果一致性。**但 CockroachDB 没有像 Spanner 那样实现了全局线性一致性（即严格可串行化）**。

在事务执行过程中，Spanner 总是在写完之后进行等待（等待安全的时间区间过去），而 CockroachDB 则总是在读操作执行前等待（在此读操作所在的客户端连接上等待，以确保服务器有足够的时间提交或回滚新连接建立前发生的事务）。

第10章 Chapter 10

其他数据库

本章介绍一些其他类型数据库的事务处理技术，如内存型数据库、云数据库、图数据库、键值数据库等。这些数据库中，如果是基于NoSQL系统的数据库，则它们的架构包括了分布式系统的一些基础组件以及组件之间的关系，其中一部分系统进化出事务处理能力，如HBase和MongoDB等。但它们只是具备基本的事务处理能力，尚需进一步进化。HBase和MongoDB等具有的事务处理技术较为简单，所采用的技术在参考文献[21]、本书前两篇都有详细介绍，本章将忽略它们在事务处理方面的技术细节，而是从较高角度，对它们的架构和事务处理技术进行概述。

10.1 内存型数据库Hekaton的事务处理机制

2012年，微软发布了一款名为Hekaton的针对**事务**处理的、基于**行**的、**内存**型数据库管理系统。这是一款典型的内存型数据库，官方宣称：这款新产品较之前的产品提升了10倍的TP速度，为新优化的应用提升了50倍的速度，完全集成到了SQL Server中。

本节先介绍Hekaton的基本内容和架构，然后围绕Hekaton的事务处理和并发控制技术进行讨论。

10.1.1 Hekaton的技术架构

我们用几幅图来说明Hekaton内存型数据库系统的基本架构。图10-1所示是Hekaton的整体架构，该图表明了Hekaton和老的SQL Server之间的关系，Hekaton是新SQL Server的有效组成部分。图 10-2 所示为 Hekaton 内存中数据的组织结构和并发控制技术，图 10-3 所示为 Hekaton 的编译架构。

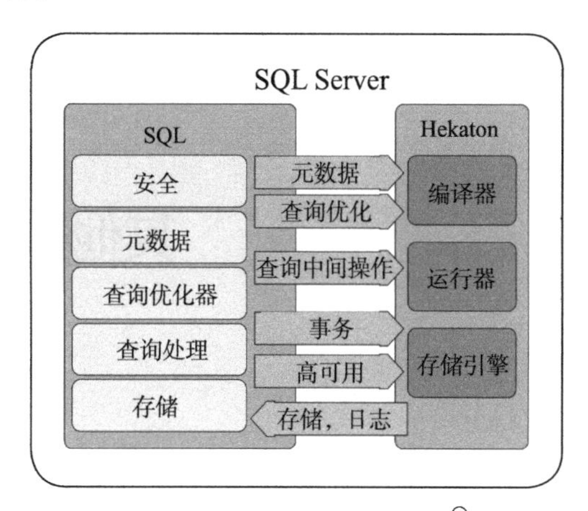

图 10-1 Hekaton 整体架构图⊖

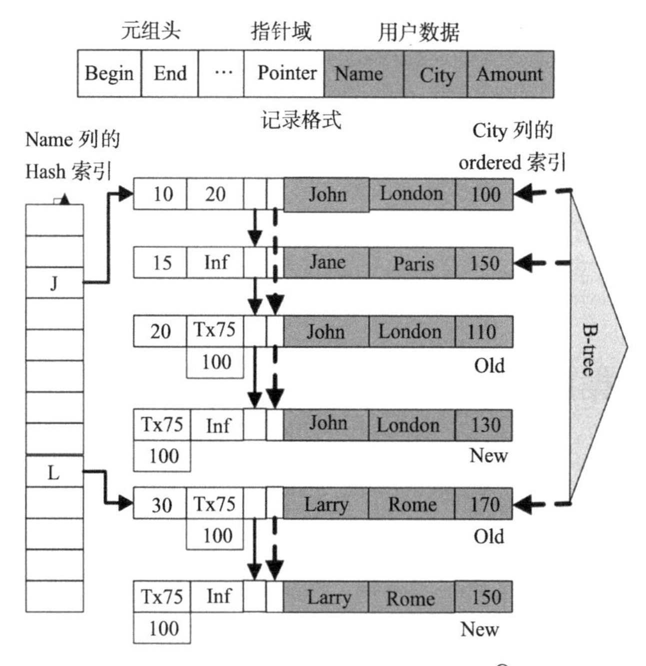

图 10-2 数据在内存中的结构图⊜

⊖ 源自参考文献 [120]。

⊜ 源自论文 *Hekaton: SQL Server's Memory - optimized OLTP Engine*。

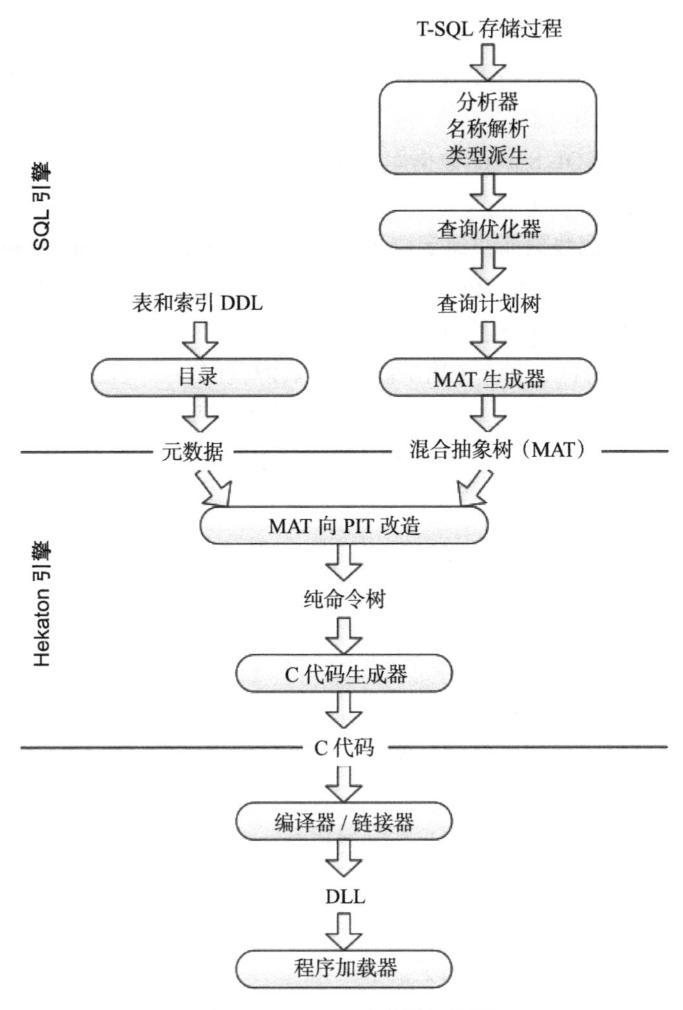

图 10-3 Hekaton 编译架构图

图 10-1 所示分为两部分，左侧所示是 SQL 组件，右面所示是 Hekaton 组件。

Hekaton 组件是一个独立的组件，其包括 3 个部分：

- 编译器（compiler）：使用 JIT 技术，对 T-SQL 存储过程进行代码转换（带有各种 SQL 语句、表和索引的元信息），将代码编译为本地可执行的代码，编译后的代码量（CPU 指令码）显著减少，使得执行效率有数量级的提升。编译过的存储过程的本地码被保存，以便以后多次执行，即编译一次多次运行。编译过程如图 10-3 所示。
- 运行器（runtime）：配合编译 T-SQL 存储过程使用的一个轻量组件，用于与 SQL Server 的 SQL 组件主数据库引擎交互、交流相关信息。
- 存储引擎（storage engine）：一个有完整功能的存储引擎，管理用户的数据和索引。并且有与事务相关的功能，如提供 MVCC 技术以实现事务的并发控制，提供 OCC

（乐观并发控制）机制以实现事务的管理，提供 Hash 索引和 Btree 索引以快速定位数据，提供存储、日志、高可用、恢复等基本机制。另外，其还会把更新操作产生的日志发送给 SQL 组件。

SQL 组件是传统的 SQL Server 数据库引擎。

对于图 10-2 所示说明如下。

- Hash索引：为存取数据而快速定位元组。此Hash索引使用无锁（latch-free[⊖]）结构设计，读写效率很高。但 Hash 索引的维护操作不记录日志，系统故障后的恢复操作对于索引而言就是重新创建新的索引。
- 非分区：数据不分区，每个 CPU/ 核都可以读写任何一个元组，而不是按照 CPU/ 核来划分数据的读写区域，这样便于全局统一调度读写操作。
- 元组数据：在 Hash 桶中数据以元组为单位（传统数据库数据以物理页面为单位，加载到内存后以页面形式存储于数据缓存区中），每个桶可以以冲突链的形式存放多个 key 值相同的元组。
  - 在元组的格式中，开始处是两个时间戳值，其中 Begin 表示创建这个元组的事务的时间戳值；End 表示删除 / 修改这个元组的事务的时间戳值；后面是两种类型的指针，如图 10-2 所示，一种是指向下一条元组的指针，一种是指向本条元组的下一个版本的元组的指针；再后面是用户数据。
  - 从上一条可以看到，元组存在多个版本，所以 Hekaton 采用 MVCC 机制来实现并发控制管理。

为了便于进行范围扫描，元组之上可以创建 B-tree 索引（Hash 索引用于快速定位元组以便加快读写操作，B-tree 索引用于做范围扫描，此内存结构不适合用于全表扫描类型的应用）。

对图 10-2 中所示各项举例说明如下。

- 当 key 值为 *J* 时，指向 [Begin，End] 的值为 [10，20] 的元组。这条元组的两个指针分别指向下一条元组（Name 列等信息不同，前者为 Jone 后者为 Jane）；另外一个指针指向本元组的其他版本，这里指向 Name 为 Jone 的下一个版本 [Begin，End] 的值为 [20，Tx75] 的元组。
- Tx75 表示事务号为 Tx75（75 是个时间戳值）的事务正在更新 Name 为 Jone 的元组，而旧的元组有两条，[Begin，End] 的值为 [10，20] 的元组是最旧的元组，[Begin，End] 的值为 [20，Tx75] 的元组为更新操作发生前最新的元组，因为 75 大于 20 且不在 [10，20] 之间，所以更新的对象是图中标识为 Old 的元组。
- 当事务 Tx75 更新时，会生成一个版本，图中第一个标识为 New 的元组（从上向下）

⊖ latch-free 指使用 compare-and-swap 原子操作来替代数据库系统中常用于保护系统级共享对象时所使用的、耗时且可大幅降低并发度的 latch。

是新版本，这个版本是要从 Name 为 Larry 的账户中的 170 元中扣除 20 元并转账给 Jone。Jone 新生成的版本中账户从 110 变为 130，而 Larry 因为要从 170 变为 150，所以这个过程也生成了一个新版本，这个新版本就是图中所示的第二个标识为 New 的元组。

- 当新版本生成后，事务要结束时，事务的时间戳值为 100，该值将作为 End 的值赋给旧版本，然后作为 Begin 的值赋给新版本，所以两个标识为 New 的新版本的 Begin 值为 100。
- 两个标识为 New 的新版本的 End 值为 Inf（表示无穷），即尚没有事务对新版本发起删除和更新操作。

对于图 10-3 所示说明如下（更多详情请参见参考文献 [209]）。

- Hekaton 的编译器位于图的中间层，此层的输入是经 SQL 组件层优化后的执行计划和元信息。
- Hekaton 的编译器把输入信息处理成一个中间结构，称为纯命令树（pure imperative tree，PIT），这是一个很容易被转换为 C 语言代码的简单数据结构。
- Hekaton 的编译器把 PIT 翻译为 C 语言代码。
- 之后，利用微软的 Visual C/C++ 编译器和链接器，把代码编译为 DLL 动态库供 Hekaton 在执行时加载后使用。

Hekaton 使用编译技术后，性能得到大幅提高，图 10-4 所示为编译前后查找和更新操作的性能对比。

事务大小	CPU 周期 / 百万		增速
	编译前	编译后	
1	0.734	0.040	18.4 倍
10	0.937	0.051	18.4 倍
100	2.72	0.150	18.1 倍
1 000	20.1	1.063	18.9 倍
10 000	201	9.85	20.4 倍

a）执行查找操作的 CPU 效率对比

事务大小	CPU 周期 / 百万		增速
	编译前	编译后	
1	0.910	0.045	20.2 倍
10	1.38	0.059	23.4 倍
100	8.17	0.260	31.4 倍
1 000	41.9	1.50	27.9 倍
10 000	439	14.4	30.5 倍

b）执行更新操作的 CPU 效率对比

图 10-4　编译前和编译后查找与更新操作的测试数据

10.1.2　Hekaton 的事务管理

1. 事务的状态与过程

Hetakon 作为一个内存型的数据库系统，其事务状态有 4 种——ACTIVE、PREPARING、COMMITTED、ABORTED。这 4 种状态之间的相互转换关系如图 10-5 所示。数据库表达事务管理的时候，常用的命令有 Begin、Commit、Abort 等，而在这些命令之间存在几个不同的阶段。图 10-5 所示表明了这些阶段中发生的事情。

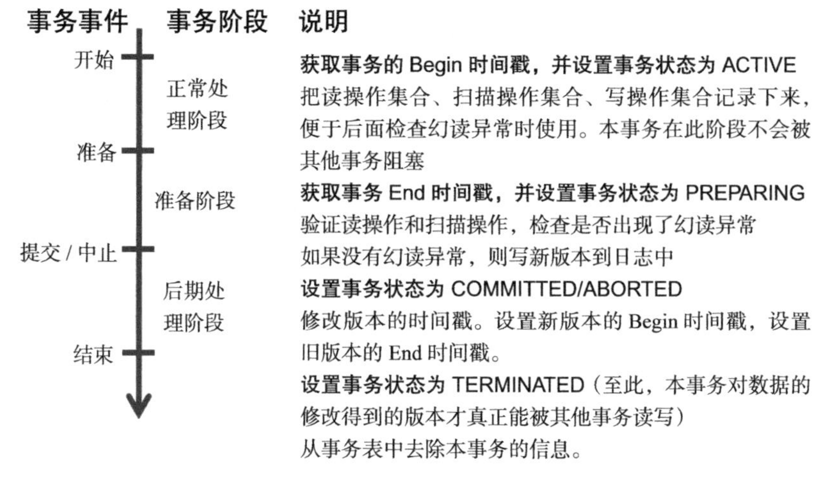

图 10-5 事务事件与阶段的关系图

对图 10-5 说明如下。

- **BEGIN状态**：获取事务的Begin时间戳值（注意，不对应元组存储结构中的Begin域，此状态下还没有为 Begin 域赋值，此时只是一个临时要用于事务执行过程中判断版本可见性的时间戳值），并设置事务状态为 ACTIVE。
- **正常处理阶段**：把读操作集合（read set）、扫描操作集合（scan set）、写操作集合（write set）记录下来，便于后面进行幻读异常检查。
  - 本事务在此阶段不会被其他事务阻塞。
  - 如果是更新操作，新生成一个版本，用本事务的事务号给新版本的 Begin 域赋值、给旧版本或被删除的版本的 End 域赋值。
  - 如果本事务要中止，则改变状态为 ABORTED，并跳转到**后期处理阶段**。
  - 如果本事务要提交，则获取事务结束时间戳（将对应元组存储结构中的旧版本的 End 域、新版本的 Begin 域，但此状态还没有为这些域赋值，暂称为 End-value），并设置事务状态为 PREPARING。
- **准备阶段**：决定事务是要提交还是中止。
  - 使用“正常处理阶段”记录的读操作集和扫描操作集合，再次获取系统条件下的数据，验证读操作和扫描操作，即检查是否出现了幻读异常。如果没有幻读异常则可以提交，否则中止。
  - 如果需要中止，改变事务状态为 ABORTED，跳转到**后期处理阶段**。
  - 如果可以提交，则把生成的新版本和删除的元组的相关信息写到日志中（日志传输给 SQL 组件，Hekaton 自身不做持久化处理工作），设置事务状态为 COMMITTED（此时，本事务的变化还不能被其他事务所见）。
- **后期处理阶段**：
  - 如果事务已经正常提交，用事务**结束时间戳值来设置新版本的 Begin 时间戳，设**

置旧版本的 End 时间戳（在给 Begin、End 域赋值前，其值是事务号）。

- 如果事务回滚，则对新生成的版本设置 Begin 和 End 域的值为 Inf，表示这些新版本为垃圾，其他事务不可见。

❑ **TERMINATE 状态**：设置事务状态为 TERMINATED（至此，本事务对数据修改后得到的版本才真正为其他事务可见，即能进行读写），旧版本可被作为垃圾回收。

2. 版本可见性判断

Hekaton 的元组结构如图 10-6 所示，每个元组都有元组头，用于存放事务相关的信息。每个事务版本都具有一个元组结构，通过指针域指向其他版本事务。

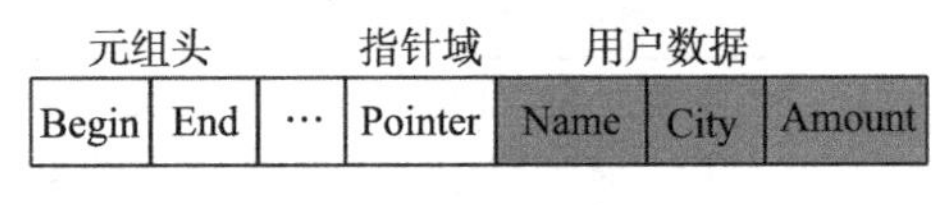

图 10-6　元组结构图

对图 10-6 所示说明如下。

❑ 元组头的相关信息，包括两部分：一个是 Begin 域，用于标识事务的开始时间戳值（Begin-value），同时也表示元组版本的生命开始时间，即诞生时间；一个是 End 域，用于标识元组版本的生命结束时间，即死亡时间戳值（End-value）。

❑ End 域标识元组版本的死亡时间，这意味着两种情况：一是元组被更新则产生新版本，因而旧版本需要逝去；二是元组被删除，则元组不管有多少个版本都应当逝去。

❑ Begin、End 域的值可能是个时间戳值，也可能是事务号，后面将分情况详述。

情况一：Begin、End 域的值为时间戳值。这有如下两种情况。

❑ End 域值为 Inf，这表示版本已经被创建，生命一直存在（一定是最新的版本，所以找最新的版本的依据就是看 End 域值是否为 Inf）。

❑ End 域值是时间戳值但不为 Inf，表示版本已经被删除，生命只是时间轴上的一段存在。

当一个事务 T_A 的读时间戳 Read-TS(T) 存在 **Begin-field-value**[㊀] **<= Read-TS(T) <= End-field-value**[㊁]，则本条元组的版本（注意此处强调的是版本）对事务 T_A 可见；否则不可见。这是事务调度器对事务 T 获取数据时判断**已经存在的版本**[㊂]的可见性的准则（此准则就是上面黑体灰色背景标注的内容，该准则简称 **Hekaton 可见性准则**）。这个准则是一个基础准则，会被后续将要介绍的其他情况用到。

情况二：Begin 域为事务号。事务管理器收到事务 T 获取版本 V 的请求，其时间戳记

㊀ Begin 域值。

㊁ End 域值。

㊂ 即不是正在生成的版本。情况二和三则应对的是正在生成的版本是否对并发的事务可见。

为 Read-TS(T)，简写为 RT。然后事务管理器开始检查版本的 Begin 域的值。根据事务 T_B 的状态和 Begin 时间戳值决定版本 V 是否对事务 *T* 可见，这会分为多种情况，如表 10-1 所示（**事务 TB** 处于某个状态且 Begin 时间戳值为事务号的情况）。

表 10-1 版本 V 对事务 T 可见的情况表

T_B 的状态	T_B 的 End-value	事务 *T* 对版本 V 是否可见进行判断采取的动作
ACTIVE	未设置	如果 $T=T_B$，且 End(TB)-value=Inf，则版本 V 对事务 *T* 可见，这对应的是事务 T_B 创建版本 V 的情况，即事务 *T* 和事务 T_B 是同一个事务，所以对于同一个事务可见（**TS 值是唯一且不可重复的**[1]）；如果一个事务内多次更新同一个元组且有多个版本，则可见的是 End 域值为 Inf 的版本事务，也是最新的版本事务。其他事务则不可见
PREPARING	TS(TB)=End-value	事务 T_B 创建的版本 V 尚未提交，可以把本阶段得到的 End-value 视为 TS，准备进行可见性判断。如果满足 Hekaton 可见性准则中的 Begin–field–value <= Read–TS(T) 即 End-value <= Read-TS(T)，则允许事务 *T* 预测性[2]地获取版本 V 的数据
COMMITTED	TS(TB)=Begin-value	事务 T_B 创建的版本 V 处于 COMMITTED 状态，可以把本阶段得到的 End-value 值视为 TS，准备进行可见性判断，如果满足 Hekaton 可见性准则的 Begin–field–value <= Read–TS(T) 即 End-value <= Read-TS(T)，则允许事务 *T* 预测性地获取版本 V 的数据。事务 *T* 将被标识为提交依赖于事务 T_B，即事务 T_B 提交后才允许事务 *T* 提交
ABORTED	不相关[3]	这个版本将被标识为垃圾版本，有待垃圾收集器回收
TERMINATED 或未找到	不相关	事务 T_B 处于中止状态，因此本版本的 Begin 值已经被赋予（后期处理阶段给 Begin 和 End 域赋了值），需要事务 *T* 重新获取 Begin-field-(TB) 的值以用于检查是否满足 Hekaton 可见性准则

情况三：End 域为事务号。当 Begin-field-TS(TB) <=Read-TS(T) 成立的时候，需要判断 Read-TS(T) 与 End-field-TS(TB) 的关系，如果 End-field-TS(TB) 是一个时间戳值且 Read-TS(T)<=End-field-TS(TB)，则满足情况一，事务 *T* 可见版本 V。如果 Read-TS(T)>End-field-TS(TB)，则版本不可见。但是，情况三表明的是在 End- field-TS(TB) 是一个事务号的情况下，版本 V 对事务 T 的可见性。事务管理器收到事务 *T* 获取版本 V 的请求，其时间戳记为 Read-TS(T)，简写为 RT。此时可以细分为多种子情况，如表 10-2 所示（在事务 T_B 处于某个状态、End 值为事务号的情况下）。

---

[1] 事务号或时间戳值不重复，这对于一个事务密集型或分布式事务处理系统非常重要，基于时间戳的事务排序并发控制方法在实践中特别重要，值的唯一性决定了事务的提交次序，逻辑上表达的是事务的可串行化，所以要确保唯一。

[2] 预测性（speculatively）是指目前的版本暂时没有被否决，存在被允许获取的可能；但是否一定能被获取，还要依据情况三与 End 域的值进行比较。当发生预测性地获取版本 V 的情况时，Hekaton 会标识**事务 *T* 依赖于事务 T_B**（必须 T_B 先于 *T* 提交），用以保证两个并发事务间的可串行化调度。

[3] 与 T_B 的 End-value 不相关，即与本列表头表达的内容在事务状态为 Aborted 下，不具有关联性。其他单元格中的“不相关”含义与此类似。

表 10-2　版本 V 是否对事务 T 可见的情况表

T_B 的状态	T_B 的 End-value	事务 T 对版本 V 可见性判断采取的动作
ACTIVE	未设置	同表 10-1 的相同行
PREPARING	TS(TB)=End-value	如果事务 T_B 能够提交，则版本 V 的 End 域值将为 TS(TB)： 如果 TS(TB)>RT，版本 V 对事务 T 可见； 如果 TS(TB)<RT，事务调度器预测性地让事务 T 忽略这个版本。 事务 TB 创建的版本 V 尚未提交，可以把本阶段得到的 End-value 值视为 TS，准备进行可见性判断，如果满足 Hekaton 可见性准则的 Read–TS(T) <= End–field–value 即 Read-TS(T) <= End-value，则允许事务 T 预测性地获取版本 V 的数据
COMMITTED	TS(TB)=End-value	事务 T_B 已经提交，版本 V 的 End 域值将为 TS(TB)：使用 TS(TB) 作为 End-value 的值，利用 Hekaton 可见性准则进行可见性判断
ABORTED	不相关	版本可见
TERMINATED 或未找到	不相关	事务 T_B 处于中止状态，因此本版本的 End 域已经被赋值，需要事务 T 重新获取 End-field-(TB) 的值以用于检查是否满足 Hekaton 可见性准则

对于表 10-2 所示，设 T_B 的状态是 PREPARING，如果这个事务能够提交，则其版本上的 End 域的值一定是 End-value，即 TS(TB)=End-value，比较这个值与 RT 的关系，存在两种情况：

- 如果 TS(TB) > RT，则版本 V 对事务 T 可见，随着事务 T_B 状态的变迁，又存在两种子情况：
  - 如果 T_B 提交，则版本 V 对事务 T 可见。即事务 T 获取版本的时间介于版本 V 的 Begin-field-value 和 End-field-value 之间，所以可见。
  - 如果 T_B 回滚，则版本 V 对事务 T 可见。这是因为在回滚的事务 T_B 之后发生的事务有着比 TS 更晚的时间，假设其值为 TS(TC)，则能推断出“RT < TS(TB) < TS(TC)”。
- 如果 TS(TB) < RT，则事务调度器预测性地让事务 T 忽略这个版本，这分 3 种情况。
  - 如果 T_B 提交，版本 V 对事务 T 不可见。即事务 T 获取版本的时间不介于版本 V 的 Begin-field-value 和 End-field-value 之间，而且比 End-field-value 晚，所以不可见。
  - 如果 T_B 回滚，则版本 V 对事务 T 可见。
  - Hekaton 的事务管理器将让事务 T 依赖于事务 T_B，这样做的目的是避免事务 T 被阻塞，T 可以继续执行，只有事务 T_B 提交后才允许事务 T 提交。

10.1.3　Hekaton 的并发控制

有关 Hekaton 事务管理技术的详情，请参见参考文献 [120]。

Hekaton 的并发控制技术，不是 OCC 和 MVCC 技术的结合，而是基于乐观并发控制思想下的基于时间戳排序和多版本相结合的并发控制技术（即 OCC+TO+MVCC）。

假定事务 *T* 要更新版本，且被更新的应当是最新的版本，则此最新版本存在两种情况：

- 如图 10-7 所示的原始状态，End 域的值为 ∞，表示本版本是最新的版本。可以直接被更新，更新的结果（修改后的新状态）是生成一个新版本（Begin 域值为 150，End 域值为 ∞），老版本（End 域值变为 150）作为链表尾存在。
- 如图 10-8 所示，End 域的值为一个正在执行的事务号（这里是 T30），且这个事务的状态是 ABORTED，则表示该版本是最新已经提交过的版本（不是本事务提交过的，是之前的事务提交过的，本事务打算修改所以生成一个新版本“Guangzhou”，但处于 ABORTED 状态，如果最后变为 TERMINATED，则版本的结果应该变为图 10-9 所示）。

对于情况二，如果事务的状态是 ACTIVE 或 PREPARING，则表明当前被改的版本尽管是最新版本，但依然是一个最新的尚未被提交的版本。

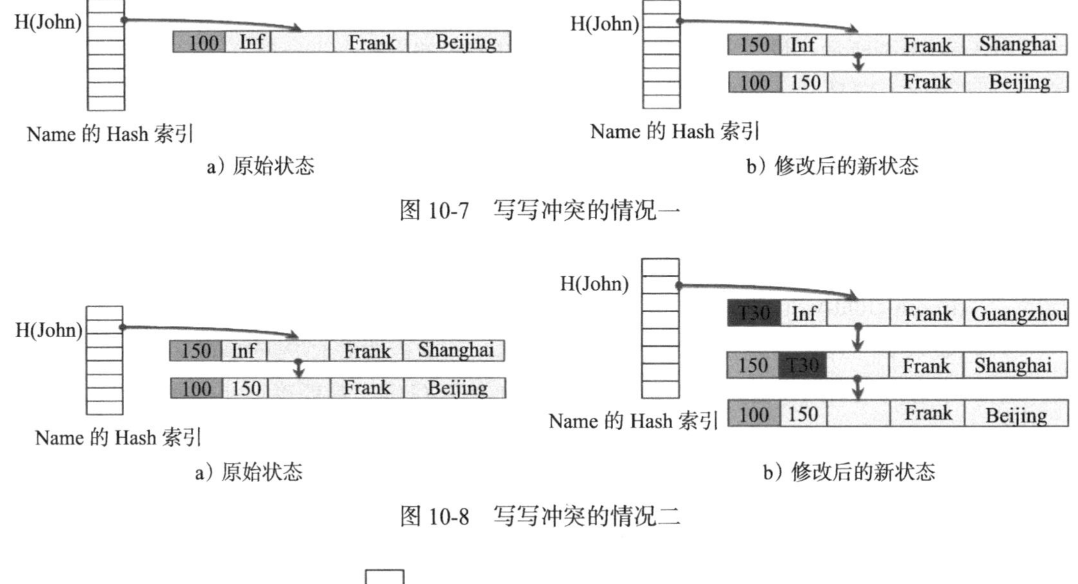

a）原始状态 b）修改后的新状态

图 10-7 写写冲突的情况一

a）原始状态 b）修改后的新状态

图 10-8 写写冲突的情况二

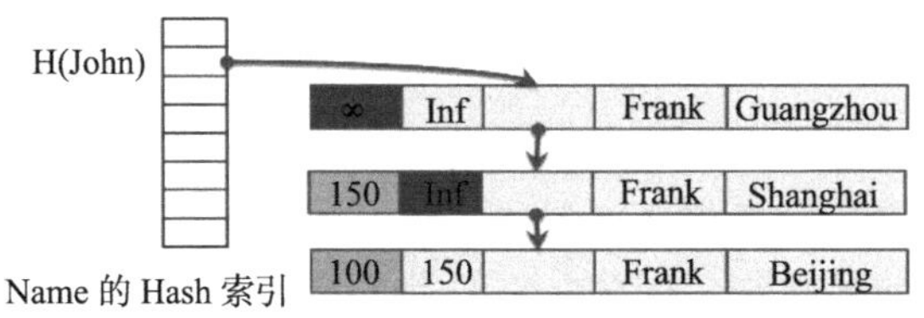

图 10-9 事务被回滚之后的版本图

10.2 文档型分布式数据库 MongoDB

MongoDB 是一个基于分布式文件存储的文档型数据库系统，是一种非关系型数据库。该数据库旨在为 Web 应用提供可扩展的高性能文档数据的存储解决方案，早期版本归属于 NoSQL 系统，只能对一个文档执行原子更新；MongoDB 从 3.0 版本开始默认使用 WiredTiger 引擎，该引擎通过封锁并发访问控制技术支持针对单个文档保证 ACID 特性，但是当需要操作多个文档的时候则不能保证 ACID 特性，所以其事务能力有限；MongoDB 从 4.0 版本开始引入事务功能（支持多文档 ACID 特性，这使得其事务处理能力得到大幅增强），从 4.2 版本开始引入分布式事务功能（从副本集扩展到共享集群），这些事务处理技术使得 MongoDB 从一个 NoSQL 系统升级为文档型 NewSQL 系统。

10.2.1 MongoDB 的架构

从架构的角度看，MongoDB 采用非存算分离方式，其主要的组件包括数据模型（把相关联的数据保存在同一个文档结构之中，或者通过存储链接、引用信息来实现两个不同文档之间的关联）、插件式多存储引擎（支持 WiredTiger、MMAPV1、In-Memory 存储引擎），支持 Sharding（Mongod 分片存储数据）技术、Replica set（复制集）、Mongos（路由处理）、Config Server（配置节点）、分布式事务处理机制（全局一致性快照、2PC）等。以上这些使得 MongoDB 成为一个分布式文档型的事务处理系统。

MongoDB 在实现可高可用性方面提供了 Replica set，其由多个对等的 Mongod 节点构成。MongoDB 通过选举提供 Failover 机制，这使其具备了自动容错和自动恢复的功能，并解决了单点故障问题。在 Failover 机制下，任何节点都可作为主节点，但为了维持数据一致性，只能有一个主节点进行写入，但可以进行多点读（采用 Time travel 思路和 MVCC 的思想，用快照来读取数据）。同时，Sharding 技术作为数据水平扩展的手段之一，其可支持海量数据通过分片集群的方式存储，从而解决了 Replica set 架构的缺点（集群数据容量受限于单个节点的磁盘大小），以支持 TB 级的数据存储。

总体来说，MongoDB 是一个事务管理集中、采用主从架构的集群系统，其架构较为简单，存在未来向去中心化分布式多写架构演进的可能。

10.2.2 MongoDB 的事务处理技术

MongoDB 事务处理技术的发展过程如图 10-10 所示，由图可知，目前 MongoDB 尚处于一个不断演进的过程中。

在事务处理方面，MongoDB 只有一个主节点支持写，因此不存在多写节点架构。而主从节点之间通过 oplog（一个普通的文档，包含事务里所有的操作）传输和重放实现数据的同步。因为从节点仅支持只读，数据同步是单向方式，故从节点可以有无数个。

MongoDB 的事务处理技术，主要依赖于 WiredTiger，其主要是通过封锁技术实现并发互斥（MongoDB 称之为 Multiple granularity locking），通过 MVCC 技术实现读写分离（依赖于 WiredTiger 在内存中维护多个版本），通过 2PC 技术实现跨文档的事务，通过提供全局的时间戳贯穿 MongoDB 的上层服务和底层存储引擎 wiredTiger 以保持数据在时间点上的一致，通过快照技术和读已提交实现隔离性。而 MongoDB 使用的快照，是收集的当前事务的并发事务。如果并发事务剧增，则事务处理的吞吐量会随着并发事务的增多而下降，这一点类似 PostgreSQL 的处理方式，制约了其事务处理能力的扩展性。

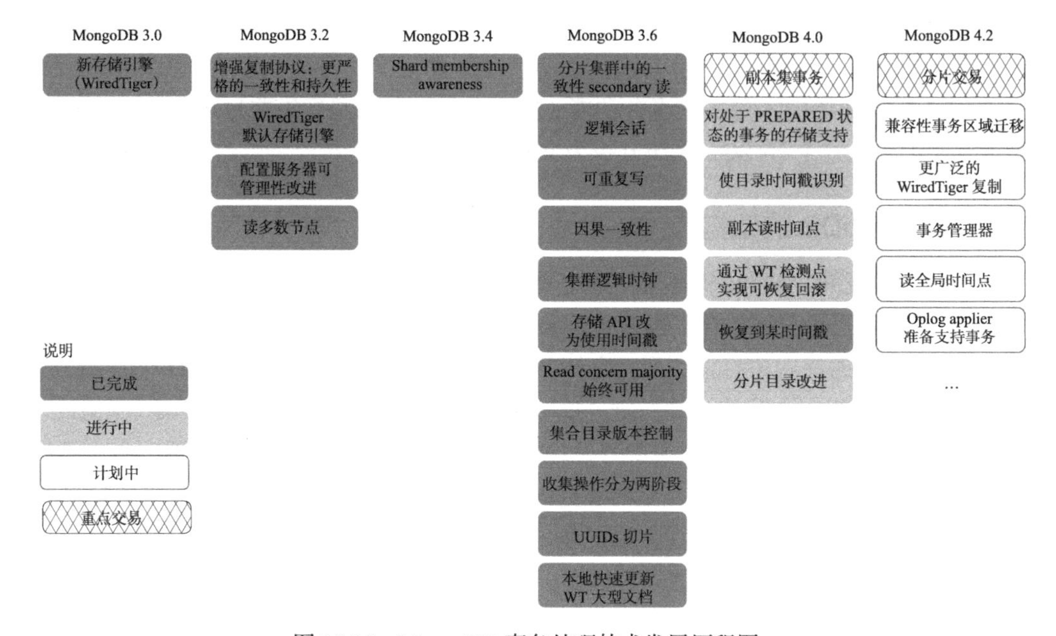

图 10-10 MongoDB 事务处理技术发展历程图

在分布式一致性方面，通过在客户端采用逻辑时钟（本质上是混合逻辑时钟）使得 MongoDB（只）支持因果一致性（没有实现可串行化隔离级别）。

10.3 列存分布式数据库 HBase

HBase 是一款依据参考文献 [106] 介绍的内容，利用分布式文件系统 Hadoop HDFS 和架构方式 Sharding Disk，构建的分布式的、具有高可靠性和高性能、面向列的开源数据库。HBase 的目标是存储并处理由成千上万的行和列组成的大型非结构化数据。

10.3.1 HBase 的架构

图 10-11 所示为 HBase 的架构。HBase 在存储方面提供一层“薄”的数据格式管理功能，然后将分布式文件系统作为存储层。HBase 自身致力于构建一个分布式计算层的服务。而计算层的服务的作用有两个：一是提供分布式的 HRegionServer 服务。二是依赖 Zookeeper 进行集群的管理工作，如保证任何时候集群中只有一个 Master、实时监控 Region server 的上线和下线信息并实时通知 Master 等；提供元数据服务，存储所有 Region 的寻址入口、存储 HBase 的 schema 和 table 元数据。

HBase架构方面有两个组件——Master和HRegionServer。Master在逻辑上只有一个，简化了并发设计的难度，可为HRegionServer分配Region，并负责HRegionServer的负载均衡，通过发现失效的HRegionServer重新分配其上的Region，并管理用户对表进行增删改等操作。HRegionServer则维护Region并处理对这些Region的I/O请求，其支持用户的读写计算需求，在允许过程中，HRegionServer负责切分在运行过程中变得过大的Region（逻辑切分不用物理搬迁数据）。每个HRegionServer上可以有多个HRegion，用于保存一个表里面某段连续的数据。HRegion把HLog（即事务的WAL日志，做持久化存储）写入底层的Hadoop文件系统（HLog对于Hadoop而言是一个普通的Sequence文件）。

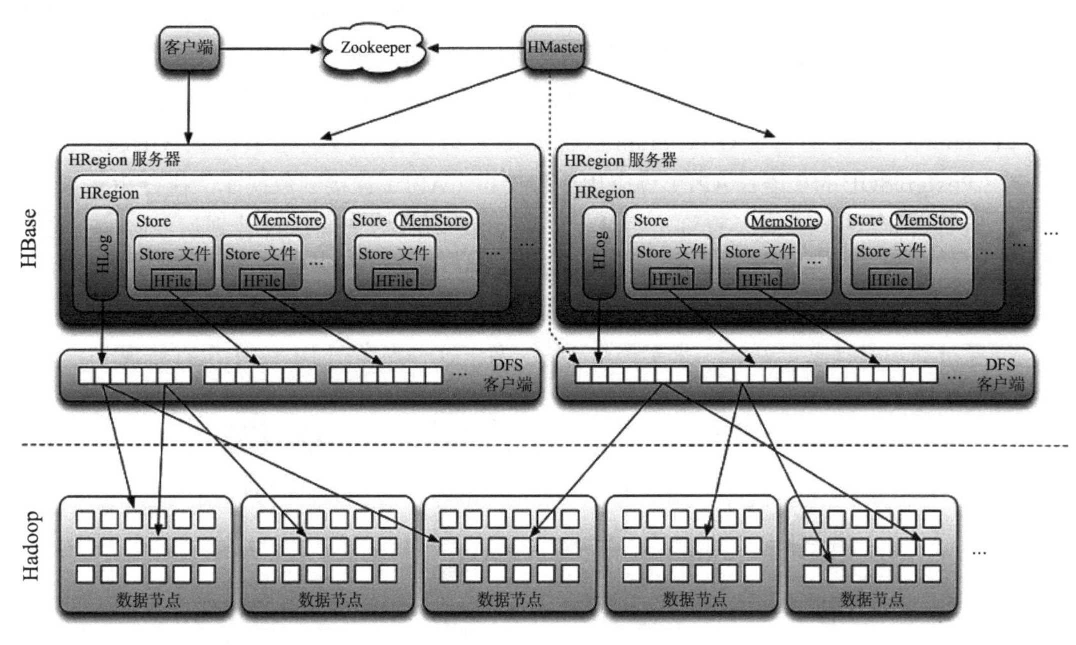

图10-11　HBase的架构图[⊖]

10.3.2　HBase的事务处理技术

HBase使用封锁并发访问控制和MVCC技术实现并发访问控制，其中使用锁实现了对象级数据的一致性（行锁），但保护的只是一个Region内的数据，不能跨Region进行多Region多表数据的并发修改；使用JDK提供的读写锁实现了Store级别、Region级别的并发访问控制，这些锁的粒度都比较粗，限制了并发。使用MVCC技术实现写不阻塞读，从而提供了较高的并发访问度。

2012年，参考文献[79]发表，提出WSI技术通过验证读写冲突可实现基于MVCC技术的可串行化隔离级别，相较于依靠检测写写冲突的方式，该方式提高了并发度（某种写写

⊖　源自互联网。

冲突是可串行化的)。该参考文献的作者基于 HBase 做了系统实现，这为 HBase 提供了可串行化隔离级别。另外，Yahoo! 曾提供过 OMID（Optimistically transactional Management in Datasources）技术，其可使 HBase 支持跨行跨表级别的事务，以支持分布式事务。

10.4 Greenplum

Greenplum 是一款支持 Share Nothing 的 MPP 架构的大规模并行处理系统，支持 TB 级的 OLAP 和商业智能应用。在事务处理能力方面，由集中化的 Master 模块提供可串行化和读已提交隔离级别的事务处理能力。有别于本章其他节的内容之处在于，本节将从多态和架构的角度对 Greenplum 进行介绍，目的是从更丰富的角度展示分布式数据库中更多的技术。

Greenplum 由 3 部分组成——Master、Segment 和 Interconnect，如图 10-12 所示。

- Mater：Mater 是整个 Greenplum 数据库的入口，客户端通过 JDBC、ODBC、libpq（PostgreSQL 的 C 语言 API）等应用编程接口（API）连接到数据库，执行 SQL 操作，然后由 Master 对 SQL 查询进行优化。得到优化后的查询执行计划后，Master 会把执行工作分配给多个 Segment 实例。另外，Master 可存储全局系统表（元数据）并采用元数据集中的方式进行管理，DDL 语句只在 Master 上执行。Master 有一个备机，通过预写式日志（WAL）来实现主 / 备镜像，这一点在图 10-12 中没有体现。

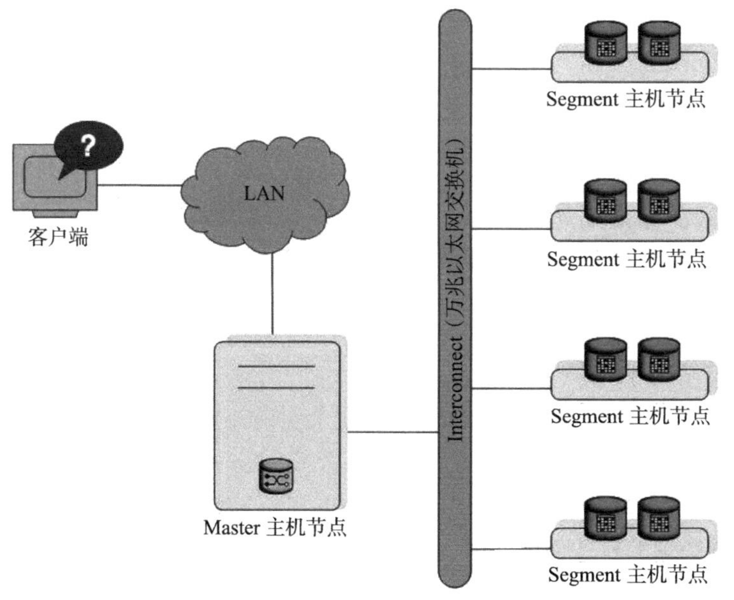

图 10-12 Greenplum 架构图[⊖]

⊖ 源自 Greenplum 官方网站。

- ❑ Segment：一个 Greenplum 集群中有多个 Segment，每个 Segment 负责存储部分数据并执行用户的查询。作为一个 MPP 系统，Greenplum 的 Master 尽可能地把数据和工作负载在 Segment 之间并平均分布，以求提高效率。Segment 的存在体现了 Greenplum 的 Share Nothing 架构方式。一个物理机器，可以根据 CPU 等资源情况，物理地配置多个 Segment，以充分利用硬件资源。
- ❑ Interconnect：指的是 Segment 之间的进程间通信，以及这种通信所依赖的网络基础设施。Greenplum 的 Interconnect 采用了一种标准的以太交换网络，用 TCP 或 UDP 并行处理连续数据流（pipeline）。

如果只讲 Greenplum 由 Master、Segment 和 Interconnect 这 3 个部分组成，尚不足以说明其采用的是 MPP 架构。对于 Greenplum，其 MPP 架构体现在查询优化和并行查询执行上，而查询的并行执行，取决于数据的平均分布策略。

在 Greenplum 数据库中，所有表都是先分区（Range、List 分区）后分布的（每一张表都会以 Hash 分布或者选择随机分布的方式被切片），每个 Segment 会存放相应的数据片段。

当 SQL 来临时，Master 节点不会因为数据压力过大而成为瓶颈，因为它只负责生成和优化查询计划、派发任务、协调数据节点进行并行计算。

Greenplum 的查询优化器有两个，一个是基于 PostgreSQL 的原生查询优化器（是一个自底而上采用动态规划算法实现的优化器）修改后支持 MPP 架构的优化器，另外一个是全新开发的称为 Orca 的优化器（Orca 是一个自顶向下基于 Cascades 框架的优化器，Orca 与 Greenplum 是松耦合的，可以支持不同的计算架构，如 MPP 和 Hadoop）。优化器在 Master 上执行，其从全局的角度考虑整个集群中数据分布、资源利用等情况，在每个候选的执行计划中考虑节点间移动数据的开销，以构造不同执行计划的代价模型，形成最优的查询执行计划后，才交给多个 Segment 节点并行执行。在查询计划中，支持一些传统的操作（如扫描、连接、排序、聚合等），还支持针对如下 3 种数据的移动操作。

- ❑ Broadcast Motion（N:N）：广播数据，每个 Segment 节点向其他 Segment 节点广播需要发送的数据。
- ❑ Redistribute Motion（N:N）：重新分布数据。进行连接操作时，若数据的列值在 Hash 计算后不同了，则将这些数据向其他 Segment 节点传输以使得数据重新分布。
- ❑ Gather Motion（N:1）：聚合汇总数据，每个 Segment 节点将连接后的数据发到一个节点上，通常是发到主节点 Master，但也可以是 Segment 节点，以完成数据的汇总工作。

在执行阶段，Master 上的调度器（QD）会给经过计算得到的 Segment 节点下发查询执行计划，Segment 节点收到查询执行计划后，会创建工作进程（QE）以执行任务。如果需要跨节点交换数据（例如上面的 3 种数据移动方式），则 Segment 节点上会创建多个工作进程协调执行任务。不同节点上执行同一任务（查询计划中的切片）的进程在逻辑上组成一个 Gang。数据经过不同 Segment 的计算后，最终汇聚在 Master，然后由 Master 返回给客户端。

Greenplum 采用如上方式，完成 MPP 架构下的并行计算。

Greenplum 相对于其他数据库，特点是可进行多态存储，这使得 Greenplum 可以根据数据热度或者访问模式的不同而使用不同的存储方式。甚至，一张表的不同数据可以使用不同的物理存储方式，其支持的存储方式如下。

- **行存储**：传统数据库常用的存储方式，一个元组包含多列数据，特点是访问比较快且多列更新比较容易，适合 OLTP 型应用。
- **列存储**：按列保存数据，不同列的数据存储在不同的文件（每列对应一个或一批文件）中。适合向量计算、JIT 架构，具有压缩比高的特点，对大批量数据进行访问和统计时效率更高。
- **外部表**：数据保存在其他系统中，例如 HDFS，数据库只保留元数据信息。

事务处理机制方面，Greenplum 采取集中化的处理方式，用一个 Master 作为事务处理读管理器，沿用 PostgreSQL 的事务处理机制，基于 MVCC 机制支持读已提交和可串行化两个隔离级别。尽管 Greenplum 是一个 MPP 架构的分布式系统，但因为其事务管理只由 Master 处理，逻辑上是一个单点的事务处理系统，因此不存在分布式一致性问题，事务处理机制简单。

10.5 图、键值、文档事务处理技术

分布式系统的数据模型，除了传统的关系模型外，还有图模型、键值模型、文档模型等，本节讨论这些模型的事务处理技术。

不管数据采用什么模型表示，**单机系统和分布式系统的事务处理技术在本质上没有差别（一致性确保）**，即关系模型的单机事务处理技术和分布式事务处理技术（多使用原子的分布式提交算法），同样适用于图模型、键值模型、文档模型等。

现有的采用图模型、键值模型、文档模型的 NoSQL 系统，可以使用多种并发访问控制协议实现其事务处理机制，限于篇幅，详情不再描述。但需要注意的是：如果使用封锁的技术，关键点在于封锁的粒度不可太粗。如图模型封锁在一张图上，则会严重抑制并发；文档模型封锁在 DOM 对象的根上，也会严重抑制并发。如果采用 MVCC 技术，关系模型以元组为事务多版本的操作单位，其并发度较高。所以，不同的并发访问控制技术需要结合实际的模型进行综合考虑与设计。如果想要提高并发度，事务中读写操作的对象应考虑子图、子树这样更细的粒度。

另外，从整体上看，现有的采用图模型、键值模型、文档模型的 NoSQL 系统，其事务处理能力较为有限。这和 NoSQL 系统以 CAP 为指导实现 BASE 规则的背景相关，但参考文献 [66] 表明，Spanner 这样的 NoSQL 系统已经完成向带有关系模型和事务处理技术的 NewSQL 系统的进化。近年来的一些参考文献也表明，NoSQL 系统正在逐步增加事务处理

机制，如已经推出的 MongoDB 4.2 就增加了分布式事务处理能力。

下面将分节讨论不同模型的事务处理技术，这些事务处理技术之间，在原理层面没有本质差别，只是不同的系统，在事务处理框架、事务处理策略、并发访问控制技术的选择、故障恢复等方面存在“实现”层面的差异。

10.5.1　图模型事务处理技术

图数据库是 NoSQL 数据库中的一种，它的数据模型基于图理论存储实体之间的关系信息构建，是一种非关系型数据库。图数据库的事务处理技术原理与关系模型的数据库中的事务处理技术相同，同样需要用 ACID 特性来衡量图数据库。图数据库主要采用悲观策略和乐观策略。

悲观策略实现的图数据库事务处理技术，需要在被封锁对象上施加锁。与关系模型不同的是，锁的粒度需要调整。基于封锁并发访问控制机制的关系模型，锁的粒度对应一个元组。而图模型的数据库为了提高并发度，不能在一个图上施加锁，而是以图的一个子集为锁的施加对象。

利用 MVCC 技术实现并发访问控制的图数据库有 OrientDB，其实现与 MySQL/InnoDB、PostgreSQL 等关系型数据库相似，但功能更为简单。

参考文献 [15] 分析、总结了主流图数据库的事务处理技术，如图 10-13 所示。

	存储	分布	一致性	并发控制	隔离级别	粒度
Neo4j	Native	主从复制	ACID	锁	读已提交	节点 / 边
OrientDB	文档数据库	多机复制	ACID		读已提交	—
Sparksee	Native	主从复制	ACID	锁	可串行化	群 / 组
InfiniteGraph	面向对象	同步复制	ACID，宽松	锁	SI	群 / 组
Titan	BerkeleyDB,Cassandra, HBase	随机分割	ACID，最终	锁，偏执	可复制读，可配置	节点 / 边

图 10-13　图数据库的事务处理技术对比图

参考文献 [244] 介绍了一种新的分布式图数据库 Weaver，其基于 MVCC 技术实现并发访问控制。一个图被分片后，每个小的分片存储在 Shard Servers 的内存中。因为要实现分布式事务处理技术,Weaver 需要解决全局事务冲突的问题。Weaver 依靠时间戳排序算法（参考文献 [13] 称之为 Refinable Timestamps）实现了全局可串行化。全局排序事务的时间戳值所使用的一个组件是 Timeline oracle，该组件维护一个依赖图，正在执行的事务是顶点且顶点用事务发起者所在节点的向量时钟值表示（所在节点的向量时钟为部分事务局部排序），有向边表示事务之间的冲突 / 前后关系，在一个中心化的事务冲突协调器中此有向图用于为并发事务排序，以实现并发事务全局有序。这样的技术不仅可用于图模型的事务处理技术中，也可用于任何需要实现分布式事务处理的数据模型中。

10.5.2 键值、文档模型事务处理技术

参考文献 [36] 介绍了一个键值模型的分布式系统。该参考文献中对比了主流的键值、文档模型的分布式系统的事务支持能力和分布式一致性支持能力，如图 10-14 所示。

系统	扩展性	内存模式	单 Key 一致性	多 Key 一致性
Masstree	M	SM	线性一致性	无
Bw-tree	M	SM	线性一致性	无
PALM	M	SM	线性一致性	无
MICA	M	SM	线性一致性	无
Redis	S	N/A	线性一致性	可串行化
COPS,Bolt-on	D	MP	因果一致	因果一致性
Bayou	D	MP	最终一致性，单调读 / 写，读你所写	最终一致性
Dynamo	D	MP	线性一致性，最终一致性	无
Cassandra	D	MP	线性一致性，最终一致性	无
PNUTS	D	MP	写线性一致性，单调读	无
CouchDB	D	MP	最终一致性	无
Voldemort	D	MP	线性一致性，最终一致性	无
HBase	D	MP	线性一致性	无
Riak	D	MP	最终一致性	无
DocumentDB	D	MP	最终一致性，会话，Bounded Staleness㊀，线性一致性	无
Memcached	M&D	SM&MP	线性一致性	无
MongoDB	M&D	SM&MP	线性一致性	无
H-Store	M&D	MP	线性一致性	可串行化
ScyllaDB	M&D	MP	线性一致性，最终一致性	无
Anna	M&D	MP	最终一致性，因果一致性，Item Cut，写跟随读单调读 / 写，读你所写，PRAM	读已提交，读未提交

图 10-14 键值数据库的事务处理技术对比图

参考文献 [54] 基于键值模型介绍了一种分布式事务处理技术，其采用乐观策略，通过 3 种技术实现了一个提供可串行化（one-copy serializability）的高并发键值型分布式事务存储系统。此 3 种技术的核心点是非循环交易（acyclic transaction）提交协议，允许系统实时地对并发事务进行排序以实现全局可串行化。3 种技术中的第一种技术是通过非循环交易减少参与排序的事务数（并发事务之间没有读写冲突的不参与排序）；第二种技术是构建事务的数据依赖链，每个链中包括被事务操作的数据所在的服务节点，事务是否可以提交的相关信息只在事务的数据依赖链的前一个和后一个节点对象中传播，这减少了节点的通信代

㊀ 可理解为有界的旧的一致性。

价；第三种技术是允许某些有重叠的读写冲突并发执行（利用数据依赖链实现事务可串行化），这进一步提高了并发度。

10.6　深入讨论数据库架构

对于分布式数据库系统而言，“架构”一词在分布式数据库中包括3个要素：**第一是基本组件，第二是基本组件之间的关系，第三是数据库的灵魂——事务处理技术**。我们前面从具有抽象性的特征角度（如高可用性、扩展性等）对数据库的架构进行了描述，抽象具备高度但不形象易懂，本节则从数据库中具体组件的角度出发，对数据库的架构进行讨论。

10.6.1　数据库的通用架构

图10-15所示为一个没有事务处理技术的数据库的通用架构，该架构包括数据库系统中的主要模块（但不是所有的数据库都具备该图中的所有模块）。例如，MySQL/InnoDB、HBase、MongoDB、Spanner等数据库，基本上都具备图10-15所示的所有的组件。如图10-15所示，从上到下涵盖了数据库从入口到底层存储的主要组件以及组件之间的相邻关系（相邻关系可以表示各个组件只具有局部功能特性和从上到下的SQL执行流过程，但图中没有给出组件之间的逻辑接口关系）。虽然从图10-15所示中可以看到数据库架构中包含了很多个组件，但是代码量最多且复杂度最高的并不是这些组件，而是与计算和存储相关的部分。

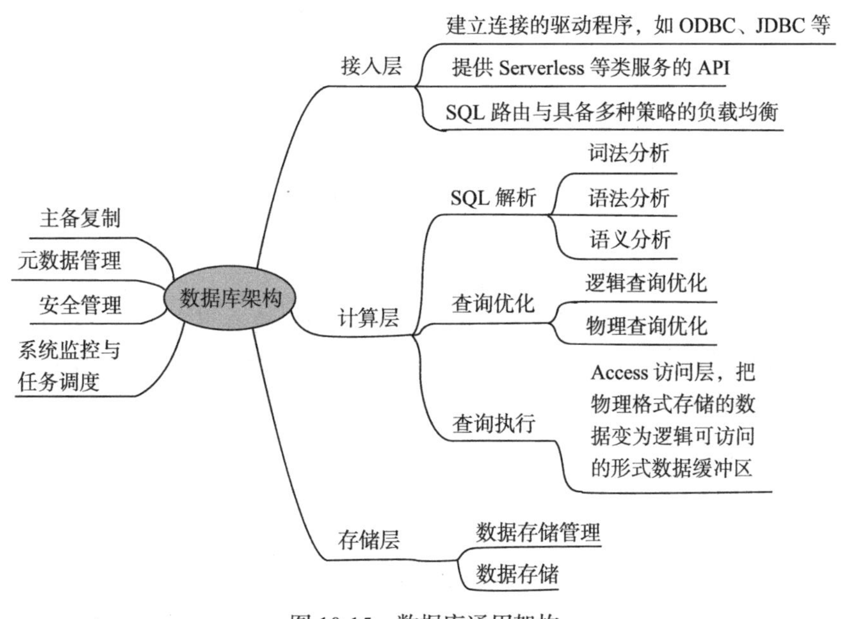

图10-15　数据库通用架构

图 10-16 所示是在图 10-15 所示内容的基础上，加入了事务处理技术，其中，最重要的部分是查询执行和存储层，这些都被事务相关模块包裹。“包裹”表示事务处理技术与相关的模块高度交织不可分割（事务型数据库复杂的根源）。

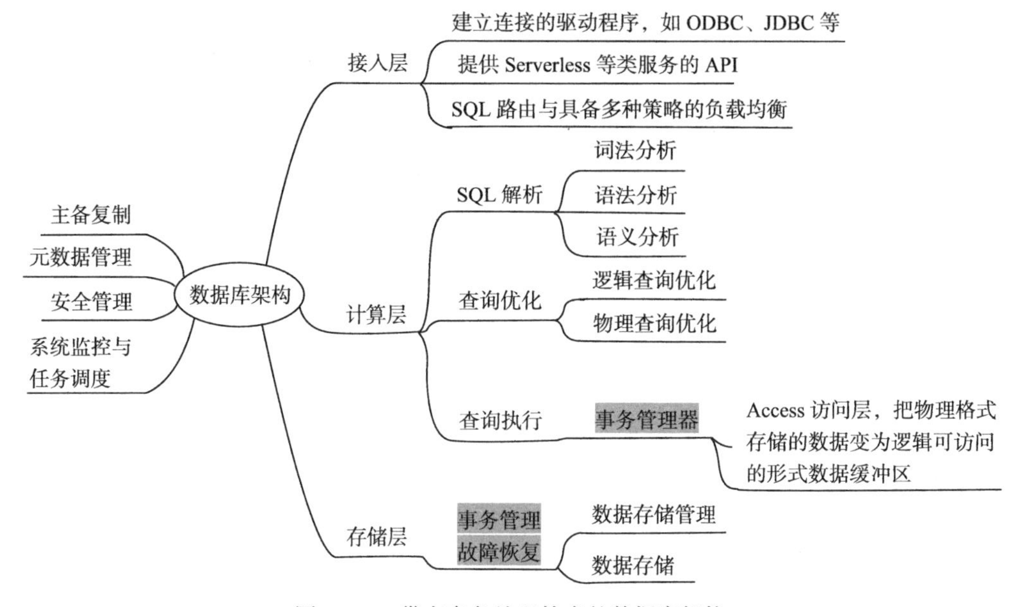

图 10-16 带有事务处理技术的数据库架构

10.6.2 事务型数据库的架构

参考文献 [21] 给出了 PostgreSQL 关系型事务数据库系统的架构，如图 10-17 所示。对比图 10-17 和图 10-16 可以发现，这两幅图的内容相似，这表明数据库架构和事务型数据库架构具有通用性。所以理解数据库架构，可以从一个具体的数据库入手，掌握了一个具体的数据库的实现细节和各个模块之间的关系，然后横向对比其他数据库，就会发现所有数据库的共性（如都有 SQL 分析器、SQL 优化器、事务管理器、计算执行器、存储层、日志系统等基本组件）。这是学习数据架构非常好的方法。

需要注意的，尽管数据库架构有很多相似之处，但是也有很多不同。对于那些不同之处，模块的差异相对也比较大，只是相比数据库架构整体略小罢了。图 10-18 所示是一个类似 Greenplum 的分布式数据库架构（采用本地存储和分布式文件系统作为存储的设计方案，比如历史数据进入分布式文件系统，当前数据在本地存储但保持多副本状态），其展示出分布式数据库和图 10-17 所示单机数据库在架构上的差异。图 10-18 所示架构中每一种组件有多个，且存储层具备无限存储能力，这使得计算层和存储层可以分别独立扩展。而图 10-19 所示的存储层采用的是类似 Spanner、HBase 的共享存储设计，这一点和图 10-18 所示的双存储方案的设计不同。通过对这些细节的分析可知，数据库的架构尽管在逻辑上有相似组件，但细节层面还是有很大不同的。

图 10-20 源自参考文献 [21]，这张图表明事务的 ACID 特性和数据库的各个组件之间的关系。其中，原子性的事务管理贯穿在执行器整个事务的执行过程中，从 SQL 开始执行到执行结束，事务管理器监管了 SQL 的执行生命周期，因此和执行器紧密绑定；SQL 的执行过程中不断产生 REDO 日志和 UNDO 日志，为确保 A 特性和可恢复性，日志不断地刷向存储层（图 10-20 所示的 D 特性），使得计算层和存储层也耦合起来（但是日志是单向流动的，因而计算和存储可以解耦）。在读写数据的过程中，通过隔离级别（图 10-20 所示的 I 特性）在并发访问控制算法的作用下确定了什么数据可读、可写，确保了数据的一致性（图 10-20 所示的 C 特性），这也是和执行器紧密绑定的。所以，读者据此可以初步感知事务处理技术与计算层、存储层的耦合程度，以体悟事务处理技术作为事务型数据库架构的灵魂，是怎么“从头到脚（SQL 执行的生命周期）”影响着整个架构的（具有事务处理技术的系统与无事务处理技术的 NoSQL 等系统相比，后者架构中原本两两相邻的模块之间的局部关系变为一个高度耦合的整体）。

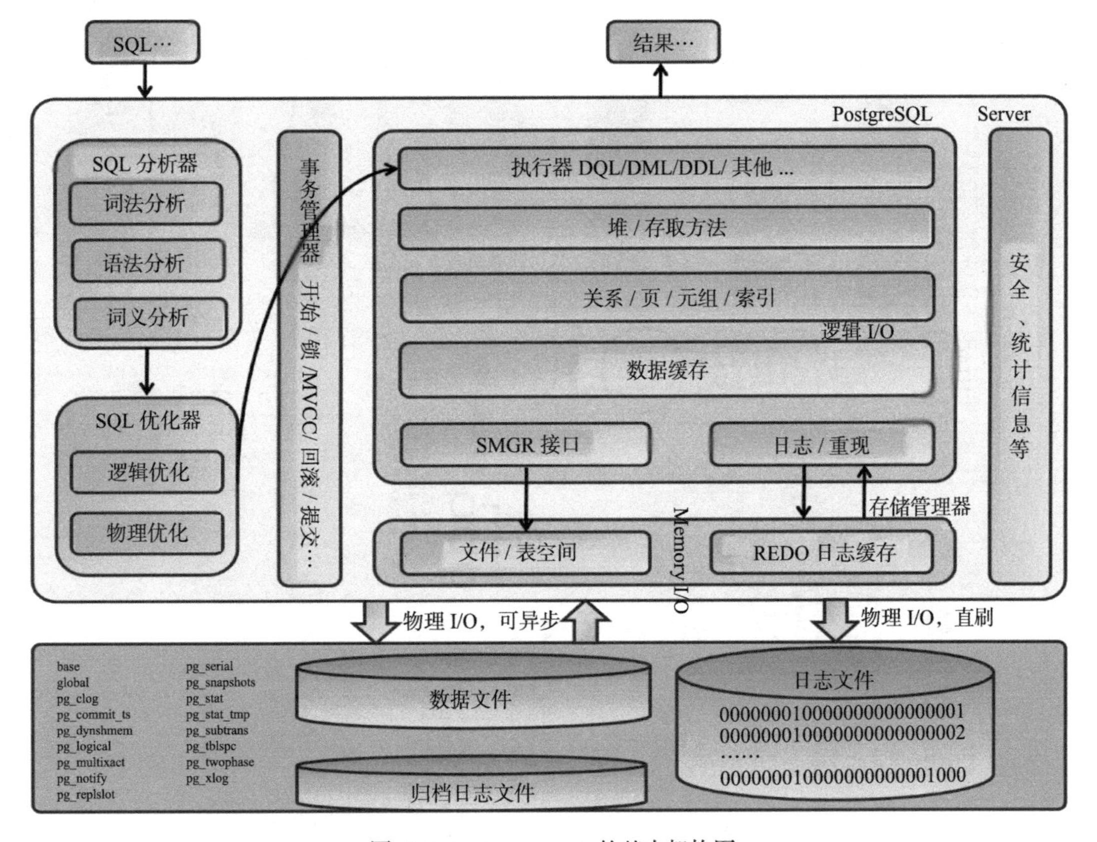

图 10-17 PostgreSQL 的基本架构图

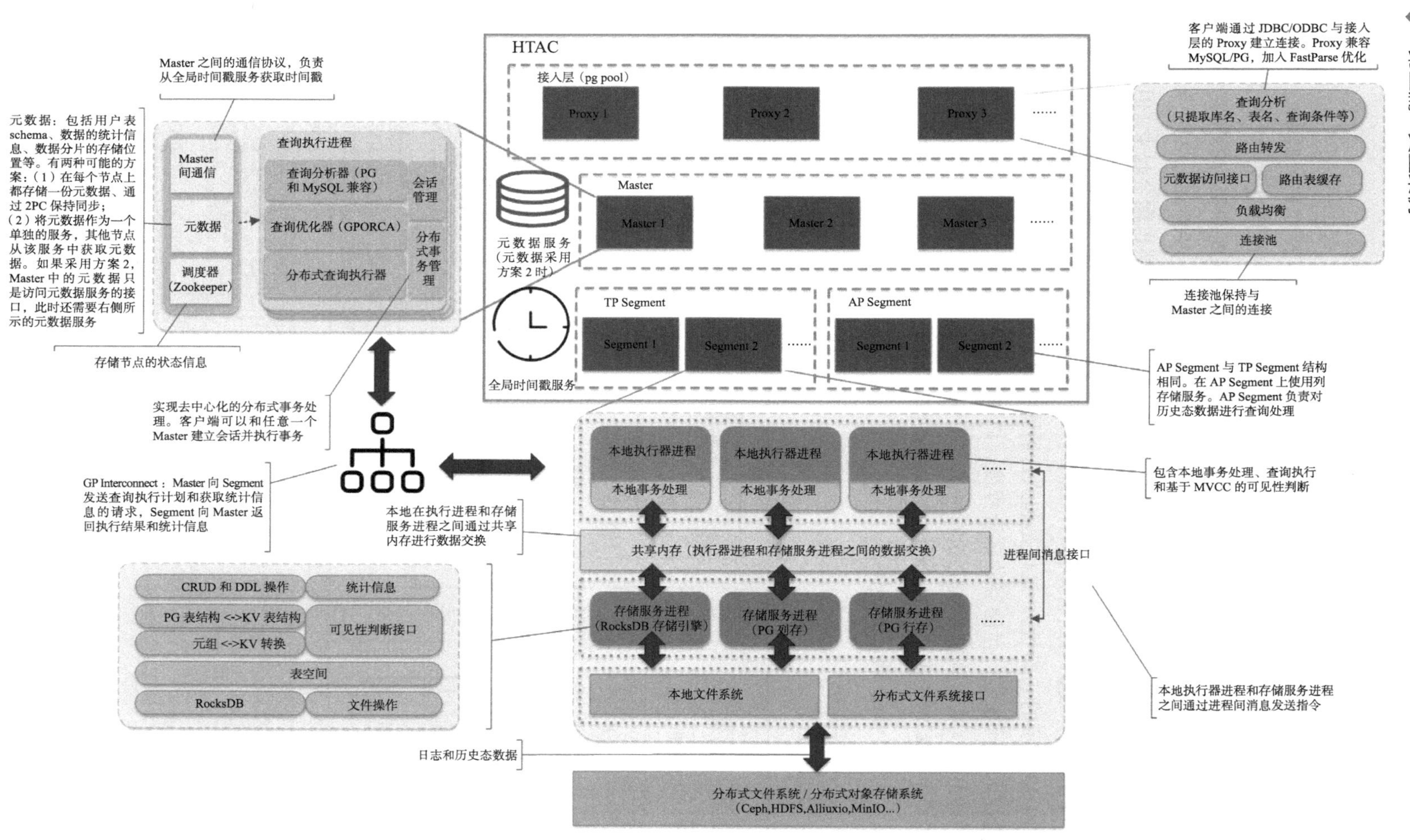

图 10-18 支持多种存储引擎的通用分布式事务型数据库架构图

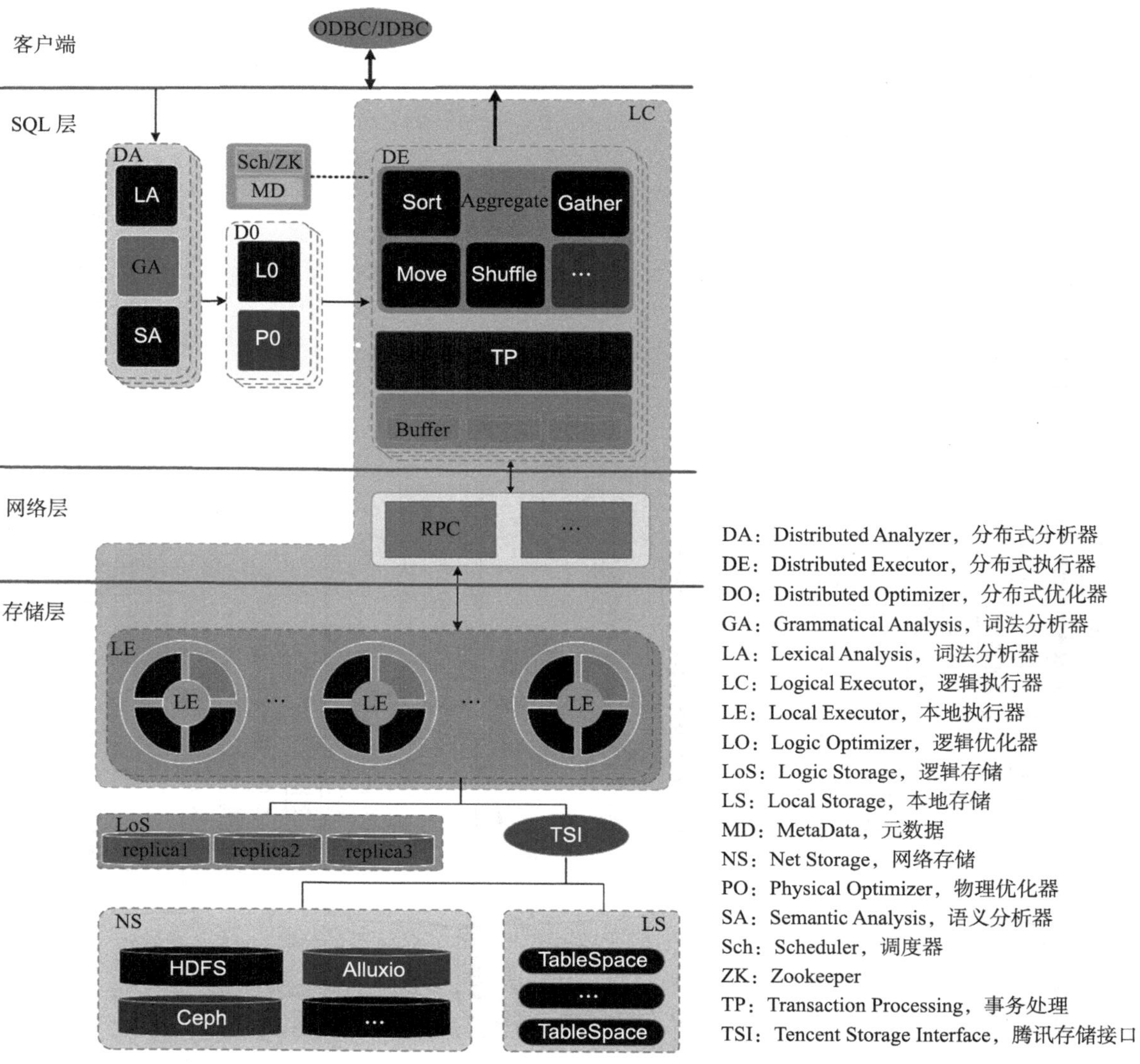

图 10-19 一种基于共享存储的通用分布式事务型数据库的架构

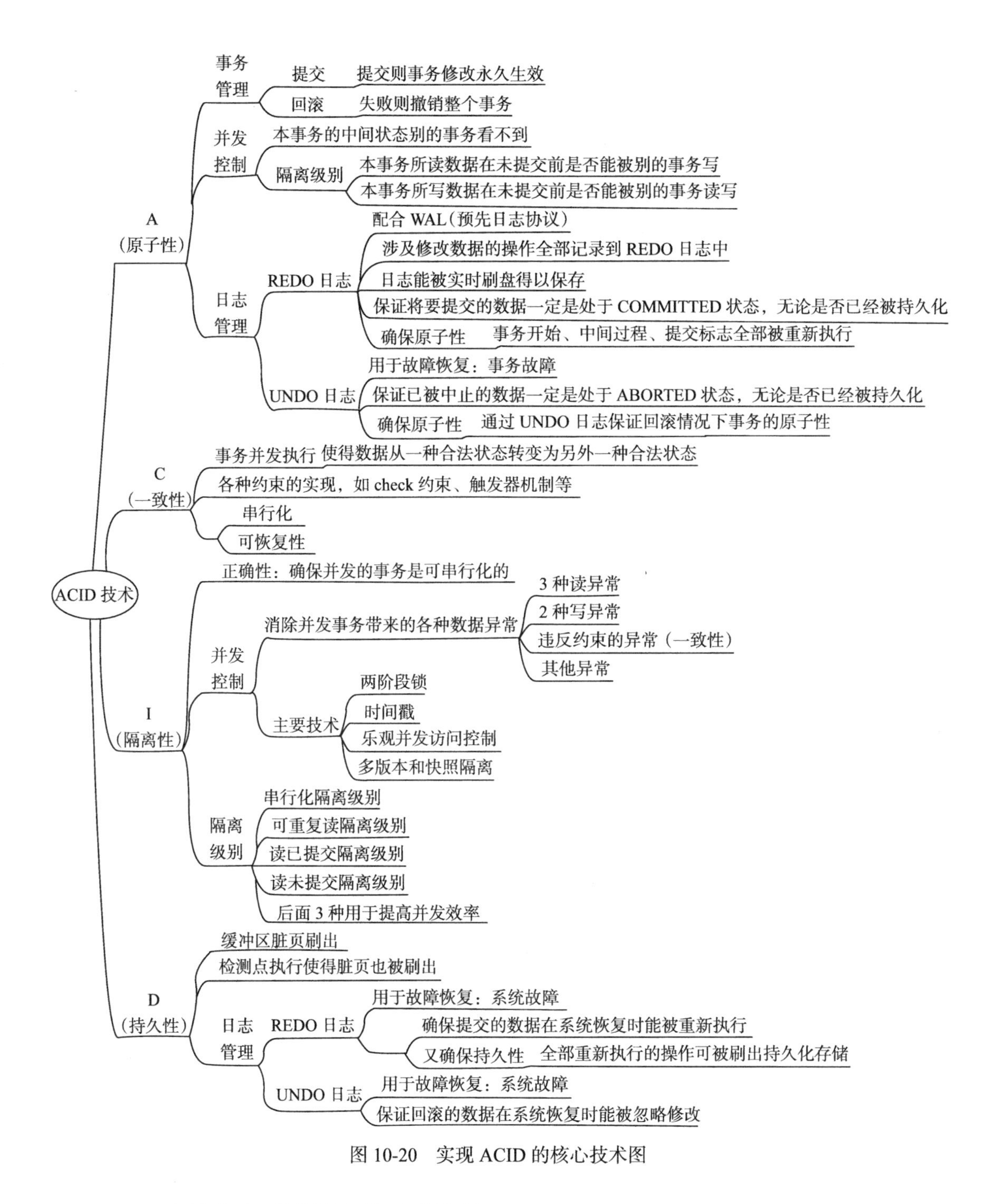

图 10-20 实现 ACID 的核心技术图

10.6.3 主流分布式数据库的技术比较

本节对一些主流的分布式数据库架构层面的重点技术进行比较，如表 10-3 所示。

表 10-3 主流数据库的架构层面重点技术比较表

数据库	存算分离 / 主备 / 多副本	数据 Sharding	多种存储模型	事务 ACID 特性	跨行或跨 Region 或跨表事务	去中心化事务管理	分布式一致性
Spanner	SD 方式支持存算分离，Paxos 协议支持多副本，只支持主副本写入，支持特定情况的从副本读	支持	支持行存和列存	支持，通过支持严格可串行化实现了对可串行化的支持	支持	支持	支持严格可串行化，具备强一致性
CockroachDB CCL v19.2.2	SN 方式支持存算分离，Raft 协议支持多副本，只支持主副本写入不支持从副本读数据	支持	支持行存	支持，但不支持严格可串行化，支持的可串行化等价于顺序可串行化	支持	支持	支持顺序可串行化（强一致性的一种），不具备最强的一致性（严格可串行化）
Greenplum 6.11.2	SN 方式不支持存算分离，主备架构无多副本	支持	支持行存和列存	支持，但只支持到快照隔离级别	支持	不支持	不支持强的一致性
YugabyteDB	SN 方式不支持存算分离，Raft 协议支持多副本	支持	支持行存	支持，但只支持到可串行化隔离级别	支持	不支持	不支持强的一致性
O××××Base 2.2.50	SN 方式不支持存算分离，Paxos 协议支持多副本，只支持主副本写入，支持特定情况的从副本读	支持	支持行存	支持，但只支持到可串行化隔离级别（该版本号称支持了可串行化，但至少存在一些数据异常，没有真的实现可串行化）	支持	不支持	不支持强的一致性
T×DB 4.0.5	SN 方式支持存算分离，Raft 协议支持多副本，只支持主副本写入，不支持从副本读数据	支持	支持行存和列存	支持，但只支持到快照隔离级别	支持	不支持	不支持强的一致性
TDSQL V3	SN 方式支持存算分离，Raft 协议支持多副本，只支持主副本写入，支持从副本读数据	支持	支持行存和列存	支持	支持	支持	支持多种强一致性

参考文献

[1] Goetz Graefe. Volcano : An Extensible and Parallel Query Evaluation System[J]. IEEE Trans Knowl Data Eng，1994（1）：120–135.

[2] Tim Kraska，Alex Beutel，Ed H Chi，et al. The Case for Learned Index Structures[C]. Houston：SIGMOD Conference，2018.

[3] Tim Kraska，Mohammad Alizadeh，Alex Beutel，et al. SageDB：A Learned Database System[C]. Amsterdam：CIDR，2019.

[4] Michael Stonebraker，Daniel J Abadi，Adam Batkin，et al. Zdonik：C-Store，A Column-oriented DBMS[R].Hangzhou：VLDB，2005：553–564.

[5] Eric A Brewer. Years Later：How the "Rules" Have changed [EB/OL].（2012-12-01）[2020-08-01] http：//33h.co/wm23.

[6] Yuqing Zhu，Philip S Yu，Guolei Yi，et al. To Vote Before Decide：A Logless One-Phase Commit Protocol for Highly-Available Datastores[J]. CoRR abs，2017.

[7] Erfan Zamanian，Carsten Binnig，Tim Kraska，et al. The End of a Myth：Distributed Transactions Can Scale[J]. CoRR abs，2016.

[8] Yuri Breitbart，Hector Garcia-Molina，Abraham Silberschatz. Overview of Multidatabase Transaction Management[R]. Hangzhou：VLDB，1992（2）：181–239.

[9] Carsten Binnig，Andrew Crotty，Alex Galakatos，et al. The End of Slow Networks：It's Time for a Redesign[J]. PVLDB，2016（7）：528–539.

[10] A Dragojevi'c，et al. FaRM：Fast remote memory[J]. In Proc of NSDI，2014：401–414.

[11] A Dragojevi'c，et al. No compromises：distributed transactions with consistency，availability and performance[J]. In Proc of OSDI，2015：54–70.

[12] Boyu Tian，Jiamin Huang，Barzan Mozafari，et al. Contention-Aware Lock Scheduling for Transactional Databases[J]. PVLDB，2018，11（5）：648–662.

[13] Armando Fox，Steren D Gribble，Yatin chawathe et al. Cluster-Based Scalable Network services[J]. SOSP，1997:78–91.

[14] Kun Ren. Lightweight locking for main memory database systems[J]. PVLDB，2012，6（2）：145–156.

[15] Georgia Koloniari，Evaggelia Pitoura.Transaction Management for Cloud-Based Graph Databases[J]. ALGOCLOUD，2015：99–113.

[16] Jianjiang Li，Qian Ge，Jie Wu，et al. Research and implementation of a distributed transaction processing middleware. Future Generation Comp[J]. Syst，2017（74）：232–240.

[17] Qingsong Yao，Aijun An，Xiangji Huang. Mining and modeling database user access patterns[R].

ISMIS，2006：493–503.

[18] Naigiao Du，Xiaojun Ye，Jianmin Wang. Towards workflow-driven database system workload modeling[J]. DBTest，2009：1–6.

[19] 王珊，萨师暄. 数据库系统概论 [M]. 5 版 . 北京：高等教育出版社，2014.

[20] M Tamer Ozsu, Patrick Valduriez. 分布式数据库系统原理 [M]. 3 版 . 周立柱，范举，等译 . 北京：清华大学出版社，2014.

[21] Haixiang Li，Yi Feng，Pengcheng Fan. The Art of Database Transaction Processiong：Transaction Management and Concurrency Control[M]. Beijing：China Machine Press，2017.

[22] 朱涛，郭进伟，周欢，等 . 分布式数据库中一致性与可用性的关系 [J]. 软件学报，2017（1）：131–149.

[23] Morton M Astrahan，Mike W Blasgen，Donald D Chamberlin，et al. System R：Relational Approach to Database Management[J]. ACM Trans Database Syst，1976，1（2）：97–137.

[24] Codd E F，Codd S B，Salley C T. Providing OLAP（On-Line Analytical Processing）to User-Analysts：An IT Mandate[EB/OL].（1993-01-30）[2020-12-01]http://r5d.net/mb0z8.

[25] Dharavath Ramesh，Chiranjeev Kumar. A scalable generic transaction model scenario for distributed NoSQL databases[J]. Journal of Systems and Software，2015（101）：43–58.

[26] Viotti P，Vukolić，M. Consistency in Non-Transactional Distributed Storage Systems[J]. ACM Comput.Surv，2016，49（1）：1–34.

[27] Sebastian Burckhardt，Daan Leijen，Manuel F ahndrich，et al. Eventually consistent transactions：European Symposium on Programming[C]. Berlin：Springer-Verlag，2012.

[28] Andrea Cerone，Giovanni Bernardi，Alexey Gotsman. A framework for transactional consistency models with atomic visibility：CONCUR 2015[C]. Québec：[出版者不详]，2015.

[29] Bailis P，Davidson A，Fekete A，et al. Highly available transactions：Virtues and limitations[R]. Hangzhou：VLDB，2013：181–192.

[30] C Mohan，Bruce G Lindsay，Ron Obermarck. Transaction management in the R* distributed database management system[J]. ACM Transactions on Database Systems（TODS），1986，11（4）：378–396.

[31] C Mohan，Bruce G Lindsay. Efficient commit protocols for the tree of processes model of distributed transactions[J]. PODC，1983：76–88，434，456.

[32] Gerhard Weikum，Gottfried Vossen. Transactional Information Systems[M]. Amsterdam：Elsevier，2001.

[33] Yoav Raz.The Dynamic Two Phase Commitment（D2PC）Protocol[J].ICDT，1995（893）：162–176.

[34] Andrew Pavlo，Evan P C Jones，Stanley B Zdonik. On Predictive Modeling for Optimizing Transaction Execution in Parallel OLTP Systems[J]. PVLDB，2011，5（2）：85–96.

[35] R Attar，P A Bernstein，N Goodman.Site initialization，recovery and backup in a distributed database system[J]. IEEE Trans Softw Eng，1984，10（6）：645–650.

[36] Chenggang Wu，Jose M Faleiro，Yihan Lin，et al.Anna：A KVS For Any Scale[J]. ICDE，2018：401–412.

[37] Peter Bailis，Alan Fekete，Michael J Franklin，et al. Ion Stoica：Coordination Avoidance in Database Systems[J]. PVLDB，2014，8（3）：185–196.

[38] Ahmed K Elmagarmid. A survey of distributed deadlock detection algorithms[J]. ACM SIGMOD

Record, 1986, 15（3）: 37–45.

[39] Ezpeleta J, Colom J M, Martinez J. A Petri net based deadlock prevention policy for flexible manufacturing systems[J]. IEEE Transactions on Robotics and Automation, 1995, 11（2）: 173–184.

[40] Micha Hofri. On timeout for global deadlock detection in decentralized database systems[J]. Information Processing Letters, 1994, 51（6）: 295-302.

[41] Dotoli M, Fanti M P, Iacobellis G. Comparing deadlock detection and avoidance policies in automated storage and retrieval systems[J]. SMC（2）, 2004: 1607–1612.

[42] Wang Y M, Marritt A M. A Romanovsky. Guaranteed Deadlock Recovery : Deadlock Resolution with Rollback Propagation[C]. Bologna: University of Bologna, 1998.

[43] Thomson A, Diamond T, Weng S, et al. Calvin : Fast distributed transactions for partitioned database systems[R]. New York: SIGMOD, 2012.

[44] Raz, Yoav. The Principle of Commitment Ordering, or Guaranteeing Serializability in a Heterogeneous Environment of Multiple Autonomous Resource Managers Using Atomic Commitment[R]. Vancouver: the Eighteenth International Conference on Very Large Data Bases, 1990: 292–312.

[45] Raz, Yoav. Serializability by Commitment Ordering[J]. Information Processing Letters, 1994, 51（5）: 257–264.

[46] Yoav Raz. Theory of Commitment Ordering: Summary[J]. retrieved, 2011.

[47] Raz, Yoav. On the Significance of Commitment Ordering[R]. Massachusetts : Digital Equipment Corporation, 1990.

[48] Yoav Raz. The Commitment Order Coordinator（COCO）of a Resource Manager, or Architecture for Distributed Commitment Ordering Based Concurrency Control: US 5504899[P]. 1991-09-01.

[49] Yoav Raz. Locking Based Strict Commitment Ordering, or How to improve Concurrency in Locking Based Resource Managers: US 5504899[P]. 1991-12-14.

[50] Yoav Raz. Extended Commitment Ordering or Guaranteeing Global Serializability by Applying Commitment Order Selectivity to Global Transactions[J]. PODS Washingto, 1993: 83–96.

[51] Yoav Raz. Commitment Ordering Based Distributed Concurrency Control for Bridging Single and Multi Version Resources[J]. RIDE-IMS Vienna, 1993: 189–198.

[52] Shuai Mu, Yang Cui, Yang Zhang, et al. Extracting More Concurrency from Distributed Transactions[J]. OSDI, 2014: 479–494.

[53] Marco Serafini, Essam Mansour, Ashraf Aboulnaga, et al. Accordion : Elastic Scalability for Database Systems Supporting Distributed Transactions[J]. PVLDB, 2014, 7（12）: 1035–1046.

[54] Robert Escriva, Bernard Wong, Emin Gün Sirer. Warp : Lightweight Multi-Key Transactions for Key-Value Stores[J]. Computer Science, 2015.

[55] Gray J N. Notes on database operating systems[C]. in Operating Systems : An Advanced Course. New York: Springer-Verlag, 1979.

[56] Lampson B, Sturgis H. Crash recovery in a distributed storage system[J]. Comput Sci Lab Xerox Parc Palo Alto CA Tech Rep, 1976.

[57] Donald D Chamberlin, Raymond F Boyce. SEQUEL : A Structured English Query Language[R]. New York: SIGMOD Workshop, 1974（1）: 249–264.

[58] Morton M Astrahan, Donald D Chamberlin. Implementation of a Structured English Query

Language (Abstract) [R]. New York: SIGMOD, 1975: 54.

[59] Keidar Idit, Danny Dolev. Increasing the Resilience of Distributed and Replicated Database Systems[J]. Journal of Computer and System Sciences (JCSS), 1998, 57 (3): 309–324.

[60] Lomet D, Fekete A, Wang R, et al. Multi-version concurrency via timestamp range conflict management[J]. ICDE, 2012: 714–725.

[61] Xiangyao Yu, Andrew Pavlo, Daniel Sanchez, et al. Tictoc: Time traveling optimistic concurrency control[R]. New York: SIGMOD, 2016 (8): 209–220.

[62] Klaus Haller, Heiko Schuldt. Towards a Decentralized Implementation of Transaction Management[J]. Grundlagen von Datenbanken, 2003: 57–61.

[63] Buhyun Hwang, Sang Hyuk Son. Decentralized Transaction Management in Multidatabase Systems[J]. COMPSAC, 1996: 192–198.

[64] María Teresa González-Aparicio, Muhammad Younas, Javier Tuya, et al. Testing of transactional services in NoSQL key-value databases[J]. Future Generation Comp Syst, 2018 (80): 384–399.

[65] James C Corbett, Jeffrey Dean, Michael Epstein, et al. Spanner: Google's globally distributed database[J]. ACM TOCS, 2013, 31 (3): 8.

[66] David F Bacon, Nathan Bales, Nico Bruno, et al. Spanner: Becoming a SQL System: In Proceedings of the 2017 ACM International Conference on Management of Data[R]. New York: SIGMODA, 2017.

[67] Philip A Bernstein. Principles of Transaction Processing[M]. 2th ed. California: Morgan Kaufmann (Elsevier), 2009.

[68] Ports D R, Grittner K. Serializable snapshot isolation in postgresql[J]. PVLDB, 2012, 5 (12): 1850–1861.

[69] Codd E F. A Relational Model of Data for Large Shared Data Banks[J]. CACM, 1970, 13 (6): 377–387.

[70] Raj Kumar Batra. Marek Rusinkiewicz, Dimitrious Geogakopoulos: A Decentralized Deadlock-free Concurrency Control Method for Multidatabase Transactions[R]. [地点不详]: The 12th Intemational Conference in Distributed Computing Systems, 1992: 72–79.

[71] Iwen E Kang, Thomas F Keefe. Supporting Reliable and Atomic Transaction Management in Multidatabase Systems[R]. [地点不详]: The 13th Intemational Conference on Distributed Computing Systems, 1993: 25–28.

[72] Jari Veijalainen, Antoni Wolski. Prepare and Commit Certification for Decentralized Transaction Management in Rigorous Heterogeneous Multidatabases[J]. Eighth International Conference on Data Engineering, 1992: 470–478.

[73] Gene Pang. Scalable Transactions for Scalable Distributed Database Systems[D]. Berkeley: University of California, 2015.

[74] Sadoghi M, Ross K A, Canim M, et al. Making updates disk-I/O friendly using SSDs[R]. Hangzhou: VLDB, 2013, 6 (11): 997–1008.

[75] Michael Stonebraker, Joseph M Hellerstein. What Goes Around Comes Around[J]. Readings in Database Systems, 2005.

[76] Position Paper. Life beyond Distributed Transactions: an Apostate's Opinion[J]. CIDR, 2007:

132-141.

[77] Sandeep Kulkarni，Murat Demirbas，Deepak Madeppa，et al. Logical Physical Clocks and Consistent Snapshots in Globally Distributed Databases[J]. OPODIS，2014：17–32.

[78] Xuan Zhou，Xin Zhou，Zhengtai Yu，et al. Posterior Snapshot Isolation[J]. ICDE，2017：797–808.

[79] Maysam Yabandeh，Daniel Gómez Ferro. A critique of snapshot isolation[J]. EuroSys，2012：155-168.

[80] Nathan VanBenschoten，et al. cockroachdb/cockroach[EB/OL].（2014-5-30）[2020-12-01]https：//github.com/cockroachdb/cockroach/blob/master/docs/design.md.

[81] Philippe Ajoux，Nathan Bronson，Sanjeev Kumar，et al. Challenges to Adopting Stronger Consistency at Scale[C]. The 15th USENIX Workshop on Hot Topics in Operating Systems (HotOS)，[出版者不详]，2015.

[82] Peter Bailis. Causality Is Expensive（and What to Do About It）[EB/OL].（2014-05-24）[2020-07-01] http://33h.co/2twyh.

[83] Michel Dubois，Christoph Scheurich，Fayé A Briggs. Memory access buffering in multiprocessors[C]. In Proceedings of the 13th Annual International Symposium on Computer Architecture. Los lamitors：IEEE Computer Society Press，1986.

[84] Leslie Lamport. How to make a multiprocessor computer that correctly executes multiprocess programs[J]. IEEE Trans Computers，1979，28（9）：690–691.

[85] Martin Kleppmann. Designing Data-Intensive Applications：The Big Ideas Behind Reliable，Scalable，and Maintainable Systems[M]. London：O'Reilly，2016.

[86] Lamport L，Shostak R，Pease M. The Byzantine generals problem[J]. ACM Transactions on Programming Languages and Systems（TOPLAS），1982，4（3）：382–401.

[87] Marcos Kawazoe Aguilera，Arif Merchant，Mehul A Shahr，et al. Sinfonia：A new paradigm for building scalable distributed systems[J]. ACM Trans Comput Syst，2009，27（3）：1–48.

[88] Alan Fekete，Elizabeth O'Neil，Patrick O'Neil. A read-only transaction anomaly under snapshot isolation[R]. New York：SIGMOD Rec，2004，33（3）：12–14.

[89] Xiaowei Zhu，Wenguang Chen，Weimin Zheng，et al. Gemini：A Computation-Centric Distributed Graph Processing System[J]. OSDI，2016：301–316.

[90] Heidi Howard，Dahlia Malkhi，Alexander Spiegelman. Flexible Paxos：Quorum Intersection Revisited[J]. OPODIS，2016（25）：1–14.

[91] Bruce G Lindsay，Patricia Griffiths Selinger，C Galtieri，et al. Notes on Distributed Databases[R]. New York：IBM Research，1979.

[92] Andrew Pavlo，Gustavo Angulo，Joy Arulraj，et al. Self-Driving Database Management Systems[R]. Missouri：CIDR 2017.

[93] Marc Shapiro，Nuno Preguiça，Carlos Baquero，et al. A Comprehensive Study of Convergent and Commutative Replicated Data Types[R]. Paris：INRIA Research Report，2011.

[94] Leslie Lamport. Fast Paxos[J]. Distributed Computing，2006，19（2）：79–103.

[95] Friedemann Mattern. Virtual Time and Global States of Distributed Systems[J]. Parallel&Distributed Algorithms，1988.

[96] Bryan Fink. Why Vector Clocks are Easy[EB/OL].（2010-01-29）[2020-12-20] https：//riak.com/

why-vector-clocks-are-easy/.
[97] Mukesh Singhal，Ajay D Kshemkalyani. An Efficient Implementation of Vector Clocks[J]. Inf Process，1992，43（1）：47–52.
[98] Li-Hsing Yen，Ting-Lu Huang. Resetting Vector Clocks in Distributed Systems[J]. Parallel Distrib Comput，1997，43（1）：15–20.
[99] Adriana Szekeres，Irene Zhang. Making consistency more consistent：a unified model for coherence，consistency and isolation[J]. PaPoC@EuroSys，2018：1–8.
[100] Bohan Zhang，Dana Van Aken，Justin Wang，et al. A Demonstration of the OtterTune Automatic Database Management System Tuning Service[R]. Hangzhou：VLDB，2018，11（12）：1910–1913.
[101] Ji Zhang，Yu Liu，Ke Zhou，et al. An End-to-End Automatic Cloud Database Tuning System Using Deep Reinforcement Learning[R]. New York：SIGMODe，2019：415–432.
[102] Mihaela A Bornea，Orion Hodson，Sameh Elnikety，et al. One-copy serializability with snapshot isolation under the hood[J].ICDE，2011：625–636.
[103] Justin J Levandoski，David B Lomet，Sudipta Sengupta，et al. High Performance Transactions in Deuteronomy[J]. CIDR，2015：80–84.
[104] Jiahao Wang，Peng Cai，Jinwei Guo，et al. Range Optimistic Concurrency Control for a Composite OLTP and Bulk Processing Workload[J]. ICDE，2018：605–616.
[105] DeCandia G，Hastorun D，Jampani M，et al. Amazon's Highly Available Key-value Store[M]. Washington：Stevenson，2007.
[106] Fay Chang，Jeffrey Dean，Sanjay Ghemawat，et al. Bigtable：A Distributed Storage System for Structured Data（Awarded Best Paper!）[J]. OSDI，2006：205–218.
[107] Dean J，Barroso L A.The tail at scale[J]. Commun ACM，2013，56（2）：74–80.
[108] P Bernstein，V Hadzilacos，N Goodman. Concurrency Control and Recovery in Database Systems[M]. Boston：Addison–Wesley，1987.
[109] M Tamer Özsu. Patrick Valduriez：Principles of Distributed Database Systems[M]. 3rd ed. Berlin：Springer 2011.
[110] Heidi Howard. Distributed consensus revised[D]. England：university of Cambridge，2019.
[111] Philip A Bernstein，Nathan Goodman. Concurrency Control in Distributed Database Systems[J]. ACM Comput Surv，1981，13（2）：185–221.
[112] Gunter Schlageter. Optimistic Methods for Concurrency Control in Distributed Database Systems[R]. Hangzhou：VLDB，1981：125–130.
[113] Hal Berenson，Philip A Bernstein，Jim Gray，et al. A Critique of ANSI SQL Isolation Levels[R]. New York：SIGMOD，1995：1–10.
[114] Michael J Cahill，Uwe Röhm，Alan David Fekete. Serializable isolation for snapshot databases[J]. ACM Trans Database Syst，2009，34（4）：1–42.
[115] Alexander Thomasian. Distributed Optimistic Concurrency Control Methods for High-Performance Transaction Processing[J]. IEEE Trans Knowl Data Eng，1998，10（1）：173–189.
[116] Gunter Schlageter. Problems of Optimistic Concurrency Control in Distributed Database Systems[R]. New York：SIGMOD Record，1982，12（3）：62–66.
[117] Ming-Yee Lai，W Kevin Wilkinson. Distributed Transaction Management in Jasmin[R].

Hangzhou：VLDB，1984：466–470.

[118] Claude Boksenbaum，Michèle Cart，Jean Ferrié，et al. Certification by Intervals of Timestamps in Distributed Database Systems[R]. Hangzhou：VLDB，1984：377–387.

[119] Justin J Levandoski，David B Lomet，Mohamed F Mokbel，et al. Deuteronomy：Transaction Support for Cloud Data[J]. CIDR，2011：123–133.

[120] Per-Åke Larson，Spyros Blanas，Cristian Diaconu，et al. High-Performance Concurrency Control Mechanisms for Main-Memory Databases[J]. PVLDB，2011，5（4）：298–309.

[121] Jeff Shute，Radek Vingralek，Bart Samwel，et al. F1：A Distributed SQL Database That Scales[J]. PVLDB，2013，6（11）：1068–1079.

[122] Jason Baker，Chris Bond，James C Corbett，et al. Megastore：Providing Scalable，Highly Available Storage for Interactive Services[J]. CIDR，2011：223–234.

[123] Bailu Ding，Lucja Kot，Alan J Demers，et al. Centiman：elastic，high performance optimistic concurrency control by watermarking[J]. SoCC，2015：262–275.

[124] Philip A Bernstein，Sudipto Das，Bailu Ding，et al. Optimizing Optimistic Concurrency Control for Tree-Structured，Log-Structured Databases[R]. New York：SIGMOD Conference，2015：1295–1309.

[125] Richard Edwin Stearns，Philip M Lewis II，Daniel J Rosenkrantz. Concurrency Control for Database Systems[J]. FOCS，1976：19–32.

[126] David P Reed. Implementing Atomic Actions on Decentralized Data[J]. ACM Trans Comput Syst，1983，1（1）：3–23.

[127] Hawley D A，J S Knowles，Tozer E E. Database consistency and the CODASYL DBTG proposals[J]. Computer J，1975，18（3）：206–212.

[128] Haixiang Li，Yu Feng，Pencheng Fan. 数据库事务处理的艺术：事务管理与并发控制 [M]. 北京：机械工业出版社，2017.

[129] Theo Härder. Observations on optimistic concurrency control schemes[J]. Inf Syst，1984，9（2）：111–120.

[130] Pan W，Li Zhanhuai，Du Hongtao，et al. State-of-the-Art survey of transaction processing in non-volatile memory environments[J]. Ruan Jian Xue Bao/Journal of Software，2017，28（1）：59–83.

[131] Qureshi M K，Srinivasan V，Rivers J A. Scalable high performance main memory system using phase-change memory technology[J]. SIGARCH Computer Architecture News，2009，37（3）：24–33.

[132] Ren K，Faleiro J M，Abadi D J. Design principles for scaling multi-core OLTP under high contention[R]. New York：SIGMOD，2016：1583–1598.

[133] Zhu Y A，Zhou X，Zhang Y S. A survey of optimization methods for transactional database in multi-core era[J]. Chinese Journal of Computers，2015，38（9）：1865–1879.

[134] Harizopoulos S，Abadi D J，Madden S，et al. OLTP through the looking glass，and what we found there[R]. New York：SIGMOD，2008：981–992.

[135] Pavlo A. Emerging hardware trends in large-scale transaction processing[J]. IEEE Internet Computing，2015，19（3）：68–71.

[136] Viglas SD. Data management in non-volatile memory[R]. New York：SIGMOD，2015：1707–1711.

[137] Joy Arulraj，Andrew Pavlo. How to Build a Non-Volatile Memory Database Management

System[R]. New York：SIGMOD，2017：1753–1758.

[138] Huang J，Schwan K，Qureshi MK. NVRAM-Aware logging in transaction systems[R]. Hangzhou：VLDB，2014，8（4）：389–400.

[139] Wang T，Johnson R. Scalable logging through emerging non-volatile memory[R]. Hangzhou：VLDB，2014，7（10）：865–876.

[140] Oukid I，Booss D，Lehner W，et al. SOFORT：A hybrid SCM-DRAM storage engine for fast data recovery[J]. DaMoN，2014：1–7.

[141] Yuan L Y，Wu L，You J H，et al. A demonstration of rubato DB：A highly scalable newSQL database system for OLTP and big data applications[R]. New York：SIGMOD，2015：907–912.

[142] Sikka V，Farber F，Goel A，et al. SAP HANA：The evolution from a modern main-memory data platform to an enterprise application platform[R]. Hangzhou：VLDB，2013，6（11）：1184–1185.

[143] Ferro D G，Junqueira F，Kelly I，et al. Omid：Lock-Free transactional support for distributed data stores[J]. ICDE，2014：676–687.

[144] Elmore A J，Arora V，Taft R，et al. Squall：Fine-Grained live reconfiguration for partitioned main memory databases[R]. New York：SIGMOD，2015：299–313.

[145] Fang R，Hsiao HI，He B，et al. High performance database logging using storage class memory[J]. CDE，2011：1221–1231.

[146] Ozcan F，Tatbul N，Abadi DJ，et al. Are we experiencing a big data bubble?[G]//SIGMOD. Snowbird：ACM Press，2014：1407–1408.

[147] Pavlo A，Aslett M. What's really new with NewSQL? [R]. New York：SIGMOD Record，2016，45（2）：45–55.

[148] Campos AF，Esteves S，Veiga L. HBase++：Extending HBase with client-centric consistency guarantees for geo-replication[EB/OL].（2013-01-01）[2020-12-20]http://33h.co/2twjw.

[149] DeBrabant J，Arulraj J，Pavlo A，et al. A prolegomenon on OLTP database systems for non-volatile memory[J]. ADMS，2014：57–63.

[150] Carsten Binnig，Stefan Hildenbrand，Franz Färber，et al. Distributed snapshot isolation：global transactions pay globally，local transactions pay locally[R]. Hangzhou：VLDB，2014，23（6）：987–1011 .

[151] Yair Sovran，Russell Power，Marcos K Aguilera，et al. Transactional storage for geo-replicated systems.[J]. SOSP，2011：385–400.

[152] Jiaqing Du，Sameh Elnikety，Willy Zwaenepoel. Clock-SI：Snapshot Isolation for Partitioned Data Stores Using Loosely Synchronized Clocks[J]. SRDS，2013：173–184.

[153] Neumann T，uhlbauer T M，Kemper A. Fast serializable multi-version concurrency control for main-memory database systems[R]. New York：SIGMOD，2015：677–689.

[154] Fekete A，Liarokapis D，Shasha D. Making snapshot isolation serializable[J]. ACM TODS，2005：30（2）：492–528.

[155] Bailis P，Fekete A，Hellerstein J M，et al. Scalable atomic visibility with ramp transactions[R]. New York：SIGMOD，2014：27–38.

[156] Jose M Faleiro，Daniel J badi. Rethinking serializable multiversion concurrency control[J]. PVLDB，2015，8（11）：1190–1201.

[157] Mahmoud H A，Arora V，Nawab F，et al. MaaT：Effective and Scalable Coordination of Distributed Transactions in the Cloud[J]. PVLDB，2014，7（5）：329–340.

[158] Xiangyao Yu，Yu Xia，Andrew Pavlo，et al. Sundial：Harmonizing Concurrency Control and Caching in a Distributed OLTP Database Management System[J].PVLDB，2018，11（10）：1289–1302.

[159] Jim Gray，Leslie Lamport. Consensus on transaction commit[J]. ACM TODS，2006：133–160.

[160] Rober De Prisco，Butler Lampson，Nancy Lynch. Revisiting the Paxos algorithm[J]. WDAG，1997：111–12.

[161] Leslie Lamport. The part-time parliament[J]. ACM Transactions on Computer Systems，1998，16（2）：133–169.

[162] Leslie Lamport. Paxos made simple[J]. ACM SIGACT News，2001，32（4）：18–25.

[163] Butler W Lampson. How to build a highly available system using consensus[J]. Distributed Algorithms，1996：1–17.

[164] Qingchao Cai，Wentian Guo，Hao Zhang，et al. Efficient Distributed Memory Management with RDMA and Caching[J]. PVLDB，2018，11（11）：1604–1617.

[165] Vaibhav Arora，Ravi Kumar Suresh Babu，Sujaya Maiyya，et al. Dynamic Timestamp Allocation for Reducing Transaction Aborts[J]. IEEE CLOUD，2018：269–276.

[166] Rudolf Bayer，Klaus Elhardt，Johannes Heigert，et al. Dynamic Timestamp Allocation for Transactions in Database Systems[J]. DDB，1982：9–20.

[167] R grawal，M J Carey，M Livny. Concurrency control performance modeling：alternatives and implications[J]. ACM Trans，Database Syst，1987，12（4）：609–654.

[168] Yihe Huang，Hao Bai，Eddie Kohler，et al. The Impact of Timestamp Granularity in Optimistic Concurrency Control[D]. Massachusetts：Harvard University，2018.

[169] Dixin Tang，Hao Jiang，Aaron J Elmore. Adaptive Concurrency Control：Despite the Looking Glass，One Concurrency Control Does Not Fit All[J]. CIDR，2017.

[170] Wesley C Chu，Joseph Hellerstein. The exclusive-writer approach to updating replicated files in distributed processing systems[J]. IEEE Trans Computers，1985：489–500.

[171] Mohammad Ansari. Weighted adaptive concurrency control for software transactional memory[J]. The Journal of Supercomputing，2014，68（3）：1027–1047.

[172] Ann T Tai，John F Meyer. Performability Management in Distributed Database Systems：An Adaptive Concurrency Control Protocol[J]. MASCOTS，1996：212–216.

[173] James Canning，P Muthuvelraj，John Sieg. An Adaptive Concurrency Control Algorithm（Abstract）[J]. ACM Conference on Computer Science，1990：431.

[174] Amit P Sheth，Anoop Singhal，Ming T Liu. An Adaptive Concurrency Control Strategy for Distributed Database Systems[J]. ICDE，1984：474–482.

[175] Dushan Z Badal，W McElyea. A Robust Adaptive Concurrency Control for Distributed Databases[J]. INFOCOM，1984：382–391.

[176] H T Kung，John T Robinson.On Optimistic Methods for Concurrency Control[R].Hangzhou：VLDB，1979：351.

[177] Atul Adya，Robert Gruber，Barbara Liskov，et al. Efficient Optimistic Concurrency Control

Using Loosely Synchronized Clocks[R]. New York：SIGMOD，1995：23–34.

[178] Leslie Lamport. Time，Clocks，and the Ordering of Events in a Distributed System. Commun[J]. ACM，1978，21（7）：558–565.

[179] Zechao Shang，Feifei Li，Jeffrey Xu Yu，et al. Graph analytics through fine-grained parallelism. In Proceedings of the 2016 International Conference on Management of Data[C]. New York：ACM Press，2016.

[180] Yuqing Zhu. Non-blocking one-phase commit made possible for distributed transactions over replicated data[J]. BigData，2015：2874–2876.

[181] Chao Xie，Chunzhi Su，Cody Littley，et al. High-performance acid via modular concurrency control [J]. SOSP，2015：279–294.

[182] Sebastian Burckhardt，Alexey Gotsman，Hongseok Yang，et al. Replicated data types：specification，verification，ptimality[J]. POPL，2014：271–284.

[183] Maurice Herlihy，Jeannette M Wing. Linearizability：A correctness condition for concurrent objects[J]. TOPLAS，1990：463–492.

[184] Phillip W Hutto，Mustaque Ahamad. Slow memory：Weakening consistency to enhance concurrency in distributed shared memories[J]. ICDCS，1990：302–309.

[185] Douglas B Terry，Alan J Demers，Karin Petersen，et al. Session guarantees for weakly consistent replicated data. In Parallel and Distributed Information Systems[J]. PDIS，1994：140–149.

[186] Maha Abdallah，Rachid Guerraoui，Philippe Pucheral. One-phase commit：does it make sense? [J]. ICPADS，1998：182–192.

[187] Bruce G Lindsay，Patricia Griffiths Selinger，C Galtieri，et al. Notes on Distributed Databases[R]. New York：IBM Research Report，1979.

[188] Susan B Davidson，Hector Garcia-Molina，Dale Skeen. Consistency in Partitioned Networks[J]. ACM Computing Surveys，1985，17（3）：341–370.

[189] Paul R Johnson，Robert H Thomas. RFC 677：The Maintenance of Duplicate Databases[J]. Network Working Group，1975.

[190] Michael J Fischer，Alan Michael. Sacrificing Serializability to Attain High Availability of Data in an Unreliable Network[C]. New York：1st ACM Symposium on Principles of Database Systems（PODS），1982.

[191] Hagit Attiya，Faith Ellen，Adam Morrison. Limitations of Highly-Available Eventually-Consistent Data Stores[C]. New York：ACM Symposium on Principles of Distributed Computing（PODC），2015.

[192] Prince Mahajan，Lorenzo Alvisi，Mike Dahlin. Consistency，Availability，and Convergence[C]. Texas：University of Texas at Austin，Department of Computer Science，2011.

[193] Herlihy，Maurice P Wing，Jeannette M. Axioms for Concurrent Objects：Proceedings of the 14th ACM SIGACT-SIGPLAN Symposium on Principles of Programming Languages[C]. New York：ACM Press，1987.

[194] wikipedia. Linearizability[EB/OL].（2018-02-01）[2020-07-01]https：//en.wikipedia.org/wiki/Linearizability.

[195] Xiangyao Yu，George Bezerra，Andrew Pavlo，et al. Staring into the abyss：An evaluation of

concurrency control with one thousand cores[J]. PVLDB，2014，8（3）：209–220.

[196] Adya A. Weak Consistency：A Generalized Theory and Optimistic Implementations for Distributed Transactions[D]. Cambridge：Massachusetts Institute of Technology，1999.

[197] American National Standards Institute. ANSI X3.135-1992，American National Standard for Information Systems–Database Language–SQL[S]. USA：[出版者不详]，1992.

[198] Bailu Ding，Lucja Kot，Johannes Gehrke. Improving Optimistic Concurrency Control Through Transaction Batching and Operation Reordering[J]. PVLDB，2018，12（2）：169–182.

[199] D Tang ，A J Elmore. Toward Coordination-free and Reconfigurable Mixed Concurrency Control[R]. California：USENIX Annual Technical Conference，2018：809–822.

[200] Man Cao，Minjia Zhang，Aritra Sengupta，et al. Drinking from both glasses：combining pessimistic and optimistic tracking of cross-thread dependences[J]. PPOPP，2016，20（1）：13–20.

[201] P Peinl，A Reuter. Empirical comparison of database concurrency control schemes：Proc 9th lnr Conf on VLDB[C]. Florence：[出版者不详]，1983.

[202] Erthard Rahm. Empirical performance evaluation of concurrency and coherency control protocols for data sharing：IBM Re ~earch Report RC 14.125[C]. New York：[出版者不详]，1998.

[203] Bora H ，Gold I. Towards a self-adapting centralized concurrency control algorithm[R]. New York：Pmc ACM SIGMOD Cof!f on Management，1994：18–32.

[204] Georg Lausen. Concurrency control in database systems：a step towards the integration of optimistic methods and locking[J]. Pmc ACM Annual Co'!f，1982：64–68.

[205] Ian Rae，Eric Rollins，Jeff Shute，et al. Online，Asynchronous Schema Change in F1[J]. PVLDB 2013，6（11）：1045–1056.

[206] Andrew Pavlo，Gustavo Angulo，Joy Arulraj，et al. Self-driving database management systems[J]. CIDR，2017.

[207] J Arulraj，M Perron，A Pavlo. Write-behind logging[R]. Hangzhou：VLDB，2017.

[208] Mohan C. ARIES：a transaction recovery method supporting fine-granularity locking and partial rollbacks using write-ahead logging[J]. ACM Transactions on Database Systems（TODS），1992 17（1）：94–162.

[209] Per-Åke Larson，Mike Zwilling，Kevin Farlee. The Hekaton Memory-Optimized OLTP Engine[J]. IEEE Data Eng Bull，2013，36（2）：34–40.

[210] Alex Shamis，Matthew Renzelmann，Stanko Novakovic，et al. Fast General Distributed Transactions with Opacity[R]. New York：SIGMOD ，2019：433–448.

[211] Seth Gilbert，Nancy Lynch. Brewer's conjecture and the feasibility of consistent，available，partition-tolerant web services[J]. SIGACT News，2002，33（2）：51–59.

[212] Man Cao，Minjia Zhang，Aritra Sengupta，et al. Drinking from both glasses：combining pessimistic and optimistic tracking of cross-thread dependences[J]. PPOPP，2016（20）：1–13.

[213] Qian Lin，Gang Chen，Meihui Zhang. On the design of adaptive and speculative concurrency control in distributed databases[J]. ICDE，2018：1376–1379.

[214] Tianzheng Wang，Hideaki Kimura. Mostly-optimistic concurrency control for highly contended dynamic workloads on a thousand cores[J]. PVLDB，2016，10（2）：49–60.

[215] Yingjun Wu，Chee Yong Chan，Kian-Lee Tan. Transaction healing：Scaling optimistic

concurrency control on multicores[R]. New York：SIGMOD，2016：1689–1704.

[216] Yuan Yuan，Kaibo Wang，Rubao Lee，et al. BCC：reducing false aborts in optimistic concurrency control with low cost for in-memory databases[J]. PVLDB，2016，9（6）：504–515.

[217] Jinwei Guo，Peng Cai，Jiahao Wang，et al. Adaptive Optimistic Concurrency Control for Heterogeneous Workloads[J]. PVLDB，2019，12（5）：584–596.

[218] David B Lomet，Mohamed F Mokbel. Locking key ranges with unbundled transaction services[R]. Hangzhou：VLDB，2009：265–276.

[219] Alexander Thomasian，Erhard Rahm. A New Distributed Optimistic Concurrency Control Method and a Comparison of its Performance with Two-Phase Locking[J]. ICDCS，1990：294–301.

[220] Stephen Tu，Wenting Zheng，Eddie Kohler，et al. Speedy transactions in multicore in-memory databases[J]. SOSP，2013：18–32.

[221] Robert B Hagmann. Reimplementing the cedar file system using logging and group commit[J]. SIGOPS Oper Sys Rev，1987，21（5）：155–162.

[222] Raja Appuswamy，Angelos C Anadiotis，Danica Porobic，et al. Analyzing the impact of system architecture on the scalability of oltp engines for high-contention workloads[J].PVLDB，2017，11（2）：121–134 .

[223] Hyeontaek Lim，Michael Kaminsky，David G Andersen. Cicada：Dependably fast multi-core in-memory transactions[R]. New York：SIGMOD，2017：21–35.

[224] Dennis E Shasha. Transaction chopping：Algorithms and performance studies[J]. TODS，1995，20（3）：325–363.

[225] Chao Xie，Chunzhi Su，et al. Salt：Combining ACID and BASE in a distributed database[J]. OSDI，2014（14）：495–509.

[226] Atul Adya，Barbara Liskov，Patrick E O'Neil. Generalized isolation level definitions[J]. ICDE，2000：67–78.

[227] Vinit Padhye，Anand Tripathi. Scalable Transaction Management with Snapshot Isolation on Cloud Data Management Systems[J]. IEEE CLOUD，2012：542–549.

[228] Daniel Peng，Frank Dabek. Large-scale incremental processing using distributed transactions and notifications[J]. OSDI，2010：251–264.

[229] Ramez Elmasri，Shamkant B Navathe. The Fundamentals of Database Systems[M]. 5th ed. Canada：Addison-Wesley Publishing Company，2006.

[230] Misha Tyulenev，Andy Schwerin，Asya Kamsky，et al. Implementation of Cluster-wide Logical Clock and Causal Consistency in MongoDB[R]. New York：SIGMODe，2019：636–650.

[231] David B Lomet，Alan Fekete，Gerhard Weikum，et al. Unbundling Transaction Services In The Cloud：In Proceedings of the Conference on Innovative Data Systems Research[J]. California：[出版者不详]，2009.

[232] Sudipto Das，Divyakant Agrawal，Amr El Abbadi. ElasTraS：An Elastic，Scalable，And Self-Managing Transactional Database For The Cloud[J]. In ACM Transactions on Database Systems，2013，38（1）：5.

[233] Patrick Hunt，Mahadev Konar，Flavio P Junqueira，et al. ZooKeeper：Wait-Free Coordination For Internet-Scale Systems[R]. California：USENIX Annual Technical Conference，2010.

[234] Sameh Elnikety，F Pedone，W Zwaenepoel. Database replication using generalized snapshot isolation[J]. SRDS，2005：73–84.

[235] Jim Gray，Andres Reuter. Transaction Processing：Concepts and Techniques[M]. California：Morgan Kaufmann，1993.

[236] Jim Gray，Pat Helland，P O'Neil，et al. The dangers of replication and a solution[R]. New York：SIGMOD 1996：173–182.

[237] Gifford D K. Information Storage in a Decentralized Computer System：Tech Report CSL-81-8[R]. California：Xerox Parc，1983.

[238] Gruber R E. Temperature-Based Concurrency Control[R]. Asheville：Third IWOOOS，1993.

[239] Agrawal D，Bernstein A J，Gupta P，et al. Distributed Multi-version Optimistic Concurrency Control with Reduced Rollback[J]. Distributed Computing，1987，2（1）：45–59.

[240] Butterworth P，Otis A，Stein J. The Gemstone Database Management System[J]. CACM，1991，34（10）：64–77.

[241] Ceri S，Owicki S. On the Use of Optimistic Methods for Concurrency Control in Distributed Databases[R]. California：Berkeley Workshop，1982.

[242] Wikipedia. AWS Lambda[EB/OL].（2016-04-10）[2020-07-01] https：//en.wikipedia.org/wiki/AWS_Lambda.

[243] Christos H. Papadimitriou：The serializability of concurrent database updates[J]. ACM，1979，26（4）：631–653.

[244] Ayush Dubey，Greg D Hill，Robert Escriva，et al. Weaver：A High-Performance，Transactional Graph Database Based on Refinable Timestamps[J]. PVLDB，2015，9（11）：852–863.

[245] Hector Garcia-Molina. Review - The Notions of Consistency and Predicate Locks in a Database System[R]. New York：ACM SIGMOD Digital Review，1999：1.

[246] Kapali P Eswaran，Jim Gray，Raymond A Lorie，et al. The Notions of Consistency and Predicate Locks in a Database System：Commun[J]. ACM，1976，19（11）：624–633.

[247] Jim Gray，Raymond A Lorie，Gianfranco R Putzolu，et al. Traiger：Granularity of Locks and Degrees of Consistency in a Shared Data Base[R]. Nice：IFIP Working Conference on Modelling in Data Base Management Systems，1976.

[248] Abdel Aziz Farrag，M Tamer Özsu. Using Semantic Knowledge of Transactions to Increase Concurrency[J]. ACM Trans：Database Syst. 1989，14（4）：503–525.

[249] Agrawal D，Bruno J L，El Abbadi A，et al. Relative Serializability：An Approach for Relaxing the Atomicity of Transactions[J]. PODS，1994：139–149.

[250] Vasudha Krishnaswamy，Divyakant Agrawal，John L Bruno，et al. Relative Serializability：An Approach for Relaxing the Atomicity of Transactions[J]. Comput Syst Sci，1997，55（2）：344–354.

[251] Ugur Halici，Asuman Dogac.Concurrency Control in Distributed Databases Through Time Intervals and Short-Term Locks[J].IEEE Trans：Software Eng，1989，15（8）：994–1003.

[252] Ralf Schenkel，Gerhard Weikum，Norbert Weißenberg，et al. Federated Transaction Management with Snapshot Isolation：Transactions and Database Dynamics[C]. Berlin：Springer，2000.

[253] Jordan J R，Banerjee J，Batman R B. Precision Locks[R]. New York：SIGMOD，1981：143–147.

[254] Nawab，Faisal，Divyakant Agrawal，et al. DPaxos：Managing Data Closer to Users for Low-

Latency and Mobile Applications [R]. New York：SIGMOD，2018：1221–1236.

[255] Yangjun Sheng，Anthony Tomasic，Tieying Zhang，et al. Scheduling OLTP transactions via learned abort prediction[J]. aiDM@SIGMOD，2019（1）：1–8.

[256] Yangjun Sheng，Anthony Tomasic，Tieying Sheng，et al. Scheduling OLTP Transactions via Machine Learning[EB/OL].（2019-01-01）[2020-07-01]http://adkx.net/2twvk.

[257] Pulkit A Misra，Jeffrey S Chase，Johannes Gehrke，et al. Enabling Lightweight Transactions with Precision Time[J]. ASPLOS，2017：779–794.

[258] Diego Ongaro，John K Ousterhout. In Search of an Understandable Consensus Algorithm[R]. California：USENIX Annual Technical Conference，2014：305–319.

[259] Fred B Schneider. Implementing Fault-Tolerant Services Using the State Machine Approach[J]. A Tutorial ACM Comput Surv，1990，22（4）：299–319.

[260] Caetano Sauer，Goetz Graefe，Theo Härder. FineLine：log-structured transactional storage and recovery[R]. Hangzhou：VLDB Endow，2018，11（13）：2249–2262.

[261] Philip A Bernstein，David Shipman，Wing S Wong. Formal aspects of serializability in database concurrency control[J]. IEEE Transactions on Software Engineering，1979，5（3）：203–216.

[262] Anderson T，Bretbart Y，Korth H，et al. Replication，consistency and practicality：are these mutually exclusive：In Proceedings of the ACM SIGMOD International Conference on Management of Data[R]. New York：ACM，1998.

[263] Breitbart Y，Komondoor R，Rastogi R，et al. Update propagation protocols for replicated databases：In Proceedings of the ACM SIGMOD Conference on Management of Data [R]. New York：ACM，1999.

[264] Shasha D，Bonnet P. Database Tuning：Principles，Experiments，and Troubleshooting Techniques[M]. San Francisco：Morgan-Kaufmann，2002.

[265] Christos H Papadimitriou，Paris C Kanellakis. On Concurrency Control by Multiple Versions[J]. ACM Trans：Database Syst，1984，9（1）：89–99.

[266] 吴修国，刘翠. 云存储系统中最小开销的数据副本布局转换策略 [J]. 计算机科学，2019，46（10）：202–208.

[267] Luming Sun，shaomin Zhang，Tao Ji，et al. Survey of data management techniques powered by artificial intelligence[J]. Journal of Software，2019.

[268] Mingke Chai，Ju Fan，xiaoyong Du. Learnable database systems：Challenges and opportunities[J]. Journal of Software，2020，31（3）：806–830.

[269] Curino C，Jones E，Zhang Y，et al. Schism：A workload-driven approach to database replication and partitioning[R]. Hangzhou：VLDB Endow，2010，3（1）：48–57.

[270] Turcu A，Palmieri R，Ravindran B，et al. Automated data partitioning for highly scalable and strongly consistent transactions[J]. IEEE Trans：on Parallel and Distributed Systems，2015，27（1）：106–118.

[271] Gabriel Campero Durand，Marcus Pinnecke，Rufat Piriyev，et al. GridFormation：Towards self-driven online data partitioning using reinforcement learning[R]. New York：SIGMOD，2018（1）：1–7.

[272] Hilprecht B，Binnig C，Roehm U. Learning a partitioning advisor with deep reinforcement learning[R]. New York：SIGMOD，2019（6）：1–4.

[273] Agrawal S，Narasayya V，Yang B. Integrating vertical and horizontal partitioning into automated

physical database design[R]. New York：SIGMOD，2004：359–370.

[274] Zilio D C，Sevcik K C. Physical Database Design Decision Algorithms and Concurrent Reorganization for Parallel Database Systems[C]. Toronto：University of Toronto，1999.

[275] Rao J，Zhang C，Megiddo N，et al. Automating physical database design in a parallel database[R]. New York：ACM SIGMOD，2002：558–569.

[276] 张华伟，李志华. 基于多目标优化的云存储副本分布策略的研究 [J]. 计算机科学,2015,42（4）: 44–50.

[277] YuqingZhu，Jianxun Liu ，Mengying Guo，et al. ACIA，not ACID ：Conditions，Properties and Challenges[EB/OL].（2017-01-01）(2020-07-01）http://adkx.net/2twi1.

[278] Wei Lu，Zhanhao Zhao，Xiaoyu Wang，et al. A Lightweight and Efficient Temporal Database Management System in TDSQL[R]. Hangzhou：VLDB Endow，2019，12（12）：2035–2046.

[279] Rachael Harding，Dana Van Aken，Andrew Pavlo，et al. An Evaluation of Distributed Concurrency Control[R]. Hangzhou：VLDB Endow，2017，10（5）：553–564.

[280] Jan Böttcher. Scalable Garbage Collection for In-Memory MVCC Systems[R]. Hangzhou ：VLDB，2019.

[281] Yingjun Wu，Joy Arulraj，Jiexi Lin，et al. An Empirical Evaluation of In-Memory Multi-Version Concurrency Control[R]. Hangzhou：VLDB，2017，10（7）：781–792.

[282] Alexandre Verbitski，Anurag Gupta，Debanjan Saha，et al. Amazon Aurora：Design Considerations for High Throughput Cloud-Native Relational Databases[R]. New York ：SIGMOD，2017 ：1041–1052.

[283] Alexandre Verbitski，Anurag Gupta，Debanjan Saha，et al. Amazon Aurora ：On Avoiding Distributed Consensus for I/Os，Commits，and Membership Changes[R]. New York：SIGMOD ，2018：789–796.

[284] Giovanni Bernardi，Alexey Gotsman. Robustness against consistency models with atomic visibility：International Conference on Concurrency Theory（CONCUR 2016），LIPICS 59[C]. Québec：[出版者不详]，2016.

[285] Andrea Cerone，Alexey Gotsman，Hongseok Yang. Algebraic laws for weak consistency. International Conference on Concurrency Theory（CONCUR 2017），LIPICS 85[C]. Québec：[出版者不详]，2017.

[286] Paolo Viotti，Marko Vukolic. Consistency in Non-Transactional Distributed Storage Systems[J]. ACM Comput Surv，2016，49（1）：1–34.

[287] Chunzhi Su，Natacha Crooks，Cong Ding，et al. Bringing Modular Concurrency Control to the Next Level[R]. New York：SIGMOD，2017：283–297.

[288] Dziuma D，Fatourou P，Kanellou E. Survey on consistency conditions[EB/OL].（2013-12-01）[2020-07-01]http://33h.co/2twcp.

[289] Cheng Li，Daniel Porto，Allen Clement，et al. Making Geo-Replicated Systems Fast as Possible，Consistent when Necessary[J]. OSDI，2012：265–278.